"十三五"高等职业教育计算机类专业规划教材

Java 软件项目开发技术

何晓蓉　吴绍根　主编

中国铁道出版社

内 容 简 介

为了满足广大读者对 Java 软件项目开发技术的学习需求，特别是为了提高计算机专业学生的软件项目开发能力，本书在介绍 Java 面向对象软件开发所涉及的基本理论知识的基础上，以实际的软件项目为案例，重点介绍了项目结构设计、界面设计、业务处理和数据处理等整个软件开发过程，将多线程编程、基于 Socket 的网络编程和数据库编程有机地结合起来，实现案例项目的各项功能。

本书以一个完整软件项目的开发过程为主线，融合必需的知识点，按"引入问题"—"解答问题"—"分析问题"的方式设计学习情景，项目所分解出的所有案例按"案例描述"—"运行效果"—"实现流程"—"完整代码"的思路设计案例流程，打破了传统的问题解决模式，更符合人们的认知过程。本书注重理论与实际相结合，内容选取适中，全书结构严谨、布局合理、重点突出，具有很强的实用性。

本书适合作为高职高专计算机专业学生的 Java 程序设计课程的教材或参考书，也可作为软件开发人员的自学用书。

图书在版编目（CIP）数据

Java 软件项目开发技术 / 何晓蓉，吴绍根主编. —北京：中国铁道出版社，2016.9
"十三五"高等职业教育计算机类专业规划教材
ISBN 978-7-113-22114-0

Ⅰ. ①J… Ⅱ. ①何… ②吴… Ⅲ. ①JAVA 语言－程序设计－高等职业教育－教材 Ⅳ. ①TP312

中国版本图书馆 CIP 数据核字(2016)第 177617 号

书　　名：	Java 软件项目开发技术
作　　者：	何晓蓉　吴绍根　主编

策　　划：翟玉峰	读者热线：（010）63550836
责任编辑：翟玉峰　鲍　闻	
封面设计：付　巍	
封面制作：白　雪	
责任校对：汤淑梅	
责任印制：郭向伟	

出版发行：中国铁道出版社（100054，北京市西城区右安门西街 8 号）
网　　址：http://www.51eds.com
印　　刷：北京尚品荣华印刷有限公司
版　　次：2016 年 9 月第 1 版　　　　2016 年 9 月第 1 次印刷
开　　本：787 mm×1 092 mm　1/16　印张：24　字数：587 千
印　　数：1～2 000 册
书　　号：ISBN 978-7-113-22114-0
定　　价：49.80 元

版权所有　侵权必究

凡购买铁道版图书，如有印制质量问题，请与本社教材图书营销部联系调换。电话：（010）63550836
打击盗版举报电话：（010）51873659

前言

随着网络技术与移动应用技术的不断发展，Java 语言作为一种面向对象程序设计语言，以其安全、跨平台，支持多线程、分布式编程等特点越来越得到广泛应用，尤其是 Android 移动应用开发也使用 Java 作为其编程语言，这从客观上迫切需要众多既具有面向对象开发理论知识，又掌握 Java 软件项目开发实际应用技能的人才，这就需要一本注重软件开发实际应用技术的教材。本书正是在"理论够用、实战为本"的思想指导下，特为高职高专计算机专业学生学习和掌握 Java 软件项目开发技术而编写的。

为培养 Java 软件开发专门人才，本书在介绍面向对象思想和 Java 语言基本知识基础上，以实际的软件项目"MiniQQ 即时通"的开发过程为主线，按 Java 规范编写程序代码，从设计系统的结构、界面开始，逐步引入事件处理、异常处理，将多线程编程、网络编程、数据库编程等几大关键技术有机地结合起来，解决软件项目开发中的实际问题，将要学习的理论知识点融合于要实现的各项功能中。注重对学生实际应用技能和动手能力的培养。书中内容按照"引入问题"—"解答问题"—"分析问题"的方式设计学习情景，由软件项目分解的所有案例均按照"案例描述"—"运行效果"—"实现流程"—"完整代码"的思路设计案例流程，打破了传统的问题解决模式，更符合人们的认知过程。

本书正文共分 13 章，主要内容包括：

第 1 章为面向对象程序设计及 Java 语言初步。本章主要介绍面向对象开发基本概念，Java 程序的编辑、编译与运行基本过程，并对作为全书案例的软件项目作了简要描述。

第 2 章为 Java 语言基础。本章主要介绍 Java 语言编程基本知识，包括标识符、数据类型、运算符、语句、数组和大数值等基本概念和应用。

第 3 章为软件结构设计。本章主要介绍 Java 集成开发环境 Eclipse 的配置、包的概念及应用、系统分包原则，并介绍了案例项目的软件结构设计。

第 4 章为界面设计。本章通过案例项目多个界面的设计，学习基于 Java 面向对象开发基本知识、布局管理器、Swing 基本组件的使用方法。

第 5 章为事件处理。本章通过对案例项目的事件处理，主要学习 Java 语言的事件处理过程、接口、事件监听器接口、事件适配器类，以及内部类、面向对象多态性的概念和应用。

第 6 章为异常处理。本章主要通过对案例项目的异常处理，介绍 Java 异常处理过程、异常日志管理和单元测试工具 JUnit 的使用方法。

第 7 章为 I/O 文件处理及流。本章主要介绍流的概念、各种文件（包括顺序访问文件、随机访问文件和压缩文件）的读写方法。

第 8 章为网络编程。本章通过案例项目的一个完整网络编程过程，介绍 HTTP 协议、基于 Socket 的网络通信过程。

第 9 章为多线程编程。本章结合实例主要介绍线程的概念、线程的状态、线程对象的创建、线程的调度、同步控制、阻塞队列及线程池等方面的知识。

第 10 章为泛型与集合。本章主要介绍泛型和几种集合的基本概念和使用方法。

第 11 章为数据库编程。本章通过案例项目的完整数据操作过程，主要介绍应用 JDBC 连接数据库、实现 Java 应用程序与数据库之间的包括增、删、改、查各种数据的操作。

第 12 章为 MiniQQ 其他主要功能的综合实现。本章主要介绍案例项目除在之前的各章中已实现的功能外的其他功能的实现过程。

第 13 章为部署应用程序。本章主要介绍了使用 Preferences 类存储用户或系统的偏好信息和配置信息，同时也介绍了 Java 应用程序打包和运行方法。

本书注重理论与实际应用相结合，具有很强的实用性和可操作性。

本书由何晓容、吴绍根主编。

由于编者水平有限，书中难免会有不足之处，敬请广大读者不吝赐教。编者电子邮箱：xrhe@163.com。

编　者

2016 年 4 月

目 录

第1章 面向对象程序设计及Java语言初步 1
1.1 面向对象程序设计 1
  1.1.1 结构化程序设计的缺点 1
  1.1.2 面向对象基本概念 2
  1.1.3 面向对象程序设计过程 5
1.2 Java编程语言简介 6
1.3 Java程序运行环境配置 7
1.4 使用记事本编辑Java程序 11
1.5 Java程序的运行 11
1.6 MiniQQ即时通 12
  1.6.1 项目需求 12
  1.6.2 MiniQQ系统数据库结构设计 14
总结 15

第2章 Java语言基础 16
2.1 Java应用程序完整结构 16
2.2 注释 18
2.3 标识符 19
2.4 数据类型 20
2.5 变量和常量 24
2.6 运算符 26
2.7 语句 30
2.8 System类 43
2.9 数组 45
2.10 Math及大数值 54
总结 58

第3章 软件结构设计 59
3.1 Java集成开发环境 59
3.2 在Eclipse集成开发环境中构建Java项目 67
3.3 包的概念 69
3.4 包的定义 70
3.5 包的引用 71
3.6 系统分包原则 72
3.7 MiniQQ的包结构设计 73

总结 74

第4章 界面设计 75
4.1 用户界面的类型 75
4.2 Java中提供的GUI组件类 76
4.3 布局管理器 77
4.4 MiniQQ用户注册界面设计 78
  4.4.1 类与对象 82
  4.4.2 访问控制符 86
  4.4.3 非访问控制符 89
  4.4.4 继承 92
  4.4.5 几种常见布局管理器的使用方法 99
  4.4.6 swing基本组件的使用方法 104
  4.4.7 第三方组件的使用方法 109
4.5 MiniQQ用户登录界面设计 110
  4.5.1 JPasswordField类 113
  4.5.2 JOptionPane类 114
4.6 MiniQQ主界面设计 115
  4.6.1 JTree类 119
  4.6.2 JToolBar类 123
4.7 MiniQQ服务器端管理界面设计 125
总结 129

第5章 事件处理 131
5.1 事件处理模型 131
5.2 接口 135
5.3 事件监听器接口 136
5.4 事件适配器类 143
5.5 内部类 146
5.6 多态性 148
总结 149

第6章 异常处理 150
6.1 异常分类 150
6.2 Java异常处理机制 151
6.3 异常的处理 152

6.4	异常日志管理	157	第11章 数据库编程	253
6.5	单元测试工具 JUnit 的使用	162	11.1 JDBC	253
	总结	166	11.2 连接数据库	256

第7章 I/O 文件处理及流 168

- 7.1 File 168
- 7.2 流 172
  - 7.2.1 字节流 172
  - 7.2.2 字符流 176
- 7.3 RandomAccessFile 181
- 7.4 压缩文件读写 184
- 总结 190

第8章 网络编程 191

- 8.1 HTTP 协议 191
- 8.2 Socket 192
- 8.3 MiniQQ 的服务器端程序 195
- 8.4 MiniQQ 的用户注册请求 201
- 总结 209

第9章 多线程编程 210

- 9.1 进程与线程 210
- 9.2 线程的状态 210
- 9.3 线程对象的创建 212
- 9.4 线程的调度 213
- 9.5 线程的优先级 215
- 9.6 线程的同步控制 217
  - 9.6.1 竞争的实例 217
  - 9.6.2 synchronized 关键字 222
  - 9.6.3 锁对象 223
  - 9.6.4 条件对象 226
  - 9.6.5 死锁 230
- 9.7 阻塞队列 232
- 9.8 线程池 235
- 总结 238

第10章 泛型与集合 240

- 10.1 泛型 240
- 10.2 集合 241
- 总结 252

第11章 数据库编程 253

- 11.1 JDBC 253
- 11.2 连接数据库 256
- 11.3 执行 SQL 语句 259
- 11.4 日期与时间 271
- 11.5 MiniQQ 系统注册用户信息 275
- 11.6 MiniQQ 系统用户登录 280
- 11.7 获取好友列表，加载主界面的好友树 286
- 总结 303

第12章 MiniQQ 其他主要功能的综合实现 304

- 12.1 管理好友分组 304
  - 12.1.1 创建好友分组 305
  - 12.1.2 修改好友分组 307
  - 12.1.3 删除好友分组 312
- 12.2 管理好友 316
  - 12.2.1 查找并添加好友 316
  - 12.2.2 删除好友 333
- 12.3 基于 UDP 协议实现好友之间即时通信 337
  - 12.3.1 打开聊天窗口 339
  - 12.3.2 设计聊天界面 340
  - 12.3.3 发送消息 347
  - 12.3.4 接收消息 348
- 12.4 基于 TCP 协议实现好友之间发送文件 350
- 12.5 服务器端监控用户上线情况 359
- 12.6 服务器管理端群发公告消息 362
- 总结 366

第13章 部署应用程序 367

- 13.1 Preferences 类 367
- 13.2 打包 Jar 文件 370
- 13.3 Jar 文件的执行 376
- 总结 376

参考文献 377

面向对象程序设计及 Java 语言初步

在这一章里,我们将介绍有关面向对象程序设计的一些基本概念,并介绍 Java 编程语言的一些特点,以及面向对象程序的设计过程。同时,还将介绍 Java 程序运行环境的配置过程,以及 Java 程序的编辑、编译与运行过程。

本章最后我们还将介绍该书的整个案例项目——MiniQQ 即时通软件的项目需求和数据库表结构设计。

1.1 面向对象程序设计

Java 是一种面向对象的开发语言,在使用 Java 开发软件系统之前,必须首先了解面向对象开发的一些基本知识。

为了了解什么是面向对象程序设计,我们以读者比较熟悉的计算机为例:要组装一台计算机,需要购买 CPU、内存、硬盘、显卡、机箱等部件。不同的部件具有不同的功能、特征和接口,它们通过接口构成一个完整的计算机系统。面向对象编程的基本思想也是如此,把现实世界中离散的实体或概念,抽象成计算机逻辑中具有一定名称和接口、内部包含一组属性和操作的集合,这就是人们常说的"对象"。我们可以把对象看成一个"黑盒","黑盒"内包含了对象的属性和用来改变对象属性达到某种特定功能的操作,对象通过其接口与外界通信。

下面我们将通过结构化程序设计的缺点,来了解面向对象程序设计的必要性。再通过学习面向对象的一些基本概念,让我们尽快进入面向对象开发的奇妙世界。

1.1.1 结构化程序设计的缺点

1. 引入问题

结构化程序设计(Structured Programming)是以模块化和过程化设计为主的程序设计。其设计思想是采用自顶向下、逐步求精及模块化的程序设计方法,使用三种基本控制结构(顺序结构、选择结构和循环结构)构造程序。结构化程序设计主要强调的是程序的易读性。在其软件开发过程中,最重要的是明确和分解系统功能。这些都是结构化程序设计的优点,但其缺点究竟是什么?

2. 解答问题

结构化程序设计方法具有两大缺点:

缺点一:难以理解和维护,可重用性差等。

缺点二:它不能很好地表示现实世界。

3. 分析问题

结构化程序设计方法看起来很符合人们处理事务的流程，是实现预期目标的最直接的途径。然而，一旦系统需求发生变化，这种基于功能分解的系统将会需要大量的修改工作。随着计算机技术、网络技术的不断发展，计算机应用范围不断扩大，软件系统的规模也变得越来越庞大。这种基于传统生命周期的结构化软件开发方法逐渐暴露出上述的缺点。

在基于过程的结构化软件开发的整个进程中，重点放在了操作上。这些操作是通过函数、模块或一条简单的指令来执行的。在整个开发过程中，结构化程序设计方法完全将程序中的一个非常重要的方面——数据，与操作分离开来，使得数据可以被所有函数或过程完全访问，如图1-1所示。

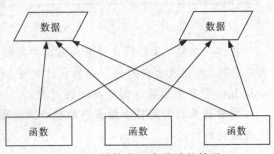

图1-1　结构化程序设计的情况

从图中也可以看出，当函数与被函数调用的数据分离时，数据被破坏的可能性极大。另外，当数据和函数相互独立时，总存在着用错误的数据调用正确的程序模块或用正确的数据调用错误的程序模块的可能性。这时，结构化程序设计方法就会暴露出上述的缺点二。所以，需要有一种方法来约束所有函数对数据的访问，即将这些数据有效地隐藏起来。

因此，从上面的分析我们可以看出，为了提高系统的可理解性、可维护性和可重用性，并能很好地表示现实世界，设计软件系统时，最好采用面向对象的软件设计方法。

1.1.2　面向对象基本概念

1. 引入问题

从上一节的学习中我们已经了解到，为了适应软件系统的需求变化，最好采用面向对象的软件开发技术开发软件。但在学习使用面向对象开发技术之前，我们需要了解面向对象的一些概念，有哪些基本的面向对象的概念呢？

2. 解答问题

在面向对象程序设计中，对象、类、对象与类之间的关系，以及封装、信息隐藏、继承、多态等都是面向对象编程的一些非常重要的概念。下面就让我们从学习这些面向对象的基本概念开始学习面向对象的软件开发技术。

概念1-1　对象

解答：对象是指现实世界中各种各样的实体。它既可以是具体的能够触及的事物，如一个手机、一台计算机、一架飞机，甚至一个地球等；也可以是无法触及的抽象事物，如一项计划、一次约会、一张表格等。一个对象既可以非常简单，也可以非常复杂。复杂的对象往往可以由若干个简单的对象组合而成。

对象定义了状态和行为。对象的状态用数据值来表示，而对象的行为则用来改变对象的状态。在面向对象系统中，对象是基本的运行实体。

所有这些对象，除去它们都是现实世界中所存在的事物之外，它们都还具有各自不同的特征：

（1）有一个名称用来区别于其他对象。例如：张三、李四等。

（2）有一个状态用来描述对象的某些特征。例如，对象张三的状态如下：

- 姓名：张三。
- 性别：男。
- 身高：180 cm。
- 体重：72 kg。

（3）有一组操作，每一个操作决定对象的一种功能或行为。对象的操作可分为两类：一类是自身所承受的操作；一类是施加于其他对象的操作。例如，对象张三的操作（可完成的功能）如下：

- 回答姓名；
- 回答性别；
- 回答身高；
- 回答体重；
- 打电话；
- 踢足球；
- 驾车。

前四个操作属于对象自身所承受的操作，后三个则属于施加于其他对象的操作。

在这里我们理解了对象的概念、组成及特征，那么，让我们展开思路想一想：具有相同特征的一组对象，情况又如何呢？这就是我们将要在下面讨论的类的问题。

概念 1-2　类

解答：类是对一组客观对象的抽象，它将该组对象所具有的共同特征（包括结构特征和行为特征）集中起来，以说明该组对象的性质和能力。例如："人"这个词就是抽象了所有人（单个的人，如张三、李四等，这些都是对象）的共同之处。

在面向对象编程中，通常把类定义为抽象数据类型，而对象是类的类型变量。当定义了一个类以后，就可以生成任意多个属于这个类的对象，这个过程叫作实例化。

所生成的每个对象都与这个类相联系。那么，类与对象究竟有什么关系呢？

概念 1-3　对象与类之间的关系

解答：组成类的对象均为该类的实例。类与对象之间的关系就是抽象与具体的关系。例如，张三是一个学生，"学生"是一个类，而"张三"作为一个具体的对象，是"学生"类的一个实例。类是多个实例的综合抽象，而实例又是类的个体事物。

在面向对象编程中，定义一个类就定义了这个类的一系列属性与操作，对于同一个类的不同实例之间，必定具有如下特点：

（1）相同的属性集合；

（2）相同的操作集合；

（3）不同的对象名。

相同的属性集合与操作集合用于标识这些对象属于同一个类，用不同的对象名来区别不同的对象。

概念 1-4　面向对象方法的特性

解答：面向对象（Object-Oriented，OO）是指人们按照自然的思维方式认识客观世界，采用基于对象（实体）的概念建立模型，模拟客观世界，从而用来分析、设计和实现软件的方法。把软件组织成一系列离散的、合并了数据结构和行为的对象集。

采用面向对象技术开发软件的方法，称为面向对象软件开发方法。面向对象方法具有以下几个特性：

（1）对象唯一性

每个对象都有唯一的标识（如同居民的身份证号码、学生的学号等），通过这个标识，可以找到相应的对象。在对象的整个生命周期（从对象的创建到对象的消亡）中，它的标识都不会改变。不同的对象（即使其他属性完全相同，例如两个完全一样的球）必须具有不同的标识。

（2）封装性

具有一致的数据结构（属性）和行为（操作）的对象抽象成类。

封装也叫作信息隐藏。从字面上理解，封装就是将某事物包装起来，使外界不了解其实际内容。从软件开发的角度，封装是指将一个数据和与这个数据有关的各种操作放在一起，形成一个能动的实体——对象，使用者不必知道对象的内部结构，只需要根据对象提供的外部接口访问对象。从使用者的角度看，这些对象就像一个"黑盒子"，其内部数据和行为是被隐藏起来、看不见的。

面向对象系统的封装性是一种信息隐藏技术，它隐藏了某一方法的具体执行步骤，取而代之的是通过消息传递机制传递消息给它。

面向对象系统中的封装以对象为单位，即主要是指对象的封装，该对象的特性是由它所属的类说明来描述，也就是说在类的定义中实现封装。被封装的对象通常被称为抽象数据类型。封装性提高了对象内部数据的安全性。

（3）继承性

子类自动共享父类的数据结构和行为的机制，这是类之间的一种关系。继承性是面向对象程序设计语言不同于其他程序设计语言最重要的特点，是其他语言所没有的。

继承是指一个类能够从另一个类那里获得一些特性。在这个过程中，超类把它的特性赋给了子类。

面向对象系统的继承性是对具有层次关系的类的属性和操作进行共享的一种方式。在面向对象系统中，若没有引入继承的概念，所有的类就会变成一盘各自为政、彼此独立的散沙，软件重用级别较低，每次软件开发就只能从"零"开始。

继承是面向对象软件技术中的一个概念。如果一个类 A 继承自另一个类 B，就把这个 A 称为 B 的"子类"或"派生类"，而把 B 称为 A 的"父类""超类"或"基类"。例如，在通常的信息管理应用系统中，都会涉及用户权限管理，常常会有"一般用户"和"系统管理员"两种角色，而"一般用户"和"系统管理员"都是"用户"，所以，"一般用户"类和"系统管理员"类都可以继承自"用户"类。在这里，"一般用户"类和"系统管理员"类都是"用户"类的子类，而"用户"类则是"一般用户"类和"系统管理员"类的父类。

继承可以使得子类具有父类的各种属性和方法，而不需要再次编写相同的代码。在子类继承父类时，既可以重新定义子类的某些属性和方法，也可以重写某些方法，来覆盖父类的原有属性和方法，使其获得与父类不同的功能。

继承有两个方面的作用：①避免代码冗余，提高可理解性和可维护性；②继承是从老对象生成新对象的一种代码重用机制，使系统更具灵活性和适应性，它使得解释多态性成为可能。

继承有单继承和多继承之分。图 1-2 所示即为类间的单继承关系。

从图 1-2 中我们可以看出,"椭圆形"类、"平行四边形"类和"三角形"类是"图形"类的子类(或派生类),"图形"类是"椭圆形"类、"平行四边形"类和"三角形"类的父类(或超类、基类);"圆形"类可作为"椭圆形"类的子类,"椭圆形"类可作为"圆形"类的父类;"菱形"类和"矩形"类是"平行四边形"类的子类,"平行四边形"类是"菱形"类和"矩形"类的父类。由以上这些类所组成的层次结构是一种单继承的派生方式,即每个子类只是继承了一个父类的特性。

使用单继承可以解决许多问题,但在很多情况下,需要不同形式的继承才能解决问题,单继承就显得无能为力了。例如,用户界面常常要提供对话框、文本框、列表框、组合框、复选框及各种类型的按钮。假如这些都是通过类来完成的,如果要把所有这些类型合并成一个新类型,这样,就产生了多继承的概念。所谓多继承就是在子类中继承了一个以上父类的属性,如图 1-3 所示。

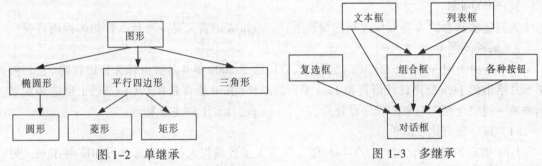

图 1-2　单继承　　　　　　　　图 1-3　多继承

"组合框"类同时继承了"文本框"类和"列表框"类的属性,它有两个父类,对话框类也同时继承了五个类的属性,具有五个基类,这是一个多继承的类层次的例子。

多重继承的引入,使面向对象系统大大增加了模拟现实世界的能力,但是系统结构变得非常复杂,增加了系统的理解与维护难度。在面向对象程序设计语言中,C++支持多继承,而 Java 语言只支持单继承,不支持多继承。

在面向对象开发中,继承性不仅作用在对操作的继承,而且作用在对数据的继承,也就是说,既具有结构特性的继承性,又具有行为特性的继承性。

(4)多态性

它是面向对象系统中的又一个重要特性。多态性描述的是同一个消息可以根据发送消息对象的不同采用多种不同的行为方式。即是指相同的操作或函数可作用于多种类型的对象上并获得不同的结果。不同的对象,收到同一消息可以产生不同的结果,这种现象就称为多态性。

这些概念会在我们后续章节中,通过具体的 Java 编程技术进一步学习和理解。

1.1.3　面向对象程序设计过程

1. 引入问题

从前面的面向对象基本概念中,我们已经了解到,面向对象软件开发,是把软件组织成一系列离散的、合并了数据结构和行为的对象集。对象之间相互通信、共同协作来完成某一项任务,因此,对象是面向对象程序的核心。那么,"对象"从何而来呢?面向对象程序设计的处理过程是怎样的呢?

2. 解答问题

软件编程的实质就是将我们的思维转变成计算机能够识别的语言的一个过程。

面向对象是相对面向过程而言的，面向对象和面向过程都是一种思想。面向过程强调的是功能行为，关注的是解决问题需要哪些步骤；面向对象将功能封装进对象，强调具备了功能的对象，关注的是解决问题需要哪些对象。面向对象是基于面向过程的。图1-4中展示了面向对象程序设计过程。

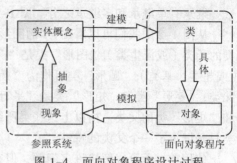

图 1-4　面向对象程序设计过程

1.2　Java 编程语言简介

1. 引入问题

人们比较熟悉的 C 是面向过程的编程语言，而 Java 语言又是一种什么样的编程语言呢？

2. 解答问题

Java 是由美国 Sun Microsystems 公司（该公司已于 2009 年 4 月被甲骨文公司收购）于 1995 年 5 月推出的 Java 程序设计语言和 Java 平台的总称。Java 语言是在 C/C++基础上创造和发展起来的一门完全面向对象的程序设计语言。Java 语言具有下列主要特点：

（1）Java 语言比较简单

Java 语言的基本语法与 C、C++相似，使得大多数编程人员很容易学习和使用 Java。另一方面，Java 丢弃了 C++中令人难以理解的、结构复杂的多继承。特别地，Java 语言不再使用指针，并提供了自动垃圾回收机制，使得开发人员不用编写代码来管理内存。

（2）Java 语言是面向对象的编程语言

Java 语言提供类、接口和继承等原语，Java 语言是完全面向对象程序设计语言，面向对象的设计思想始终贯穿于 Java 开发过程中。

（3）Java 语言是解释型的语言

Java 程序在 Java 平台上被编译为字节码格式，然后可以在实现这个 Java 平台的任何系统中运行。在运行时，Java 平台中的 Java 解释器对这些字节码进行解释执行，执行过程中需要的类在连接阶段被载入运行环境中。

（4）Java 语言支持分布式开发

Java 语言支持 Internet 应用的开发，在基本的 Java 应用编程接口中有一个网络应用编程接口，它提供了用于网络应用编程的类库，使得基于 Java 的分布式开发非常简单。

（5）Java 语言是平台无关的

平台无关性是指 Java 程序能运行于不同的平台。例如：既可以运行于 Windows 平台，也可以运行于 Linux 平台。Java 引进虚拟机（Java Virtual Machine，JVM）原理，Java 程序运行于 Java 虚拟机。Java 的数据类型与机器无关，JVM 是直接建立在硬件和操作系统之上，实现 Java 二进制代码的解释执行功能，提供不同平台的接口。

（6）Java 语言程序是安全的

Java 舍弃了 C、C++的指针对存储器地址的直接操作，提供了自动的内存管理机制，保证了Java程序运行的可靠性。在运行架构上，Java对程序提供了安全管理器，防止程序的非法访问。

（7）Java语言支持多线程编程

多线程（Multithreading），是指在软件或者硬件上实现多个线程并发执行的技术。具有多线程能力的计算机因有硬件支持而能够在同一时间执行多于一个线程，进而提升整体处理性能。Java语言是现有为数不多的内部支持多线程的编程语言。

（8）Java语言面向高效的网络编程

Java平台中存在大量用于开发网络应用程序的类库。基于这些类库，应用程序可以很方便地获取网络资源，快捷地编写基于网络的各种应用程序。

1.3　Java程序运行环境配置

1. 引入问题

Java程序从编辑到运行需要经过的步骤如图1-5所示。

图1-5　Java程序编译过程

为了让我们编辑的Java源程序可以运行，需要做一些什么样的先前工作呢？

2. 解答问题

为了运行Java程序，需要下载、安装JDK（Java Development Kit，Java开发包），并设置环境变量。

3. 分析问题

Java平台有三个版本：标准版（Java SE，Java Standard Edition）、企业版（Java EE，Java Enterprise Edition）和Micro版（Java ME，Java Micro Edition）。Java技术也就按照具体的应用领域进行了划分，这三个平台分别着眼于桌面应用程序开发、企业应用开发和移动应用开发。

在我们后续章节的学习中，将引导读者应用Java技术开发桌面应用程序，因此，我们将在三个版本中选择Java平台标准版（Java SE）作为我们的开发平台。

Java SE是Java平台中面向一般应用程序开发的平台，JavaSE SDK（Software Development Kit）通常简称为JDK（Java Development Kit，Java开发包），是JavaSE平台下的软件开发包，包含了一般开发程序所需的编译器、常用的Java类库、Java运行时环境和一些其他Java命令行工具等。

在编写Java程序之前，我们必须先搭建其开发和运行环境。要完成这个任务，需要经过三个步骤：①下载JDK，提供Java开发包与运行组件；②安装JDK；③设置环境变量。

第1步：下载JDK。

JDK官方下载地址：http://www.oracle.com/technetwork/java/javase/downloads/index.html。

在下载页面中直接单击图1-6所示的图标进入下载进程。下载时要根据操作系统不同选择不同的下载文件，如果你的系统是Windows，则选择Windows的JDK，另外可以根据系统的位数(32位或64位)选择图1-7所示最下面的两个文件之一下载，如果要下载64位的JDK，则单击jdk-8u25-windows-x64.exe文件即可。

图1-6　JDK下载图标

图1-7　不同操作系统的JDK下载文件

第2步：安装JDK。

将下载后的JDK安装在Windows系统中。双击jdk-8u25-windows-x64.exe文件，按图1-8和图1-9所示的安装向导安装JDK和JRE到默认目录，或者安装到其他目录，直到安装结束（见图1-10）。

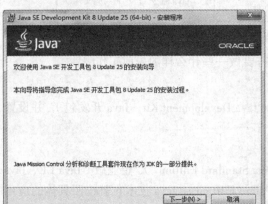
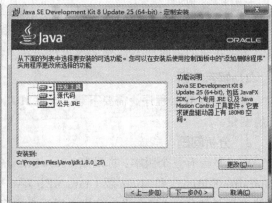

图1-8　JDK安装向导

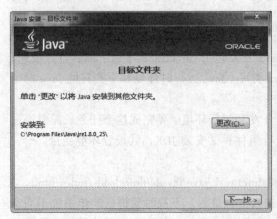

图1-9　JRE安装路径选择　　　　　　　图1-10　JDK安装完成

JDK 成功安装后，其安装目录下包括的主要部分如表 1-1 所示。

表 1-1 安装目录

目 录 名	说　明
bin	一些命令行工具，包括 Java 编译器、运行命令等
include	编写 JNI 等程序需要的 C 头文件
jre	Java 运行时环境（Java 虚拟机）
lib	除去 jre 中包含的类库，JDK 额外需要的一些类库
src.zip	部分 JDK 源码

第 3 步：设置环境变量。

安装 JDK 后，为便于使用，需要设置环境变量，其设置过程如下：

右击"计算机"，选择"属性"命令，单击"高级系统设置"链接，打开"系统属性"对话框，切换到"高级"选项卡，单击"环境变量"按钮打开"环境变量"对话框，从中设置环境变量。

（1）添加环境变量 JAVA_HOME=Java 安装目录

添加环境变量 JAVA_HOME，用于指定 JDK 的安装目录，其值为 Java 安装目录，如 C:\Program Files\Java\jdk1.8.0_25。设置方法如图 1-11 所示。

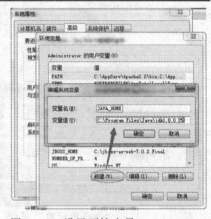

图 1-11 设置环境变量 JAVA_HOME

（2）设置 Java 编译器及虚拟机等运行命令的搜索路径 Path

设置该环境变量后，方便在 DOS 命令提示符下输入 Java 的一些运行命令。在输入命令时，不管当前目录是哪个目录，都不再需要输入文件路径，只需输入文件名就可运行。

修改环境变量"path = .;%JAVA_HOME%\bin; %JAVA_HOME%\jre\bin;"。

多项之间用分号（";"）分隔，这样，每次在命令行下不用额外设置就可以直接使用 bin 目录下的 Java 命令行工具。设置方法：

如图 1-12 所示，依次单击"高级系统设置"→"高级"→"环境变量"，再单击系统变量找到"Path"后，单击"编辑"按钮，在变量值处添加 Java 程序编译和运行等命令所在的目录（bin）。

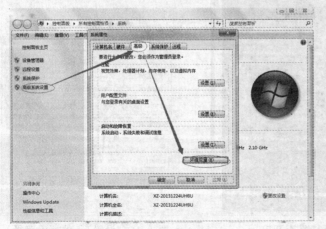

图 1-12 修改环境变量 Path 添加 JDK 及 JRE 的 bin 目录的搜索路径

下面进行测试，看能否直接访问 javac 命令和 java 命令（注：这两个命令的作用将在后面章节学习）。单击"开始"→"运行"命令，在"运行"对话框中输入 cmd 并按【Enter】键，如图 1-13 所示。

在打开的管理员界面中输入"javac"命令，弹出图 1-14 所示的界面就说明 Java 编译程序运行了。输入 java 命令，弹出图 1-15 所示的界面说明 Java 运行环境已开启。

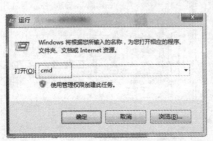

图 1-13 打开"命令提示符"界面

图 1-14 测试 javac 命令

但到目前为止，只能说明 Java 的编译环境和运行环境已经配置完成，但不能说 Java 程序就可以在这个环境上编译和运行了。这时，还需要配置 Java 程序需要的基本 jar 包路径。

（3）设置 Java 程序中需要的 Jar 包的搜索路径 classpath

设置环境变量 classpath = .;%JAVA_HOME%\lib\tools.jar;%JAVA_HOME%\lib\dt.jar，其中"."点号表示从当前目录开始搜索。设置方法如图 1-16 所示。

图 1-15 测试 Java 运行环境是否开启

图 1-16 设置 jar 的搜索路径

1.4 使用记事本编辑 Java 程序

1. 引入问题

当 Java 程序编译和运行环境设置好后,就可以开始编写 Java 程序了。使用什么样的编辑器来编写 Java 程序呢?

2. 解答问题

这里我们将使用记事本来编写第一个 Java 程序:简单的 HelloWorld 程序。

第 1 步:打开记事本,输入以下代码,如图 1-17 所示。

图 1-17 用"记事本"编辑 Java 程序

```
public class HelloWorld {
    public static void main(String[] args) {
        System.out.print("HelloWorld!");
    }
}
```

第 2 步:保存文件到某个目录下,如 d:\java,文件名为 HelloWorld.java。保存时,保存类型选择"所有文件(*.*)",文件名要与 Java 程序中的类名相同,扩展名为".java",如图 1-18 和图 1-19 所示。

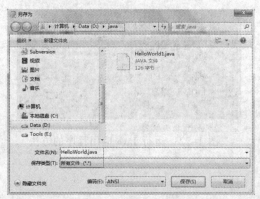

图 1-18 保存后缀名为.java 的文件的方法

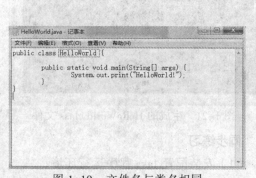

图 1-19 文件名与类名相同

这段用记事本编辑的程序如何运行呢?Java 程序从编辑到执行的一般过程如图 1-5 所示。

注意:Java 的源文件最好放到某个不包含中文字符和空格的文件夹下。

Java 程序编辑完成后,就可以编译与运行了。接下来看看 Java 程序的编译与执行过程。

1.5 Java 程序的运行

1. 引入问题

当 Java 源程序编写完成后,如何运行 Java 程序呢?

2. 解答问题

Java 程序在能够执行前，必须使用 Java 编译器，即 javac 命令，将 Java 程序编译为字节码文件，该文件的扩展名为".class"，处理过程如下：

第 1 步：打开"命令提示符"窗口，如图 1-20 所示。

图 1-20 DOS 命令提示符界面

第 2 步：使用 javac 命名对 HelloWorld.java 程序进行编译，生成 HelloWorld.class 字节码文件。

在命令提示符下输入下面几个命令：

（1）输入 d:——将当前盘符转为 D 盘。
（2）输入 cd java——将 D 盘的 java 目录作为当前目录。
（3）输入 javac HelloWorld.java，使用编译器 javac 对 Java 程序文件 HelloWorld.java 进行编译，编译后在源文件所在的文件夹下将生成字节码文件：HelloWorld.class，如图 1-21 所示。

第 3 步：使用 Java 虚拟机 java 命令执行生成的字节码文件，如图 1-22 所示。

注意：javac 命令中，给出的是源文件，必须加上扩展名；而在使用 Java 命令时，给出的是字节码文件，需要的是类名（class 文件的文件名），不能给出扩展名。

图 1-21 生成的 HelloWorld.class 文件

图 1-22 运行 Java 应用程序的方法

同步练习

（1）安装配置 Java 程序运行环境；
（2）使用记事本编辑 HelloWorld.java 源程序；
（3）在 DOS 命令提示符下编译和运行程序。

1.6 MiniQQ 即时通

在这一节里，我们将了解后面章节中需要开发的案例项目，了解其用户需求。目的是希望读者在开发项目之前事先知道我们的开发任务，以避免学习的盲目性。

1.6.1 项目需求

1. 项目背景

信息技术飞速发展的今天，人们已经习惯了使用如 QQ、MSN 之类的聊天工具进行沟通，网络沟通已经成为人们日常工作和生活中息息相关的一部分。网络聊天是人们进行网络沟通所借助的一种主要工具，随着人们对聊天需求的日益增长，聊天软件的功能也日益丰富，比如视频、语音等。但在一般应用场合，多数仍然以文字兼图片为主。

在用户间实现即时通信系统，可以节省电话、手机等通信费用，而且随着网络时代的持续深入，越来越多的用户习惯于使用即时通信工具作为首要的沟通方式。

2. 系统要求及目标

本系统将实现基本的局域网点对点聊天功能，目标是为用户提供一个方便易用的即时通信工具，要求图形用户界面美观，操作方便。

通信客户端需要包含用户的基本信息、用户可以进入或者创建新的用户账户，用户间可以使用共享的白板交流所要表达的内容。服务器端可以监视，管理登录的用户，并进行服务器端状态的管理功能。

通过与用户的沟通，确定本系统要具备通信客户端与通信服务器端两个模块，各个模块的功能特性如下：

（1）即时通信客户端

客户端是聊天用户使用的主要工具，提供即时通信输入、发送文件等功能。通过良好的软件易用性，使得用户操作流畅，使用顺手。客户端具备的基本功能：

① 登录即时通信服务器。输入用户名和密码进入聊天服务器。
② 注册到即时通信服务器。用户可以创建一个新的用户，然后进行通信。
③ 消息发送。用户可以对另外一个用户发送消息。
④ 消息接收。用户可以接收来自其他用户的消息。
⑤ 查找 QQ 用户。
⑥ 添加好友、删除好友。
⑦ 查看 QQ 用户信息。
⑧ 好友分组管理。
⑨ 用户下线。

客户端具备的扩展功能：

① 实时统计好友上线情况。
② 文件传送。

（2）即时通信管理员端

即时通信服务器端负责管理服务器端的事务，包括开始和停止服务器的运行、向用户发送管理性消息，具备的功能：

① 开始或停止服务器。管理员可以随时停用通信服务器，或随时开启服务器。
② 管理信息。管理员可以向所有的用户发送公告信息。
③ 统计并实时显示已上线的 QQ 用户。
④ 处理客户端发来的所有服务请求。

3. 技术支持

（1）该系统可采用 Eclipse + Java SE + MySQL 来完成。
（2）应用多线程、Socket 编程等技术，既可使用 TCP 也可使用 UDP 方式。

（3）该系统使用图形化用户界面。
（4）系统总体结构图如图1-23所示。

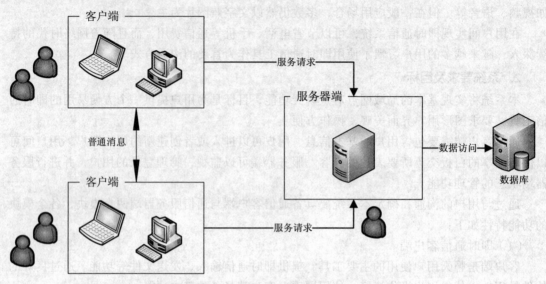

图1-23 系统总体结构图

1.6.2 MiniQQ 系统数据库结构设计

MiniQQ 系统中有关用户、好友及分组信息保存到服务器端，数据库用 MySQL 或 SQL Server；而好友之间的聊天信息则可以保存在 MiniQQ 系统用户的本地文件中。

数据库名称：DBMiniQQ。

DBMiniQQ 数据库存储系统所有需要存储的用户管理信息，包括：用户信息表、好友信息表、好友分组信息表。

（1）用户信息表——TUser（见表1-2），用来存储 QQ 用户相关信息。

表1-2 TUser 表

字段名称	字段类型	字段约束	备注
qqnum	bigint	主键，自增，种子1000	
username	varchar(200)	not null	用户名
sex	varchar(200)	not null	性别
birthday	datetime	null	出生日期
place	varchar(200)	null	籍贯
email	varchar(200)	null	邮箱
password	varchar(200)	null	密码
photo	image	null	头像
introduce	text	null	自我介绍
ipaddress	varchar(200)	null	登录时的IP地址
port	int	null	登录时的端口号
state	varchar(200)	not null，取值：上线、离线，默认为离线	状态

（2）好友分组信息表——TFriendGroup（见表1-3），用来存储好友分组相关信息。

表1-3 TFriendGroup表

字段名称	字段类型	字段约束	备注
id	bigint	主键，自增	
groupname	varchar(200)	not null	分组名
creator	bigint	not null，外键（TUser）	创建者QQ号码

默认分组为"我的好友"。

（3）好友信息表——TFriend（见表1-4），用来存储QQ好友相关信息。

表1-4 TFriend表

字段名称	字段类型	字段约束	备注
id	bigint	主键，自增	
groupid	bigint	not null，外键（TFriendGroup）	分组id
friendnum	bigint	not null，外键（TUser）	好友QQ号码

在默认分组"我的好友"中添加一个默认好友为自己。

好友之间的聊天信息保存到本地文件中，保存路径及文件名："msg/chatmsg.db"。保存的聊天信息包括：发送者、接收者、消息发送时间或接收时间、消息内容。

总　　结

结构化程序设计方法具有两大缺点：（1）难以理解和维护、可重用性差等；（2）不能很好地表示现实世界。

对象是指现实世界中各种各样的实体。它既可以是具体的能够触及的事物，也可以是无法触及的抽象事物。一个对象既可以非常简单，也可以非常复杂。复杂的对象往往可以由若干个简单的对象组合而成。在面向对象系统中，对象是基本的运行实体。

类是对一组客观对象的抽象，它将该组对象所具有的共同特征（包括结构特征和行为特征）集中起来，以说明该组对象的性质和能力。

组成类的对象均为该类的实例。类与对象之间的关系就是抽象与具体的关系。

面向对象方法具有的特性：（1）对象唯一性；（2）封装性；（3）继承性；（4）多态性。

Java语言具有下列主要特点：（1）Java语言比较简单；（2）Java语言是面向对象的编程语言；（3）Java语言是解释型的语言；（4）Java语言支持分布式开发；（5）Java语言是与平台无关的；（6）Java语言程序是安全的；（7）Java语言支持多线程编程；（8）Java语言面向高效的网络编程。

第2章 Java 语言基础

为了让读者熟练掌握 Java 程序的编辑、编译和运行过程，本章 Java 语言基础部分，我们使用记事本来编辑 Java 源程序，并仍然在 DOS 命令提示符下编译和运行 Java 应用程序。

2.1 Java 应用程序完整结构

通过上章的 Java 示例程序，我们已初步了解 Java 应用程序的编辑、编译与运行过程，下面我们将使用一个稍微复杂一点的例子，来进一步说明 Java 应用程序的整体结构。

案例 2-1

案例描述　随机产生一个圆的半径，计算并显示出这个圆的周长和面积。

完整代码　完整代码及注释详见代码清单 2-1。

代码清单 2-1　定义一个圆类计算其周长和面积

```java
/**
 * 随机产生一个圆的半径，计算并显示出这个圆的周长和面积
 * 下面源程序文件名为: Circle.java
 */
package example.demo;        //定义包，即当前文件 Circle.java 存放的目录位置

import java.util.Random;     //import 声明，加载已定义好的类或包，表示该程序中使用了外部类库

/**
 * @author hxr
 * date 2015-1-29
 */
public class Circle {   //类的定义声明，由关键字 class 来说明一个类的定义的开始，分为类头和类体
                        // { 表示类体开始
    private static final double PI = 3.14159265;    //声明一个常量 PI
    private double radius = 0;                      //声明成员变量 radius: 半径
    /**
     * 定义类 Circle 的构造函数，构造函数名必须与其类名相同
     * @param radius: 实例化时传入的半径值
     */
    public Circle(double radius) {
        this.radius = radius;
    }

    /**
     * @param args: 入口参数
     * 定义类 circle 的成员方法 main，但该成员方法与别的成员方法不同，
     * 它是 Java 应用程序执行的入口，应放在 public 类中
     */
    public static void main(String[] args) {
        double r, p, a;
```

```java
        r = new Random().nextInt(10);
        Circle circle = new Circle(r);
        p = circle.perimeter();
        a = circle.area();
        
        System.out.printf("半径为%6.2f 的圆的周长=%6.2f, 面积=%6.2f", r, p, a);
    }
    
    /*
     * 定义类 Circle 的成员方法: perimeter
     * 功能: 计算圆周长
     */
    public double perimeter() {
        return 2 * PI * radius;
    }
    
    /*
     * 定义类 Circle 的成员方法: area
     * 功能: 计算圆面积
     */
    public double area() {
        return PI * Math.pow(radius, 2);
    }
} //类体结束
```

1. 引入问题

任何一种编程语言所编写的程序都有一定的结构，那么，一个完整的 Java 应用程序包含哪些成分呢？

2. 解答问题

一个类的完整结构包括三个部分：首先是包定义，使用 package 语句，有 0 行或者 1 行；然后是导入其他包部分，使用 import 语句，可以有 0 行或者多行；最后是类定义部分，使用 class 关键字，由一对花括号括住的是类体，类体包括域和方法的定义。详见代码清单 2-1 中的注释。

代码清单 2-1 中的程序代码使用记事本编辑后，保存在 "d:\java\example\demo" 文件夹下（由于在定义类 Circle 的时候，定义了包 example.demo，所以在保存文件 Circle.java 时，必须在当前文件夹下创建 example 文件夹，再在 example 文件夹下创建 demo 子文件夹），文件名为 Circle.java，保存路径及文件名如图 2-1 所示。然后，在命令提示符下输入图 2-2 所示的编译和执行命令。

图 2-1　保存 Java 源文件

图 2-2 中，标记为 1 的命令行为使用编译器 javac 编译 example\demo\目录下的 Circle.java 文件；标记为 2 的命令行是使用 Java 虚拟机执行 example.demo 包下的 Circle 类；标记为 3 的地方是程序运行的输出内容。这里请读者特别注意，javac 命令后面的参数给出的是文件所在路径，路径中各部分之间用"\"（反斜杠）分隔；

图 2-2　Java 程序的编译和执行命令

而 java 命令后面的参数给出的是类，并指明这个类所从属的包，包也同样是路径，但包路径之间用"."（点号）分隔。

同步练习一

（1）使用记事本编辑案例 2-1 的 Circle.java 源程序；
（2）在 DOS 命令提示符下编译和运行程序。

2.2　注　　释

1. 引入问题

程序中的注释可以提高代码的可读性和可维护性，因此，为了让自己和他人能看懂代码，方便日后维护，必须养成良好的习惯，在程序中添加必要的注释。Java 程序中如何加注释呢？

2. 解答问题

与其他程序设计语言一样，Java 中的注释也不会被编译到可执行程序中，因此，可以根据需要在源程序中添加任意多的注释，不必担心可执行代码会膨胀。

正如代码清单 2-1 的计算圆周长和面积的例子，Java 中的注释有三种：

第一种：行注释。以双斜杠（"//"）开头，注释内容放置于其后，直到该行结束。

第二种：段注释。使用/*和*/将一段长的注释内容括起来。

第三种：可以用来自动生成文档的注释。这种注释用"/**"开头，"*/"结尾。用 javadoc 命令可自动生成 HTML 帮助文档，如图 2-3 所示。

图 2-3　使用 javadoc 命令的过程

生成的 Circle.html 文件在浏览器中打开，部分内容如图 2-4 所示。

图 2-4 在浏览器中打开

2.3 标 识 符

1. 问题引入

标识符是指对变量、类、接口和方法等进行命名所使用的字符串，即名称。Java 语言中，标识符的组成及命名规则是怎样的呢？

2. 解答问题

标识符由字母（a～z、A-Z）、数字（0～9）、下画线（_）和美元符号（$）组成。Java 标识符的命名规则是：

（1）标识符的首字符不能是数字。

（2）标识符对大小写敏感，如 A1 与 a1 是两个不同的标识符。

（3）标识符的长度不受限制，以所命名的标识符有意义为准，不要过长，也不要过短，如过长，难以记忆，而过短，不能完全反映出该标识符的实际意义，可读性差。

（4）标识符中不允许出现"＋""－"和空格等字符，如 my name 是非法的标识符。

（5）Java 中的关键字不允许作为自定义标识符，如 class、while、break 等是非法的自定义标识符。

在命名标识符时，尽管$是合法的 Java 字符，但不要在自己的代码中使用这个字符。它只用于 Java 编译器或其他工具生成的名字中。

关键字是计算机语言里事先定义的，是有特别意义的标识符，有时又称为保留字。Java 语言的关键字对 Java 的编译器有特殊意义，它们用来表示一种数据类型，或者表示程序的结构等，关键字不能用作变量名、方法名、类名、包名和参数等。Java 关键字如表 2-1 所示。

表 2-1 Java 关键字表

关 键 字	说 明	关 键 字	说 明
abstract	抽象方法、抽象类的修饰符	instanceof	测试一个对象是否是某个类的实例
assert	断言条件是否满足	int	32 位整型数类型
boolean	布尔数据类型	interface	定义接口

续表

关 键 字	说 明	关 键 字	说 明
break	跳出循环	long	64 位整型数类型
byte	8 位有符号数据类型	native	表示方法非 Java 代码实现
case	switch 语句的一个条件	new	新的类实例
catch	捕捉异常	package	定义包
char	16 位 Unicode 字符数据类型	private	私有的
class	定义类	protected	受保护的
const	未使用	public	共有的
continue	不执行循环体剩余部分	return	方法返回值
default	switch 语句中的默认分支	short	16 位整型数类型
do	循环语句，循环体至少执行一次	static	表示在类级别定义，所有实例共享的
double	64 位双精度浮点数数据类型	strictfp	浮点数比较使用严格的规则
else	if 条件不成立时执行的分支	super	表示基类
enum	枚举类型	switch	多选择语句
extends	从一个类派生出另一个子类	synchronized	表示同一时间只能由一个线程访问的代码块
final	表示一个值在初始化之后就不能再改变了，表示方法不能被重写，或者一个类不能有子类	this	表示调用当前实例
finally	try 语句不管是否发生异常都要执行的语句块	throw	抛出异常
float	32 位单精度浮点数数据类型	throws	定义方法抛出异常
for	for 循环语句	transient	修饰不需要序列化的字段
goto	未使用	try	代码块要做异常处理
if	条件语句	void	表示方法不返回任何值
implements	一个类实现接口	volatile	标记字段可能会被多个线程同时访问，而不做同步
import	导入类	while	while 循环语句

2.4 数据类型

1. 引入问题

数据类型是计算机语言里针对内存的一种抽象表达方式，也是语言的抽象原子概念，即语言中最基本的定义单元。不同的数据类型占有不同大小的存储空间，使用什么样的数据类型要根据实际情况而定，既不要浪费存储空间也不要丢失数据。Java 语言是一种强类型编程语言，任何变量在使用前都必须有明确的类型声明。然而，Java 语言中有哪些数据类型呢？

2. 解答问题

Java 语言中，数据类型分为两大类：基本数据类型和引用数据类型。基本数据类型有九种：

- 四种整数类型：int、short、long、byte。
- 两种浮点数类型：float、double。
- 一种字符数据类型：char。
- 一种布尔类型：boolean。
- void。

这些基本数据类型都有其对应的包装类：Integer、Short、Long、Byte、Float、Double、Character、Boolean 和 Void。其中 void 类型及其包装类 java.lang.Void，用于方法没有返回值的情况。引用数据类型包括数组、类和接口等。本章中我们仅学习基本数据类型和数组，而类和接口则在以后的章节中继续学习。

（1）整型

整数数据类型用于表示没有小数部分的数值，允许负数。Java 语言中提供了 4 种整数类型，详细内容见表 2-2。

表 2-2 整 数 类 型

数据类型	占用内存	取值范围
int	4B	$-2^{31} \sim 2^{31}-1$（-2 147 483 648 ～ 2 147 483 647）
short	2B	$-2^{15} \sim 2^{15}-1$（-32 768 ～ 32 767）
long	8B	$-2^{63} \sim 2^{63}-1$（-9 223 372 036 854 775 808 ～ 9 223 372 036 854 775 807）
byte	1B	$-2^{7} \sim 2^{7}-1$（-128 ～ 127）

4 种整型中，最常用的是 int 类型。但如果要表示的数超过了其允许的范围，就需要使用 long 类型，长整型数值需要加一个后缀 L，如 123456L。当操作来自网络、文件或者其他 I/O 数据流时，需要用到 byte 类型。

当一个整型数值表示十进制时，不需要加任何前缀，而表示十六进制数，则须使用 "0x" 作为前缀，如 0xE0AF，表示八进制数需加前缀 "0"，如 010 表示十进制的 8。

Java 中，整型的范围与运行 Java 程序的机器无关，这种机器无关性是 Java 语言程序可移植性的关键。

（2）浮点型

浮点型用于表示有小数部分的数值。Java 有两种浮点型：单精度浮点类型 float 和双精度浮点类型 double，详细内容见表 2-3。

表 2-3 浮点数类型

数据类型	占用内存	取值范围
float	4B	约±3.40282347E+38F（有效位数为 6～7 位）
double	8B	约±1.79769313486531570E+308（有效位数为 15 位）

double 数据类型拥有 float 类型两倍的数据精度，因此，通常使用 double 数据类型。double 类型数值可以加一个后缀 "D" 或无后缀，如：123.45D 或 123.45。float 类型数值必须加一个后缀 "F"，如：123.45F。

（3）字符型

在 Java 中，字符型用 char 表示。char 类型用于表示单个字符。通常用来表示字符常量。其详细内容见表 2-4。

表 2-4 字 符 型

数 据 类 型	占 用 内 存	说 明
char	2B	Java 中 char 数据类型使用 Unicode 编码，占用两个字节，最多允许定义 65 536 个字符

char 字符类型有三种表示方式：

① 直接表示：用单引号括起来直接指定常量，例如：'a'、'A'、'1'、'9'等。

② 十六进制表示：使用 Unicode 值表示，用\u 后接一个十六进制数，例如：\u0x26、\u1234 等，0x26 和 1234 都是十六进制整数。一个 Unicode 字符使用"\u"前缀来声明，表示范围为"\u0000"～"\uFFFF"。

③ 转义字符表示：当表示一些特殊字符常量时，需要使用转义字符。Java 中使用转义字符"\"来声明一个特殊的字符，见表 2-5。

表 2-5 转 义 字 符

转 义 字 符	名 称	对应的 Unicode 值
\b	Backspace（退格）	\u0008
\t	Tab（制表）	\u0009
\n	换行符	\u000a
\r	回车符	\u000d
\"	双引号	\u0022
\'	单引号	\u0027
\\	反斜杠	\u005c

注意：'a'与"a"是完全不同的，前者表示一个字符常量，而后者表示的则是包含一个字符 a 的字符串。

（4）布尔型

布尔数据类型为 boolean，只有两个取值：true 和 false，常用来表示逻辑状态。boolean 类型的变量占用 1 字节（8 位）的存储空间。

（5）基本数据类型的包装类

前面我们已经介绍了 Java 提供的 9 种基本数据类型：4 种整型（int、long、short、byte）、2 种浮点型（double、float）、1 种字符型（char）、1 种布尔型（boolean）和 void。实际上，Java 在提供这些基本数据类型的同时，还提供了这些类型的包装类，分别为 Integer、Long、Short、Byte、Double、Float、Character、Boolean 和 Void。在实际开发中，我们常使用这些包装类。

Java 既然已经提供了基本类型，为什么还要使用包装类呢？

这是因为 Java 是面向对象的程序设计语言，在某些场合下，数据必须作为对象出现，此时必须使用包装类来将基本数据类型的数据封装成对象才能使用。

某些情况下，使用包装类可以更加方便地操作数据。比如包装类具有一些基本类型不具备的方法，比如 valueOf()、toString()，以及方便的返回各种类型数据的方法，如 Integer 的 shortValue()、longValue()、intValue()等。

基本数据类型与其对应的包装类由于本质的不同，具有一些区别：

① 基本数据类型只能按值传递，而包装类按引用传递。

② 基本类型在堆栈中创建，而对于对象类型，对象在堆中创建，对象的引用在堆栈中创建。基本类型由于在堆栈中，效率会比较高，但是可能会存在内存泄漏的问题。

（6）基本数据类型之间的转换

Java 数据类型的转换一般分三种，分别是：

① 简单数据类型之间的转换；

② 字符串与其他数据类型的转换；

③ 其他实用数据类型转换。

下面我们针对这三种类型转换分别进行讨论。

① 简单数据类型之间的转换。在 Java 中，整型、浮点型、字符型被视为简单数据类型，这些类型由低级到高级分别为（byte，short，char）→int→long→float→double。

简单数据类型之间的转换又可以分为：低级到高级的自动类型转换、高级到低级的强制类型转换和使用包装类的类型转换。

a. 低级到高级的自动类型转换。低级类型变量可以直接转换为高级类型变量，这种转换被称之为自动类型转换。例如，下面的语句在 Java 中没有任何的语法错误：

```
byte b;
int i = b;
long l = b;
float f = b;
double d = f;
```

如果低级类型为 char 型，向高级类型（整型）转换时，会转换为对应 ASCII 码值，例如：

```
char c = 'a';
System.out.printf("字符ASCII码值 = %d", c);
```

输出：字符 ASCII 码值 = 97

而 byte，short，char 三种类型是平级的，因此不能相互自动转换，可以使用下述强制类型转换。

```
short s = 97;
System.out.println("字符为: %c", (char)s);
```

输出：字符为：a

b. 高级到低级的强制类型转换。将高级类型变量转换为低级类型变量时，需要使用强制类型转换。如：

```
int i = 97;
byte b = (byte)i;
char c = (char)i;
float f = (float)i;
```

这种强制类型转换可能会导致溢出或精度的下降，因此，在不是必要的情况下，不推荐使用这种类型转换。

c. 使用包装类进行类型转换。前面我们已经学习到，Java 共有六个包装类，分别是 Boolean、Character、Integer、Long、Float 和 Double，分别对应于基本数据类型 boolean、char、int、long、float 和 double。而 String 和 Date 本身就是类，也就不存在另一个包装类了。

一般情况下，我们首先声明一个变量，然后生成一个对应的包装类，最后调用包装类的各种方法进行类型转换。

例 1 将 float 型转换为 double 型。

```
float f1 = 10.0f;
Float F1 = new Float(f1);
Double d1 = F1.doubleValue();
```

例 2 将 double 型转换为 int 型。

```
double d1 = 10.0;
Double D1 = new Double(d1);
int i = D1.intValue();
```

简单类型的变量转换为相应的包装类,可以利用包装类的构造方法。如：Boolean(boolean value)、Character(char value)、Integer(int value)、Long(long value)、Float(float value)、Double(double value)。

而在各个包装类中,总有形为***Value()的方法,来得到其对应的简单类型数据。利用这种方法,也可以实现不同数值型变量间的转换,例如,对于一个双精度浮点数类,intValue()可以得到其对应的整型值,而doubleValue()可以得到其对应的双精度实型值。

② 字符串型与其他数据类型的转换。从 java.lang.Object 类派生的所有类提供了 toString()方法,即将该类转换为字符串。例如：Characrer、Integer、Float、Double、Boolean、Short 等类的 toString()方法,用于将字符、整数、浮点数、双精度数、逻辑数、短整型等类转换为字符串,如下所示。

```
int i1 = 1;
float f1 = 10.0f;
double d1 = 10.0;
Integer i2 = new Integer(i1);
Float f2 = new Float(f1);
Double d2 = new Double(d1);
String s1 = i2.toString();
String s2 = f2.toString();
String s3 = d2.toString();
Sysytem.out.println("字符串 1: " + s1);
Sysytem.out.println("字符串 2: " + s2);
Sysytem.out.println("字符串 3: " + s3);
```

或者直接将其他数据类型的变量直接转换为字符串变量,如：

```
Sysytem.out.println("字符串 1: " + i1);
Sysytem.out.println("字符串 2: " + f1);
Sysytem.out.println("字符串 3: " + d1);
```

③ 将字符型直接作为数值转换为其他数据类型。将字符型变量转换为数值型变量可以使用 Character 的 getNumericValue(char ch)方法。

2.5 变量和常量

1. 引入问题

Java 程序在运行过程中,需要处理各种数据,这些数据将存储到内存中,包括常量和变量。Java 程序中的变量和常量在使用之前必须定义。那么,什么是常量?什么是变量?如何定义常量和变量?如何引用常量和变量?

2. 解答问题

（1）变量

程序运行过程中,其值会发生变化的量,称为变量。在 Java 语言中,每个变量都要求有类型声明。在声明一个变量的时候,在变量前面需要加上变量的类型,例如：

```
int count;
char s;
double area;
boolean flag;
```

注意：Java 中，一条语句的结束符是分号"；"。

Java 中，变量名一般以英文小写字母打头，如有多个单词，则从第二个单词开始的首字母大写。例如：myName。变量的具体命名规则详见 2.3 节有关标识符的命名规则。

在声明变量时，也可以将同类型的多个变量放在同一条语句行。例如：

```
int i, j;
```

但为了提高代码的可读性，一般不推荐使用这种方式。

声明了一个变量，在程序运行中，就给这个变量在内存中分配了一定量（这个量是多大，由其数据类型决定，详见 2.4 节的内容）的存储空间，可以把数据放到这个空间里，也可以变更这个空间里的数据值。

在声明一个变量之后，必须使用赋值语句对变量进行显式初始化，我们不能使用未被初始化的变量。例如，Java 编译器会认为下面语句序列是错误的。

```
int year;
System.out.println(year);      //这里会发生错误，因为使用输出语句输出一个没有赋值的变量
```

要想对一个已经声明的变量赋值，就需要使用赋值语句，将变量名放在等号（=）左侧，相应值的 Java 表达式放在等号的右侧。

前面的代码段修改为：

```
int year;
year = 2015;
System.out.println(year);      //这里就不会发生错误了。因为要输出的变量 year 已经有值(2015)了
```

也可以声明变量的同时，对变量进行初始化操作。例如，上面的代码段可以修改为：

```
int year = 2015;
System.out.println(year);
```

在 Java 中，可以将变量的声明放在代码中的任何地方，例如：

```
int year = 2015;
System.out.println(year);
int month = 12;
int day = month * 30;
```

上面代码段在 Java 中是合法的。在 Java 中，变量的声明应尽可能地靠近第一次使用的地方。

（2）常量

常量，是指在程序运行过程中其值不能被修改的量，是一种特殊的变量。常量也有不同的数据类型。Java 中常用的常量有：整型常量、浮点型常量、字符型常量、布尔型常量和字符串常量。在 Java 中，利用关键字 final 指示常量，并且在定义常量时必须赋值。

```
public static final double PI = 3.14159265;
```

上面语句是合法的，而下面的语句则是非法的：

```
public static final double PI;
PI = 3.14159265;
```

Java 中，常量名一般大写，如 PI。多个单词一般用短横线（_）分隔，如 SCREEN_WIDTH、SCREEN_HEIGHT 等。

2.6 运算符

1. 问题引入

Java 程序中可以进行各种运算，包括算术运算、关系运算、逻辑运算等，每种运算都包含一系列运算符，究竟有哪些运算符？是如何运算的？

2. 解答问题

运算符，是参与运算的符号，如"+""-""*""/"等。有一元、二元和三元运算符之分。一元运算符是指只有一个操作数的运算符，二元运算符有两个操作数，依此类推，三元运算符则有三个操作数。

在 Java 中，运算符分为：算术运算符、关系运算符、逻辑运算符、位运算符、赋值运算符。

（1）算术运算符

在 Java 中，二元算术运算符有："+"（加法运算符）、"-"（减法运算符）、"*"（乘法运算符）、"/"（除法运算符）、"%"（求模运算符）。一元算术运算符有："+"（正数）、"-"（负数）、"++"（自加1）、"--"（自减1）。在这里，我们仅介绍"%"（求模运算符）、"++"（自加1）、"--"（自减1）这三种算术运算符。

① %——求模（求余）运算符。

%是一个二元运算符，用于两数相除后求其余数。例如：5%3=2；7%7=0。

%求模运算符常用于判定某个整数是奇数还是偶数。方法是将该数与2相整数求其余数，如果余数是0，则该数是偶数，否则，该数是奇数。例如：5%2=1，4%2=0。

② ++——自加1运算符。

++（两个加号必须连写，中间不能有空格）运算符，用于对某个变量的值在原值的基础上自加1操作。该运算符有两种使用方式：++i，i++。其中，i是变量名。

++i：先对i进行加1操作，然后再使用i的值。

i++：先使用i的值，然后再对i进行加1的操作。

③ -- ——自减1运算符。

--（两个减号必须连写，中间不能有空格）运算符，用于对某个变量的值在原值的基础上自减1操作。该运算符也有两种使用方式：--i，i--。其中，i是变量名。

--i：先对i进行减1操作，然后再使用i的值。

i--：先使用i的值，然后再对i进行减1的操作。

Java 中没有幂运算符，如需要求幂运算，可以使用 java.lang.Math 类中的方法 pow()。该方法定义为

```
public static double pow(double a, double b);        //其中参数a为底，b为幂次
```

求幂方法 pow()的使用方法：

调用 Math 类的 pow()方法——Math.pow(a,b)，如：

```
System.out.println(Math.pow(2, 3);        // 该行代码会在控制台上显示8
```

Math 类还包含了求算术平方根、自然对数、三角函数等科学函数。

① Math.sqrt(a) ——求数 a 的算术平方根。

② Math.max(a, b) ——求两个数 a 和 b 的最大值。

③ Math.min(a, b) ——求两个数 a 和 b 的最小值。

④ Math.abs(a) ——求数 a 的绝对值。
⑤ Math.sin(a) ——求 a 的正弦函数值。
⑥ Math.cos(a) ——求 a 的余弦函数值。

要使用 java.lang.Math 类中更多的数学运算方法，请读者参见 Java 有关 Math 类的文档。

算术运算中，整型数与浮点数常常进行混合运算。在运算中，不同类型的数据先转换为同一种类型，然后再进行运算。这种数据类型的转换是按照一定的优先顺序自动进行的：

```
低----------------------高
byte->short->char->int->long->float->double
```

注意：

① 即使两个操作数都是 byte 或 short 类型，表达式的结果也是 int 类型。

② "/" 和 "%" 运算中除数不能为 0，如为 0，则会产生异常（关于什么是异常，我们将在后面的第 6 章学习）。在使用这两个运算符时，需对除数进行非 0 判断，如为 0，则不能用这两个运算符进行运算。

③ 求模运算符%的操作数可以是浮点数。

④ "+" 运算符在对两个字符串操作时，为两个字符串的首尾连接操作。

（2）关系运算符

关系运算符用来比较两个操作数，运算的结果是一个 boolean 类型的值：true（真）或 false（假）。

关系运算符有："＞"（大于）、"＜"（小于）、"＞="（大于等于）、"＜="（小于等于）、"=="（等于）、"!="（不等于）。

例如：

① 10 > 5 的值为 true，5 > 10 的值为 false。
② 10 < 5 的值为 false，5 < 10 的值为 true。
③ 10 >= 5 的值为 true，10 >= 10 的值为 true。
④ 10 <= 5 的值为 false，5 <= 5 的值为 true。
⑤ 10 == 10 的值为 true，10 == 5 的值为 false。
⑥ 10 != 10 的值为 false，10 != 5 的值为 true。

关系运算符通常和逻辑运算符一起使用，用于表示条件表达式。

（3）逻辑运算符

逻辑运算符只对布尔（boolean）类型数据进行运算，得到的结果还是布尔类型的值。逻辑运算符包括："&&"（短路逻辑与）、"||"（短路逻辑或）、"!"（逻辑反）、"&"（逻辑与）、"|"（逻辑或）、"^"（异或），这些逻辑运算符中，除 "!" 是一元关系运算符外，其余均为二元运算符。在表 2-6 中，列出了逻辑运算符的使用方法，其中，op1 和 op2 分别为二元运算符的两个操作数。

表 2-6 逻辑运算符

运算符	使用方法	结果值为 true	结果值为 false	说　　明
&&	op1&&op2	op1 和 op2 都为 true	op1 或 op2 为 false	只有当 op1 为 true 时才需要计算 op2
||	op1||op2	op1 或 op2 都为 true	op1 和 op2 为 false	只有当 op1 为 false 时才需要计算 op2

运算符	使用方法	结果值为 true	结果值为 false	说明
!	!op	op 为 false	op 为 true	
&	op1&op2	op1 和 op2 都为 true	op1 或 op2 为 false	不管 op1 是 true 还是 false，总是要计算 op2
|	op1|op2	op1 或 op2 都为 true	op1 和 op2 为 false	
^	op1^op2	op1 和 op2 的值不同	op1 和 op2 的值相同	

下面通过一个例子来看看关系运算符和逻辑运算符的使用方法。

案例 2-2

案例描述　使用关系运算符和逻辑运算符进行一些简单运算，以观察使用这些运算符的表达式的运算结果值。

运行效果　运行效果见图 2-5 所示。

完整代码　完整代码详见代码清单 2-2。

图 2-5　关系运算符和逻辑运算符案例程序的编译与运行

代码清单 2-2　关系运算符和逻辑运算符的使用方法

```java
public class OpDemo {
    public static void main(String[] args) {
        int a = 10;
        int b = 5;
        boolean t = true;
        boolean f = false;
        System.out.println("a>b :" + (a > b));
        System.out.println("a==b :" + (a == b));
        System.out.println("t & f :" + (t & f));
        System.out.println("t | f :" + (t | f));
        System.out.println("t ^ f :" + (t ^ f));
        System.out.println("t && f :" + (t && f));
        System.out.println("t || f :" + (t || f));
    }
}
```

该段程序使用记事本编辑保存在 d:\java 下，文件名为：OpDemo.java，其编译、运行处理过程和运行结果如图 2-5 所示。

（4）位运算符

位运算符用来操作二进制位，Java 中提供了 7 个位运算符："～"（按位取反）、"&"（按位与）、"|"（按位或）、"^"（按位异或）、">>"（右移位）、"<<"（左移位）、">>>"（无符号右移位）。

七个位运算符中，除"～"按位取反是一元运算符外，其余位运算符都是二元运算符。位运算符中的操作数只能是整数或字符类型数据。

右移运算中右移 1 位相当于除 2 取商；在不产生溢出的情况下，左移 1 位相当于乘 2。如：

$-256 >> 4$　结果为 $-256/(2^4) = -16$。
$-16 << 2$　结果为 $-16 \times 2^2 = -64$。

右移运算符">>"（带符号右移）和">>>"（无符号右移）的区别：前者在进行右移位

运算时，最高位与移位前的最高位相同。例如：10010>>2 为 11100；后者在进行右移位运算时，最高位以 0 填充，例如：10010>>>2 为 00100。

逻辑运算符与位逻辑运算符中都有"&""|""^"，系统如何知道应该作何种运算？

根据操作数的数据类型进行判定，如果操作数的类型是布尔 boolean 类型，则进行逻辑运算；如果操作数的类型是整型，则进行位逻辑运算。

下面我们通过一个例子来看看位运算符的使用方法。

案例 2-3

案例描述　编写程序应用位运算符进行一些简单运算，以观察使用这些运算符的表达式的运算结果值。

运行效果　运行效果如图 2-6 所示。

完整代码　完整代码详见代码清单 2-3 所示。

图 2-6　位运算符案例程序的编译与运行

代码清单 2-3　运算符的使用方法

```java
public class BitOpDemo {
    public static void main(String[] args) {
        int a = 0xA2;
        int b = 0xB6;
        System.out.println("a=" + Integer.toBinaryString(a));
        System.out.println("b=" + Integer.toBinaryString(b));
        System.out.println("~a=" + Integer.toBinaryString(~a));
        System.out.println("a&b=" + Integer.toBinaryString(a & b));
        System.out.println("a|b=" + Integer.toBinaryString(a | b));
        System.out.println("a^b=" + Integer.toBinaryString(a ^ b));
        System.out.println("a<<3=" + Integer.toBinaryString(a << 2));
        System.out.println("a>>3=" + Integer.toBinaryString(a >> 2));
        System.out.println("a>>>3=" + Integer.toBinaryString(a >>> 2));
    }
}
```

该段程序使用记事本编辑保存在 d:\java 下，文件名为：BitOpDemo.java，其编译、运行处理过程和运行结果如图 2-6 所示。

（5）赋值运算符

Java 中赋值运算符是"="，其运算方法是将赋值运算符右边表达式的值赋给左边的变量。例如：

```
i = 0;
a = a + b;
a = a * b;
```

注意：在赋值符号"="的左边只能是标识符，不能是一个表达式，例如：a+b=a; 就是错误的。

在 Java 中，还对赋值运算符进行了扩展，例如：a = a * b; 可以写为 a *= b;。

在 Java 中允许的扩展运算符包括："*=""/=""%=""+=""-=""<<="">>="">>>=""&=""^=""|="，这类运算符由算术、关系、逻辑，或位运算符和赋值运算符"="两部分复合而成。例如：

```
i+=1;       等同于  i=i+1;
```

29

```
i -= 1;        等同于  i = i - 1;
```

（6）三元条件运算符

在 Java 中，三元条件运算符的格式为：条件表达式？表达式1:表达式2；其运算过程为：先计算条件表达式的值，若为真，则表达式1的值作为整个表达式的值，否则，表达式2的值作为整个表达式的值。例如：

```
int a = 8;
int b = 5;
int max = (a > b)? a : b;
```

这段代码运行后变量 max 的值为 a 的值，也就是 8。由于表达式 a>b 的值为 true，则将 a 的值 8 作为整个表达式（(a>b)? a:b）的值，最后将这个值 8 赋给变量 max，所以，max 的值也为 8。

这里，我们用到了表达式，那什么是表达式呢？表达式是常量、变量和运算符的集合。是 Java 程序中更高级的语法结构，Java 解释器通过演算得到一个表达式的值。例如：a + 5 * b 就是一个表达式。当 a 和 b 具有某个值后，就可以计算出表达式 a + 5 * b 的值，假如，a 的值是 3，b 的值是 2，则该表达式的值就为 13。

同步练习二

1. 使用记事本编辑案例 2-2 的 OpDemo.java 和案例 2-3 的 BitOpDemo.java 源程序；
2. 在 DOS 命令提示符下编译和运行这两个程序。

2.7 语　　句

1. 引入问题

任何一种编程语言中，由运算符和操作数组成表达式，而表达式而组成语句，在 Java 语言中，语句是怎样的？有哪些语句？编程中如何运用这些语句？

2. 解答问题

在 Java 中，语句以 ";" 为终结符。一条语句构成了一个执行单元。Java 中有三类语句：

（1）表达式语句

表达式语句有多种，大体上分为下面几种：

① 赋值表达式语句。例如：

```
i = 0;
```

② 增量表达式语句。例如：

```
i++;
```

③ 方法调用表达式语句。例如：

```
System.out.println(i);
```

④ 对象创建表达式语句。例如：

```
String[] greeting = new String[2];
```

（2）声明语句

声明语句用于定义变量、常量、方法等。例如：

```
int i = 0;                                    //声明一个整型变量
public final static double PI = 3.1415926;    //声明一个常量
public String getName( );                     //声明一个方法，返回值为 String 类型
```

（3）程序流控制语句

如没有程序流程控制语句，程序是按顺序执行的。程序流程控制语句用来控制程序的执行流程。程序流程控制语句有两类：条件控制语句、循环控制语句。条件控制语句包括 if 条

件语句和 switch 语句；循环控制语句包括 for 循环语句、while 循环语句、do...while 循环语句。下面将深入学习 Java 中的程序流程控制语句。

（1）块作用域

在学习语句之前，我们先来了解语句"块"的概念。在 Java 中，块（即复合语句）是指由一对花括号括起来的若干条简单语句。块确定了变量的作用域。一个块可以嵌套在另一个块中。但是，不能在嵌套的两个块中声明同名的变量。如：

```java
public class HelloWorld {
    public static void main(String[] args) {
        int i = 0;
        String[] hello = { "Hello,world!", "Hi,Java!" };
        while(i < 2) {
            int i = 0;          //这行代码是错误的，无法编译通过
            System.out.println(hello[i]);
            i++;
        }
    }
}
```

（2）顺序执行的语句

程序语句在没有遇到条件语句、循环语句等流程控制语句之前，都是顺序执行的。顺序结构是最简单的流程，程序语句一句一句地顺序执行。例如：

```java
int i = 1;
int j = i + 1;
System.out.println(j);
```

程序执行时，先执行第一条语句，给 i 赋初值为 1；然后执行第二条语句，将表达式 i+1 进行运算后得到值 2，赋值给左边的变量 j；最后执行第三条语句，将 j 的值（2）在屏幕上打印出来。

（3）条件语句

条件语句，是程序中根据条件是否成立，而进行的选择执行路径的一类语句。这类语句在实际应用中，难点在于如何准确地抽象出条件。例如，实现用户登录功能时，如果用户名和密码正确，则进入系统，否则弹出"密码错误"这样的提示框等，就需要用到条件语句。

在 Java 语言中，条件语句即是 if 语句。if 关键字的中文意思是"如果"，其语法形式归纳起来总共有三种：if 语句、if...else 语句和 if...else if...else 语句，下面将详细介绍这三种语法形式的 if 语句。

① if 语句

if 语句的语法格式：

```
if (条件表达式) {
    语句块;
}
```

该 if 语句的执行过程是：先计算条件表达式的值；如果条件表达式的值为 true，则执行语句块；否则，什么也不做。这样的条件语句应用在只关注条件为真的场合，如案例 2-4 所示。

案例 2-4

案例描述　编写程序实现功能：如果今天是你的生日，则给出提示信息"生日快乐！"。

运行效果　该案例运行后的效果如图 2-7 所示。

完整代码　完整代码详见代码清单 2-4。

图 2-7 if 语句案例程序的编译与运行

代码清单 2-4 if 语句的使用方法

```java
import java.text.DateFormat;
import java.text.ParseException;
import java.util.Calendar;
import java.util.Date;
public class IfStatementDemo {
    public static void main(String[] args) {
        DateFormat df = DateFormat.getDateInstance(DateFormat.SHORT);
        // 定义一个短日期的日期格式对象
        try {
            Calendar c = Calendar.getInstance();  // 定义一个日历对象
            c.setTime(df.parse("1985-02-03"));
            // 为日历对象设置日期为 "1985-02-03", 即出生日期
            int myDay = c.get(Calendar.DAY_OF_MONTH);
            // 获取出生日期中某月中的某天, 这里 myDay 的值为 3
            int myMonth = c.get(Calendar.MONTH) + 1;
            // 获取出生日期中的月份, 这里 myMonth 的值为 2
            c.setTime(new Date());                 // 重新为日期对象赋值为当然的系统日期
            int today = c.get(Calendar.DAY_OF_MONTH);
            int month = c.get(Calendar.MONTH) + 1;

            if((myMonth == month) && (myDay == today)) {
                System.out.println("生日快乐! ");
            }
        } catch (ParseException e) {
            e.printStackTrace();
        }
    }
}
```

该段程序使用记事本编辑保存在 d:\java 下，文件名为：IfStatementDemo.java，其编译、运行处理过程和运行结果如图 2-7 所示。关于日历 Calendar 类的使用方法将在 11.4 节继续学习。

说明：由于该程序运行于 2015 年 2 月 3 日，与给出的 1985 年 2 月 3 日的月、日相同，所以，程序的运行结果是在屏幕上显示"生日快乐!"几个字。请读者思考，如果程序运行时的系统日期不是"2 月 3 日"，运行结果又是怎样的呢？

② if...else 条件分支控制语句。

if...else 语句形式的语法格式：

```
if (条件表达式) {
    语句块 1;
} else {
    语句块 2;
}
```

该 if 语句的执行过程：先计算条件表达式的值；如果条件表达式的值为 true，则执行语

句块 1；否则，执行语句块 2。这种 if 语句形式常应用在有两个分支，每次必须执行其中一个分支的场合，其使用方法见案例 2-5。

案例 2-5

案例描述 编写程序实现功能：使用 java.util.Random 类的方法 nextInt 产生 2 个 100 以内的随机整数。用 if...else 语句找出其中的较小者。

运行效果 该案例运行结果如图 2-8 所示。

完整程序 完整程序代码详见代码清单 2-5。

图 2-8 if...else 条件语句案例程序编译与运行

代码清单 2-5 if...else 语句的使用方法

```java
import java.util.Random;
public class IfElseStatementDemo {
    public static void main(String[] args) {
        Random random = new Random();           // 创建一个随机数对象
        int data1 = random.nextInt(100);        // 随机产生一个小于 100 的整数
        int data2 = random.nextInt(100);        // 随机产生另一个小于 100 的整数
        int min = 0;
        if(data1 >= data2) {
        // 如果第一个随机数大于或等于第二个随机数，data1 >= data2 的值为 true
            min = data2;                        // 第二个是最小者
        } else {                                // data1 >= data2 的值为 false
            min = data1;                        // 第一个是最小者
        }
        System.out.printf("两个随机数是: %d, %d, 其中较小者是%d\n", data1, data2, min);
    }
}
```

该段程序使用记事本编辑保存在 d:\java 下，文件名为：IfElseStatementDemo.java，其编译、运行处理过程和运行结果如图 2-8 所示。

③ if...else if...else 语句。

if...else if...else 语句形式的语法格式：

```
if(条件表达式 1) {
    语句块 1;
} else if(条件表达式 2){
    语句块 2;
}
...
else {
    语句块 n;
}
```

该 if 语句的执行过程：先计算条件表达式 1 的值，如果条件表达式 1 的值为 true，则执行语句块 1；否则，计算条件表达式 2 的值，如果条件表达式 2 的值为 true，执行语句块 2。按照这种方法依此类推，当所有条件表达式的值都为 false 的时候，执行语句块 n。这种

if 语句形式常应用在有两个以上分支，每次必须执行其中一个分支的场合，其使用方法见案例 2-6。

案例 2-6

案例描述　编写程序实现功能：从键盘输入某门课程的考试成绩（整数），如果成绩在 60 分以下，则输出"不及格"；如果成绩是 60～69 分，则输出"及格"；如果成绩是 70～79，则输出"中等"；如果成绩是 80～89，则输出"良好"；如果成绩是 90～100，则输出"优秀"。

运行效果　完成该程序功能后其运行结果如图 2-9 所示。

完整代码　程序的完整代码详见代码清单 2-6。

图 2-9　if...else if...else 条件语句案例程序编译与运行

代码清单 2-6　if...else if...else 语句的使用方法

```java
import java.util.Scanner;
public class IfElseIfElseStatementDemo {
    public static void main(String[] args) {
        @SuppressWarnings("resource")
        Scanner scanner = new Scanner(System.in);            // 从键盘输入数据
        System.out.print("请输入一个考试成绩（整数）: ");
        int score = scanner.nextInt();                        // 获取用户从键盘输入的整数
        if(score < 60) {
            System.out.println("不及格");
        } else if(score < 70) {
            System.out.println("及格");
        } else if(score < 80) {
            System.out.println("中等");
        } else if(score < 90) {
            System.out.println("良好");
        } else {
            System.out.println("优秀");
        }
    }
}
```

该段程序使用记事本编辑保存在 d:\java 下，文件名为：IfElseStatementDemo.java，其编译、运行处理过程和运行结果如图 2-9 所示。

从案例 2-6 可以看出，当分支比较多时，程序结构就变得很复杂，这会影响程序代码的可读性。在实际应用中，当要处理的分支超过 3 个时，常常采用下面我们将要学习的 switch 多分支条件语句。

（4）多重选择 switch 语句

switch 语句是用来实现多分支的流程控制语句。其语法格式为

```
switch (表达式) {
    case 值1:
        语句块 1;
        break;
    case 值2:
```

```
        语句块 2;
        break;
        ...
    case 值 n:
        语句块 n;
        break;
    [default:
        语句块 n+1;]
}
```

switch 语句的执行过程：首先计算 switch 关键字后面括号中表示式的值，再判断 case 后面的表达式的值和 switch 后面的表达式的值是否匹配，一旦某个 case 匹配，就会顺序执行其后面的程序代码，而不管后面的 case 是否匹配，直到遇见 break，或者遇到 switch 语句的结束括号（"}"，右花括号）；当没有任何的 case 后面的表达式的值和 switch 后面的表达式的值相匹配时，就会顺序执行 default 后面的语句块，如果没有 defalut，该 switch 语句的执行直接结束。

switch 语句后面表达式的值只能是 int、byte、char、short 这几种基本数据类型和字符串类型。case 后面的值不能直接表示一个范围，在你的应用中，如果你需要表示一个范围，必须作相应的处理。

下面我们应用 switch 语句来完成案例 2-6，其运行结果与图 2-9 相同，程序代码如代码清单 2-7 所示。

代码清单 2-7　switch 语句的使用方法

```java
import java.util.Scanner;
public class SwitchDemo {
    public static void main(String[] args) {
        @SuppressWarnings("resource")
        Scanner scanner = new Scanner(System.in);
        System.out.print("请输入一个考试成绩（整数）: ");
        int score = scanner.nextInt();
        int a = (int)score/10;      // 0-100 的数除以 10 取整数部分，得到 0～10 的整数。
        switch(a) {
            case 0:
            case 1:
            case 2:
            case 3:
            case 4:
            case 5:
                System.out.println("不及格");
                break;
            case 6:
                System.out.println("及格");
                break;
            case 7:
                System.out.println("中等");
                break;
            case 8:
                System.out.println("良好");
                break;
            case 9:
            case 10:
                System.out.println("优秀");
                break;
            default:
```

```
                        System.out.println("你输入的是一个非法的成绩。");
                }
        }
}
```

该段程序使用记事本编辑保存在 d:\java 下，文件名为：SwitchDemo.java，其编译、运行处理过程和运行结果如图 2-10 所示。

说明：

① 在这个例子中，需要判定的是一个成绩范围。然而 case 后面只能是一个具体的数值，不能表示范围，所以必须对 score 的值进行处理。这里对 score 除以 10 取整数部分，求得的数仅是 0～10 之间的 11 个数，较容易判断。

② 当 a 的值为 0～5 时，也就是 score 的值小于 60 时，都执行了 case 5: 后面的语句块。switch 语句中，一旦发现 case 后面有与 switch 表达式的值相匹配的值，就顺序执行其后发现的语句，直到遇到 break 语句或 switch 语句的结束符 "}" 为止。

（5）for 循环语句

Java 的循环语句有 for、while 和 do...while 三种。所谓循环是指一直重复执行同一套代码直到一个结束条件出现。for 循环的语法格式：

```
for (表达式1;表达式2;表达式3) {
    循环体;
}
```

for 循环的执行过程（见图 2-11 的流程图）：表达式 1 用来进行循环变量初始化等工作，只在 for 循环刚开始时执行一次；在初始化后，会判断表达式 2 的值，如果为 true，则执行一次循环体，否则退出循环；执行一次循环体后，会执行表达式 3，一般是对循环控制变量的值进行更新，之后再判断表达式 2 的值，如果为 true，则再执行循环体，否则退出循环，继续执行循环语句的后继语句。

图 2-10 switch 语句案例程序编译与运行

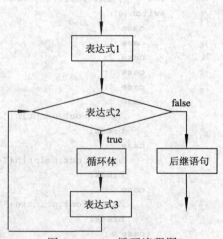

图 2-11 for 循环流程图

for 循环常用在循环次数已知的情况下。下面我们就用案例 2-7 来说明 for 循环的使用方法。

案例 2-7

案例描述　编写程序实现功能：求所有满足如下条件的三位数，它除以 11 得的商等于它各位数字的平方和。例如 550，550÷11=50，$5^2+5^2+0^2=50$，请寻找所有满足条件的三位数。

运行效果　该案例程序运行后其结果如图 2-12 所示。

完整代码　其完整代码详见代码清单 2-8。

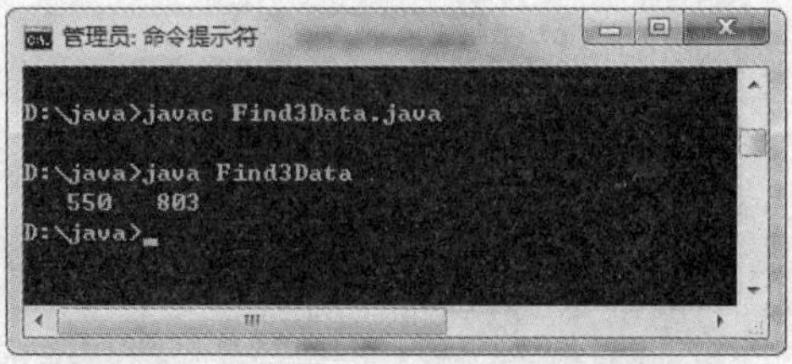

图 2-12　for 循环案例程序编译与运行

代码清单 2-8　for 循环语句的使用方法

```java
public class Find3Data {
    public static void main(String[] args) {
        for(int i = 100; i <= 999; i++) {          // 三位数的范围是100~999
            int n = i;                              // n为当前正要处理的一个三位数

            if(n%11==0) {                           // 当前的三位数能被11整除
                int j = n / 11;                     // 求出被11整除后的商
                int s = 0;                          // 用于累计每位数的平方

                while(n != 0) {
                    s+= (n % 10) * (n % 10);        //n%10后得到n的个位数
                    n/= 10;                         //n/=10后得到n除以10后的整数部分
                }

                if(j==s) {
                    System.out.printf("%6d", i);
                }
            }
        }
    }
}
```

该段程序使用记事本编辑保存在 d:\java 下，文件名为：Find3Data.java，其编译、运行处理过程和运行结果如图 2-12 所示。

说明：for 循环中用小括号括起来的由两个分号分隔的三个部分都可以省略，但两个分号不能省略。例如，上面程序中的 for 循环部分可以修改为：

```java
int i = 100;
for(; i<=999; i++) {
    int n=i;

    if(n % 11==0) {
        int j = n / 11;
        int s = 0;

        while(n!=0) {
            s += (n % 10) * (n % 10);
            n /= 10;
        }

        if(j==s) {
            System.out.printf("%6d", i);
        }
    }
}
```

也可以修改为：

```java
int i=100;
for (; i <= 999;) {
```

```java
        int n=i;
    if(n % 11== 0) {
        int j= n / 11;
        int s= 0;

        while(n!=0) {
            s += (n % 10) * (n % 10);
            n /= 10;
        }

        if(j==s) {
            System.out.printf("%6d", i);
        }
    }
    i++;
}
```

当然也可以把中间的条件表达式放到循环体中，这种情况留给读者思考，自行解决。

（6）while 循环语句

while 循环的语法格式：

```
while (条件表达式) {
    循环体;
}
```

while 循环的执行过程（见图 2-13）：首先计算条件表达式的值；如果条件表达式的值为 true，则执行循环体；然后再计算条件表达式的值，如为 true，则继续执行循环体，直到条件表达式的值为 false 退出循环，执行循环语句的后继语句。

while 循环语句常用在循环次数未知、在执行循环体语句之前需要先判断条件表达式的值的情况下。下面我们用案例 2-8 来说明 while 循环的使用方法。

案例 2-8

案例描述　编写一个程序，从键盘上输入一个字符串，使用 while 语句复制这个字符串的各个字符，直到程序找到给定字符'a'为止。

运行效果　该案例程序运行后其结果如图 2-14 所示。

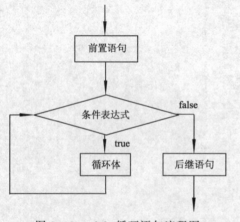

图 2-13　while 循环语句流程图　　　图 2-14　while 循环语句案例程序编译与运行

完整代码　其完整代码详见代码清单 2-9。

代码清单 2-9　while 循环语句的使用方法

```java
import java.util.Scanner;
public class WhileDemo {
    public static void main(String[] args) {
        @SuppressWarnings("resource")
        Scanner scan = new Scanner(System.in);           // 从键盘输入
        System.out.print("请输入一个字符串: ");
        String source = scan.nextLine();                  // 获取用户输入的一行信息作为原串
        StringBuffer target = new StringBuffer();         // 定义一个字符串对象
        int i = 0;
        char c = source.charAt(i);                        // 从原串中获取第一个字符
        while (c != 'a') {    // 判断当前的字符是否为'a'，不为'a'，继续循环，否则退出循环
            target.append(c);                             // 将当前获取的字符追加到目标字符串对象中
            i++;
            c = source.charAt(i);                         // 从原串中获取下一个字符
        }
        System.out.println(target);                       // 输出目标字符串
    }
}
```

该段程序使用记事本编辑保存在 d:\java 下，文件名为：WhileDemo.java，其编译、运行处理过程和运行结果如图 2-14 所示。

说明：

① while 循环的循环体语句的执行次数可能不是已知的。

② while 循环可能一次也不执行循环体中的语句。例如，如果第一次判断条件表达式的值就为 false，就不会执行循环体内的语句，而直接退出循环，执行 while 循环的后继语句。

（7）do...while 循环语句

do...while 循环的语法格式：

```
do {
    循环体;
} while (条件表达式);
```

do...while 循环语句的执行过程（见图 2-15）：先执行一次循环体，再计算条件表达式的值，如果条件表达式的值为 true，则循环执行循环体，直到条件表达式的值为 false 退出循环，执行循环语句的后继语句。

do...while 循环常用在循环次数未知、至少执行一次循环体语句的情况下。下面我们使用案例 2-9 来说明 do...while 循环的使用方法。

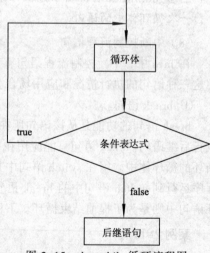

图 2-15　do...while 循环流程图

案例 2-9

案例描述　编写程序使用古巴比伦算法计算算术平方根。古巴比伦算法原理：设 x 是 $\sqrt{2}$ 的一个近似值，即 $x \approx \sqrt{2}$，则 $x^2 \approx 2$。从而，$x \approx \dfrac{2}{x}$。不难证明 x 和 $\dfrac{2}{x}$ 这两个数中，必有一数小于 $\sqrt{2}$，而另一个数大于 $\sqrt{2}$。这一结论是本算法的核心。由此得到这两个数的平均 $\dfrac{x+\dfrac{2}{x}}{2}$ 将更接近

$\sqrt{2}$，反复地使用赋值语句：$x = \dfrac{x + \dfrac{2}{x}}{2}$，就可求得 $\sqrt{2}$ 的近似值。

运行效果　该案例程序运行效果如图 2-16 所示。

完整代码　其完整代码详见代码清单 2-10。

图 2-16　do...while 循环案例程序编译与运行

代码清单 2-10　do...while 循环语句的使用方法

```java
import java.util.Random;
public class Babylon {
    public static void main(String[] args) {
        final double DIFF = 0.5E-15;      // 这里定义一个常量，表示无限接近 0 的一个数
        Random random = new Random();
        double x = random.nextDouble();   //用随机数产生一个初始的 x 值

        do {
            x = (x + 2 / x) / 2;
        } while(x * x - 2 > DIFF);

        System.out.println("2 的平方根是: " + Math.sqrt(2.0));
    }
}
```

该案例程序使用记事本编辑保存在 d:\java 下，文件名为：Babylon.java，其编译、运行处理过程和运行结果如图 2-16 所示。

说明：

① do...while 循环的循环体语句的执行次数可能不是已知的。

② do...while 循环由于先执行循环体语句再判断条件表达式的值，所以，至少会执行一次循环体中的语句。

（8）中断控制流程语句

在 Java 中，中断控制流程语句有三种：break 语句、continue 语句和 return 语句。下面介绍这三种语句的执行情况和应用场合。

① break 语句。

break 语句的功能是从该语句所在的 switch 分支或 for、while、do...while 循环中跳转出来，执行后继语句。break 语句只能应用在 switch 语句的 case 分支语句块或者 for、while、do...while 循环的循环体中。用在 switch 语句中是为了分隔 case 分支的语句块，参见代码清单 2-7，当程序运行到 switch 语句中的 break 语句时，会转到 switch 语句的后继语句继续执行；用在循环语句中则是为了提前结束循环。下面我们将用一个实例来说明 break 语句的使用方法。

案例 2-10

案例描述　编写程序找到第一个满足如下条件的三位数，它整除以 11 得的商等于它各位数字的平方和。例如 550，550÷11=50，$5^2+5^2+0^2=50$，请写出程序代码寻找这个三位数。

运行效果　该案例完成后其运行结果如图 2-17 所示。

图 2-17　break 语句案例程序编译与运行

完整代码 完整代码详见代码清单 2-11。

代码清单 2-11　break 语句的使用方法

```java
public class FindData {
    public static void main(String[] args) {
        int i = 100;

        for(; i<=999;) {
            int n = i;

            if(n%11==0) {
                int j = n / 11;
                int s = 0;

                while(n!= 0) {
                    s += (n % 10) * (n % 10);
                    n /= 10;
                }

                if(j == s) {
                    System.out.printf("%6d", i);
                    break;    //当程序执行到这行代码时,就退出循环
                }
            }
            i++;
        }
    }
}
```

该案例程序使用记事本编辑保存在 d:\java 下，文件名为：FindData.java，其编译、运行处理过程和运行结果如图 2-17 所示。

说明：

由于循环是可以嵌套的，也就是说可以有多重循环，break 语句如果处于某层中，也只是退出当前层循环，例如，在一个二重循环的内层循环中有一个 break 语句，则只会退出内层循环，而外层循环是会继续执行的。

② continue 语句。

continue 语句的功能是用于跳过当次的 for、while、do...while 循环体剩余部分的语句，转去继续执行下一次循环。continue 语句只能应用在循环语句中。下面我们就用一个简单的实例来说明 continue 语句的使用方法。

案例 2-11

案例描述　编写程序实现功能：打印 1～20 中不能被 3 整除的自然数。

运行效果　该案例程序运行后其效果如图 2-18 所示。

完整代码　程序完整代码详见代码清单 2-12。

图 2-18　continue 语句案例程序编译与运行

代码清单 2-12　continue 语句的使用方法

```java
public class ContinueDemo {
    public static void main(String[] args) {
        for(int i=1;i<=20;i++) {
            if(i%3 == 0) {
                continue;              // 如果i能被3整除,当次循环中其后的代码不再执行
            }
            System.out.printf("%4d", i);   // 如果i能被3整除,这行代码不再执行
        }
    }
}
```

　　该段程序使用记事本编辑保存在 d:\java 下,文件名为:ContinueDemo.java,其编译、运行处理过程和运行结果如图 2-18 所示。

　　说明:在案例 2-11 中,每次循环执行到循环体的语句时,都会判断当前的 i 值是否能被 3 整除,如果能被 3 整除,就会退出当次循环,不再执行后面的输出语句,继续进行下次循环。

　　请读者注意 break 语句和 continue 语句应用在循环语句中的区别:前者是退出当前循环,而后者则是退出当次循环,不再执行 continue 语句后面的语句,继续进行下一次循环;前者不再进行当前循环了,而后者还要继续循环。

③ return 语句。

　　return 语句的作用是退出当前的方法,使控制流程返回到调用该方法的语句之后的下一条语句。return 语句的语法格式:

```
return 表达式;
```

　　下面我们用案例 2-12 来说明 return 语句的使用方法。

案例 2-12

　　案例描述　编写程序实现功能:求从键盘输入的两个数的最大值。

　　运行效果　该案例程序完成后其运行效果如图 2-19 所示。

　　完整代码　程序的完整代码详见代码清单 2-13。

图 2-19　return 语句案例程序编译与运行

代码清单 2-13　return 语句的使用方法

```java
import java.util.Scanner;
public class ReturnDemo {
    public static void main(String[] args) {
        @SuppressWarnings("resource")
        Scanner scan = new Scanner(System.in);
        System.out.print("请输入两个用空格分开的整数: ");
        int data1 = scan.nextInt();
        int data2 = scan.nextInt();

        int m = max(data1, data2);
        System.out.printf("两个数: %d %d 中,%d 最大\n", data1, data2, m);
    }
```

```
        public static int max(int a1, int a2) {
            return (a1 >.a2)? a1 : a2;
        }
    }
```

该案例程序使用记事本编辑保存在 d:\java 下，文件名为：ReturnDemo.java，其编译、运行处理过程和运行结果如图 2-19 所示。

说明：在定义有返回值的方法（面向对象编程中的方法相当于面向过程程序中的函数）中，必须使用 return 语句返回一个类型相匹配的值给调用处。在上面的例子中，定义 max()方法时定义了返回类型 int，因此，必须使用 return 语句返回一个整型数据。

同步练习三

1. 使用记事本编辑案例 2-4 的 IfStatementDemo.java 源程序，在 DOS 命令提示符下编译和运行该程序。

2. 使用记事本编辑案例 2-5 的 IfElseStatementDemo.java 源程序，在命令提示符下编译和运行该程序。

3. 使用记事本编辑案例 2-6 的 IfElseIfElseStatementDemo.java 源程序，在命令提示符下编译和运行该程序。

4. 使用记事本编辑代码清单 2-7 的 SwitchDemo.java 源程序，在命令提示符下编译和运行该程序。

5. 使用记事本编辑代码清单 2-8 的 Find3Data.java 源程序，在命令提示符下编译和运行该程序。

6. 使用记事本编辑代码清单 2-9 的 WhileDemo.java 源程序，在命令提示符下编译和运行该程序。

7. 使用记事本编辑代码清单 2-10 的 Babylon.java 源程序，在命令提示符下编译和运行该程序。

8. 使用记事本编辑代码清单 2-11 的 FindData.java 源程序，在命令提示符下编译和运行该程序。

9. 使用记事本编辑代码清单 2-12 的 ContinueDemo.java 源程序，在命令提示符下编译和运行该程序。

10. 使用记事本编辑代码清单 2-13 的 ReturnDemo.java 源程序，在命令提示符下编译和运行该程序。

2.8　System 类

1. 引入问题

前面章节代码中已多处用到 System.in 和 System.out，前者用来从键盘输入数据，而后者则是在控制台上输出数据。System 类除 System.in 和 System.out 之外，还包括其他部分，那么，System 类的结构究竟是怎么样的呢？

2. 解答问题

System 类的层次结构及定义：

```
                    java.lang.Object
                      └─java.lang.System
```
```
public final class System extends Object
```
从这行 System 类的定义中可以看出，由于具有 final 关键字，System 类不能被实例化，也不能被继承。

在 System 类提供的设备中，有标准输入、标准输出和错误输出流；提供对外部定义的属性和环境变量的访问方法、加载文件和库的方法，以及快速复制数组的一部分的实用方法。

System 类定义了三个属性：

① System.err：标准错误输出流。
② System.in：标准输入流。
③ System.out：标准输出流。

System 类提供的常用方法如表 2-7 所示。

表 2-7　System 类提供的常用方法

方法名	功能	使用方法
static long currentTimeMillis()	返回以毫秒为单位的当前时间	System.currentTimeMillis()
static void exit(int status)	终止当前正在运行的 Java 虚拟机	System.exit(0)

（1）System.in

System.in 是标准输入流。此流已打开并准备提供输入数据。通常，此流对应于键盘输入或者由主机环境或用户指定的另一个输入源。定义为：

```
public static final InputStream in
```

使用方法如代码清单 2-9 中的 WhileDemo 类的定义。该类定义中，用到了 Scanner 类，目的是为了将 InputStream 输入流封装成 Scanner 对象后方便获取用户从键盘上输入的信息。下面我们将学习 Scanner 类的定义与使用方法。（关于 InputStream 输入流的概念将在 7.2 节中进一步学习。）

Scanner 类的层次结构：java.lang.Object→java.util.Scanner。该类定义的语法结构：

```
public final class Scanner extends Object implements Iterator< String>
```

Scanner 使用分隔符模式将其输入分解为标记，默认情况下该分隔符模式与空白（包括空格、换行、Tab 缩进等所有的空白）匹配。然后可以使用不同的 next 方法将得到的标记转换为不同类型的值。

例如，以下代码使用户能够从 System.in 中读取一个数：

```
Scanner scanner = new Scanner(System.in);
int i = scanner.nextInt();
```

以下代码使得 long 类型数值从 myNumbers 文件中读取：

```
Scanner scanner = new Scanner(new File("myNumbers"));
while (scanner.hasNextLong()) {
    long aLong = scanner.nextLong();
    ...
}
```

扫描器还可以使用非空白分隔符。下面是从一个字符串中读取若干项的例子：

```
String input = "1 bird 2 bird red bird blue bird";
Scanner scanner = new Scanner(input).useDelimiter("\\s*bird\\s*");
// \s*指所有的空白，bird 加空白为分隔符
System.out.println(scanner.nextInt());            // 读取并输出第一个整数
```

```
System.out.println(scanner.nextInt());      // 读取并输出第二个整数
System.out.println(scanner.next());         // 读取并输出下一个字符串
System.out.println(scanner.next());         // 读取并输出下一个字符串
scanner.close();                            // 关闭扫描器
```

输出为：

```
1
2
red
blue
```

Scanner 类常用的构造方法和普通方法详见 Java API 文档。

（2）System.out

System.out 是标准输出流。此流已打开并准备接收输出数据。通常，此流对应于显示器输出或者由主机环境或用户指定的另一个输出目标。System.out 的定义为：

```
public static final PrintStream out;
```

对于简单独立的 Java 应用程序，编写一行输出数据的典型方式是：

```
System.out.println(data);
```

这就应用了 PrintStream 类的 println()方法输出一行数据。下面我们来看看 PrintStream 类的定义与使用方法。

PrintStream 类的层次结构：java.lang.Object→java.io.OutputStream→java.io.FilterOutputStream→java.io.PrintStream。

从该结构可以看出，PrintStream 是一个输出流，当需要方便访问 OutputStream 输出流对象时，可以将其封装为 PrintStream 对象。PrintStream 为其他输出流添加了功能，使它们能够方便地打印出各种类型的数据值。

PrintStream 打印的所有字符都使用平台的默认字符编码转换为字节。在需要写入字符而不是写入字节的情况下，应该使用 PrintWriter 类。PrintStream 类常用的构造方法和普通方法详见 Java API 文档。

有关输入/输出流更详细的内容详见 7.2 节。

2.9 数 组

1. 引入问题

在程序设计中，当我们保存单个数据时，使用一个普通的变量，然而，当一次性保存多个相关联的数据时，如一个阵列的数据，要如何处理呢？

2. 解答问题

当需要保存多个有关联关系的数据时，可以使用数组。

在程序设计中，数组是一种常用的数据结构，是一组有序数据的集合。数组中的每个数据元素具有相同的数据类型，可以用统一的数组名和下标来唯一地确定数组中的数据元素。数据元素的个数称为数组的长度，而"下标"，则是数据元素在数组中所处的位置，也称为索引值。在 Java 语言中，数组的下标是从 0 开始的。

数组中的元素可以是简单的数据类型，也可以是类类型，还可以是数组。如果数组的数据元素还是数组，则为多维数组。同样的道理，如果数组的数据元素不是数组，而是其他数据类型，则这个数组就是一维数组。下面我们将详细介绍 Java 中数组的使用方法。

3. 分析问题

（1）数组的定义与初始化

数组与普通变量一样，在使用之前必须声明，指明数组中包含的数据元素的数据类型。

① 一维数组

一维数组的定义形式：

```
type arrayName[]; 或: type[] arrayName;
```

其中，类型 type 为 Java 中任意的数据类型，是数组元素的数据类型；数组名 arrayName 为一个合法的标识符。[]指明该变量是一个数组类型变量。如：

```
int data[];        //声明了一个整型数组，数组中的每个元素都为整型数据
```

与其他语言如 C、C++不同，Java 在数组的定义中并不为数组元素分配内存，因此[]中不用指出数组中元素的个数，即数组的长度，而且对于如上定义的一个数组是不能访问它的任何元素的。必须为它分配内存空间，此时要用到运算符 new，其格式如下：

```
arrayName = new type[arraySize];
```

其中，arraySize 指明数组的长度。例如：

```
data = new int[3];     // 为一个整型数组分配 3 个 int 型整数所占据的内存空间
```

通常，这两部分可以合在一起，格式如下：

```
type arrayName = new type[arraySize];
```

如：

```
int data = new int[3];
```

定义了一个数组，并用运算符 new 为它分配了内存空间后，就可以引用数组中的每一个元素了。

可以在定义数组的同时对数组元素进行初始化。例如：

```
int data[] = {1, 2, 3, 4, 5};
```

用逗号分隔数组的各个元素，系统会自动为数组分配相应的内存空间。

② 多维数组

多维数组被看成数组的数组。如二维数组为一个特殊的一维数组，其每个元素又是一个一维数组。

二维数组的定义格式为：

```
type arrayName[][]; 或 type[][] arrayName;
```

例如：

```
int data2d[][]; 或 int[][] data2d;
```

与一维数组一样，这个二维数组的定义也没有对数组元素分配内存空间。同样要使用运算符 new 来分配内存，然后才可以访问每一个数据元素。

对高维数组来说，分配内存空间有下面几种方法：

a. 直接为每一维分配空间。例如：

```
int[][] data2d = new int[2][3];
```

b. 从最高维开始，分别为每一维分配空间。例如：

```
int data2d[][] = new int[2][];
data2d[0] = new int[3];
data2d[1] = new int[3];
```

c. 直接对每个元素赋值。在定义数组的同时进行初始化。例如：

```
int[][] data2d = {{2, 3}, {1, 5}, {3, 4} };
```

定义了一个 3×2 的数组，为每个数据元素分配了内存空间，并对数组中的每个元素赋了值。

③ 对象数组

数组元素的类型可以是基本数据类型，也可以是类类型，因此，可以使用数组包含一系

列的对象。

假定有类名为 User，可以用如下方式创建一个对象数组：

```
User[] users = new User[10];
```

注意：这样只是声明并创建了一个对象数组，数组的元素类型被定义为 User，但元素并没有实际被创建，创建元素需要使用如下形式的代码段：

```
for(int i = 0; i < users.length; i++) {
    users[i] = new User();   // 创建一个User对象赋值给数组的第i个数据元素
}
```

（2）数组元素的访问

定义了数组并给数组分配了存储空间后，就可以访问数组中的每个数据元素了。Java 语言使用下标访问数组中的数据元素。

一维数组数据元素访问的语法格式：

```
arrayName[index]
```

二维数组数据元素访问的语法格式：

```
arrayName[index1][index2]
```

其中，index、index1、index2 都为数组下标，它可以是整型常数或表达式，如 a[3]、b[i]（i 为整型）、c[2*i]、data[3][3*i]等。

下标从 0 开始，一直到数组的长度减 1。如上面例子中的 data 数组，它有 3 个数据元素，分别是：data[0]、data[1]、data[2]。注意：在这里不能有 data[3]。

另外，与 C、C++不同，Java 对数组元素要进行越界检查以保证安全性。同时，对于每个数组都有一个属性 length 指明它的长度。如：intArray.length 指明数组 intArray 的长度。

我们既可以对数组的数据元素赋值，也可以访问数据元素已存在的值。要对数组元素赋值，可以采用下列语法格式：

```
data[1] = 50;
```

要访问数据元素已存在的值，可以采用下面的形式：

```
int value = data[2];
```

从这里可以看出，访问数组的数据元素与访问一个普通变量是一样的。下面我们将给出一个简单的例子来说明数组的使用方法。

案例 2-13

案例描述 编写程序生成魔方阵。魔方阵是指元素为自然数 $1, 2, \cdots, N^2$ 的 $N \times N$ 方阵，每个元素值均不相等，每行、每列以及主、副对角线上各 N 个元素之和却相等。奇数魔方阵是指 N 为奇数，3×3 的奇数魔方阵如图 2-20 所示。

8	1	6
3	5	7
4	9	2

图 2-20　3×3 奇数魔方阵

生成奇数魔方阵的算法提示：从 1 开始，一次插入各自然数，直到 N^2 为止。选择插入位置的原则如下：

① 第一个位置在第一行正中。

② 新位置应当处于最近一个插入位置右上方，但如右上方位置已超出方阵上边界，则新位置取应选列的最下一个位置；如超出右边界则新位置取应选行的最左一个位置。

③ 若最近一个插入元素为 N 的整数倍，则选下面一行同列上的位置为新位置。

运行效果 该案例程序完成后其运行效果如图 2-21 所示。

完整代码 程序完整代码详见代码清单 2-14。

图 2-21 数组案例程序编译与运行

代码清单 2-14 数组的使用方法

```java
import java.util.Scanner;
public class MagicSquare {
    private static final int MAX = 10;
    private static int[][] magic = new int[MAX][MAX];
    // 定义一个有 10*10 个数据元素的二维数组 magic

    public static void main(String[] args) {
        int size = 0;
        while(size % 2 == 0) {               //该 while 循环保证用户从键盘输入一个奇数
            @SuppressWarnings("resource")
            Scanner scanner = new Scanner(System.in);
            System.out.print("请输入一个奇数: ");
            size = scanner.nextInt();
        }
        generateMagic(size);                 //调用 generateMagic() 静态方法产生奇数魔方阵

        for(int i=0;i<size;i++) {            //该 for 循环输出奇数魔方阵
            System.out.println();
            for(int j = 0; j < size; j++) {
                System.out.printf("%3d", magic[i][j]);
            }
        }
    }
    public static void generateMagic(int size) {
        int curi = 0, curj;                  //curi 为当前的行坐标，curj 为当前的列坐标
        if((size % 2)==0) return;            //如果 size 为偶数，就直接返回
        curj = (size - 1) / 2;               //第一个数据元素的列坐标为中间位置

        for(int count = 1; count <= size * size; count++) {
            magic[curi][curj] = count;       //填充一个数
            // 以下代码计算下一个要填充的数的坐标
            if((count % size) == 0) {        //填充的数是阶数的整数倍，调整下一个数的位置
                curi++;
                continue;     //该种情况下的位置确定后就应该填充数据了，不再执行后面的语句
            }
            curi--;            //下一个数的行坐标减 1，意味着是上一行
            curj++;            //下一个数的列坐标加 1，意味着是右边一列
            if(curi < 0) {     //已超过上边界
                curi += size;                //或者 curi = size - 1;   填充到最下一行
            } else if(curj == size) {        //已超过右边界
                curj -= size;                //或者 curj = 0;   填充到最左边一列
            }
```

            }
        }
    }

该案例程序使用记事本编辑保存在 d:\java 下，文件名为：MagicSquare.java，其编译、运行处理过程和运行结果如图 2-21 所示。

（3）for each 循环语句

for each 是 JDK5.0 新增的一个循环结构，可以用来处理数组中的每个数据元素，不需要为每个数据元素指定下标。使用 for each 循环语句遍历数组或集合中的所有数据元素，其语法格式如下：

```
for(类型变量：可迭代的对象) {
    语句块；
}
```

Java 语言的 for each 循环语句，定义一个变量用于暂存集合中的每一个元素，并执行相应的语句块。集合表达式必须是一个数组或者是一个实现了 Iterable 接口（如 ArrayList 等）的类对象。下面通过案例 2-14 来说明 for each 循环语句的使用方法。

案例 2-14

案例描述　编写程序说明 for each 循环语句的使用方法。

运行效果　该案例程序完成后其运行结果如图 2-22 所示。

完整代码　完整代码详见代码清单 2-15。

图 2-22　for each 循环语句案例程序的编译与运行

代码清单 2-15　for each 循环语句的使用方法

```java
public class ForEachDemo {
    public static void main(String[] args) {
        String[] data = {"I", "am", "a", "student"};
        // 定义一个一维数组，数据元素的类型是字符串
        String result = "";
        for(String d: data) {
            result += d + " ";          // 循环遍历数据元素，将数据元素首尾相接
        }
        System.out.println(result);
    }
}
```

该案例程序使用记事本编辑保存在 d:\java 下，文件名为：ForEachDemo.java，其编译、运行处理过程和运行结果如图 2-22 所示。

从代码清单 2-15 可以看出，如果要遍历数组中的所有数据元素，使用 for each 循环语句更简捷一些。

（4）字符串

串是数组结构的一种特例，其元素均属于一个指定的集合。通常说的串是指计算机可表示字符构成的字符串。字符串是多个字符的序列，是编程时常用的数据类型。实际上，字符串可以被看作字符数组。

Java 中没有内置的字符串类型，但在标准 Java 类库中提供了一个预定义类 String，对字符串的属性和操作进行了封装，可以方便我们对字符串求长度、子串、连接等操作。

字符串常量用双引号括起来，凡是用双引号括起来的字符串都是 String 类的一个实例。

例如：
```
String str = "Hello World!";      // 该字符串的长度是 12
```
表示定义了一个字符串变量 str，变量的值为"Hello World!"。

又如：
```
String data = "";
```
表示定义了一个长度为 0 的字符串 data。String a = " "; 则是定义了一个长度为 1 的字符串，该字符串中只有一个空格字符。char b =' '; 则是定义了一个字符类型的变量 b，其值为空格。

请读者注意空串与空格串的区别：前者的长度为 0，字符串中没有任何字符；而后者的长度大于 0，串中的字符为空格。

① 创建并初始化字符串

创建字符串的方法有两种：

a. 使用字符串常量直接初始化。如：
```
String str = "Hello World!";
```

b. 使用构造方法创建并初始化。如：
```
String str = new String();                       // 初始化一个对象，表示空字符序列
String str = new String("Hello World!");         // 利用已存在的字符串常量创建一个新的对象
char[] value = {'a', 'b','c'};                   // 定义一个字符数组
String str = new String (value);                 // 利用一个字符数组创建一个字符串
String str = new String(value, 0, 2);
//从字符数组中截取一部分生成新的字符串，截取位置从下标 0 开始，取 2 个字符创建一个非空串
```

另外，还可以利用 StringBuffer 对象初始化 String 对象。例如：
```
String str = new String(StringBuffer buffer);
```
有关 StringBuffer 类的使用方法将在稍后一些详细介绍。

② String 类的主要方法

String 类提供的方法很多，主要的方法见表 2-8。

表 2-8 String 类的主要方法

方 法 名	功 能
int length()	返回字符串的长度
boolean equals(Object anObject)	比较字符串内容是否相等
char charAt(int index)	返回指定索引处的字符，索引范围从 0 开始
Int indexOf(String str)	返回指定子字符串在此字符串中第一次出现处的索引，未出现返回-1
int lastIndexOf(String str)	返回指定子字符串在此字符串中最右边出现处的索引
String subString(int beginIndex,int endIndex)	返回的字符串是从 beginIndex 开始到 endIndex-1 的串
String trim()	去除字符串首尾空格
String[] split(String regex)	将字符串转换成字符串数组，regex 是给定的匹配
boolean startsWith(String prefix)	测试此字符串是否以指定的前缀开始
boolean endsWith(String suffix)	测试此字符串是否以指定的后缀结束
static String valueOf(typet)	将其他数据类型转化为字符串

下面我们将使用案例 2-15 对 String 类的一些常用方法进行说明，以加深读者对 String 类的理解。

案例 2-15

案例描述　编写程序演示 String 类的一些常用方法的使用。
运行效果　该案例程序完成后其运行效果如图 2-23 所示。
完整代码　完整代码详见代码清单 2-16。

图 2-23　String 类常用方法的案例程序的编译与运行

代码清单 2-16　String 类的一些常用方法的使用

```java
public class StringDemo {
    public static void main(String[] args) {
        //定义两个字符串
        String str1 = "StringDemo.java";
        String str2 = new String("d:/java/");       //也可以使用 new String("d:\\java\\")
        int length = str1.length();                 //求字符串长度
        System.out.println("字符串1的长度为: " + length);
        String str3 = str2 + str1;                  //连接两个字符串
        System.out.println("连接后的字符串: " + str3);
        int index = str1.indexOf('.');              //查询特定字符位置('.')
        System.out.println("点号在字符串1中的位置是: " + index);
        str3 = str1.substring(index + 1);           //求子串
        System.out.println("子串1: " + str3);
        str3 = str1.substring(0, index);
        System.out.println("子串2: " + str3);
        if(str1.endsWith("java")) {                 //检查字符串的后缀
            System.out.println("字符串1的后缀名为: " + "java");
        } else {
            System.out.println("字符串1的后缀名不为: " + "java");
        }
        //比较两个字符串
        String str4 = str1;
        if(str4 == str1) {
            System.out.println("字符串1和字符串4两个字符串对象相等");
        } else {
            System.out.println("字符串1和字符串4两个字符串对象不相等");
        }
        String str5 = new String("StringDemo.java");
        if(str5 == str1) {
            System.out.println("字符串1和字符串5两个字符串对象相等");
        } else {
            System.out.println("字符串1和字符串5两个字符串对象不相等");
            if(str5.equals(str1)) {
                System.out.println("字符串1和字符串5两个字符串内容相等");
            } else {
                System.out.println("字符串1和字符串5两个字符串内容不相等");
```

```
            }
        }
        //将整型值字符串转换为整型数值
        String str6 = "123";
        int temp = Integer.parseInt(str6);
        System.out.printf("转换整数后+210=%d",(temp + 210));
    }
}
```

该案例程序使用记事本编辑保存在 d:\java 下，文件名为：StringDemo.java，其编译、运行处理过程和运行结果如图 2-23 所示。

Java 中除了提供 String 类对字符串进行操作外，Java 标准类库中还提供了两个类：StringBuffer 和 StringBuilder，对字符串的处理更方便、快速，接下来将学习 StringBuffer 类的使用方法。

（5）StringBuffer 类

StringBuffer 类用于创建可变字符串，其定义的层次结构为：java.lang.Object → java.lang.StringBuffer。该类定义的语法结构：

```
public final class StringBuffer extends Object implements Serializable, CharSequence
```

StringBuffer 提供的操作中主要有 append()和 insert()方法，可重载这些方法，以接收任意类型的数据。每个方法都能有效地将给定类型的数据转换成字符串，然后将该字符串的字符追加或插入字符串缓冲区中。append()方法始终将这些字符添加到缓冲区的末端；而 insert()方法则在指定的点添加字符。

StringBuffer 类有四种构造方法，提供方便地创建字符串的能力，如表 2-9 所示。StringBuffer 类的常用方法如表 2-10 所示。

表 2-9 StringBuffer 类的构造方法

构造方法	功能
StringBuffer()	构造一个其中不带字符的字符串缓冲区，其初始容量为 16 个字符
StringBuffer(CharSequence seq)	构造一个字符串缓冲区，它包含与指定的 CharSequence 相同的字符
StringBuffer(int capacity)	构造一个不带字符，但具有指定初始容量的字符串缓冲区
StringBuffer(String str)	构造一个字符串缓冲区，并将其内容初始化为指定的字符串内容

表 2-10 StringBuffer 类的常用方法

方法	功能
StringBuffer append(type t)	将参数追加到此序列
char charAt(int index)	返回此序列中指定索引处的 char 值
int indexOf(String str)	返回第一次出现的指定子字符串在该字符串中的索引
StringBuffer insert(int offset,String str)	将字符串插入此字符序列中
int lastIndexOf(String str)	返回最右边出现的指定子字符串在此字符串中的索引
int length()	返回长度（字符数）
String substring(int start, int end)	返回一个新的 String，它包含此序列当前所包含的字符子序列
String toString()	返回此序列中数据的字符串表示形式

下面将使用案例 2-16 对 StringBuffer 类的一些主要方法进行说明，以加深读者对

StringBuffer 类的理解。

案例 2-16

案例描述　编写程序演示 StringBuffer 类的一些常用方法的使用。

运行效果　该案例程序的运行效果如图 2-24 所示。

图 2-24　StringBuffer 类常用方法使用案例程序编译与执行

完整代码　完整代码详见代码清单 2-17。

代码清单 2-17　StringBuffer 类的一些常用方法的使用

```java
package cn.edu.gdqy.demo;
public class StringBufferDemo {
    public static void main(String[] args) {
        //定义两个字符串
        StringBuffer str1 = new StringBuffer("StringBufferDemo.java");
        String str2 = new String("d:/java/");   //也可以使用 new String("d:\\java\\")
        int length = str1.length();             //求字符串长度
        System.out.println("字符串1的长度为: " + length);
        String str3 = str2 + str1;              //连接两个字符串
        System.out.println("连接后的字符串: " + str3);
        int index = str1.indexOf(".");          //查询特定字符位置（'.'）
        System.out.println("点号在字符串1中的位置是: " + index);
        str3 = str1.substring(index + 1);       //求子串
        System.out.println("子串1: " + str3);
        str3 = str1.substring(0, index);
        System.out.println("子串2: " + str3);

        if(str1.substring(str1.length()-4).equals("java")) {  //检查字符串的后缀
            System.out.println("字符串1的扩展名为: " + "java");
        } else {
            System.out.println("字符串1的扩展名不为: " + "java");
        }
        //比较两个字符串
        StringBuffer str4 = str1;
        if(str4 == str1) {
            System.out.println("字符串1和字符串4两个字符串对象相等");
        } else {
            System.out.println("字符串1和字符串4两个字符串对象不相等");
        }
        StringBuffer str5 = new StringBuffer("StringBufferDemo.java");
        if(str5 == str1) {
            System.out.println("字符串1和字符串5两个字符串对象相等");
```

```
            } else {
                System.out.println("字符串1和字符串5两个字符串对象不相等");
                if(str5.equals(str1)) {
                    System.out.println("字符串1和字符串5两个字符串内容相等");
                } else {
                    System.out.println("字符串1和字符串5两个字符串内容不相等");
                }
            }
            //将整型值字符串转换为整型数值
            StringBuffer str6 = new StringBuffer("123");
            int temp = Integer.parseInt(new String(str6));
            System.out.printf("转换整数后+210=%d",(temp + 210));
    }
}
```

该案例程序使用记事本编辑保存在 d:\java 下，文件名为：StringBufferDemo.java，其编译、运行处理过程和运行结果如图 2-24 所示。

String 与 StringBuffer 的区别：

String 是对象不是原始类型，是不可变对象。String 对象一旦被创建，就不能修改它的值。对于已经存在的 String 对象的修改都是重新创建一个新的对象，然后把新的值保存进去。String 是 final 类，即不能被继承。而 StringBuffer 对象则是一个可变对象。当对它进行修改的时候不会像 String 那样重新建立对象，而是修改这个对象的值。StringBuffer 只能通过构造函数来建立：

```
StringBuffer buffer = new StringBuffer();
```

对象一旦被建立，就会在内存中分配内存空间，并初始保存一个 null 值，通过它的 append() 方法向其赋值：

```
buffer.append("hello");
```

字符串连接操作中 StringBuffer 的效率明显比 String 高，主要由于 String 对象是不可变对象，每次操作 String 都会重新建立新的对象来保存新的值；而 StringBuffer 对象实例化后，只操作这一个对象。

同步练习四

1. 使用记事本编辑代码清单 2-14 的 MagicSquare.java 源程序，在命令提示符下编译和运行该程序。

2. 使用记事本编辑代码清单 2-15 的 ForEachDemo.java 源程序，在命令提示符下编译和运行该程序。

3. 使用记事本编辑代码清单 2-16 的 StringDemo.java 源程序，在命令提示符下编译和运行该程序。

4. 使用记事本编辑代码清单 2-17 的 StringBufferDemo.java 源程序，在命令提示符下编译和运行该程序。

2.10 Math 及大数值

1. 引入问题

前面我们已经学习过数据类型，已经了解各种数值型数据的表示范围，当一个数据不能用 int 表示时，我们会想到使用 long；当使用 float 不能表示时，会尝试使用 double 数据类型。但有时候我们需要表示的数据可能非常庞大，即使是 long 或 double 类型都无法胜任，我们该怎么办呢？

2. 解答问题

当遇到这类问题时,我们可以求助于 BigInteger 类和 BigDecimal 类。但在了解使用这两个类表示大数值之前,先了解 Math 类的使用方法。

(1) Math

Math 类定义的语法结构:

```
public final class Math extends Object
```

Math 类包含用于执行基本数学运算的方法,如初等指数、对数、平方根和三角函数。该类定义了两个常量,如表 2-11 所示。

表 2-11 Math 类的两个常量

常量	说明
Static double E	比任何其他值都更接近 e(即自然对数的底数)的 double 值
Static double PI	比任何其他值都更接近 pi(即圆的周长与直径之比)的 double 值

Math 类的常用方法有 abs()、cos()、acos()、asin()、atan()、ceil()、floor()、log()、log10()、max()、min()、sin()、pow()、random()、sqrt()、tan()等,从方法名我们就会知道这些方法的功能。

Math 类中的方法都是 static 的静态方法。直接使用类名.方法名来调用这些静态方法,不需要先创建类的一个对象。又因为 Math 类处于 java.lang 包中,该包自动引入,所有这个包中的类不需要 import 就可以直接使用。其他的方法及这些方法的使用方法详见 Java API 文档。

前面的案例中,我们已经用到了 Math 类,所以,此处不再举例说明。

(2) 大数值

有些数据,我们即使使用 long 和 double 类型都不能够满足要求,如下面的案例。

案例 2-17

案例描述 有这样一个故事,国王对发明国际象棋的大臣很佩服,问他要什么报酬,大臣说:请在第 1 个棋盘格放 1 粒麦子,在第 2 个棋盘格放 2 粒麦子,在第 3 个棋盘格放 4 粒麦子,在第 4 个棋盘格放 8 粒麦子,……,后一格的数字是前一格的两倍,直到放完所有棋盘格(国际象棋共有 64 格)。国王以为他只是想要一袋麦子而已,哈哈大笑。当时的条件下无法准确计算,但估算结果令人吃惊:即使全世界都铺满麦子也不够用!请编写程序准确地计算到底需要多少粒麦子。

根据问题描述知道,第 1 个棋盘格放 1 粒麦子,即 2^0,第 2 个棋盘格放 2 粒麦子,即 2^1,第 3 个棋盘格放 4 粒麦子,即 2^2,第 4 个棋盘格放 8 粒麦子,即 2^3,后一格的数字是前一格的两倍,第 i 个棋盘格放 2^{i-1} 粒麦子,……,最后一个棋盘格放 2^{63} 粒麦子。因此,麦子总粒数为 $2^0+2^1+2^2+\cdots+2^{63}$ = 18 446 744 073 709 551 615。

下面我们先用 long 和 double 两种数据类型,编写程序来求解总的麦子数。程序代码分别如代码清单 2-18 和代码清单 2-19 所示。

代码清单 2-18 使用 long 类型求解总的麦子数

```
public class Maizi1 {
    public static void main(String[] args) {
        long total = 0;                          // 用长整型实现

        for(int i = 0; i < 64; i++) {
```

```
        long sum = 1;
        for(int j=1;j<=i;j++) {          // 计算 2^i
            sum *= 2;
        }
        total += sum;                     // 计算 2^0+2^1+2^2+…+2^63
        System.out.println(total);
    }
}
```

该段程序使用记事本编辑保存在 d:\java 下,文件名为:Maizi1.java,其编译、运行处理过程和运行结果如图 2-25 所示。

该程序中在计算每一个棋盘格放的麦子粒数和总麦子粒数时,都声明的是 long 类型的变量,其运算结果为-1,显然是不正确的,这说明计算的整数已超出了 long 类型能表示的范围。

代码清单 2-19 使用 double 类型求解总的麦子数

```
public class Maizi2 {
    public static void main(String[] args) {
        double total = 0;                 // 用双精度实现
        for(int i=0; i<64;i++) {
            total+=Math.pow(2, i);        // 计算 2^0+2^1+2^2+…+2^63
        }
        System.out.println(total);
    }
}
```

该段程序使用记事本编辑保存在 d:\java 下,文件名为:Maizi2.java,其编译、运行处理过程和运行结果如图 2-26 所示。

图 2-25 使用 long 类型计算棋盘问题的编译与运行结果

图 2-26 使用 double 类型计算棋盘问题的编译与运行结果

该程序中,在计算每一个棋盘格放的麦子粒数时,使用了 Math 类中的 pow()方法,该方法的返回值是 double 类型;在计算总麦子粒数时,声明的是 double 类型的变量,其运算结果为 1.8446744073709552E19,这是科学计数法,去掉小数点后的值是 18446744073709552000。这个值虽然接近正确解,但精度还是不够。

如果在基本的长整型和双精度浮点型都不能满足需求的情况下,我们就要使用 java.math 包中的两个类:BigInteger 和 BigDecimal。这两个类可以处理包含任意长度数字序列的数值。BigInteger 类实现了任意精度的整数运算,BigDecimal 则实现了任意精度的浮点数运算。

① BigInteger 类

BigInteger 类可以处理不可变的任意精度的整数。所有操作中,都以二进制补码形式表示 BigInteger。BigInteger 类提供所有 Java 的基本整数操作符的对应操作,并提供 java.lang.Math 的所有相关方法。

BigInteger 类定义了三个常量（见表 2-12）、构造方法（见表 2-13）和一些主要的方法（见表 2-14）。

表 2-12　BigInteger 类定义的常量

常　　量	说　　明
static BigInteger ONE	BigInteger 的常量 1
static BigInteger TEN	BigInteger 的常量 10
static BigInteger ZERO	BigInteger 的常量 0

表 2-13　BigInteger 类的构造方法

构 造 方 法	功　　能
BigInteger(String val)	将 BigInteger 的十进制字符串表示形式转换为 BigInteger
BigInteger(String val, int radix)	将指定基数的 BigInteger 的字符串表示形式转换为 BigInteger

表 2-14　BigInteger 类的主要方法

方　　法	功　　能
BigInteger add(BigInteger val)	返回其值为 (this + val) 的 BigInteger
BigInteger subtract(BigInteger val)	返回其值为 (this − val) 的 BigInteger
BigInteger multiply(BigInteger val)	返回其值为 (this * val) 的 BigInteger
BigInteger divide(BigInteger val)	返回其值为 (this / val) 的 BigInteger
BigInteger pow(int exponent)	返回其值为 (this^{exponent}) 的 BigInteger

下面我们使用 BigInteger 类来解决前面的麦子问题，程序完整代码如代码清单 2-20 所示。

代码清单 2-20　使用 BigInteger 类求解总的麦子数

```java
import java.math.BigInteger;
public class Maizi {
    public static void main(String[] args) {
        BigInteger total = new BigInteger("0");    // 定义一个大数值，初始值为 0
        BigInteger base = new BigInteger("2");     // 定义一个大数值，其值为 2
        for(int i=0;i<64;i++) {
            total=total.add(base.pow(i));          // 计算 2⁰+2¹+2²+…+2⁶³
        }
        System.out.println(total);
    }
}
```

该段程序使用记事本编辑保存在 d:\java 下，文件名为：Maizi.java，其编译、运行处理过程和运行结果如图 2-27 所示。

从图 2-27 中可以看出，采用 BigInteger 类可以准确地计算出总的麦子粒数。

② BigDecimal 类

BigDecimal 的实现利用到了 BigInteger，不同的是 BigDecimal 加入了小数的概念。一般的 float 类型和 double 类型数据只可以用来做科学计算或者是工程计算，由于在商业计算中，要求的数字精度比较高，所以要用到 java.math.BigDecimal 类，它支持任何精度的定点数，可以用来精确计算货币值。关于

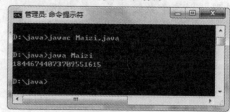

图 2-27　使用 BigInteger 求解麦子问题的编译与运行结果

BigDecimal 类详细的使用方法，请读者参考 Java API 文档。

同步练习五

使用记事本编辑案例 2-17 的 Maizi.java 源程序，在 DOS 命令提示符下编译和运行该程序。

总　结

一个类的完整结构包括三个部分：首先是包定义，使用 package 语句，有 0 行或者 1 行；然后是导入其他包部分，使用 import 语句，可以有 0 行或者多行；最后是类定义部分，使用 class 关键字，由一对花括号括住的是类体，类体包括域和方法的定义。

Java 中的注释有三种：①行注释。以双斜杠（"//"）开头，注释内容放置于其后，直到该行结束。②段注释。使用/*和*/将一段长的注释内容括起来。③可以用来自动生成文档的注释。这种注释用"/**"开头，"*/"结尾。用 javadoc 命令可自动生成 HTML 帮助文档。

Java 标识符由字母（a~z，A-Z）、数字（0~9）、下画线（_）和美元符号（$）组成。

Java 语言中，数据类型分为两大类：基本数据类型和引用数据类型。基本数据类型如下：①四种整数类型：int、short、long、byte；②两种浮点数类型：float、double；③一种字符数据类型：char；④一种布尔类型：boolean；⑤void。并且这些数据类型都有其对应的包装类 Integer、Short、Long、Byte、Float、Double、Character、Boolean 和 Void。其中，void 类型及其包装类 java.lang.Void，用于方法没有返回值的情况。引用数据类型包括数组、类和接口等。

程序运行过程中，其值会发生变化的量，叫变量。常量，是指在程序运行过程中其值不能被修改的量，是一种特殊的变量。

运算符，是参与运算的符号，如"+""-""*""/"等。有一元、二元和三元运算符之分。在 Java 中，运算符分为：算术运算符、关系运算符、逻辑运算符、位运算符、赋值运算符。

在 Java 中，语句以";"为终结符。一条语句构成了一个执行单元。Java 中有三类语句：①表达式语句；②声明语句；③程序流控制语句。

当要保存多个有关联关系的数据时，需要用数组。在程序设计中，数组是一种常用的数据结构，是一组有序数据的集合。数组中的每个数据元素具有相同的数据类型，可以用统一的数组名和下标来唯一地确定数组中的数据元素。数据元素的个数称为数组的长度，而"下标"，则是数据元素在数组中所处的位置，也称为索引值。在 Java 语言中，数组的下标是从 0 开始的。

数组中的元素可以是简单数据类型，也可以是类类型，还可以是数组。如果数组的数据元素还是数组，则为多维数组。同样的道理，如果数组的数据元素不是数组，而是其他数据类型，则这个数组就是一维数组。

第3章 软件结构设计

这一章里,我们不仅要学习包的概念,创建包,引用包,而且还要学习 Java 集成开发环境、系统的分包原则和案例项目 MiniQQ 的包结构设计。

3.1 Java 集成开发环境

1. 引入问题

俗话说:"工欲善其事,必先利其器。"使用记事本编辑 Java 源文件,并在 DOS 提示符下使用 javac 编译器和 java 虚拟机编译和运行 Java 程序,这样做效率低下。为了提高软件开发效率,可使用更为高级的集成开发工具开发 Java 项目。常用的 Java 集成开发工具主要有下面几种。

① JCreator:Java 入门级开发工具。
② Eclipse:开源、功能强大、使用广泛、插件多,易用。
③ IntelliJ:智能的 Java 开发工具,商业软件,不开源,需要购买。
④ NetBeans:Sun 公司发布的开发工具,用于移动开发和桌面开发有优势。
⑤ JDeveloper:Oracle 公司的产品。
⑥ JBuilder:IBM 公司发布的 Java 开发工具。

对于 Java 开发入门级推荐 JCreator,企业级开发推荐 Eclipse 或 IntelliJ。我们后面的案例项目开发,将采用 Eclipse 开发工具。如何安装与配置 Eclipse 集成开发环境呢?

2. 解答问题

在 1.3 节我们已经学习了 JDK 的安装与配置过程,在此基础上,接下来我们将安装与配置 Eclipse,为 Java 项目开发准备好集成开发环境。

(1)下载 Eclipse

下载 Eclipse 的官网地址:http://www.eclipse.org/downloads/。在下载页面中,选择"Eclipse IDE for Java Developers"右边的"Windows 32 bit"或"Windows 64 bit",究竟选择 32 位还是 64 位的版本,要根据你的 Windows 操作系统的位数来决定。这里我们下载 64 位版本。单击"Windows 64 bit"后即可将"eclipse-java-luna-SR1a-win32-x86_64.zip"文件下载到你的本地计算机。

(2)安装 Eclipse

此版本为解压缩版本,直接解压就行了。这里我们解压缩后的 Eclipse 的安装路径为:E:/eclipse。要启动 Eclipse,直接双击"eclipse.exe"文件。启动时会提示你选择一个 Workspace。这里建议大家多创建一些 Workspace,可以根据实际的需要将不同的 Project 创建在不同的 Workspace 中，以免日后 Workspace 中的 Project 越来越多，影响 Eclipse 的启动速度（当然，对于近期不使用的 project 建议将其关闭。方法：右击项目名称选择"Close Project"命令。如果需要开启项目，则右击关闭的项目名称选择"Open Project"命令即可。）。

切换 Workspace 可以在启动时进行选择，也可以等到启动后选择菜单项"File"→"Switch Workapsce"进行切换。

（3）配置 Eclipse

第一次启动 Eclipse 后，我们需要做一些基本的配置工作，通常包括下面几个方面：

① 配置 JDK。默认情况下，Eclipse 会自动关联环境变量中配置的 JDK。

Eclipse 本身使用 Java 语言编写，但下载的压缩包中并不包含 Java 运行环境，需要用户自己另行安装 JRE，并且要在操作系统的环境变量中指明 JRE 中 bin 的路径。如果我们安装了多个版本的 JDK，也可以手工进行配置。配置方法：选择菜单项"Window"→"Preferences"，弹出"Preferences"对话框，在该对话框中，选择"Java"→"Installed JREs"→"Add"（见图 3-1），在弹出的"Add JRE"对话框中选择图 3-2 所示的"Standard VM"选项，单击"Next"按钮，在图 3-3 所示的对话框中选择 JRE 的安装目录。

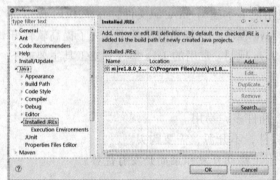 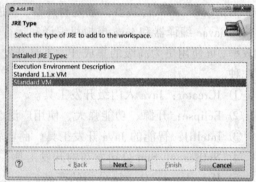

图 3-1　安装 JRE 的路径　　　　　　　　图 3-2　"Add JRE"对话框

② 启动提速。Eclipse 启动时会默认加载一些插件，而加载这些插件会增加 Eclipse 的启动时间，实际上有些东西对我们来说并没有什么用，可以关闭。关闭插件的方法是：选择菜单项"Window"→"Preferences"，选择"General"→"Startup and Shutdown"，勾掉不想要的插件即可，如图 3-4 所示。

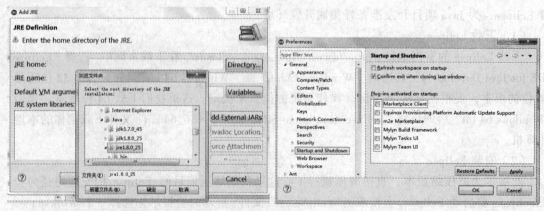

图 3-3　选择 JRE 安装目录　　　　　　　　图 3-4　关闭插件

③ 关闭验证。默认 Eclipse 会对 Workspace 中的项目进行验证，验证的内容包括 JSP 内容、XML 内容等，验证过程很消耗内存，所以建议关闭验证功能。关闭验证的方法是：选择 "Window" → "Preferences" 命令后，单击 "Validation" → "Disable All" 按钮，如图 3-5 所示。

④ 设置"新建"菜单项。Eclipse 默认的新建内容并不能满足需求，好多内容还需要到 Other 中去找，可以自定义新建菜单项中的内容，其方法是：选择菜单项 "Windows" → "Customize Prespective..." → "Shortcuts"，然后选择需要的新建项即可，如图 3-6 所示，选中子菜单 "General"，在右边的 "Shortcuts" 里选中 "Project"，表示在 "File" → "New" 子菜单中有 "Project" 菜单项出现，当用户新建项目时，不需要再到 "Other" 中寻找，而直接使用该菜单项即可。

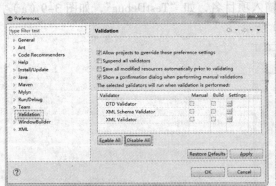

图 3-5 关闭验证

图 3-6 设置"新建"菜单项

⑤ 默认文件编辑器。Eclipse 默认会自动选择文件的编辑器，也可以在打开文件时右击文件，在右键菜单中选择 "Open With" 后选择编辑器，但有时我们可能更希望让文件使用某种特定的编辑器，此时可以通过如下方法进行配置：选择菜单项 "Window" → "Preferences" 后，在弹出的对话框中选择 "General" → "Editors" → "File Associations"，上方选择特定的文件名扩展名，下面选择编辑器，可以通过 Add 添加，通过 Default 设置默认编辑器，如图 3-7 所示。

⑥ 定义注释风格。在 2.3 节已经学习了 Java 程序中如何添加注释，也知道注释的重要性。在团队开发中，统一注释风格更为重要。在 Eclipse 中设置注释风格方法是：选择菜单项 "Window" → "Preferences" 后，在弹出的对话框中选择 "Java" → "Code Style" → "Code Templates"，然后可以根据需要进行设置，如图 3-8 所示。

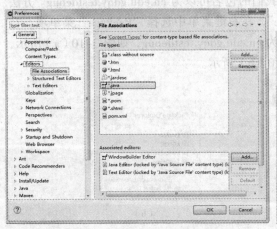

图 3-7 设置默认文本编辑器

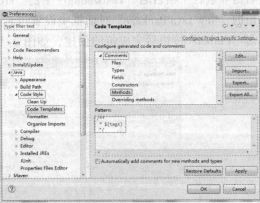

图 3-8 设置注释风格

（4）程序调试

要调试程序，首先我们必须准备一个用于调试的程序，这里我们就以案例 2-1 的程序代码清单 2-1 中的 Circle.java 程序作为例子来说明程序的调试过程。

由于现在使用了 Eclipse IDE 集成开发环境，这里首先需要新建一个 Java 项目，再在 Java 项目项目下新建一个类，类名为 Circle。其创建过程如下：

① 创建 Java 项目

在 Eclipse 左边的"资源浏览窗口"的空白处右击，在弹出式菜单中选择"New"子菜单或者选择"File"菜单中的"New"子菜单，然后选择"New"子菜单中的"Java Project"菜单项，在弹出的"New Java Project"对话框中输入项目名，如"TestDebug"，如图 3-9（a）所示，直接按"Finish"按钮后，如图 3-9（b）所示。

（a）

（b）

图 3-9　新建项目对话框

② 创建 Java 类

当创建好 Java 项目后就可以创建 Java 类了。但 Java 类通常被组织到包中，这是一种很好的编程习惯。通常使用域名的倒序作为包名的前缀，可以减少名字冲突的可能性，如 cn.edu.gdqy，由于我们的项目名是 TestDebug，我们的包名可以为 cn.edu.gdqy.testdebug。方法是右击导航栏中项目名"TestDebug"下的"src"，在右键菜单中选择"Package"菜单项，在弹出的"New Java Package"对话框中设置包名为 cn.edu.gdqy.testdebug，如图 3-10（a）所示，单击"Finish"按钮后完成包的创建，如图 3-10（b）所示。

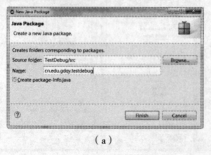
（a）

（b）

图 3-10　新建包 cn.edu.gdqy.testdebug

接下来再创建类，方法是：右击刚刚创建的包，在右键菜单中选择"Class"菜单项，在弹出来的"New Java Class"对话框中输入类名 Circle，并勾选"public static void main(String[] args)"，如图 3-11 所示，单击"Finish"按钮完成类 Circle 的创建，如图 3-12 所示。

图 3-11 新建类　　　　　　　　　　图 3-12 按向导完成 Circle 类的创建

③ 输入 Circle 类的程序代码，如图 3-13 所示。

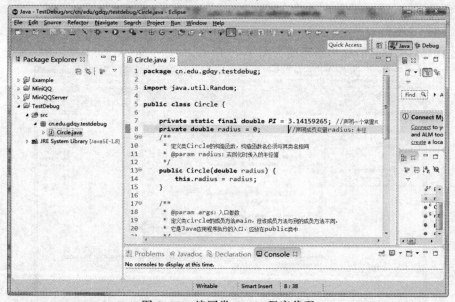

图 3-13 编写类 Circle 程序代码

程序准备好后，就可以运行了。运行方法很多，这里我们选择其中的一种方法：右击左边导航栏中的"Circle.java"文件，在弹出的右键菜单中，选择"Run As"→"Java Application"菜单项，执行结果如图 3-14 所示。

你可能感到疑惑，为什么没有单独的步骤将.java 文件编译成.class 文件？这是因为 Eclipse JDT 包含了一个增量的编译器来处理你输入的 Java 程序代码，它可以高亮显示语法错误和不完整的引用。

现在我们就可以来调试 Java 程序了。在 Eclipse 中交互式运行代码是其最强大的特性之一，使用 JDT 调试器，你可以逐行执行你的 Java 程序，检查程序不同位置变量的值，这个过程在定位代码中的问题时，非常有用。

图 3-14　Console 视图中显示程序的输出结果

为了更好地说明调试功能的使用，我们现在有意将程序修改错误，将计算周长的公式中的 2 去掉：

```
public double perimeter() {
    return PI * radius;
}
```

修改代码后程序运行输出结果变为图 3-15 所示。

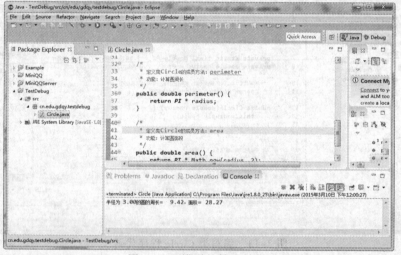

图 3-15　错误的输出结果

这里的输出结果与预期的不一致，Eclipse 是不能直接检查出来的。

注意：有两类错误，一类是语法错误，另一类是语义错误或者是逻辑错误，前者由开发环境可以直接检查出来，而后者则要由开发人员自己去跟踪发现。

为了准备调试，我们需要在代码中先设置一个断点，以便让调试器暂停执行程序允许调试程序，否则，程序会从头执行到尾，我们就没有机会调试了。为了设置这样一个断点，只需在编辑器左边灰色边缘双击，这里将调用 perimeter()方法的位置设置为断点，此时将会显示一个蓝色的小圆点，表示一个活动的断点，如图 3-16 所示。

图 3-16 设置断点

如何在调试器下运行程序？与其普通的运行方法一样，有几种方法可以让我们能在调试器下运行程序，这里就用其中的一种。右击左边导航栏中的"Circle.java"结点，选择右键菜单中的"Debug As"→"Java Application"菜单项，弹出图 3-17 所示的对话框，单击"Yes"按钮后，打开 Debug 透视图，程序运行到断点处暂停，如图 3-18 所示。

图 3-17 确认打开"Debug 视频"

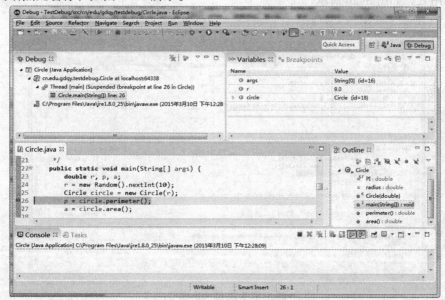

图 3-18 Debug 透视图

调试透视图包括多个新的视图，都用于调试，首先，在左上方是调试视图，它显示了所有调用堆和当前所有线程的状态，包括所有已经执行完毕的线程，程序运行到断点位置时，状态显示为暂停。

单步跟踪代码。调试视图的标题栏是一个可以控制 Java 程序执行的工具栏，前面几个与 CD 播放器的控制按钮风格类似的按钮，允许暂停、继续和终止程序，这些按钮让用户可以一行一步地执行程序代码。

当单击"Step Into"按钮单步进入，当前执行的程序代码在编辑器中处于高亮状态：调用 perimeter()方法。这时候进入这个方法的内部，如图 3-19 所示。

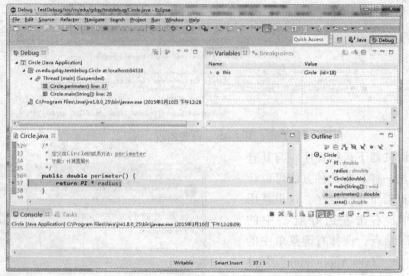

图 3-19　单步进入（Step Into）

要继续跟踪，就单击"Step Over"按钮进行单步跳过，程序的执行又返回到 perimeter()方法的调用处，如图 3-20 所示。

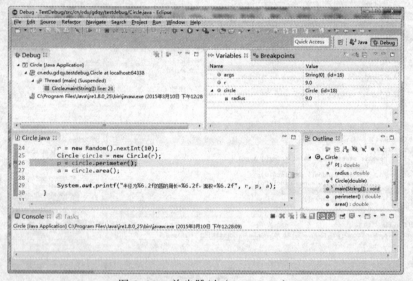

图 3-20　单步跳过（Step Over）

再单击"Step Over"按钮单步跳过后，可以在 Variables（变量）视图查看变量的值，如图 3-21 所示。

这个过程中，可以检查变量的值是否与预期的值一致，如果不一致，就说明计算公式有误，否则可能是其他方面的错误。

一直这样单步跟踪下去，直到程序运行结束。

当不再需要某个断点时，可以很方便地将其删除，删除步骤如下：

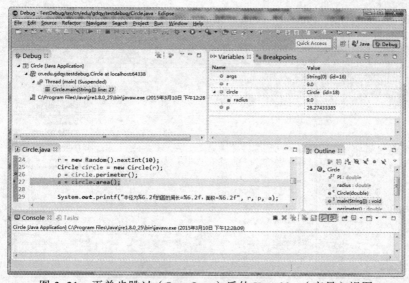

图 3-21 再单步跳过（Step Over）后的 Variables（变量）视图

① 在编辑器区域打开将要删除断点的源代码文件。

② 在想要删除断点的那一行的左方，在垂直标尺上右击并在弹出的菜单里选择"Disable Breakpoint"，或者通过双击源代码旁边的垂直标尺处的蓝色断点来删除断点。

3.2 在 Eclipse 集成开发环境中构建 Java 项目

1. 引入问题

从 1.6.1 的项目需求中了解到，MiniQQ 即时通项目在结构上包括两个部分：客户端和服务器端。这意味着，该系统这两个部分在物理结构上应完全分开。为了提高系统的可维护性，让系统结构更加清晰，我们将在 Eclipse 集成开发环境中新建两个项目：一个是客户端项目，另一个则是服务器端项目。客户端项目命名为 MiniQQ，而服务器端项目命名为 MiniQQServer。在 Eclipse 中如何创建这两个项目呢？

2. 解答问题

在 Eclipse 中新建 MiniQQ 项目的过程如下：

（1）打开 Eclipse，选择或新建一个工作空间（在磁盘上的一个文件夹，如 D:\work，我们整个项目都工作在该工作空间中），如图 3-22 所示，单击"OK"按钮进入到 Eclipse 集成工作环境中，如图 3-23 所示。

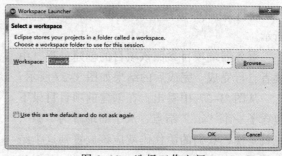

图 3-22 选择工作空间

（2）在 Eclipse 左边的"项目浏览窗口"的空白处右击，在弹出式菜单中选择"New"子菜单或者选择"File"菜单中的"New"子菜单，然后选择"New"子菜单中的"Java Project"菜单项，如图 3-24 所示。

（3）在弹出的新建 Java 项目"New Java Project"对话框中输入项目名称 MiniQQ，其他的按照默认设置，然后单击"Finishi"按钮，完成项目的创建，如图 3-25 所示。

图 3-23　Eclipse 项目开发窗口

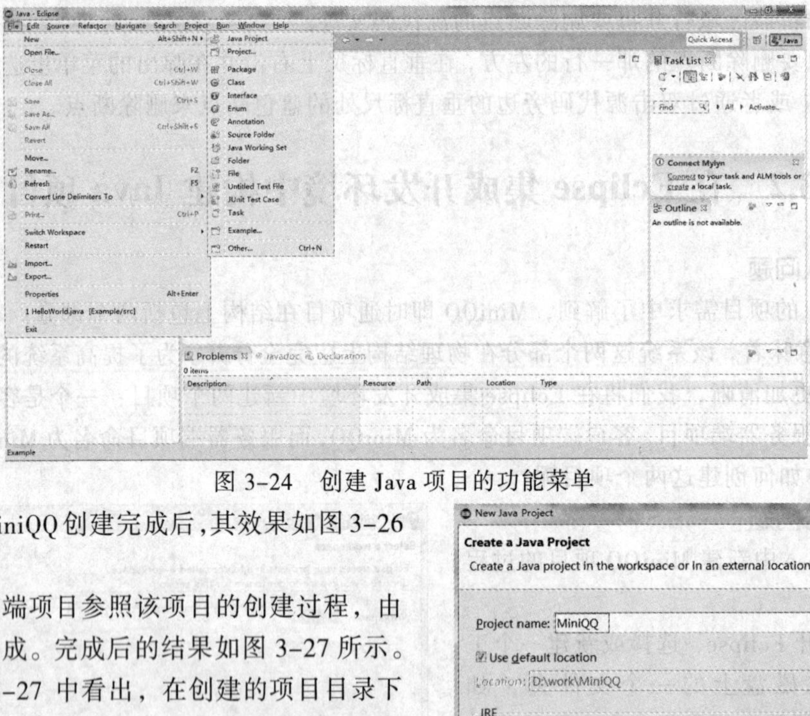

图 3-24　创建 Java 项目的功能菜单

项目 MiniQQ 创建完成后，其效果如图 3-26 所示。

服务器端项目参照该项目的创建过程，由读者自行完成。完成后的结果如图 3-27 所示。

从图 3-27 中看出，在创建的项目目录下包含了一个"src"结点，从字面理解为"源"，也就是说，我们的源代码就应该放置到这个结点下了。如何放呢？是直接在"src"下创建".java"文件吗？答案是否定的。正确的做法应该是在"src"下创建"包"，再在"包"下创建类（或".java"文件）。什么是包？如何创建并应用包？我们将在下面一一介绍。

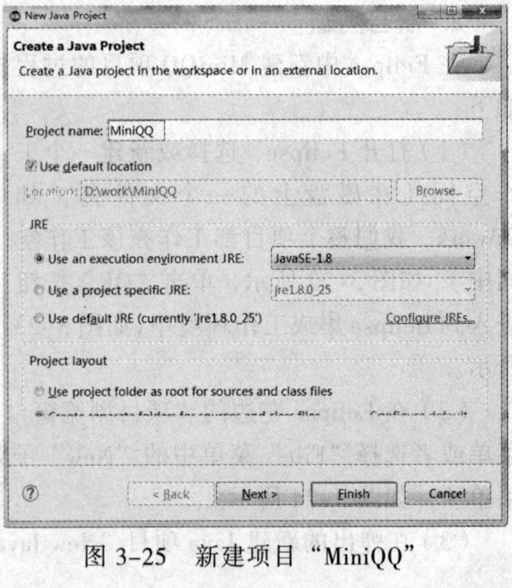

图 3-25　新建项目"MiniQQ"

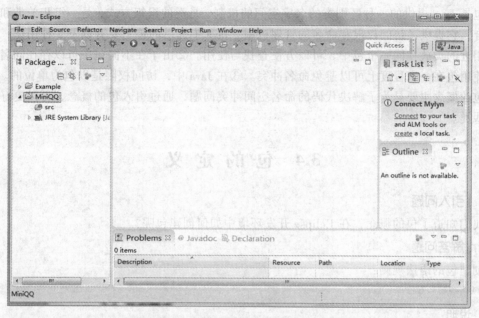

图 3-26 创建完成了"MiniQQ"项目

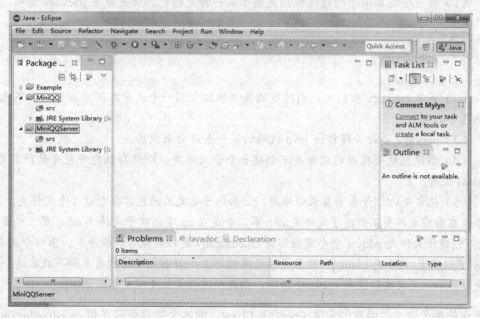

图 3-27 "MiniQQServer"创建完成后

3.3 包 的 概 念

1. 引入问题

上节中提到在"src"下创建"包",什么是包呢?

2. 解答问题

Java 中提供的包(package)相当于系统中用来存放文件的文件夹。

包是 Java 提供的一种区别类的名字空间的机制，是类的组织方式，是一组相关类和接口的集合，它提供了访问权限和命名的管理机制。Java 中提供的包主要有以下 3 种用途：①将功能相近的类放在同一个包中，可以方便查找与使用。②由于在不同包中可以存在同名类，所以使用包在一定程度上可以避免命名冲突。③在 Java 中，访问权限是以包为单位的。

包的概念主要是为了解决代码的命名空间冲突问题，通过引入包的概念，可以更好地管理这些类。

3.4 包的定义

1. 引入问题

我们知道了包的概念，在 Eclipse 开发环境中如何创建包呢？

2. 解答问题

创建包的语法规则：

```
package 包名;
```

说明：

（1）每一个类在编译的时候被指定属于某一特定的包，用关键字 package 说明。

例如：

```
package cn.edu.gdqy.miniqq;
public class Client {
   ...
}
```

（2）如果 package 未指定，则所有的类都被组合到一个未命名的缺省包中，不能被其他包中的类引用。

（3）package 语句必须作为 java 代码的第一条语句来使用。

（4）创建包就是在当前文件夹下创建一个子文件夹，以便存放包中包含的所有类的 .class 文件。

（5）包名中的"."号表示目录分隔符，上面例子中定义的包需要创建 4 个文件夹，第一个是在当前文件夹下创建子文件夹 cn；第二个是在 cn 下创建子文件夹 edu；第三个是在 edu 下创建子文件夹 gdqy（整个前面部分 cn.edu.gdqy 是公司域名的倒序）；第四个是在 gdqy 下创建子 文件夹 miniqq（这里是项目名缩写），当前包中的所有类都存放在这个文件夹中。如果定义类时没有 package 语句，则说明这个类位于当前根目录下。

上面的例子中，说明我们定义了一个类 Client，而这个类是存放在包 cn.edu.gdqy.miniqq 中的。

在 Eclipse 中创建包的过程：

（1）在 MiniQQ 项目中右击"src"结点，在弹出的右键菜单中，选择"New"→"Package"菜单项，如图 3-28 所示。

（2）在新建 Java 包对话框中，输入图 3-29（a）所示的包名：cn.edu.gdqy.miniqq。包创建完成后，如图 3-29（b）所示。至此，就可以在该包下创建类了。类的创建过程在后面的章节进行讲解。

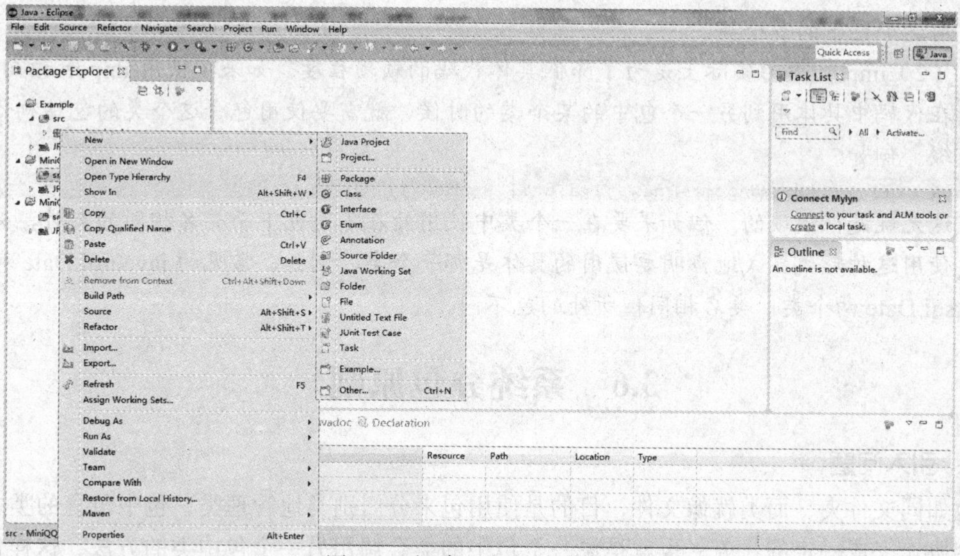

图 3-28 新建"包"功能菜单

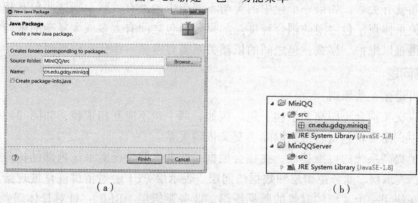

（a）　　　　　　　　　　　　　（b）

图 3-29 新建包对话框与创建完成后

3.5 包 的 引 用

1. 引入问题

在面向对象开发中，一个项目往往包含多个类，不同类型的类放置于不同的包中，当一个包中的类要使用另一个包中定义的类时，要如何实现呢？

2. 解答问题

当一个类中需要使用在另一个包中定义的类时，需要使用 import 语句来显式说明。例如，如果要在 cn.edu.gdqy.miniqq.Client 类中使用 cn.edu.gdqy.miniqq.ui 包下的类，则必须在 Client 类的定义前面加上 import 语句：

```
import cn.edu.gdqy.miniqq.ui.*;
```

或者在"*"号位置给出具体引用的类名。

说明：

（1）import 语句中的最后一部分如果使用"*"号，则表示在当前类中可以使用这个包这一层次中的所有类，但从代码的可读性考虑，不推荐这样使用，除非要在当前类中引用这个包下的多个类。

（2）import 语句实际上是为了降低具体代码的烦琐程度。如果不使用 import 语句，那么在代码中具体用到另一个包中的某个类的时候，就需要使用包含这个类的包结构作为前缀。例如：

```
java.util.Random random = new java.util.Random();
```

这无疑是很烦琐的。但如果要在一个类中使用处在不同包下而类名相同的类时，必须要使用这种形式显式地声明要使用的具体是哪一个类，例如，常见的 java.util.Date 和 java.sql.Date 两个类，类名相同但所处的包不同。

3.6 系统分包原则

1. 引入问题

包如同文件夹，而类就像文件，目的是使用包来分门别类地管理类，包中包含的类之间往往会协作完成一定的任务，也就是说一个包中的类会调用另一个包中类的方法，这样包中包含的类之间就有关联。如果一个包中的类与不同包中的类有关联，则这些包互相依赖。包之间的依赖关系体现了包之间的耦合程度。如果包与包之间有太多或太复杂的依赖关系，则会使系统变得难以维护。那么，包之间的依赖关系需要遵循一些什么原则呢？

2. 解答问题

包依赖可遵循一些原则：

（1）不应交叉耦合（即交叉依赖）包。例如，两个包不应互相依赖，如图 3-30 所示。在这些情况中，需要将包重新组织以除去交叉依赖关系。

（2）为了提高系统的可维护性，往往会根据系统的实际情况对系统内部结构分层，一般可分为三层：表示层、业务逻辑层和数据访问层。表示层（UI）：通俗讲就是展现给用户的界面，即用户在使用一个系统的时候的所见所得。业务逻辑层（BLL）：针对具体问题的操作，也可以说是对数据层的操作，对数据业务逻辑处理。数据访问层（DAL）：该层所做事务直接操作数据库，针对数据的增添、删除、修改、查找等。"数据访问层"只管负责存储或读取数据。我们通常把与用户更接近的称为"上层"或"高层"，而把与机器更接近的层称为"下层"或"低层"，这样，从上到下的层次依次为"表示层""业务逻辑层""数据访问层"，将完成各个部分任务的类放入相应的层中，每层定义一个包。下层中的包不应依赖于上层中的包。包应仅依赖于同一层和次下层中的包。图 3-31 中的情形应该避免。如果出现了这种情况，应该将功能重新分区。

图 3-30　两个包 A 和 B 互相依赖

图 3-31　下层包依赖于上层包

（3）通常情况下，除非依赖行为在所有层之间是公共的，否则依赖关系不得跳层。

（4）包不应依赖于子系统，仅应依赖于其他包或接口。

3.7　MiniQQ 的包结构设计

1. 引入问题

根据 MiniQQ 系统的用户需求，MiniQQ 系统应分为客户端和服务器端两部分，在设计其结构时，将这两部分的程序结构完全分开，也就是说在创建项目时，创建成两个项目，系统完成后，就可以分开发布，增加系统的灵活性和可扩展性，降低系统的耦合程度。我们如何在 Eclipse 开发环境中，建立 MiniQQ 系统的客户端项目和服务器端项目，并构建客户端和服务器端包结构？

2. 解答问题

MiniQQ 系统项目包结构如图 3-32 所示。

3. 分析问题

由于在前面新建项目时，输入项目名称就直接完成了项目的创建，没有选择创建项目的入口程序，也就是带有 main() 方法的类，下面我们在 MiniQQ 的 cn.edu.gdqy.miniqq 包和 MiniQQServer 的 cn.edu.gdqy.miniqq 包下分别创建类 Client 和 Server。Client 类的创建过程：

（1）右击 MiniQQ 的 cn.edu.gdqy.miniqq 包，在弹出的菜单中选择 "New" → "Class"；

（2）在弹出的新建 Java 类对话框中输入类名：Client，并勾选 "public static void main(String[]args)" 复选框，如图 3-33 所示。

注意：在包名一栏中，包名是根据你选择的包名自动填上的，如果你想修改包名，可以重新输入。

类创建完成后，如图 3-34 所示。

这样我们就可以写代码来测试我们的项目了，如图 3-35 所示。

Server 类的创建过程与 Client 类的创建过程类似，请读者自行完成。

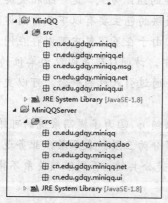

图 3-32　客户端和服务器端包结构

图 3-33　新建类 Client

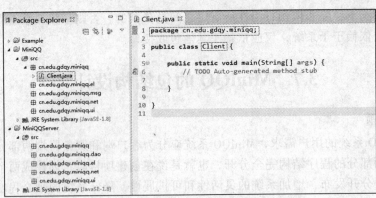

图 3-34 创建 Client 类完成后的效果

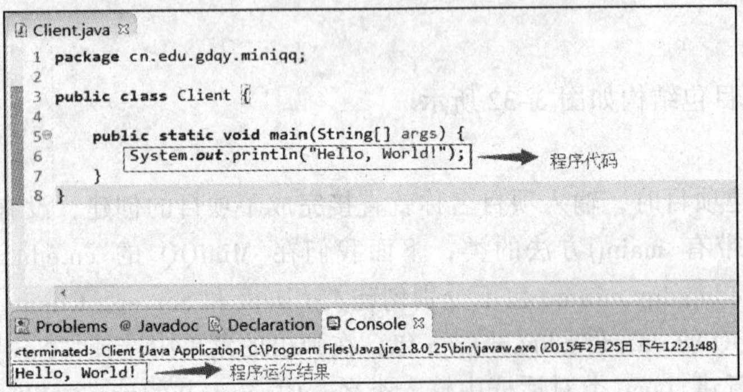

图 3-35 编写测试代码并运行

同步练习

1. 安装配置 Java 程序集成开发环境——Eclipse；
2. 在 Eclipse 集成开发环境中添加 MiniQQ 系统的客户端和服务器端项目；
3. 创建如图 3-32 所示的项目包结构。

总　　结

　　包是 Java 提供的一种区别类的名字空间的机制，是类的组织方式，是一组相关类和接口的集合，它提供了访问权限和命名的管理机制。Java 中提供的包主要有以下 3 种用途：①将功能相近的类放在同一个包中，可以方便查找与使用。②由于在不同包中可以存在同名类，所以使用包在一定程度上可以避免命名冲突。③在 Java 中，访问权限是以包为单位的。

　　包的概念主要是为了解决代码的命名空间冲突问题，通过引入包的概念，可以更好地管理这些类。

　　包依赖可遵循一些原则：①不应交叉耦合（即交叉依赖）；②为了提高系统的可维护性，往往会根据系统的实际情况对系统内部结构分层，一般可分为三层：表示层、业务逻辑层和数据访问层；③通常情况下，除非依赖行为在所有层之间是公共的，否则依赖关系不得跳层；④包不应依赖于子系统，仅应依赖于其他包或接口。

界面设计

良好的用户体验是软件项目成功的基础。我们开发的软件在满足用户功能需求、性能需求和提高系统可维护性基础上，还必须保证界面美观、操作方便。因此，界面设计在软件开发中极其重要。要想设计出美观好用的界面，需要在界面的布局和色彩搭配上下功夫。笔者认为，简洁、清爽的界面就是好界面。

4.1 用户界面的类型

1. 引入问题

在学习界面设计之前，我们需要了解有哪些类型的用户界面？

2. 解答问题

用户界面分为字符用户界面（CUI）和图形用户界面（GUI）两类。

字符用户界面是在图形用户界面得到普及之前使用最为广泛的用户界面，它通常不支持鼠标，用户通过键盘输入指令，计算机接收到指令后予以执行，如 Windows 系统的"命令提示符"界面。用户通过输入命令与系统交互，必须熟练掌握各种命令，操作不方便。

图形用户界面（Graphical User Interface，GUI，又称图形用户接口）是指采用图形方式显示的用户界面。与 CUI 相比，GUI 对于用户来说在视觉上更易于接受，操作也较为方便。人们不再需要记住大量的命令，而是通过鼠标等方式来操作窗口、菜单等。GUI 主要由以下几个部分组成：

（1）桌面

在启动时显示，也是界面中的底层。在桌面上可以重叠显示窗口，实现多任务。一般的界面中，桌面上放有各种应用程序和数据文件的图标，用户可以从桌面开始工作。

（2）视窗

应用程序为使用数据而在图形用户界面中设置的基本单元。应用程序和数据在窗口内实现一体化。用户可以在窗口中操作应用程序，进行数据的管理、生成和编辑。通常在窗口四周设有菜单、图标，窗口中还有工作区，数据放在工作区中。在窗口中，根据各种应用程序的内容设有标题栏，一般放在窗口的最上方，并在其中设有最大化、最小化、关闭等动作按钮，可以简单地对窗口进行操作，如 Word 文档窗口等。

（3）单一文档窗口

在窗口中，一个数据在一个窗口内完成的方式，称为"单一文档窗口"。在这种情况下，数据和显示窗口的数量是一样的。若要在这种窗口使用新的数据，将相应生成新的窗口。如记事本窗口。

（4）多文档窗口

在一个窗口之内进行多个数据管理的方式，称为"多文档窗口"。这种情况下，一个窗口包含多个数据文档，操作数据更为方便。如 Word、Excel 文档窗口。

（5）标签

多文档窗口的数据管理方式中使用的一个窗口，数据标题并排在窗口中，通过选择标签标题显示必要的数据，使得切换数据变得更为方便、快捷。

（6）菜单

将系统可以执行的命令以层次方式显示出来的一个界面，称为菜单。菜单一般位于窗口的最上方（这种菜单称为"下拉菜单"或选项菜单），应用程序能使用的命令几乎全部放入菜单中。一般使用鼠标的左键进行操作。

与下拉菜单不同，在菜单栏以外的地方，通过鼠标的右键调出的菜单称为"弹出菜单"（或快捷菜单，又称功能表）。根据调出位置的不同，菜单内容即时变化，列出可以操作的菜单项。

（7）图标

一般地，图标用于显示数据的内容或者与数据相关联的应用程序的图案。单击图标，可以直接完成启动相关应用程序以后再显示数据本身这两个步骤的工作。而应用程序图标只能用于启动应用程序。

（8）按钮

应用程序中的按钮，通常可以代替菜单。一些使用频繁的命令，可以不必通过菜单方式逐层寻找功能项，极大地提高了工作效率。

4.2 Java 中提供的 GUI 组件类

1. 引入问题

GUI 图形用户界面由各种组件组成，这些组件包括容器组件和非容器组件，Java 中究竟提供了哪些 GUI 组件类呢？

2. 解答问题

Java 中包括两类 GUI 组件：java.awt 包中组件和 javax.swing 包中组件。

（1）java.awt 包中组件

在 Sun 发布的 Java 1.0 中，包含了一个用于基本 GUI 程序设计的类库，这个类库被称为抽象窗口工具包（Abstract Window Toolkit，AWT）。这个工具包提供了一套与本地图形界面进行交互的一系列接口。为了实现 Java 语言所宣称的"一次编译，到处运行"的跨平台理念，AWT 不得不通过牺牲功能来实现其平台无关性。由于 AWT 是依靠本地方法来实现其功能的，通常把 AWT 组件称为重量级组件。图 4-1 是从 Java 官网中 JavaSE 8 API 的有关 java.awt 包中截下的部分组件类。更详细的 Java SE 8 API 文档，读者可参考 http://docs.oracle.com/javase/8/docs/api/index.html。

（2）javax.swing 包中组件

Swing 是在 AWT 的基础上构建的一套新的图形界面系统，提供了 AWT 所能够提供的所有功能，并且用纯 Java 代码对 AWT 的功能进行了大幅度的扩充。由于 Swing 中组件没有使用本地方法来实现图形功能，我们通常把 Swing 组件称为轻量级组件。图 4-2 中用红色框住的类是 javax.swing 包中的部分组件类。

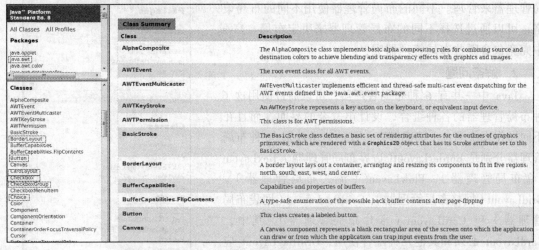

图 4-1　java.awt 包中部分组件类

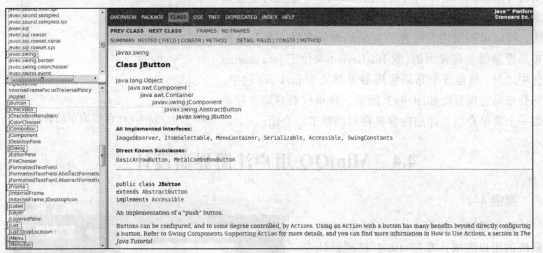

图 4-2　javax.swing 包中的部分组件类

在设计图形用户界面时，针对 AWT 和 Swing，我们要作何选择呢？AWT 是基于本地方法的 C/C++程序，其运行速度比较快；而 Swing 是基于 AWT 的 Java 程序，其运行速度相对慢些。对于嵌入式应用来说，目标平台的硬件资源往往非常有限，而应用程序的运行速度又是项目中至关重要的因素。因此，嵌入式 Java 通常选择简单而高效的 AWT 组件。而在普通的基于 PC 的 Java 应用中，硬件资源对应用程序所造成的限制往往不是项目中的关键因素，所以，针对普通的 Java 应用程序则推荐使用 Swing 组件。

4.3　布局管理器

1. 引入问题

在设计用户界面时，需要确定组件的大小和位置。Java 为了实现跨平台的特性并且获得动态的布局效果，而将容器内的所有组件交给一个称为"布局管理器"的类负责管理。当窗口移动或调整大小后，组件的大小、位置以及排列顺序等的变化功能都授权给对应的容器布局管理器来管理。不同的布局管理器使用不同的布局策略，可以通过选择不同的布局管理器来决定布局。Java 中究竟包含哪些布局管理器呢？

2. 解答问题

Java 中一共有 6 种布局管理器，可以通过使用这 6 种布局管理器的各种组合，设计出复杂的界面，而且在不同操作系统平台上都能够有一致的显示效果。6 种布局管理器分别是 BorderLayout（边界布局管理器）、BoxLayout（盒布局管理器）、FlowLayout（流式布局管理器）、GridLayout（网格布局管理器）、GridBagLayout（网袋布局管理器）和 CardLayout（卡片布局管理器）。其中，CardLayout 必须和其他几种配合使用，GridBagLayout 应用较为复杂，不是特别常用。而 BoxLayout 是允许垂直或水平布置多个组件的布局管理器，在组件的布局上最为灵活，可以单独使用完成各种复杂的界面布局，目前这种布局管理器是最常用的。除 BoxLayout 类位于 javax.swing 包中之外，其他 5 个布局管理器类都处于 java.awt 包中，部分布局管理器类如图 4-3 所示。这里仅对布局管理器做一个简单介绍，详细内容将在后面章节中介绍。

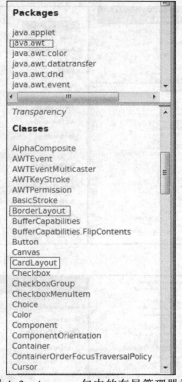

图 4-3 java.awt 包中的布局管理器类

4.4 MiniQQ 用户注册界面设计

案例 4-1

案例描述 根据 1.6.1 了解 MiniQQ 系统的用户需求，参照 1.6.2 已经设计好的用户信息的数据库表 TUser，设计 MiniQQ 用户注册界面。

运行效果 MiniQQ 用户注册界面设计完成后运行效果如图 4-4 所示，其实现流程如下：

实现流程

用户注册，就是将用户通过注册界面录入的信息，保存到数据库表 TUser 中。TUser 中要保存的数据也就是用户从注册界面上提供的。表中需要保存用户的用户名、QQ 号、性别、出生日期、出生地、邮箱、密码、头像、自我介绍、登录时的

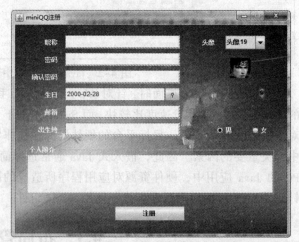

图 4-4 MiniQQ 系统客户端用户注册界面

IP地址、登录时的端口号和状态（是否在线）。这些内容中，QQ号由系统自动产生，用户登录时的IP地址、登录时的端口号和状态不是用户的注册信息，不需要用户录入，而其他的信息则需要由用户通过界面直接输入或选择选项的方式输入。所以，用户注册界面设计中，只需要给出用户名、用户性别、出生日期、出生地、邮箱、密码、头像、自我介绍等八项内容。用户名、密码和自我介绍由用户直接输入，而用户性别则由用户在"男"和"女"两个值中选择；出生日期可以使用第三方的日期选择组件选择正确的日期值；密码由用户直接输入，但需要用掩码隐藏掉真实的信息；为了简化，头像可由用户从组合框中选择图片。整个界面设计选用组件如表 4-1 所示，所设计的 MiniQQ 用户注册界面如图 4-4 所示。

表 4-1 用户注册界面组件选择

字 段 名 称	字 段 类 型	备 注	组 件
username	varchar(200)	用户名（JLabel）	JTextField
sex	varchar(200)	性别（JLabel）	JRadioButton 或 JComboBox
birthday	datetime	出生日期（JLabel）	从第三方寻找一个 DatePicker 组件
place	varchar(200)	籍贯（JLabel）	JTextField
email	varchar(200)	邮箱（JLabel）	JTextField
password	varchar(200)	密码（JLabel）	JPasswordField
photo	image	头像（JLabel）	JLabel、JComboBox
introduce	text	自我介绍（JLabel）	JTextArea

参考代码

（1）在 MiniQQ 项目的 cn.edu.gdqy.miniqq.ui 包下新建用户注册界面类 RegisterUI，其完整代码如代码清单 4-1，文件为 RegisterUI.java。

代码清单 4-1 用户注册界面类 RegisterUI

```java
package cn.edu.gdqy.miniqq.ui;
import java.awt.*;
import java.awt.event.*;
import java.text.*;
import java.util.Date;
import javax.swing.*;
import javax.swing.border.TitledBorder;
import org.jdesktop.swingx.JXDatePicker;            // 第三方 DatePicker 组件

public class RegisterUI extends JFrame {            // 定义一个类，其父类为 JFrame
    private static final long serialVersionUID = 1L;
    private JPanel jPanel = null;                   // 定义一个面板组件
    private JTextField txtName = null;              // 定义一个单行文本输入框组件
    private JPasswordField txtPassword1 = null;     // 定义一个密码输入框组件
    private JPasswordField txtPassword2 = null;     // 定义一个密码输入框组件
    private JXDatePicker dpBirthday = null;         // 定义一个日期选择框组件
    private JTextField txtPlace = null;             // 定义一个单行文本输入框组件
    private JTextField txtEmail = null;             // 定义一个单行文本输入框组件
    private JTextArea txtIntroduce = null;          // 定义一个多行文本输入框组件
    private JRadioButton boy,girl;                  // 定义两个单选按钮组件
    private JButton submit = null;                  // 定义一个按钮组件
    @SuppressWarnings("rawtypes")
    private JComboBox comboBoxFace = null;          //定义"头像"组合框
    public RegisterUI() {                           // 定义构造方法
        super("miniQQ 注册");                        // 调用父类的构造方法
```

```java
        init();                                                 // 调用自定义的init()方法
    }
    // 定义方法init()，功能是构建界面组件，设置界面的一些属性
    private void init() {
        this.setSize(550, 444);                                 // 设置当前窗体的大小
        this.setLocationRelativeTo(this.getOwner());            // 设置窗体相对屏幕居中
        this.add(getJPanel());                // 调用方法getJPanel()，添加面板组件到当前窗体
        this.setResizable(false);             // 设置当前窗体的大小是不可改变的
        this.setVisible(true);                // 设置当前窗体是显示的
    }
    // 定义方法getJPanel()，功能是返回构建好的面板组件
    @SuppressWarnings({ "serial", "rawtypes", "unchecked" })
    private JPanel getJPanel() {
        JLabel lblName = new JLabel("昵称", JLabel.RIGHT);
        //创建一个标签，标签文字为"昵称"，右对齐
        lblName.setBounds(20, 20, 65, 28);
        // 设置标签的位置(left:20,top:20)和大小(width:65,height:28)
        lblName.setForeground(Color.WHITE);                     // 设置标签的文字颜色为白色
        txtName = new JTextField();                             // 创建一个单行文档框
        txtName.setBounds(100, 20, 230, 26);
        // 设置文本框的位置(left:100,top:20)和大小(width:230,height:26)
        JLabel lblPassword = new JLabel("密码", JLabel.RIGHT);
        // 创建一个标签，标签文字为"密码"，右对齐
        lblPassword.setBounds(20, 55, 65, 28);
        lblPassword.setForeground(Color.WHITE);
        txtPassword1 = new JPasswordField();                    // 创建一个密码输入框
        txtPassword1.setBounds(100, 55, 230, 26);
        JLabel lblPassword2 = new JLabel("确认密码", JLabel.RIGHT);
        lblPassword2.setBounds(20, 90, 65, 28);
        lblPassword2.setForeground(Color.WHITE);
        txtPassword2 = new JPasswordField();
        txtPassword2.setBounds(100, 90, 230, 26);
        JLabel lblFace = new JLabel("头像", JLabel.RIGHT);      //定义并实例化"头像"标签
        JLabel lblFaceIcon = new JLabel();                      //定义并实例化"头像图片"标签
        lblFace.setForeground(Color.WHITE);
        lblFace.setBounds(360, 20, 40, 28);
        comboBoxFace = new JComboBox();
        comboBoxFace.setAutoscrolls(true);          //超出下拉组合框范围后自动添加滚动条
        String[] face = {"默认", "头像1", "头像2", "头像3", "头像4","头像5",
            "头像6", "头像7", "头像8", "头像9","头像10", "头像11", "头像12",
            "头像13", "头像14", "头像15", "头像16","头像17", "头像18",
            "头像19"};
        comboBoxFace.setModel(new DefaultComboBoxModel(face));
        comboBoxFace.setBounds(420, 20, 80, 28);
        comboBoxFace.addItemListener(new ItemListener() {       // 注册选项监听器事件
            public void itemStateChanged(ItemEvent arg0) {
                Icon faceImage = new ImageIcon("images/faces/" +
                    comboBoxFace.getSelectedItem().toString() + ".gif" );
                lblFaceIcon.setIcon(faceImage);                 // 给"头像"标签的图标属性赋值
            }
        });
        lblFaceIcon.setHorizontalAlignment(SwingConstants.CENTER);
        // 设置标签的水平对齐方式为居中对齐
        lblFaceIcon.setIcon(new ImageIcon("images/faces/默认.gif"));
        lblFaceIcon.setBounds(420, 55, 60, 60);

        boy = new JRadioButton("男",true);
        // 构建显示标签名为"男"的单选按钮，并处于选择状态
        boy.setBounds(400, 185, 50, 50);
        boy.setForeground(Color.WHITE);
```

```java
        boy.setOpaque(false);                           // 设置为透明的
        girl = new JRadioButton("女");
        girl.setBounds(470, 185, 50, 50);
        girl.setForeground(Color.WHITE);
        girl.setOpaque(false);
        ButtonGroup group = new ButtonGroup();
        // 构建一个分组组件，用于将两种性别放到同一个组中
        group.add(boy);                                 // 添加到分组中
        group.add(girl);                                // 添加到分组中

        JLabel lblBirthday = new JLabel("生日", JLabel.RIGHT);
        lblBirthday .setBounds(20, 125, 65, 28);
        lblBirthday .setForeground(Color.WHITE);
        dpBirthday = new JXDatePicker(new Date());
        // 创建一个日期选择组件，并设置默认日期为当前系统日期
        DateFormat df = new SimpleDateFormat("yyyy-MM-dd");
        // 日期格式化为 "2015-01-1" 的形式
        dpBirthday.setFormats(df);                      // 对日期选择组件设置日期格式
        dpBirthday.setBounds(100, 125, 230, 26);

        JLabel lblEmail = new JLabel("邮箱", JLabel.RIGHT);
        lblEmail.setBounds(20, 160, 65, 28);
        lblEmail.setForeground(Color.WHITE);
        txtEmail = new JTextField();
        txtEmail.setBounds(100, 160, 230, 26);

        JLabel place = new JLabel("出生地", JLabel.RIGHT);
        place.setBounds(20, 195, 65, 28);
        place.setForeground(Color.WHITE);
        txtPlace = new JTextField();
        txtPlace.setBounds(100, 195, 230, 26);

        txtIntroduce = new JTextArea();
        txtIntroduce.setBounds(20, 260, 500, 100);
        JScrollPane jscrollpane = new JScrollPane(txtIntroduce);
        // 创建一个滚动面板，当显示的简介内容超过了显示区域时，出现滚动条
        jscrollpane.setBounds(20, 240, 500, 100);
        jscrollpane.setAutoscrolls(true);
        // 设置滚动面板在水平和垂直方向自动添加滚动条
        TitledBorder title = BorderFactory.createTitledBorder("个人简介");
        // 定义边框标题文字
        title.setTitleColor(Color.WHITE);
        jscrollpane.setBorder(title);                   // 设置滚动面板加边框，并在边框上显示标题文字
        jscrollpane.setOpaque(false);
        jscrollpane.setForeground(Color.WHITE);

        submit = new JButton("注册");                    // 创建一个 "注册" 按钮
        submit.setBounds(200, 362, 140, 29);

        jPanel = new JPanel() {                         // 创建一个面板，并添加背景图片
            public void paintComponent(Graphics g) {
                super.paintComponent(g);
                ImageIcon img = new ImageIcon("images/rgister.jpg");
                g.drawImage(img.getImage(), 0, 0, null);
            }
        };
        jPanel.setLayout(null);                         // 设置面板容器不使用布局管理器
        jPanel.setBounds(0, 0, 548, 436);
        jPanel.add(lblName);                            // 将组件添加到面板容器中
        jPanel.add(lblPassword);                        // 将组件添加到面板容器中
```

```
            jPanel.add(lblPassword2);        // 将组件添加到面板容器中
            jPanel.add(lblBirthday );
            jPanel.add(lblEmail);
            jPanel.add(place);
            jPanel.add(txtName);
            jPanel.add(txtPassword1);
            jPanel.add(txtPassword2);
            jPanel.add(txtEmail);
            jPanel.add(txtPlace);
            jPanel.add(dpBirthday);
            jPanel.add(jscrollpane);
            jPanel.add(lblFace);
            jPanel.add(lblFaceIcon);
            jPanel.add(comboBoxFace);
            jPanel.add(boy);
            jPanel.add(girl);
            jPanel.add(submit);
            return jPanel;                   // 返回一个创建完成的面板组件
        }
    }
```

（2）修改 cn.edu.gdqy.miniqq 包下的 Client 类。Client 类的完整代码如代码清单 4-2 所示。

代码清单 4-2　MiniQQ 客户端 Client 类

```
    package cn.edu.gdqy.miniqq;
    import cn.edu.gdqy.miniqq.ui.RegisterUI;
    public class Client {
        public static void main(String[] args) {
            new RegisterUI();
        }
    }
```

直接选择 Client 类，右击，在右键菜单中选择"Run as"→"Java Application"运行程序，运行结果如图 4-4 所示。

如果上面这些代码你暂时理解不了，没有关系，下面我们将一步步学习这些内容。

4.4.1　类与对象

1．引入问题

我们已经在 1.1.2 学习了面向对象的基本概念，又在代码清单 4-1 和代码清单 4-2 中了解到 MiniQQ 用户注册界面设计的程序代码。代码中包含了类的定义与实例化等关键知识点，而这些类、对象，以及类与对象之间关系等概念在 Java 中是如何实现的呢？

2．解答问题

（1）类的定义

Java 中使用关键字 class 标识一个类定义的开始，类定义的一般格式：

```
[修饰符] class 类名 {
    …
}
```

如前面的用户注册界面类 RegisterUI 的定义中，处在类定义大括号中的是类体。类体由域（或成员变量）和方法（或成员函数）构成，一个类中可以定义 0 个或多个域和 0 个或多个方法。类名用英文名词命名，首字符大写，如图 4-5 所示。

（2）域和方法

① 域（field）

域对应类的静态属性，也称之为类的成员变量。类 RegisterUI 中定义了几个组件对象域，如 jPanel、txtName、boy 等。定义域与定义变量的方法一样，格式为：

```
[修饰符] 类型 域名；
```

与变量定义一样，域也可以在定义的时候赋初值，如：

```
private JPanel jPanel = null;
private String name = "张三";      //字符串赋初值为"张三"
```

域的类型可以是任何一个数据类型，包括 int、double 等的简单数据类型和数组、类等的复合类型。

域名用名词命名，首字符小写，如果由多个英文单词组成，则从第二个单词开始首字符大写，其他小写。

② 方法（method，面向过程语言中称为函数）

方法定义了类的动态属性，声明了类所拥有的操作和功能，即类所提供的所有服务。方法定义的一般语法格式如图 4-5 所示。

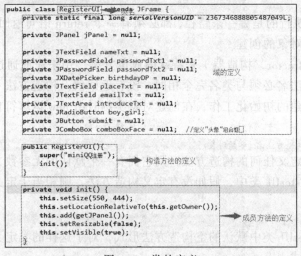

图 4-5 类的定义

```
[修饰符] 返回值类型 方法名(参数列表) {
    方法主体
}
```

方法名用动词或动词词组命名，首字符小写。如果由多个英文单词组成，则从第二个单词开始首字符大写，其他小写。

参数列表的一般形式：参数类型 参数1，参数类型 参数2，…

除构造方法外，其他方法的返回值类型必须指定，如果方法没有返回值，则使用 void 关键字标识。如果方法指定了非 void 的返回值类型，则在方法体中必须有 return 语句返回相应类型的值。

一个有返回值的方法在正常执行过程中，方法结束的标志是 return 语句，如下面的语句是错误的：

```
public int getMaxValue(int a, int b) {
    int max = a;
    if(max > b) {
```

```
            return max;
        }
```

错误原因：如果 a < b，这个方法就没有相应的 return 语句执行，也就是没有返回值，可以将上面的方法修改为：

```
public int getMaxValue(int a, int b) {
    int max = a;
    if(max > b) {
        return max;
    } else {
        return b;
    }
}
```

或者：

```
public int getMaxValue(int a, int b) {
    int max = a;
    if(max < b) {
        max = b;
    }
    return max;
}
```

也就是说，不管执行的是哪一条路径，都必须有一个 return 语句返回相应数据类型的值。

（3）构造方法和对象的创建

构造方法（Constructor，构造器）是特殊的成员方法，用来完成通过类创建对象所需的初始化工作。构造方法名必须与类名完全相同，没有返回值。构造方法不能显式调用，因为它是用来完成对象创建的初始化工作，在创建对象实例时由 new 运算符自动调用。对象创建的语法格式：

```
类名 对象名 = new 构造方法名(参数列表);
```

如果一个类没有定义任何的构造方法，则它拥有一个默认的无参数、方法体为空的构造方法，如上面的 RegisterUI 类中，假如没有定义构造方法，则相当于定义了一个如下形式的构造方法：

```
public RegisterUI() { }
```

这个就是 RegisterUI 类中默认的空构造方法形式，对于这样的类定义，要创建类的对象可以直接使用如下形式：

```
RegisterUI register = new RegisterUI();
```

当然，在我们的例子中，已经定义了一个构造方法，如：

```
public RegisterUI(){
    super("miniQQ 注册");
    init();
}
```

这个构造方法与默认的无参数、方法体为空的构造方法相同之处在于都没有参数，但这个构造方法的方法体中有代码。当实例化这个类时，会自动调用这个构造方法。

为了显示 MiniQQ 用户注册界面，修改 Client 类的 main()方法中的代码，如：

```
package cn.edu.gdqy.miniqq;
improt cm.edu.gdqy.miniqq.ui.RegisterUI;
public class Client {
    public static void main(String[] args) {
        new RegisterUI();  //实例化类对象
    }
}
```

new RegisterUI()定义了一个匿名对象，有关匿名对象的概念将在后面学习。

当程序执行到这行代码时，会自动调用我们定义的构造方法，转去执行。

```
super("miniQQ 注册");
init();
```

这两行代码。这两行代码的实际作用我们将在后面给出。

当 RegisterUI 类有了一个构造方法后，我们还可以为其添加新的构造方法，完成所需的初始化工作。如在 RegisterUI 类中可以定义两个构造方法：

```
public RegisterUI(){      →无参数
    Super("miniQQ 注册");
    init();
}

public RegisterUI(String title) {  →有参数
    Super()title;
    init();
}
```

如果要调用有参数的构造方法，我们可以使用语句：

```
package cn.edu.gdqy.miniqq;
import cn.edu.gdqy.miniqq.ui.RegisterUI;
public class Client {
    public static void main(String[] args) {
        new RegisterUI(MiniQQ 注册);   →字符串类型的参数
    }
}
```

注意：如果添加了新的构造方法，那么原来默认的空构造方法将不再起作用，假设你删除了 RegisterUI 类中没有参数的构造方法，如果这时用下面的语句创建对象，将是错误的。

```
new RegisterUI();
```

如果仍然需要使用这样的方法创建对象，则需要显式定义无参数的构造方法。如前面的例子，有参数和没有参数的构造方法同时存在，这是合法的。一个类可以有多个具有不同参数列表的构造方法，即构造方法可以重载。系统会根据创建对象时给出的参数列表自动调用相应的构造方法。

（4）对象的使用

对象被创建后，可以使用对象名（变量名）来访问这个类的实例。这时，对象（或变量）的数据类型就是这个类，是一个引用数据类型，对象变量用来指向一个类的实例，是操作这个实例的句柄。

我们可以通过对象变量访问对象的域和方法，使用运算符"."（点号），如下面的例子中，要访问 lblName 的 setBounds()方法和 setForeground()方法，可以使用下面的形式：

```
JLabel lblName = new JLabel("昵称", JLabel.RIGHT);
lblName.setBounds(20, 20, 65, 28);
lblName.setForeground(Color.WHITE);
```

虽然访问对象的域也是通过使用运算符"."，如：lblName.width，但不推荐这样使用。根据面向对象的封装性，需要将一个对象的数据（域或属性）封装或隐藏起来，不直接访问这些数据（常量除外），而是通过对象对外的接口间接访问(定义带有"public"访问控制符的方法)。

85

在 Java 中，可以使用 this 来指向当前代码所在作用域的对象实例。this 表示当前对象本身。如前面例子中的 this.setVisible(true)、this.add(getJPanel())等，可以避免参数变量名和域变量名相同时发生冲突。如：

```
public void setSname(String sname) {
    this.sname = sname;
}
```

这里，this.sname 中的 sname 是域变量，而等号右边的 sname 则是参数变量。域变量的作用域是全局的，而参数变量则是局部的。

（5）匿名对象

定义并实例化一个对象可以使用语句：

```
JLabel lblName = new JLabel("昵称", JLabel.RIGHT);
```

这表明定义了一个对象变量。有了对象变量后，就可以用这个名字来访问对象具有的属性和方法了。如：

```
lblName.setBounds(20, 20, 65, 28);
```

但我们有时并不需要再通过对象名来访问这个对象了，如前面的语句：

```
new RegisterUI();
```

这样就声明了一个匿名对象。所谓匿名对象，就是没有明确给出名称的对象。匿名对象有下面两个使用方法：

① 当对象的方法只被调用一次时，可以使用匿名对象来完成，这样写比较简单。如果对一个对象进行多个成员的调用，就必须给这个对象起个名字。

② 可以将匿名对象作为实际参数进行传递。

4.4.2 访问控制符

1. 引入问题

所谓访问控制，即是对你要访问的某个类或类的属性、方法等进行的一种限制。下面这段代码中，public 和 private 就是访问控制符。

```
public class RegisterUI extends JFrame {
    ...
    private JPanel jPanel = null;
    ...
    private JPanel getJPanel() {
        ...
    }
}
```

除了这里给出的两个控制符外，Java 语言中还有没有其他的访问控制符？究竟有哪些访问控制符呢？如何应用这些访问控制符呢？

2. 解答问题

Java 中有三种访问控制符：public、protected、private。public 是指公有可访问的，protected 是受保护访问的，private 是私有可访问的。实际上，除了这三种访问控制符提供的访问权限外，还有一种访问权限：默认访问权限，是一种包访问权限，是指不给出访问控制符的情况。这些访问控制符应用到类、接口、类成员等有不同的访问权限。

（1）成员访问控制

面向对象编程中，对象的成员包括属性（或成员变量、域）和方法（或成员函数）。对这些成员的访问，Java 中定义了 4 种访问范围：同一个类中、同一个包中、不同包中的一般类、不同包中的子类。对类成员的访问定义了 4 种访问权限：public、protected、private 和没有添加访问控制符的默认权限。

表 4-2 说明了四种访问范围中的四种访问权限的访问情况。

表 4-2 访问控制表

访问控制符	同一个类中	子 类	同一个包中	不同包中且不是子类
public	可访问	可访问	可访问	可访问
protected	可访问	可访问	可访问	不可访问
private	可访问	不可访问	不可访问	不可访问
默认访问权限	可访问	不可访问	可访问	不可访问

① public 关键字

使用 public（公有的）关键字修饰的类成员（包括属性和方法）可以被任何类访问，通常用来声明一个类的对外方法（提供对外接口），一般不推荐用在属性的定义上。

② protected 关键字

用 protected（受保护的）关键字修饰的类成员可以被这个类自身、该类的子类（可以不在同一个包中）和同一个包的其他类访问，其他范围的类不允许访问这些类成员。

③ private 关键字

被 private（私有的）关键字修饰的类成员，只能被这个类自身访问，通常用来隐藏类的一些属性和内部操作。

④ 默认访问权限

类成员如果未加任何的访问控制符，表明这个类成员具有默认的访问权限，这个类成员可以被类自身和同一个包内的其他类访问，通常也称为"包访问权限"。

下面我们将使用简单的例子来加深对类成员访问控制的理解。

有五个类：A、B、C、D、E，两个包：gditc.sms.dao、gditc.sms.util。类 A、B、C 处于包 gditc.sms.util 中，而类 D、E 位于 gditc.sms.dao 包中。类 C 和类 E 都是类 A 的子类，如图 4-6 所示。

例子中用类属性的访问控制来说明类成员的访问权限，类方法的访问权限与其类似。

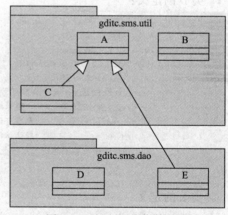

图 4-6 包之间的依赖关系

类 A 的定义：

```
package gditc.sms.util;
public class A {
    public String publicString;           // 公有可访问的
    protected String protectedString;     // 受保护可访问的
    private String privateString;         // 私有可访问的
    String defaultString;                 // 默认访问权限
//在类的内部可以访问任何访问权限的类成员，包括属性（或域变量）和方法
```

```java
        public void test() {
            publicString = "公有可访问的";
            protectedString = "受保护可访问的";
            privateString = "私有可访问的";
            defaultString = "默认访问权限";
        }
    }
```

类 B 的定义:

```java
package gditc.sms.util;
public class B {
    public static void main(String[] args) {
        A a = new A();
        a.publicString = "公有可访问的";
        a.protectedString = "受保护可访问的";
        a.privateString = "私有可访问的";
        // 错误: 即使在同一个包中, 一个类也不能访问另一个类的私有成员
        a.defaultString = "默认访问权限";
    }
}
```

类 C 的定义:

```java
package gditc.sms.util;
public class C extends A {
    public void test() {
        this.publicString = "公有可访问的";
        this.protectedString = "受保护可访问的";
        this.privateString = "私有可访问的";
        // 错误: 即使在同一个包中, C 是 A 的子类, C 也不能访问 A 中的私有成员
        this.defaultString = "默认访问权限";
    }
}
```

类 D 的定义:

```java
package gditc.sms.dao;
import gditc.sms.util.A;
public class D {
    public static void main(String[] args) {
        A a = new A();
        a.publicString = "公有可访问的";
        a.protectedString = "受保护可访问的";   // 错误: 一个类不能访问另一个包中类的受保护成员
        a.privateString = "私有可访问的";      // 错误: 一个类不能访问另一个包中类的私有成员
        a.defaultString = "默认访问权限";
        // 错误: 一个类不能访问另一个包中类的未定义访问权限的成员
    }
}
```

类 E 的定义:

```java
package gditc.sms.dao;
import gditc.sms.util;
public class E extends A {
    public void test() {
        this.publicString = "公有可访问的";
        this.protectedString = "受保护可访问的";
        this.privateString = "私有可访问的";
        // 错误: 即使 E 是 A 的子类, E 也不能访问 A 中的私有成员
        this.defaultString = "默认访问权限";
        // 错误: 在不同包中, 即使 E 是 A 的子类, E 也不能访问 A 中的未定义访问权限的成员
    }
}
```

（2）类访问控制

对类的定义，与类成员一样，也有四种访问控制权限，但在应用上却有区别。

① public 关键字和默认访问权限

在一个类定义的源代码文件中，可以允许有多个类的定义，但只有一个类允许使用 public 关键字，这个类的类名和文件名相同，其他类的定义都不能加上 public 访问控制符，这些类具有包访问控制权限。在一个类定义的源代码文件中，也可以是不加访问控制符的类，与多个类定义的文件一样，这个类也只是具有包访问控制权限，只能被同一个包中的其他类访问。

② protected 和 private 访问控制符

protected 和 private 访问控制符只能用在内部类的定义上。关于内部类的定义与引用将在 5.5 节中介绍。

4.4.3 非访问控制符

1. 引入问题

Java 程序中，除了使用上节学习到的访问控制符之外，还有一些非访问控制符，这些非访问控制符在其相关的应用中起到非常重要的作用，有哪些非访问控制符？如何使用呢？

2. 解答问题

这里我们将学习三个非访问控制符：static、final 和 abstract。

（1）static

static 表示"全局"或者"静态"的意思，用来修饰成员变量和成员方法，也可以形成静态 static 代码块。被 static 修饰的成员变量和成员方法独立于该类的任何对象。也就是说，它不依赖类特定的实例，被类的所有实例共享，所有对象的静态成员变量都共用同一个存储空间。静态成员的可操作作用域称为类的静态域。

static 对象可以在它的任何对象创建之前访问，无须引用任何对象。

用 public 修饰的 static 成员变量和成员方法本质上是全局变量和全局方法，当声明它为类的对象时，不生成 static 变量的副本，而是类的所有实例共享同一个 static 变量。

static 修饰的成员变量和成员方法习惯上被称为静态变量和静态方法，可以直接通过类名来访问，访问语法为：

```
类名.静态方法名(参数列表...)
类名.静态变量名
```

用 static 修饰的代码块表示静态代码块，当 Java 虚拟机（JVM）加载类时，就会执行该代码块。

① static 成员变量

按照是否静态的对类成员变量进行分类可分两种：一种是被 static 修饰的变量，叫静态变量或类变量；另一种是没有被 static 修饰的变量，叫实例变量。两者的区别是：

对于静态变量在内存中只有一个副本，JVM 只为静态变量分配一次内存，在加载类的过程中完成静态变量的内存分配，可用类名直接访问，当然也可以通过对象来访问（但是不推荐这样使用）。

对于实例变量，每创建一个实例，就会为实例变量分配一次内存空间，实例变量可以在内存中有多个副本，互不影响。

所以一般在需要实现以下两个功能时使用静态变量：①在对象之间共享值时；②方便访问变量时。

例如：

```
package gditc.sms.util;
public class StaticDemo {
    static int count = 0;
    public static void main(String[] args) {
        StaticDemo demo1 = new StaticDemo();
        StaticDemo demo2 = new StaticDemo();
        demo1.count++;        // 不直观，不推荐使用的访问静态变量的方法
        demo2.count++;        // 不直观，不推荐使用的访问静态变量的方法
        System.out.println("对象demo1的count值: " + demo1.count);
        System.out.println("对象demo2的count值: " + demo2.count);
        System.out.println("静态类的count值: " + StaticDemo.count);
        // 访问静态变量的正确方法
    }
}
```

特别注意：一般情况不推荐定义静态变量。因为非 private 的静态成员变量无须创建实例就可以从类的外部访问，影响了类属性的隐藏性。

② 静态方法

静态方法可以直接通过类名调用，因此静态方法中不能用 this 和 super 关键字，不能直接访问所属类的实例变量和实例方法（就是不带 static 的成员变量和成员方法），只能访问所属类的静态成员变量和静态成员方法。

因为 static 方法独立于任何实例，因此 static 方法必须被实现，而不能是抽象的 abstract。

例如，为了方便方法的调用，Java API 中的 Math 类中所有的方法都是静态的，而一般类内部的 static 方法也是方便其他类对该方法的调用。

静态方法是类内部的一类特殊方法，是属于整个类的方法，只有在需要时才将对应的方法声明成静态的，一个类内部的方法一般都是非静态的。

例如：

```
package gditc.sms.util;
public class StaticFunDemo {
    public static void main(String[] args) {
        int c = AddTest.add(6, 10);    // 用访问静态方法的方法访问
        System.out.println("6+10 = " + c);
        AddTest a = AddTest();
        int d = a.add(9, 7);           // 用访问实例方法的方法访问，不推荐这样使用
        System.out.println("9+7 = " + d);
    }
}

class AddTest {
    public static int add(int x, int y) {
        return x + y;
    }
}
```

对于静态方法应注意：因为静态方法属于整个类，所以它不能控制和处理某个对象的成员，只能处理属于整个类的成员，即 static 方法只能访问声明为 static 的成员变量和调用声明为 static 的成员方法，如上面的类 AddTest 改为：

```
class AddTest {
    int x = 10;
    int y = 10;

    public static int add() {
```

```
        return x + y;
    }
}
```
就是错误的。

所定义的 x，y 必须加上 static 修饰，变为：

```
class AddTest {
    static int x = 10;
    static int y = 10;

    public static int add() {
        return x + y;
    }
}
```

main()方法的说明：Java 程序的入口 main()为什么是 public static 方法呢？由于需要在类外调用 main()方法，所以该方法的访问权限必须是 public 的，又因为在运行开始时程序并没有创建 main() 所在类的一个实例对象，所以只能通过类名来调用 main()方法，因此它必须是静态 static 的。

③ 静态类

Java 语言中，静态类用在类的内部类定义，详细内容将在 5.6 节介绍。

（2）final

final 用来修饰一个不可再次更改的定义。用 final 修饰的类不能再派生子类，表明它已到达类层次中的最低层；如果用 final 修饰类的成员方法，则这个方法不能在子类中被覆盖；如果用 final 修饰类的成员变量，则这个变量只能也必须被赋值一次，常把 static 与 final 连用来定义常量。

例如：

```
package gditc.sms.util;
public class FinalDemo {
    static final int a;                    // 没赋值，是错误的
    static final int b;                    // 没赋值，是错误的
    int sum;

    public static final int TOTAL = 100;   // 正确，定义常量 TOTAL

    public FinalDemo(int a) {
        this.a = a;                        // 错误，不能改变定义为 final 的变量的值
        sum = TOTAL + a;                   // 正确
    }

    public int getSum() {
        return sum;
    }

    public static void main(String[] args) {
        int a = 5;
        FinalDemo demo = new FinalDemo(a);
        demo.a = 50;                       // 错误，不能改变定义为 final 的变量的值
        demo.b = 20;                       // 错误，不能改变定义为 final 的变量的值
        System.out.println("Sum = " + demo.getSum());
    }
}
```

（3）abstract

abstract 关键字用来修饰类或方法，用 abstract 修饰的类称为抽象类，用 abstract 修饰的

方法称为抽象方法。通常用在类与类的继承关系中，抽象类中的方法定义可以没有方法的主体，只有方法的声明；用 abstract 修饰的方法在非抽象的子类中必须有具体的实现。关于 abstract 的详细应用将在后面的章节中详细说明。

4.4.4 继承

1. 引入问题

继承性是面向对象技术中非常重要的概念。它是一种由已有的类创建新类的机制，类与类之间的继承关系是一种分层关系，是一种"一般"类与"具体"类之间的关系。被继承的类称为"父类"或"超类"，而继承得到的类则称为"子类"或"派生类"。

在一般的面向对象编程中，如 C++，一个父类可以拥有多个子类，一个子类也可以继承自多个父类，但在 Java 中则严格规定一个子类只能拥有一个直接父类，也就是说，只允许单继承而不允许多继承的出现。

父类是一些公共方法或属性的定义与实现，而它的子类则是对这些方法或属性进行扩展和延伸，即是父类的一种特殊化。父类可以是系统类库中的类，也可以是用户自定义的类。

子类除了可以直接继承父类非私有的属性和方法外，还可以修改父类的属性或者重载父类中定义的方法，并可以添加新的属性和方法。

使用继承的目的，是为了更好地实现代码的重用，少写代码，但继承也意味着类与类之间有依赖、有耦合，耦合性又增加了系统的维护难度，所以，不能为了减少代码而"滥用"继承关系，把没有层次关系的类或不同领域的类硬拼凑在一起形成继承关系。

Java 中，如何实现继承关系呢？

2. 解答问题

（1）继承的概念和语法结构

Java 中使用关键字 extends 来声明这种继承关系，定义时使用 extends 指定这个类的父类，使这个类成为被继承类的子类，其语法格式为：

```
[修饰符] 子类名 extends 父类名 {
    类体定义
}
```

在我们前面定义的用户注册界面类 RegisterUI 中，如下所示。

```java
public class registerUI exteds JFrame {
    private static final long serialVersionUID = 2367346888805487049L;
    
    private JPanel jPanel = null;
    
    private JTextField nameTxt = null;
    private JPasswordField passwordTxt1 = null;
    private JPasswordField passwordTxt2 = null;
    private JXDatePicker birthdayDp = null;
    private JTextField placeTxt = null;
    private JTextField emailTxt = null;
    private JTextArea introduceTxt = null;
    private JRadioButton boy,girl;
    private JButton submit = null;
    @SuppressWarnins("rawtypes")
    private JComboBox comboBoxFace = null;   //定义"头像"组合框
    
    public RegisterUI(){
        super("miniQQ 注册");
```

```
        init();
    }
```

用户注册界面类（RegisterUI）和窗体类（JFrame）之间具体继承关系，一个自定义的用户注册界面对象也首先是一个窗体，具有窗体的一般特性。除此之外，用户注册界面还有窗体所不具有的其他特性。也就是说，这两个类中，JFrame 类是父类或超类，RegisterUI 则是 JFrame 的子类或派生类。

当然，也可以定义自己的父类，如职员类（Employee）和经理类（Manager）之间具有继承关系，Employee 类是父类，而 Manager 类是 Employee 类的子类，因为经理也首先是职员，不只具有职员的一般特性，还具有自己的一些个性。下面是这两个类的定义。

父类 Employee 类的定义：

```
public class Employee {
    protected String name;                // 姓名
    protected String sex;                 // 性别
    protected Date birthDate;             // 出生日期
    protected Date hireDate;              // 工作日期
    protected String title;               // 职位

    public String getName() {             // 获取姓名方法
        return name;
    }

    public void setName(String name) {    // 设置姓名方法
        this.name = name;
    }
    ...
}
```

Manager 类的定义：

```
public class Manager extends Employee {
    private String dept;                  // 部门

    public String getDept() {             // 获取部门方法
        return dept;
    }

    public void setDept(String dept) {    // 设置部门方法
        this.dept = dept;
    }
}
```

这表明 Manager 类派生自 Employee 类，Manager 类不只具有 Employee 类的一些属性和方法，同时，还具有自己的 dept 属性和 getDept()、setDept()方法。

（2）属性隐藏和方法覆盖

在面向对象技术的继承中，子类可以拥有其父类中所有的非 private 的属性和方法，但如果子类中定义了一个与从父类继承来的属性完全相同的属性，我们就称这种形式为"属性的隐藏"，如果子类定义了一个与父类中方法签名相同的方法，称为方法的覆盖。

① 属性隐藏

根据属性隐藏的定义，我们知道子类拥有两个相同名字的属性，其中一个继承自父类，另一个则是自己定义的。这样，当子类执行它自己的方法时，操作的是它自己定义的属性，把继承自父类的属性隐藏起来，而当子类执行继承自父类的方法时，操作的是继承自父类的属性。

例如：两个类 Manager 和 Employee 之间是继承关系，Manager 是子类，而 Employee 是父

类，假如有下面的定义，则运行结果为：

```
这是子类的李四，是开发部的
这是父类的张三
```

项目名：TestSubClassDataHide

```java
//Employee.java
package gditc.sms.util;
public class Employee {
    protected String name = "张三";

    public void print() {
        System.out.println("这是父类的" + name);
    }
}

//Manager.java
package gditc.sms.util;
public class Manager extends Employee {
    private String name = "李四";
    private String dept;

    public void setDept(String dept) {
        this.dept = dept;
    }

    public String getDept() {
        return dept;
    }

    public void output() {
        System.out.println("这是子类的" + name + "，是" + dept + "的");
    }
}

//TestDataHide.java
package gditc.sms.util;
public class TestDataHide {
    public static void main(String[] args) {
        Manager m = new Manager();
        m.setDept("开发部");
        m.output();
        m.print();
    }
}
```

如果在子类的方法中确实要用到父类的同名属性，可以在属性名前加上 super 作为对象名，如把上面例子中子类 Manager 中的 output 方法重新定义为：

```java
public void output() {
    System.out.println("这是父类的" + super.name);
    System.out.println("这是子类的" + name + "，是" + dept + "的");
}
```

其他代码不变，运行结果为：

```
这是父类的张三
这是子类的李四，是开发部的
这是父类的张三
```

从例子中可以看出，子类除了拥有父类定义的属性（如 name）外，还可以新增自己的属性（如 dept），也就是说子类在继承父类的共同属性的同时，还有自己的特性。

友情提示：在 Java 语言或其他面向对象语言中，虽然子类中属性隐藏的使用是合法的，但是这样会造成程序对这个属性使用的混乱，因此，在实际开发中应该尽量避免这种使用方法，以提高程序的可读性和程序结构的清晰度。

② 方法覆盖

与子类中可以定义自己的属性一样，子类中也可以定义自己的方法。如果子类定义了一个与父类相同方法签名的方法，就称为"方法覆盖"。相同方法签名是指方法名称、参数列表（参数个数相等，对应的数据类型相同）、返回类型都完全相同。

在面向对象开发中，子类可以把从父类那里继承来的某个方法进行改写，形成与父类方法同名、解决问题也相似，但具体实现和功能却不尽相同的新方法。这是子类对父类方法功能的一种扩展。例如，把上面例子做修改，改后代码为：

```java
//项目名: TestSubClassMethodOverride
//Employee.java
package gditc.sms.util;
public class Employee {
    protected String name = "张三";

    public void print() {
        System.out.println("这是父类的" + name);
    }
}

//Manager.java
package gditc.sms.util;
public class Manager extends Employee {
    private String name = "李四";
    private String dept;

    public void setDept(String dept) {
        this.dept = dept;
    }

    public String getDept() {
        return dept;
    }

    public void print() {
        System.out.println("这是子类的" + name + ",是" + dept + "的");
    }
}

//TestMethodOverride.java
package gditc.sms.util;
public class TestMethodOverride {
    public static void main(String[] args) {
        Manager m = new Manager();
        m.setDept("开发部");
        m.print();
    }
}
```

其运行结果：

```
这是子类的李四,是开发部的
```

在子类中调用父类同名方法时，可以加上 super 作为前缀，如上面的 Manager 类的 print 方法修改为：

```java
public void print() {
    super.print();      //执行父类的 print 方法
```

```
            System.out.println("这是子类的" + name + ",是" + dept + "的");
    }
```
则程序运行结果为：

```
这是父类的张三
这是子类的李四,是开发部的
```

(3) 构造方法的继承和重载

① 构造方法的继承

构造方法与一般的成员方法不同，不能显式调用，只能在使用 new 运算符实例化对象时，由系统自动执行。在类继承中，当子类没有定义自己的构造方法时，子类会自动继承父类中的无参数构造方法，并在创建新子类对象时自动执行。如果子类有自己的构造方法，创建新子类对象时也会先执行父类不含参数的构造方法，再执行自己的构造方法。如下面的例子：

```
//项目名: TestConstructorInherit
//动物
//Animal.java
package gditc.sms.util;
public class Animal {
    public Animal() {
        System.out.println("Animal");
    }
}
//脊椎动物
//Vertebrate.java
package gditc.sms.util;
public class Vertebrate extends Animal {
    public Vertebrate() {
        System.out.println("Vertebrate");
    }
}
//狗
//Dog.java
package gditc.sms.util;
public class Dog extends Vertebrate {
    public Dog() {
        System.out.println("Dog");
    }
}
//TestConstructor
package gditc.sms.util;
public class TestConstructor {
    public static void main(String[] args) {
        new Dog();
    }
}
```

程序运行结果：

```
Animal
Vertebrate
Dog
```

注意：

a. 构造方法的调用次序是：按继承顺序依次调用父类的不含参数的构造方法，直到到达本子类，也就是最先执行最顶层的父类的构造方法、再下一层的父类的构造方法……最后执行当前子类的构造方法。

b. 子类只能继承无参数的构造方法。如果父类本身没有无参数的构造方法定义，而定义了带参数的构造方法，那么子类必须定义自己的构造方法，否则是错误的。

c. 在子类构造方法中调用父类的构造方法，要使用关键字 super。super 可以调用父类任何一个带参数或不带参数的构造方法。例如：

```java
//Employee.java
package gditc.sms.util;
public class Employee {
    public Employee(String name) {
        System.out.println(name);
    }
}

//Manager.java
package gditc.sms.util;
public class Manager extends Employee {
    public Manager(String name) {
        super(name);
    }
}

//TestSuperConstructor.java
public class TestSuperConstructor {
    public static void main(String[] args) {
        new Manager("张三");
    }
}
```

② 构造方法的重载

一个类的构造方法可以有多个，也就是说，同一个类中可以定义多个同名的不同的构造方法，这个不同体现在构造方法的参数列表上，必须保证参数个数与参数类型的组合不相同，这种构造方法名相同，而参数不同的构造方法就称为构造方法的重载。

一个类中构造方法之间可以互相调用，当一个构造方法要调用另一个构造方法时，使用关键字 this，这里的 this 是指当前类的对象，同时这个调用语句必须是整个构造方法中的第一条语句。例如：

```java
//Employee.java
package gditc.sms.util;
public class Employee {
    public Employee() {
        System.out.println("父类构造方法");
    }
}

//Manager.java
package gditc.sms.util;
public class Manager extends Employee {
    public Manager(String name) {
        System.out.println(name);
    }

    public Manager() {
        this("张三");    // 调用另一个有参数的构造方法
    }
}

//TestSuperConstructor.java
public class TestSuperConstructor {
    public static void main(String[] args) {
```

第 4 章 界面设计

```
            new Manager();
        }
```

运行结果：

```
父类构造方法
张三
```

从前面的例子中，我们已经看到 this 和 super 的使用。接下来让我们再次探讨 this 和 super 的概念和使用方法。

在 Java 中，this 通常指当前对象，super 则指父类对象。当你想要引用当前对象的某个成员变量和成员方法时，你便可以利用 this 来达到这个目的。当然，this 的另一个用途则是调用当前对象的另一个构造方法。如果你想引用父类的某个成员，则需要使用 super。

在方法中，某个形参名与当前对象的某个成员有相同的名字时，为了不引起混淆，便需要明确使用 this 关键字来指明要使用的某个具体成员，使用方法是"this.成员名"，而不带 this 的那个便是形参。另外，还可以用"this.方法名"来引用当前对象的某个方法，但这时 this 就不是必需的了，可以直接使用方法名来访问那个方法，编译器会知道需要调用哪一个。如前面 Manager 类和 RegisterUI 类的定义中，我们已经多次这样使用。

如果父类的成员可以被子类访问，那你可以像使用 this 一样使用它，用"super.父类中的成员名"的方式，但我们常常并不是这样来访问父类中的成员名的。我们通常省略了 super，而直接使用父类中的成员名。

在构造方法中，this 和 super 也有各自的使用方法。如 RegisterUI 类的构造方法：

```
public RegisterUI(){
    super(minQQ注册);
    init();
}
```

和 Manager 类的构造方法：

```
pubilc class Manager extends Employee {
    public Manager(String mame) {
        System.out.println(man);
    }

    public Manager() {
        this("张三");
    }
}
```

在这个例子中，super()会自动调用父类带一个字符串类型参数的构造方法，而 this()则会自动调用自己类中的另一个带有一个字符串类型的构造方法。

从本质上讲，this 是一个指向本对象的指针，然而 super 则是一个 Java 关键字。

（4）Object

类 Object 属于 java.lang 包（java.lang 包在使用的时候无须显示导入，编译时由编译器自动导入）。Object 是类层次结构的根类。每个类都使用 Object 作为超类，也就是说，Java 中所有的类从根本上都继承自这个类。所有对象（包括数组）都实现这个类的方法。Object 类是 Java 中唯一没有父类的类。其他所有的类，包括标准容器类，比如数组，都继承了 Object 类中的方法。

4.4.5 几种常见布局管理器的使用方法

1. 引入问题

在前面的"用户注册"界面设计中,没有用到布局管理器。我们用到一行代码:

```
setLayout(nul);    // 不使用布局管理器
```

这里设置一个容器的布局为空,就表示不使用布局管理器,容器上的所有组件必须显式设置其放置的位置和组件的大小。这样做有一个不容忽视的缺点:当窗口大小发生变化时,组件的大小、位置以及排列顺序等不会随之发生变化。

Java 中所有的组件,如标签、文本框、按钮等都放在布局管理器中,就像计算机、椅子等按一定的布局放在机房一样。布局管理器应用在容器组件中,容器是指能放置组件的组件,如面板、框架(窗体)等。我们已经在 4.3 节中了解到 Java 中的几种常用布局管理器,但还没有介绍要如何应用到我们的界面设计中。究竟要怎么应用这些布局管理器呢?

2. 解答问题

(1) FlowLayout:流式布局管理器

FlowLayout 布局管理器是 Panel、Applet 默认的布局管理器。容器中的组件从左上角开始,按从左到右、从上到下的方式布置。当组件在一行排列不下时,下一个组件就出现在下一行上。组件之间默认的间距是 5 个像素。

FlowLayout 类的三个构造方法:

① FlowLayout():生成默认的布局,它将组件置于中心,组件之间距离为 5 个像素。

② FlowLayout(int how):生成布局,设定组件的对齐方式,组件之间距离为 5 个像素。

③ FlowLayout(int how, int horz, int vert):生成布局,设定组件的对齐方式,组件之间的水平间距和垂直间距。

其中,参数对齐方式 how 的值为:

```
FlowLayout.LEFT——左对齐
FlowLayout.CENTER——居中对齐
FlowLayout.RIGHT——右对齐
```

下面我们将给出一个简单例子来说明 FlowLayout 布局管理器的使用方法和布局效果。

案例 4-2

案例描述 在 MiniQQ 项目的 images 目录下放置 24 张头像。设计一个窗体,窗体布局采用 FlowLayout 布局管理器,动态产生 24 个标签组件,每个标签组件上设置一张头像,将 24 个标签组件加载到窗体上,组件的对齐方式为左对齐,组件之间的间距设为 10 像素。

运行效果 该案例程序完成后运行效果如图 4-7 所示。

图 4-7 FlowLayout 布局管理器

实现流程 实现流程如下。

① 在 MiniQQ 客户端的 cn.edu.gdqy.miniqq.ui 包下新增一个类,命名为 FaceSelector,继承自 JFrame 类。

② 类中定义一个私有的方法 init(),该方法要完成的任务是,从"images"目录下检索所

有的文件，获取其文件名，构建图标的路径，创建设置图标的标签组件；将动态生成的标签组件添加到窗体上；设置窗体的布局管理器为 FlowLayout。

③ 编写鼠标单击事件，当用户选择其中一张头像时，将该头像显示在窗体的标题栏上。

④ 定义构造方法，在构造方法中调用 init()方法。

完整代码　完整代码详见代码清单 4-3。

代码清单 4-3　FaceSelector 类的定义

```java
package cn.edu.gdqy.miniqq.ui;
import java.awt.FlowLayout;
import java.awt.event.*;
import java.io.File;
import javax.swing.*;
public class FaceSelector extends JFrame {
    private static final long serialVersionUID = 1L;
    // 定义构造方法
    public FaceSelector() {
        init();                                     // 调用方法
    }
    // 定义方法，功能是动态生成 JLabel 组件，并添加到窗体上
    private void init() {
        this.setLayout(new FlowLayout(FlowLayout.LEFT,10,10));
        // 设置当前窗体的布局管理器为 FlowLayout，组件左对齐，组件间距 10 像素
        File path = new File("images");             // 当前项目下的目录"images"
        if(path.isDirectory()) {                    // 如果是目录
            File[] files = path.listFiles();        // 返回所有的文件到文件数组中
            for(int i = 0; i < files.length; i++) { // 遍历所有的文件
                File file = files[i];               // 获取第 i 个文件
                Icon icon = new ImageIcon("images/" + file.getName());
                // 获取文件的名称，并构建一个图标，图标路径为"images/filename"
                JLabel lblFace = new JLabel(icon);  // 创建带图标的标签组件
                lblFace.addMouseListener(new MouseAdapter() { // 标签组件注册鼠标监听器
                    @Override
                    public void mouseClicked(MouseEvent arg0){ //重写 mouseClicked()方法
                        FaceSelector.this.setIconImage(
                            ((ImageIcon)lblFace.getIcon()).getImage());
                        // 设置窗体标题栏图标
                    }
                });
                this.add(lblFace);                  // 将标签组件添加到窗体上
            }
        }
    }
    // 为了方便测试，在该类中添加了 main()方法
    public static void main(String[] args) {
        FaceSelector selector = new FaceSelector(); // 实例化头像选择器窗体对象
        selector.setSize(400,300);                  // 设置窗口的大小为 width:400 像素,height:300 像素
        selector.setVisible(true);                  // 设置当前窗体可见
    }
}
```

直接选择该类并右击，在右键菜单中选择"Run as"→"Java Application"运行该程序，运行结果显示如图 4-7 所示的界面。

注意：FlowLayout 布局管理器中的组件大小不会随着容器大小的改变而改变。

（2）BorderLayout：边界布局管理器

BorderLayout 布局管理器是 Window、Frame 和 Dialog 默认的布局管理器。该布局管理器按照地理位置把容器划分为东、南、西、北、中 5 个区域。BorderLayout 类的两个构造方法：

① BorderLayout()：生成默认的边界布局管理器，各组件间的水平垂直间距均为 0。
② BorderLayout(int horz, int vert)：生成设定组件间水平和垂直间距的边界布局管理器。

BorderLayout 类定义了下列常数用来指定组件放置的区域：

① BorderLayout.EAST——东；
② BorderLayout.WEST——西；
③ BorderLayout.SOUTH——南；
④ BorderLayout.NORTH——北；
⑤ BorderLayout.CENTER——中。

当添加组件时，在 add()方法中使用这些常数来指定组件放置的区域，下面我们用案例 4-3 来说明这种布局管理器的使用方法和布局效果。

案例 4-3

案例描述 定义一个窗体，设置为 BorderLayout 布局管理器，在该窗体上添加 5 个按钮，分别放置于窗体上的东、南、西、北、中 5 个方位。

运行效果 该案例程序完成后运行效果如图 4-8 所示。

图 4-8 BorderLayout 布局管理器

实现流程 实现流程如下：

① 新建一个项目 TestProject，在该项目下新建一个包 cn.edu.gdqy.demo，在该包下新增一个类，命名为 BorderLayoutTest，继承自 JFrame 类。
② 类中定义一个私有的方法 init()，该方法要完成的任务是，设置当前窗体的布局管理器为 BorderLayout；生成 5 个按钮组件添加到窗体上；设置每个按钮组件为不同的放置方位。
③ 定义构造方法，在构造方法中调用 init()方法。

完整代码 设计的界面完整代码如代码清单 4-4 所示。

代码清单 4-4 BorderLayoutTest 类的定义

```
package cn.edu.gdqy.demo;
import java.awt.*;
import javax.swing.*;
public class BorderLayoutTest extends JFrame {
    private void init() {                                    // 定义方法 init()
        setLayout(new BorderLayout());                       // 设置布局管理器为 BorderLayout
        add(new JButton("上"), BorderLayout.NORTH);          // 产生按钮组件，并放置在北方
        add(new JButton("下"), BorderLayout.SOUTH);          // 产生按钮组件，并放置在南方
        add(new JButton("左"), BorderLayout.WEST);           // 产生按钮组件，并放置在西方
        add(new JButton("右"), BorderLayout.EAST);           // 产生按钮组件，并放置在东方
        add(new JButton("中"), BorderLayout.CENTER);         // 产生按钮组件，并放置在中部
    }
    public BorderLayoutTest() {                              // 定义构造方法
        super("BorderLayout 演示");                          // 调用父类的构造方法
        init();                                              // 调用方法 init()
    }
```

```
        // 为了方便测试,在该类中添加了main()方法
        public static void main(String[] args) {
            BorderLayoutTest test = new BorderLayoutTest();    // 实例化窗体对象
            test.setSize(300, 220);      // 设置窗口的大小为width:300像素,height:220像素
            test.setVisible(true);       // 设置当前窗体可见
        }
```

直接选择该类,右击,在右键菜单中选择"Run as"→"Java Application"运行该程序,运行结果如图4-8所示。

注意:当改变窗体的大小时,上、下区域的高度不变,左、右区域的宽度不变,而中间部分的高度和宽度都随着变化。

(3)GridLayout:网格布局管理器

网格布局管理器在一个二维的网格中布置组件。当实例化一个网格布局管理器时,需要定义二维网格的行数和列数。GridLayout类有三个构造方法:

① GridLayout():生成一个单列的网格布局管理器。

② GridLayout(int rows, int columns):生成一个设定行数和列数,默认水平间距和垂直间距均为0的网格布局管理器。

③ GridLayout(int rows, int columns, int horz, int vert):生成一个设定行数、列数、水平间距和垂直间距的网格布局管理器。

下面将修改头像选择器窗体的布局(修改案例4-2),来展示网格布局管理器的使用方法和布局效果。

案例 4-4

案例描述 修改 MiniQQ 项目中的头像选择器窗体设计,窗体布局采用 GridLayout 布局管理器,同样动态产生24个标签组件,每个标签组件上设置一张头像,将24个标签组件加载到窗体上。网格定义为4行、6列,行与行、列与列之间的间距设为5像素。

运行效果 该案例程序完成后运行效果如图4-9所示。

图4-9 GridLayout 布局管理器

实现流程 实现流程如下

修改案例4-2中的FaceSelector类,将init()方法中的代码:

```
this.setLayout(new FlowLayout(FlowLayout.LEFT,10,10));
```

修改为:

```
this.setLayout(new GridLayout(4,6,5,5));
```

其他所有代码不变。修改保存后直接选择该类并右击,在右键菜单中选择"Run as"→"Java Application"运行该程序,运行结果显示如图4-9所示。

注意:GridLayout 布局管理器中的各个组件的大小会随着容器的大小改变而改变,组件会填满整个容器。

（4）BoxLayout：盒子布局管理器

BoxLayout 将几个组件以水平或垂直方式组合在一起，其中各个组件的大小随着容器的大小变化而变化。BoxLayout 布局管理器是在 javax.swing 中定义的，其构造方法如下：

BoxLayout(Container target, int axis)：创建一个沿着给定排列方向布局的布局管理器。

BoxLayout 定义的常量：

① X_AXIS——BoxLayout 将以水平方式排列。

② Y_AXIS——BoxLayout 将以垂直方式排列。

下面我们给出一个简单的例子来说明 BoxLayout 的使用方法和布局效果。

案例 4-5

案例描述　设计一个简单的窗体，窗体上添加一个面板容器，面板的布局管理器设置为 BoxLayout，放置 6 个按钮在面板上，显示两种排列方式。

运行效果　该案例程序完成后运行效果如图 4-10 所示。

实现流程　实现流程如下所述。

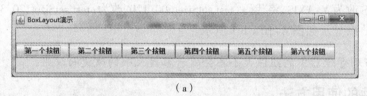

(a)　　　　　　　　　　　　　　　(b)

图 4-10　组件横向（左）、纵向（右）排列 BoxLayout 布局管理器

① 在项目 TestProject 的 cn.edu.gdqy.demo 包下，新增一个类，命名为 BoxLayoutTest，继承自 JFrame 类。

② 类中定义一个私有的方法 init()，该方法要完成的任务是，创建一个面板，在面板上添加 6 个按钮，设置面板的布局管理器为 BoxLayout，组件的排列方式为 X_AXIS；将面板容器组件添加到窗体上。

③ 定义构造方法，在构造方法中调用 init()方法。设计的界面运行效果如图 4-10（a）所示。

④ 修改面板 BoxLayout 布局管理器中组件的排列方式为 Y_AXIS。设计的界面运行效果如图 4-10（b）所示。

完整代码　完整代码详见代码清单 4-5。

代码清单 4-5　BoxLayoutTest 类的定义

```java
package cn.edu.gdqy.demo;
import javax.swing.*;
public class BoxLayoutTest extends JFrame {
    private static final long serialVersionUID = 1L;
    public void init() {
        JPanel jPanel = new JPanel();
```

```java
        jPanel.add(new JButton("第一个按钮"));
        jPanel.add(new JButton("第二个按钮"));
        jPanel.add(new JButton("第三个按钮"));
        jPanel.add(new JButton("第四个按钮"));
        jPanel.add(new JButton("第五个按钮"));
        jPanel.add(new JButton("第六个按钮"));
        jPanel.setLayout(new BoxLayout(jPanel, BoxLayout.X_AXIS));
        // 设置面板的布局管理器为BoxLayout,组件的排列方式为水平方向排列
        add(jPanel);
    }

    public BoxLayoutTest() {
        super("BoxLayout演示");
        init();
    }

    public static void main(String[] args) {
        BoxLayoutTest test = new BoxLayoutTest();
        test.setSize(600, 120);
        test.setVisible(true);
    }
}
```

完成后直接选择该类并右击,在右键菜单中选择"Run as"→"Java Application"运行该程序,运行结果显示如图4-10(a)所示。

如果把代码中的X_AXIS改为Y_AXIS,将代码:test.setSize(600, 120);改为:test.setSize(120, 300);重新运行程序,运行结果显示如图4-10(b)所示。

注意:BoxLayout布局管理器中的组件大小不会随着容器大小的改变而改变。

4.4.6　swing基本组件的使用方法

1. 引入问题

在javax.swing包中,组件可分为两大类:①容器组件:可放置其他组件的组件,如已经用到过的JFrame(框架)和JPanel(面板)等。②非容器组件:不属于容器组件的其他组件,如已使用过的JTextField(文本框)、JButton(按钮)和JLabel(标签)等。我们将如何使用这些组件呢?

2. 解答问题

(1) JFrame类与JPanel类

① 面板JPanel

面板的主要应用是为了对较多的组件进行布局,可以认为面板是包含若干组件的组件。当然,在面板上也可以包含其他的面板组件,我们可以把面板理解为资源管理器里的"文件夹",而非容器组件相当于"文件"。

我们可以对若干块面板按某种布局管理器布局,而对每一块面板上的组件又可以设置布局。可以将面板的布局看成是"整体"布局,而面板上的组件的布局是"局部"的布局。

面板JPanel类继承结构为:java.lang.Object→java.awt.Component→java.awt.Container→javax.swing.JComponent→javax.swing.JPanel。

a. 面板 JPanel 类的常用构造方法

（a）JPanel()：构造一个使用默认布局管理器的面板，所有面板的默认布局管理器都是 FlowLayout 类。

（b）JPanel(LayoutManager layout)：构造一个使用指定布局管理器的面板。

b. 面板 JPanel 提供的常用方法

`panel.add(Component component)`：将组件添加到面板上

② 框架 JFrame

可以把框架理解为资源管理器里的"根文件夹"，框架上有一个 JRootPane 作为其唯一的孩子，我们在设计界面时，不推荐将文本框、按钮等组件直接放置于框架对象上，建议大家把这些组件放在面板 JPanel 上，然后设置框架的内容面板为面板对象。

框架 JFrame 类继承结构：java.lang.Object→java.awt.Component→java.awt.Container→java.awt.Window→java.awt.Frame→javax.swing.JFrame。

框架 JFrame 类提供的常用方法如表 4-3 所示。

表 4-3 JFrame 类提供的常用方法

方　　法	功　　能
dispose()	消除对象，关闭窗口
JFrame()	构造一个最初不在屏幕上显示的框架
JFrame(String)	构造一个具有给定标题的框架
getTitle()	获取框架的标题
setTitle(String)	设置框架的标题
setVisible(boolean)	设置框架的可见性
setSize(Dimension)	设置框架的大小
setResizable(boolean)	设置框架是否可以调整大小
add()	用来添加组件

（2）JLabel 类与 JText 类

① 标签 JLabel

swing 的标签组件是 JLabel 类，该类的继承结构：java.lang.Object→java.awt.Component→java.awt.Container→javax.swing.JComponent→javax.swing.JLabel。

标签组件不是交互式组件，主要用来显示单行字符串和图标，如客户注册界面中显示的"姓名："、"地址："等使用的就是标签组件。

a. JLabel 类的构造方法（见表 4-4）

表 4-4 JLabel 类的构造方法

构 造 方 法	功　　能
JLabel()	构造空的且没有图标的标签
JLabel(String text)	构造指定文本内容的标签，文本内容左对齐
JLabel(String text, int alignment)	构造指定文本内容和水平对齐方式的标签
JLabel(Icon image)	构造具有指定图标的标签
JLabel(Icon image, int alignmeng)	构造具有指定图标和水平对齐方式的标签
JLabel(String text, Icon icon, int alignment)	构造具有指定文本、图标和水平对齐方式的标签

b. JLabel 类提供的常用方法（见表 4-5）

表 4-5　JLabel 类提供的常用方法

方　　法	功　　能
String getText()	获得标签的文本内容
void setText(String text)	设置标签的文本内容
int getHorizontalAlignment()	获得标签当前的水平对齐方式
void setHorizontalAlignment(int alignment)	设置标签的水平对齐方式
int getVerticalAlignment()	获得标签当前的垂直对齐方式
void setVerticalAlignment(int alignment)	设置标签的垂直对齐方式
Icon getIcon()	获得在标签中显示的图标
void setIcon(Icon icon)	设置标签显示的图标
int getVerticalTextPosition()	返回标签文本相对于图标的垂直位置
void setVerticalTextPosition(int textPosition)	设置标签文本相对于图标的垂直位置
int getHorizontalTextPosition()	返回标签文本相对于图标的水平位置
void setHorizontalTextPosition(int textPosition)	设置标签文本相对于图标的水平位置

② 单行文本框 JTextField

正如"QQ 用户注册"界面，凡是输入的内容不多，在一行内能够完成输入的情况，都可以使用单行文本输入框，如"姓名"、"地址"等的信息输入框。单行文本框 JTextField 类的层次结构如下：java.lang.Object → java.awt.Component → java.awt.Container → javax.swing.JComponent → javax.swing.text.JTextComponent → javax.swing.JTextField。

a. JTextField 类的构造方法（见表 4-6）

表 4-6　JTextField 的构造方法

构 造 方 法	功　　能
JTextField()	构造一个新的文本框
JTextField(String text)	构造一个指定文本内容的文本框
JTextField(int columns)	构造一个指定列数宽的文本框
JTextField(String text, int columns)	构造一个由指定文本内容和列数初始化的文本框(1 列大约 1 个字符的宽度，平台相关)

b. JTextField 类提供的常用方法（见表 4-7）

表 4-7　JTextField 类提供的常用方法

方　　法	功　　能
String getText()	获得文本框的文本内容
void setText(String text)	设置文本框的文本内容
char getEchoChar()	获得文本框设置的回显字符
void setEchoChar(char c)	设置文本框的回显字符（常用在密码输入）
boolean echoCharIsSet()	判断该文本框是否设置了回显字符

（3）JButton 类

JButton 类继承结构：java.lang.Object → java.awt.Component → java.awt.Container → javax.swing.

JComponent→javax.swing.AbstractButton→javax.swing.JButton。

JButton 类的构造方法见表 4-8。

表 4-8　JButtton 类的构造方法

构 造 方 法	功　　能
JButton()	构造一个没有文本没有图标的按钮
JButton(String text)	构造一个指定文本的按钮
JButton(Icon icon)	构造一个有图标的按钮
JButton(String text, Icon icon)	构造一个具有文本和图标的按钮

例如：

```
ImageIcon iiSubmit = new ImageIcon("images/accept.png");
btnSubmit = new JButton("提交", iiSubmit);
```

（4）JComboBox 类与 JList 类

JComboBox 是组合框组件（也称为下拉列表框），而 JList 则是列表框组件，如图 4-11 所示。当需要选择列表中的内容时，可单击倒三角形按钮，让下拉列表显示出来，列表框组件如图 4-12 所示。

组合框与列表框相比，前者占用空间较少，后者则比较直观。在实际应用中，由于组合框较为节省空间应用比较多，而列表框相对应用较少。这里，我们仅介绍 JComboBox 类的使用方法，而 JList 类则留给读者自行学习。

组合框 JComboBox 类继承结构：java.lang.Object→java.awt.Component→java.awt.Container→javax.swing.JComponent→javax.swing.JComboBox。

图 4-11 组合框

图 4-12 列表框

JComboBox 类的构造方法如表 4-9 所示。

表 4-9　JComboBox 类的构造方法

构 造 方 法	功　　能
JComboBox()	构造一个具有默认数据模型的组合框对象
JComboBox(ComboBoxModelaModel)	利用 ListModel 构造一个新的组合框对象
JComboBox(Object[]items)	利用 Array 对象构造一个新的组合框对象
JComboBox(Vector<?>items)	利用 Vector 对象构造一个新的组合框对象

例如，在 MiniQQ 系统中构建 JComboBox 组件：

```
comboBoxFace = new JComboBox();           // 构造一个具有默认数据模型的组合框对象
comboBoxFace.setAutoscrolls(true);        // 超出下拉组合框范围后自动添加滚动条
String[] face = {"默认", "头像1", "头像2", "头像3", "头像4","头像5",
        "头像6", "头像7", "头像8", "头像9","头像10", "头像11", "头像12",
        "头像13", "头像14", "头像15", "头像16","头像17", "头像18", "头像19"};
// 定义一个一维字符串数组
comboBoxFace.setModel(new DefaultComboBoxModel(face));
// 构建一个数据模型，并给组合框对象设置数据模型
```

当然，构建一个组合框有多种方法，我们这里仅用到了其中的一种，其他的构建方法希望读者自行研究。

（5）JRadioButton 类与 JCheckBox 类

JRadioButton 是一个单选按钮组件，用于从一组选项中选择其中的一个选项。而 JCheckBox 则是一个复选框组件，用于从一组选项中选择其中的多个选项，这里的多个包括 0 个和全部选项。这部分我们仅学习单选按钮组件的使用方法，而复选框如何使用则留给读者自行学习。

JRadioButton 类继承结构：java.lang.Object → java.awt.Component → java.awt.Container → javax.swing.JComponent → javax.swing.AbstractButton → javax.swing.JToggleButton → javax.swing.JRadioButton。

JRadioButton 类的构造方法如表 4-10 所示。

表 4-10 JRadioButton 类的构造方法

构 造 方 法	描 述
JRadioButton()	构造一个没有选择没有文本的单选按钮
JRadioButton(Icon icon)	构造一个带图标没有选择的单选按钮
JRadioButton(Icon icon,boolean selected)	构造一个带图标和选择状态的单选按钮
JRadioButton(String text)	构造一个有文本没有选择的单选按钮
JRadioButton(String text,boolean selected)	构造一个带有文本和选择状态的单选按钮
JRadioButton(String text,Icon icon)	构造一个带有文本和图标没有选择的单选按钮
JRadioButton(String text,Icon icon, boolean selected)	构造一个带有文本、图标和选择状态的单选按钮

例如，在 MiniQQ 系统中构建 JRadioButton 组件：

用户注册界面设计中，处理用户性别时使用了 JRadioButton 组件，其构建方法详见图 4-13 中框住的代码。

```
18
19      private JPanel jPanel = null;
20
21      private JTextField nameTxt = null;
22      private JPasswordField passwordTxt1 = null;
23      private JPasswordField passwordTxt2 = null;
24      private JXDatePicker birthdayDP = null;
25      private JTextField placeTxt = null;
26      private JTextField emailTxt = null;
27      private JTextArea introduceTxt = null;
28      private JRadioButton boy,girl;
29      private JButton submit = null;
30      @SuppressWarnings("rawtypes")
31      private JComboBox comboBoxFace = null;   //定义"头像"组合框
```

```
110     boy = new JRadioButton("男",true);
111     boy.setBounds(400, 185, 50, 50);
112     boy.setForeground(Color.WHITE);
113     boy.setOpaque(false);
114     girl = new JRadioButton("女");
115     girl.setBounds(470, 185, 50, 50);
116     girl.setForeground(Color.WHITE);
117     girl.setOpaque(false);
118     ButtonGroup group = new ButtonGroup();
119     group.add(boy);
120     group.add(girl);
121
122     JLabel birthdayLabel = new JLabel("生日", JLabel.RIGHT);
```

图 4-13 构建"性别"单选按钮代码

注意：由于在一组单选按钮中只能有一个是被选中的，其他都必须处于不被选中的状态，所以，要将一个组中所有单选按钮添加到一个 ButtonGroup 对象中，使用 ButtonGroup 类的 add()方法。但 ButtonGroup 类的对象是不显示的。

（6）JTextArea 类

JTextArea 是文本域组件。文本域也称为多行文本框。顾名思义，可以使用文本域组件输入多于一行的文本。文本域 JTextArea 类继承结构：java.lang.Object→java.awt.Component→java.awt.Container→javax.swing.JComponent→javax.swing.text.JTextComponent→javax.swing.JTextArea。

其用法与单行文本框类似，此处不再赘述。如有什么扩展知识，请读者自行学习。

4.4.7　第三方组件的使用方法

1．引入问题

在 Java 的 swing 组件中，没有专门用来选择日期的组件，如果采用普通的 JText 文本框组件，其日期格式难以保证，因此，我们在设计 QQ 用户注册界面时，出生日期就采用了第三方的日期选择组件 JXDatePicker。那么，该组件从哪里得到？又如何应用到我们的项目中呢？

2．解答问题

（1）从网上下载一个包含该组件的 jar 包文件。

（2）在 Eclipse 中添加外部 jar 包，方法如下：

① 选择项目"MiniQQ"并右击，选择右键菜单中的菜单项"Project"（或者选择"Project"菜单）→"Properties"，打开图 4-14 所示的对话框。

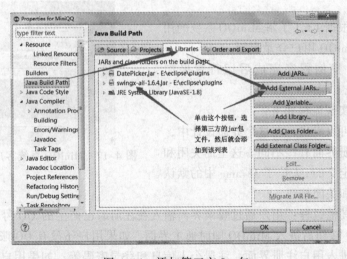

图 4-14　添加第三方 Jar 包

② 在项目的属性设置对话框中，选择左边浏览窗口的"Java Build Path"项，然后在右边窗口中选择"Libraries"选项卡，再单击"Add External JARs..."按钮，最后选择要导入的 jar 包文件。当导入成功后，会在列表中显示其 jar 包路径。同时在项目中加入如图 4-15 所示的引用库文件夹。

图 4-15　添加 Jar 包后在项目下添加的引用库

③ 展开导入的 jar 包文件夹后，就可以看到项目中所需要的 JXDatePicker 类，如图 4-16 所示。

导入该包后，我们就可以像使用普通的 Swing 组件一样来使用 JXDatePicker 了。

代码中引用和定义这个类的对象，以及访问这个类对象的成员方法，详见代码清单 4-1。

同步练习一

根据 MiniQQ 系统的用户需求，完成用户注册界面的设计。要求界面简洁、美观，用 Photoshop 设计一张图作为底图，找一些或自己设计一些小的图标用于头像及按钮图标。

编辑一个 Word 文档，文档中的内容包括：①解决问题的流程（或思路）；②已运行通过后的程序代码；③程序运行后的截图。

要求：按照 Java 规范编写程序代码，代码中需要有必要的注释。

图 4-16 添加 Jar 包后我们所需要引用的类

4.5　MiniQQ 用户登录界面设计

案例 4-6

案例描述　根据 1.6.1 了解 MiniQQ 系统的用户需求，设计 MiniQQ 用户登录界面。

运行效果　案例程序完成后运行效果如图 4-17 所示。

实现流程　实现流程如下：

从图 4-17 可以看出，在这个界面设计中，其风格与用户注册界面有些不同。这里的关闭和最小化按钮是自定义的，去掉了 JFrame 中的默认最小化、最大化和关闭按钮。

图 4-17 MiniQQ 系统客户端用户登录界面

用户登录及其他过程：用户通过登录界面输入在注册时已产生的 QQ 号和用户保存的密码，单击"登录"按钮后进入 MiniQQ 即时通主界面。如果用户还没有 QQ 账号，则单击"注册账号"按钮，进入用户注册界面，注册个人信息和登录密码等；如果用户忘记登录密码，可以使用"找回密码"功能重新设置密码，或者通过一定的查找策略找回密码。

（1）定义登录界面类 LoginUI，该类放于 cn.edu.gdqy.miniqq.ui 包下，其父类为 JFrame，并去掉装饰，窗体不需要改变大小，但可以移动。

（2）定义初始化处理方法 init()，在该方法中，将需要的组件加载到 LoginUI 的容器面板，容器面板不使用布局管理器。添加的组件包括：

① 头像：标签（JLabel），设置图标。

② 账号：文本框（JTextField）。
③ 密码：密码输入框（JPasswordField）。
④ 注册账号：按钮（JButton）。
⑤ 找回密码：按钮（JButton）。
⑥ 登录：按钮（JButton），设置图标。
⑦ 上部背景图：标签（JLabel），设置图标。
⑧ 下部背景图：标签（JLabel），设置图标。
⑨ 最小化、关闭：按钮（JButton），设置按钮正常状态下的图标和鼠标在按钮上悬停时的图标。
（3）编写构造方法，调用 init()方法。

完整代码　用户登录界面设计完整代码如代码清单 4-6 所示。

代码清单 4-6　登录界面 LoginUI 类的定义

```java
package cn.edu.gdqy.miniqq.ui;
import java.awt.*;
import javax.swing.*;

public class LoginUI extends JFrame {
    private static final long serialVersionUID = 1L;
    private static final int height = 290;
    private static final int width = 380;
    private JTextField txtNumber;            // 账号框
    private JPasswordField pfPassword;       // 密码框
    private JButton btnRegister;             // 注册账号
    private JButton btnFindNumber;           // 找回密码
    private JLabel lblFace;                  // 头像标签
    private JButton btnLogin;                // 登录按钮
    private JLabel lblUpbar;
    private JLabel lblBottombar;
    private JButton btnClose;
    private JButton btnMinimize;

    public LoginUI() {
        init();
    }

    private void init() {
        this.setSize(width, height);
        this.setResizable(true);
        this.setTitle("MINIQQ 登录");
        this.setUndecorated(true);
        this.setDefaultCloseOperation(JFrame.EXIT_ON_CLOSE); // 设置关闭窗口时结束程序
        this.setLocationRelativeTo(null);                     // 设置打开窗体时在屏幕中间显示
        this.setIconImage(new ImageIcon("images/QQ.png").getImage());
        Container container = this.getContentPane();   // 获取 JFrame 上面的内容面板
        container.setLayout(null);                      // 设置内容面板不使用布局管理器
        container.add(getNumberTextField());            // 添加组件对象到内容面板上
        container.add(getPasswordField());              // 添加组件对象到内容面板上
        container.add(getLoginButton());                // 添加组件对象到内容面板上
        container.add(getRegisterButton());             // 添加组件对象到内容面板上
        container.add(getFindPasswordButton());         // 添加组件对象到内容面板上
        container.add(getFaceLabel());                  // 添加组件对象到内容面板上
        container.add(getCloseButton());                // 添加组件对象到内容面板上
        container.add(getMinimizeButton());             // 添加组件对象到内容面板上
        container.add(getUpBar());                      // 添加组件对象到内容面板上
        container.add(getBottomBar());                  // 添加组件对象到内容面板上
```

```java
        this.setVisible(true);                          // 显示该窗体
    }

    private JTextField getNumberTextField() {           // 创建QQ账号输入文本框
        txtNumber = new JTextField(8);
        txtNumber.setText("请输入你的QQ账号");
        txtNumber.setSize(150, 25);
        txtNumber.setLocation(110, 100);
        return txtNumber;
    }

    private JPasswordField getPasswordField() {         // 创建登录密码输入文本框
        pfPassword = new JPasswordField();
        pfPassword.setSize(150, 25);
        pfPassword.setLocation(110, 135);
        return pfPassword;
    }

    private JButton getLoginButton() {                  // 创建"登录"按钮
        ImageIcon icon = new ImageIcon("images/login.png");
        btnLogin = new JButton(icon);
        btnLogin.setSize(178, 30);
        btnLogin.setLocation(102, 253);
        return btnLogin;
    }

    private JButton getRegisterButton() {               // 创建"注册账号"按钮
        btnRegister = new JButton("注册账号");
        btnRegister.setSize(90, 25);
        btnRegister.setLocation(270, 100);
        btnRegister.setContentAreaFilled(false);
        return btnRegister;
    }

    private JButton getFindPasswordButton() {           // 创建"找回密码"按钮
        btnFindNumber = new JButton("找回密码");
        btnFindNumber.setSize(90, 25);
        btnFindNumber.setLocation(270, 135);
        btnFindNumber.setContentAreaFilled(false);
        return btnFindNumber;
    }

    private JLabel getFaceLabel() {                     // 创建显示"头像"的标签
        ImageIcon icon = new ImageIcon("images/12-1.gif");
        lblFace = new JLabel(icon);
        lblFace.setSize(32, 32);
        lblFace.setLocation(45, 80);
        return lblFace;
    }

    private JLabel getUpBar() {                         // 创建添加上部背景图的标签
        lblUpbar = new JLabel();
        Image image = new ImageIcon("images/backGroud.jpg").getImage();
        lblUpbar.setIcon(new ImageIcon(image));
        lblUpbar.setSize(width, 236);
        lblUpbar.setLocation(0, 0);
        return lblUpbar;
    }

    private JLabel getBottomBar() {                     //创建添加下部背景图的标签
```

```java
        lblBottombar = new JLabel();
        Image image = new ImageIcon("images/bmttobar.png").getImage();
        lblBottombar.setIcon(new ImageIcon(image));
        lblBottombar.setSize(380, 54);
        lblBottombar.setLocation(0, 236);
        return lblBottombar;
    }

    private JButton getCloseButton() {              // 创建"关闭"按钮
        ImageIcon icon = new ImageIcon("images/btn_close_highlight.png");
        ImageIcon icon2 = new ImageIcon("images/btn_close_normal.png");
        btnClose = new JButton(icon2);
        btnClose.setRolloverIcon(icon);             // 当鼠标悬浮在按钮上方时即显示
        btnClose.setLocation(338, -2);
        btnClose.setSize(39, 20);
        btnClose.setContentAreaFilled(false);
        return btnClose;
    }

    private JButton getMinimizeButton() {           // 创建"最小化"按钮
        ImageIcon icon = new ImageIcon("images/btn_mini_down.png");
        ImageIcon icon2 = new ImageIcon("images/btn_mini_normal.png");
        btnMinimize = new JButton(icon2);
        btnMinimize.setRolloverIcon(icon);          // 设置鼠标悬停时按钮图标
        btnMinimize.setLocation(310, -2);
        btnMinimize.setSize(28, 20);
        btnMinimize.setContentAreaFilled(false);
        return btnMinimize;
    }
}
```

修改 cn.edu.gdqy.miniqq 包下的 Client 类。Client 类的完整代码如代码清单 4-7 所示。

代码清单 4-7　Client 类的定义

```java
package cn.edu.gdqy.miniqq;
import cn.edu.gdqy.miniqq.ui.LoginUI;
public class Client {
    public static void main(String[] args) {
        new LoginUI();
    }
}
```

完成后直接选择 Client 类并右击，在右键菜单中选择 "Run as" → "Java Application" 运行程序，运行结果显示如图 4-17 所示的界面。

在代码清单 4-6 中有一行代码：

```
this.setUndecorated(true);
```

是指禁用此窗体的装饰。这样，窗体上的标题栏、最小化、最大化和关闭按钮都将不存在了，因此，我们在该窗体上添加了两个图标按钮：最小化和关闭按钮，用来实现窗体的最小化和关闭功能。

4.5.1　JPasswordField 类

1. 引入问题

在案例 4-6 中，从信息安全性角度考虑，用户在输入登录密码时，不能将密码原文显示出来，需要将密码内容掩藏起来。Java 中已提供了这样的组件，是什么样的组件呢？提供了哪些常用方法？

2. 解答问题

JPasswordField 就是密码输入框，专门用于密码的输入。我们在前面学习 JTextField 的时候，已经知道 JTextField 也可用于输入密码，但必须设置回显字符，即掩码，与 JPasswordField 组件相比，稍显复杂些。因此，我们在设计登录界面时，选择 JPasswordField 作为密码输入组件。

JPasswordField 类的常用构造方法，如表 4-11 所示。

表 4-11　JPasswordField 类的常用构造方法

方　　法	功　　能
JPasswordField()	构造一个空的 JPasswordField
JPasswordField(int columns)	构造一个具有指定列数的空 JPasswordField
JPasswordField(String text)	构造一个具有指定文本初始化的 JPasswordField
JPasswordField(String text, int columns)	构造一个利用指定文本和列数初始化的 JPasswordField

JPasswordField 类提供的常用方法如表 4-12 所示。

表 4-12　JPasswordField 类提供的常用的方法

方　　法	功　　能
setText()	用于向 JPasswordField 组件设置密码文本
getPassword()	获取 JPasswordField 组件的密码内容，返回类型是 char[]

说明：调用 getPassword()方法返回类型是 char[]，如果要转换为 String，需使用如下的语句：

```
String password = new String(jPassword.getPassword());    //如组件名为 jPassword
```

4.5.2　JOptionPane 类

1. 引入问题

在软件系统中，常常弹出一个对话框提示用户一些业务状态，或者要求用户确认一些工作流程等，这时候我们就需要消息提示框组件，Java 中是否已有这样的组件？如果有这样的组件，我们该如何使用呢？

2. 解答问题

Java 中提供了消息提示框组件 JOptionPane。JOptionPane 类继承结构：java.lang.Object → java.awt.Component → java.awt.Container → javax.swing.JComponent → javax.swing.JOptionPane。

JOptionPane 有助于方便地弹出要求用户提供值或向其发出通知的标准对话框。JOptionPane 类封装了很多方法，但常用的方法有三个，这三个常用方法是静态方法，直接使用类名访问。

（1）showMessageDialog()方法

这个方法显示一个带有 "OK" 按钮的模态对话框。

下面是几个使用 showMessageDialog 的例子：

① JOptionPane.showMessageDialog(null,"友情提示");

② JOptionPane.showMessageDialog(jPanel,"提示消息","标题",JOptionPane.WARNING_MESSAGE);

③ JOptionPane.showMessageDialog(null,"提示消息","标题",JOptionPane.ERROR_MESSAGE);

④ JOptionPane.showMessageDialog(null,"提示消息","标题",JOptionPane.PLAIN_MESSAGE);

（2）showConfirmDialog()方法

这个方法可以改变显示在按钮上的文字。也可以执行更多的个性化操作。

下面是使用 showConfirmDialog 的例子：

```
int n=JOptionPane.showConfirmDialog(null,"确定要删除该条记录吗?","友情提示",
        JOptionPane.YES_NO_OPTION);
if(n==JOptionPane.YES) {
        // 删除操作
} else {
        // 取消删除或其他他些操作
}
```

（3）showInputDialog()方法

该方法返回一个 Object 类型的对象。这个 Object 类型对象的值一般是一个 String 类型的字符串，该值就是用户的输入内容。

例如：

```
① Object[] obj2 ={"看电视", "看书", "玩游戏"};
  String str1 = (String)JOptionPane.showInputDialog(null,"请选择你的爱好: \n",
      "爱好", JOptionPane.PLAIN_MESSAGE, new ImageIcon("icon.png"), obj2, "看电视");
② String str2 = (String)JOptionPane.showInputDialog(null, "请输入你的爱好: \n",
      "title", JOptionPane.PLAIN_MESSAGE, icon, null, "在这里输入");
```

同步练习二

根据 MiniQQ 系统的用户需求，完成用户登录界面的设计。要求界面简洁、美观。

登录界面（LoginUI）参考图 4-17 的界面设计，另外加上两项内容：记住密码和自动登录，这两项内容使用复选框（JCheckBox）组件。

编辑一个 Word 文档，文档中的内容包括：①解决问题的流程（或思路）；②已运行通过后的程序代码；③程序运行后的截图。

要求：按照 Java 规范编写程序代码，代码中需要有必要的注释。

4.6　MiniQQ 主界面设计

案例 4-7

案例描述　根据 1.6.1 了解 MiniQQ 系统的用户需求，设计 MiniQQ 系统客户端主界面。MiniQQ 的主界面，即是 QQ 用户登录成功后，能进行各种主要业务功能操作的界面。

运行效果　该案例程序完成后运行效果如图 4-18 所示。

实现流程　实现流程如下：

从图 4-18 可以看出，在设计该界面时，将整个版面划分为三个部分：上部、中部和下部。由于该界面大小固定，为了灵活布置组件，不采用布局管理器，而是设置组件的绝对位置。与用户登录界面类似，该界面也去掉了装饰，自定义了两个用于最小化和关闭窗体的图

图 4-18　MiniQQ 系统客户端主界面

标按钮。

（1）定义主界面类 MainUI，该类放于 cn.edu.gdqy.miniqq.ui 包下，其父类为 JFrame，并去掉装饰，窗体不需要改变大小，但可以移动。

（2）定义初始化处理方法 init()，在该方法中，将一个总面板加载到 MainUI 的容器面板，容器面板不使用布局管理器。总面板上加载三个面板，每个面板上添加的组件包括：

① 上部面板：设置底图，布置 5 个组件：

a. QQ 用户昵称：JLabel，设置文本。

b. QQ 用户头像：JLabel，设置图标。

c. 最小化窗体图标按钮：JButton。

d. 关闭窗体图标按钮：JButton。

e. 工具条：JToolBar，工具条上分布三个功能按钮："查看资料""删除好友"和"发送消息"，这三个按钮都使用 JButton 组件。

② 中部面板：一个树（JTree）组件显示于滚动面板（JScrollPane）上。

③ 下部面板：设置底图，布置一个带有文本和图标的"查找"按钮（JButton）。

（3）编写构造方法，调用 init()方法。

完整代码　MiniQQ 客户端主界面完整代码如代码清单 4-8 所示。

代码清单 4-8　主界面 MainUI 类的定义

```java
package cn.edu.gdqy.miniqq.ui;
import java.awt.*;
import java.util.ArrayList;
import javax.swing.*;
import javax.swing.tree.*;
public class MainUI extends JFrame {
    private static final long serialVersionUID = 1L;
    private JPanel jPanel = null;              // 总面板
    private JPanel pnlUp = null;               // 上部面板
    private JPanel pnlCenter = null;           // 总部面板
    private JPanel pnlDown = null;             // 下部面板
    private JButton btnClose = null;
    private JButton btnMin = null;
    private JButton btnDeleteFriend = null;    // 删除好友按钮
    private JButton btnViewFriend = null;      // 查看好友资料按钮
    private JButton btnSendFriend = null;      // 发送消息给好友
    private JTree tree = null;
    private JLabel lblName = null;
    private JButton btnSearch = null;

    public MainUI(){
        init();
    }

    private void init() {
        this.setSize(300, 692);
        this.setTitle("MainUI");
        this.setLocationRelativeTo(this.getOwner());
        this.setUndecorated(true);
        this.setLayout(null);
        this.setContentPane(getJPanel());
        this.setVisible(true);
```

```java
    }

    private Container getJPanel() {                    // 创建总体面板
        jPanel = new JPanel();
        jPanel.setLayout(null);
        jPanel.setBorder(BorderFactory.createLineBorder(Color.gray));
        jPanel.add(getUpJPanel());
        jPanel.add(getCenterJPanel());
        jPanel.add(getDownJPanel());
        return jPanel;
    }

    @SuppressWarnings("serial")
    private Component getUpJPanel() {                  // 创建上部面板
        lblName = new JLabel("测试");                   //设置名字
        lblName.setBounds(10, 5, 70, 70);
        lblName.setFont(new Font("宋体", Font.BOLD,16));
        lblName.setForeground(Color.white);
        ImageIcon icon = new ImageIcon("images/12-1.gif");
        JLabel lblFace = new JLabel(icon);
        lblFace.setSize(32, 32);
        lblFace.setLocation(20, 60);

        ImageIcon iconClose = new ImageIcon("images/btn_close_highlight.png");
        ImageIcon iconClose2 = new ImageIcon("images/btn_close_normal.png");
        btnClose = new JButton(iconClose2);            // 当鼠标悬浮在按钮上方时即显示
        btnClose.setBounds(254, -2, 39, 20);
        btnClose.setContentAreaFilled(false);
        ImageIcon iconMin = new ImageIcon("images/btn_mini_down.png");
        ImageIcon iconMin2 = new ImageIcon("images/btn_mini_normal.png");
        btnMin = new JButton(iconMin2);
        btnMin.setRolloverIcon(iconMin);
        btnMin.setBounds(228, -2, 28, 20);
        btnMin.setContentAreaFilled(false);
        JToolBar toolBar = new JToolBar();
        btnDeleteFriend = new JButton("删除好友");
        btnSendFriend = new JButton("发送消息");
        btnViewFriend = new JButton("查看资料");
        toolBar.add(btnViewFriend);
        toolBar.add(btnDeleteFriend);
        toolBar.addSeparator();
        toolBar.add(btnSendFriend);
        toolBar.setBounds(1, 134, 296, 36);
        pnlUp = new JPanel() {
            public void paintComponent(Graphics g) {
                super.paintComponent(g);
                ImageIcon img = new ImageIcon("images/skin_up.png");
                g.drawImage(img.getImage(), 0, 0, null);
            }
        };
        pnlUp.setLayout(null);
        pnlUp.add(btnClose);
        pnlUp.add(btnMin);
        pnlUp.add(lblName);
        pnlUp.add(lblFace);
        pnlUp.add(toolBar);
        pnlUp.setBounds(1, 1, 298, 170);
```

```java
            return pnlUp;
    }

    private Component getCenterJPanel() {                       // 创建中部面板
        DefaultMutableTreeNode root = null;
        DefaultTreeCellRenderer renderer = null;
        DefaultMutableTreeNode group = null;
        ArrayList<String> groupName = new ArrayList<String>();
        groupName.add("我的好友");
        //创建默认的好友分组，当好友没有被分组时，放入该默认分组中
        tree = new JTree();                                     //创建一个树组件对象
        tree.setModel(null);
        root = new DefaultMutableTreeNode();
        renderer = new DefaultTreeCellRenderer();
        tree.setCellRenderer(renderer);
        if(groupName.size()>1){
            renderer.setLeafIcon(new ImageIcon("images//60-1.gif"));   // 好友的头像
        }
        renderer.setClosedIcon(new ImageIcon("images//jtr.png"));
        // 树的文件夹关闭时图片
        renderer.setOpenIcon(new ImageIcon("images//jtd.png"));
        // 树的文件夹打开时的图片
        group = new DefaultMutableTreeNode();
        group.setUserObject(groupName.get(0));
        root.add(group);
        tree.setRootVisible(false);
        tree.setRowHeight(35);
        tree.setToggleClickCount(1);
        DefaultTreeModel dm = new DefaultTreeModel(root);
        tree.setModel(dm);
        tree.putClientProperty("JTree.lineStyle","None");        // 设置树的路线不可见
        JScrollPane jscrollpane = new JScrollPane(tree);
        jscrollpane.setAutoscrolls(true);
        jscrollpane.setBounds(0, 4, 299, 453);
        pnlCenter = new JPanel();
        pnlCenter.setLayout(null);
        pnlCenter.add(jscrollpane);
        pnlCenter.setBounds(1, 169, 298, 452);
        return pnlCenter;
    }

    @SuppressWarnings("serial")
    private Component getDownJPanel() {
        btnSearch = new JButton("查找",new ImageIcon("images/search.png"));
        btnSearch.setForeground(Color.WHITE);
        btnSearch.setFont(new Font("宋体", Font.BOLD,16));
        btnSearch.setBounds(170, 20, 108, 34);
        btnSearch.setContentAreaFilled(false);
        pnlDown = new JPanel() {
            public void paintComponent(Graphics g) {
                super.paintComponent(g);
                ImageIcon img = new ImageIcon("images/skin_down.png");
                g.drawImage(img.getImage(), 0, 0, null);
            }
        };
        pnlDown.setLayout(null);
        pnlDown.setBounds(0, 621, 298, 70);
```

```
            pnlDown.add(btnSearch);
            return pnlDown;
        }
    }
```

修改 cn.edu.gdqy.miniqq 包下的 Client 类。Client 类的完整代码如代码清单 4-9 所示。

代码清单 4-9　修改后的 Client 类的定义

```
package cn.edu.gdqy.miniqq;
import cn.edu.gdqy.miniqq.ui.MainUI;
public class Client {
    public static void main(String[] args) {
        new MainUI();
    }
}
```

完成后直接选择 Client 类并右击，在右键菜单中选择"Run as"→"Java Application"运行程序，运行结果显示如图 4-18 所示的界面。

在主界面设计中，我们用到了 JTree 和 JToolBar 两个组件，下面将详细介绍这两个组件的使用方法。

4.6.1　JTree 类

1. 引入问题

当我们加载好友信息到主界面时，包括好友分组和好友信息。某个好友属于某个分组，而某个分组下包含若干个好友，这样，好友分组和好友之间就形成了分层结构，这种分层结构可以用"树"来实现，Java 中实现这种"树"结构的组件是 JTree 类，要如何使用 JTree 类来实现分层结构呢？

2. 解答问题

JTree 是将分层数据集显示为树形目录结构的组件。树中特定的结点可以由 TreePath 标识，或由其显示行标识。这里有两个概念需要读者弄明白：

① 展开结点：是指显示一个非叶结点下面的子结点。
② 折叠结点：是指隐藏一个非叶结点下面的子结点。

JTree 类继承结构：java.lang.Object→java.awt.Component→java.awt.Container→javax.swing.JComponent→javax.swing.JTree。

JTree 类的构造方法如表 4-13 所示。

表 4-13　JTree 类的构造方法

构 造 方 法	功　　能
JTree()	建立一棵系统默认的树
JTree(Hashtable value)	利用 Hashtable 建立树，不显示根结点
JTree(Object[] value)	利用 Objec 数组建立树，不显示根结点
Jtree(TreeModel newModel)	利用 TreeModel 建立树
JTree(TreeNode root)	利用 TreeNode 建立树
JTree(TreeNode root, boolean children)	利用 TreeNode 建立树，并决定是否允许子结点的存在
JTree(Vector value)	利用 Vector 建立树，不显示根结点

下面我们用几个实例来说明 JTree 的使用方法。

案例 4-8

案例描述 构建一棵默认的树。

运行效果 该案例程序完成后运行效果如图 4-19 所示。

实现流程 实现流程如下：

在 TestProject 项目下的 cn.edu.gdqy.demo 包下，新建一个类 TestTree1。在该类中生成一棵默认的树。

完整代码 完整代码见代码清单 4-10。

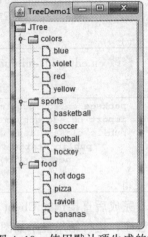

图 4-19 使用默认项生成的树

代码清单 4-10　类 TestTree1 的定义

```java
package cn.edu.gdqy.demo;
import java.awt.Container;
import javax.swing.*;
public class TestTree1 {
    public TestTree1() {
        JFrame f = new JFrame("TreeDemo1");            // 创建一个窗体
        Container contentPane = f.getContentPane();    // 获取窗体的内容面板
        JTree tree = new JTree();                       // 构建一棵空树
        JScrollPane scrollPane = new JScrollPane();    // 创建一个滚动面板
        scrollPane.setViewportView(tree);              // 在滚动面板上显示树
        contentPane.add(scrollPane);                    // 将滚动面板添加到窗体的内容面板上
        f.setVisible(true);                            // 显示窗体
    }

    public static void main(String[] args) {
        new TestTree1();
    }
}
```

完成后直接选择该类，右击，在右键菜单中选择"Run as"→"Java Application"运行程序，运行结果显示如图 4-19 所示。

案例 4-9

案例描述 用 Hashtable 构造树。案例 4-8 中，各个结点数据均是 Java 的默认值，而非我们自己设置的。因此需利用其他 JTree 构造方法来输入想要的结点数据。该例中我们用 Hashtable 当作 JTree 的数据输入。

运行效果 该案例程序完成后运行效果如图 4-20 所示。

实现流程 实现流程如下：

在 TestProject 项目的 cn.edu.gdqy.demo 包下，新建一个类 TestTree2。在该类中用 Hashtable 当作 JTree 的数据输入，

图 4-20 TestTree2 的运行结果

生成一棵自定义数据的树。

完整代码 完整代码如代码清单4-11所示。

代码清单4-11　TestTree1类的定义

```java
package cn.edu.gdqy.demo;
import java.awt.Container;
import java.util.Hashtable;
import javax.swing.*;
public class TestTree2 {
    @SuppressWarnings({ "unchecked", "rawtypes" })
    public TestTree2() {
        JFrame f = new JFrame("TreeDemo2");
        Container contentPane = f.getContentPane();
        String[] s1 = { "张三", "李四", "王五" };         // 定义一个数据类型为字符串的一维数组
        String[] s2 = { "章学峰", "侯吉利", "陆春丽" };    // 定义一个数据类型为字符串的一维数组
        String[] s3 = { "秦武龙", "毛雪峰", "吴庆利" };    // 定义一个数据类型为字符串的一维数组
        Hashtable hashtable = new Hashtable();            // 定义一个哈希表对象
        hashtable.put("我的好友", s1);     // 将数组s1的值作为哈希表中的"我的好友"项的值
        hashtable.put("同学", s2);         // 将数组s2的值作为哈希表中的"同学"项的值
        hashtable.put("同事", s3);         // 将数组s3的值作为哈希表中的"同事"项的值
        JTree tree = new JTree(hashtable);                // 用哈希表构建树
        JScrollPane scrollPane = new JScrollPane();       // 构建一个滚动面板
        scrollPane.setViewportView(tree);                 // 将树显示在滚动面板上
        contentPane.add(scrollPane);
        f.setVisible(true);
    }

    public static void main(String[] args) {
        new TestTree2();
    }
}
```

完成后直接选择该类并右击，在右键菜单中选择"Run as"→"Java Application"运行程序，运行结果显示如图4-20所示。

案例 4-10

案例描述　用 TreeNode 构造 JTree。

运行效果　该案例程序完成后运行效果如图4-21所示。

实现流程　实现流程如下。

JTree 上的每一个结点代表一个 TreeNode 对象，TreeNode 本身就是一个接口，里面定义了 7 个有关结点的方法，例如判断是否为树叶结点、有几个子结点(getChildCount())、父结点是谁(getParent())等。在实际应用中，采用 java 所提供的 DefaultMutableTreeMode 类加载分层数据。MutableTreeNode 本身也是一个接口，且继承了 TreeNode 接口的一些结点的处理方法，例如新增结点[insert()]、删除结点[remove()]、设置结点用户数据[setUserObject()]等。

图 4-21　TestTree3 的运行结果

TreeNode 是一个接口，MutableTreeNode 是继承了 TreeNode 接口的子接口，而 DefaultMutableTreeNode 则是实现了 MutableTreeNode 接口的类。根据这个继承和实现关系，我们使用 DefaultMutableTreeNode 类来建立 JTree，DefaultMutableTreeNode 类的构造方法见表 4-14。

表 4-14　DefaultMutableTreeNode 类的构造方法

构造方法	功能
DefaultMutableTreeNode()	建立空的 DefaultMutableTreeNode 对象
DefaultMutableTreeNode(Object userObject)	建立 DefaultMutableTreeNode 对象，结点为 userObject 对象
DefaultMutableTreeNode(Object userObject,Boolean allowsChildren)	建立 DefaultMutableTreeNode 对象，结点为 userObject 对象并决定此结点是否允许具有子结点

在 TestProject 项目的 cn.edu.gdqy.demo 包下，新建一个类 TestTree3。在该类中使用 DefaultMutableTreeNode 生成树结点，生成一棵自定义数据的树。

完整代码　完整代码如代码清单 4-12 所示。

代码清单 4-12　TestTree3 类的定义

```java
package cn.edu.gdqy.demo;
import java.awt.Container;
import javax.swing.*;
import javax.swing.tree.DefaultMutableTreeNode;
public class TestTree3 {
    public TestTree3() {
        JFrame f = new JFrame("TreeDemo3");
        Container contentPane = f.getContentPane();
        DefaultMutableTreeNode root = new DefaultMutableTreeNode("MiniQQ");
        // 创建一个显示信息为"MiniQQ"的根结点
        DefaultMutableTreeNode node1 = new DefaultMutableTreeNode("我的好友");
        // 创建一个显示信息为"我的好友"的结点 1
        DefaultMutableTreeNode node2 = new DefaultMutableTreeNode("同学");
        // 创建一个显示信息为"同学"的结点 2
        DefaultMutableTreeNode node3 = new DefaultMutableTreeNode("同事");
        // 创建一个显示信息为"同事"的结点 3
        root.add(node1);            // 将结点 1 添加到根结点上，作为根结点的子结点
        root.add(node2);            // 将结点 2 添加到根结点上，作为根结点的子结点
        root.add(node3);            // 将结点 3 添加到根结点上，作为根结点的子结点
        DefaultMutableTreeNode leafnode = new DefaultMutableTreeNode("张三");
        node1.add(leafnode);
        leafnode = new DefaultMutableTreeNode("李四");
        node1.add(leafnode);
        leafnode = new DefaultMutableTreeNode("王五");
        node1.add(leafnode);
        // 创建三个叶结点添加到结点 1 上
        leafnode = new DefaultMutableTreeNode("章学峰");
        node2.add(leafnode);
        leafnode = new DefaultMutableTreeNode("侯吉利");
        node2.add(leafnode);
        leafnode = new DefaultMutableTreeNode("陆春丽");
        node2.add(leafnode);
        // 创建三个叶结点添加到结点 2 上
        leafnode = new DefaultMutableTreeNode("秦武龙");
        node3.add(leafnode);
        leafnode = new DefaultMutableTreeNode("毛雪峰");
        node3.add(leafnode);
        leafnode = new DefaultMutableTreeNode("吴庆利");
        node3.add(leafnode);
```

```
        // 创建三个叶结点添加到结点 3 上
        JTree tree = new JTree(root);                    // 构建一棵树,根结点作为参数
        JScrollPane scrollPane = new JScrollPane();
        scrollPane.setViewportView(tree);
        contentPane.add(scrollPane);
        tree.setRootVisible(false);                       // 不显示根结点
        f.setVisible(true);
    }

    public static void main(String[] args) {
        new TestTree3();
    }
}
```

完成后直接选择该类并右击,在右键菜单中选择"Run as"→"Java Application"命令运行程序,运行结果显示如图 4-21 所示。当然,我们也可以使用 TreeModel 构造 JTree。这部分工作留给读者查阅资料自行完成。

4.6.2 JToolBar 类

1. 引入问题

我们在设计软件界面时,一般会将所有功能分类放置在菜单中(JMenu),但当功能数量太多时,可能会造成用户本来只需要一个简单的操作,但必须进行繁复的寻找菜单中相关功能项的工作,降低了用户使用的方便性。所以,我们通常会将一些常用功能以按钮的形式放置在工具栏中,让用户很直接地得到想要的功能。JToolBar 是一个存放组件的特殊 Swing 容器组件。这个容器组件可以在 Java 应用程序中用作工具栏。我们如何使用这个容器组件呢?

2. 解答问题

JToolBar 类继承结构:java.lang.Object→java.awt.Component→java.awt.Container→javax.swing.JComponent→javax.swing.JToolBar。

JToolBar 类的构造方法如表 4-15 所示。

表 4-15 JToolBar 类的构造方法

构 造 方 法	功　　能
JToolBar()	建立一个新的 JToolBar,位置为默认的水平方向
JToolBar(int orientation)	建立一个指定的 JToolBar
JToolBar(String name)	建立一个指定名称的 JToolBar
JToolBar(String name,int orientation)	建立一个指定名称和位置的 JToolBar

我们在使用 JToolBar 时一般都采用水平方向的位置,因此,多采用上表中的第一种构造方法来建立工具栏。如果需要改变方向,则使用 JToolBar 类的 setOrientation()方法来改变设置,或是以鼠标拉动的方式来改变 JToolBar 的位置。

工具栏中常常放置按钮组件,如 MiniQQ 主界面中的工具栏如图 4-22 所示。实现工具栏的代码详图 4-23 矩形框中的代码。

图 4-22 工具栏

```
 9  public class MainUI extends JFrame {
10
11      private static final long serialVersionUID = 4643106623810187827L;
12
13      private JPanel jPanel = null;          //总面板
14      private JPanel pnlUp = null;           //上部面板
15      private JPanel pnlCenter = null;       //总面板
16      private JPanel pnlDown = null;         //下部面板
17
18      private JButton btnClose = null;
19      private JButton btnMin = null;
20
21      private JButton btnDeleteFriend = null;   //删除好友按钮
22      private JButton btnViewFriend = null;     //查看好友资料按钮
23      private JButton btnSendFriend = null;     //发送消息给好友
        ...
80          JToolBar toolBar = new JToolBar();
81          btnDeleteFriend = new JButton("删除好友");
82          btnSendFriend = new JButton("发送消息");
83          btnViewFriend = new JButton("查看资料");
84
85          toolBar.add(btnViewFriend);
86          toolBar.add(btnDeleteFriend);
87          toolBar.addSeparator();
88          toolBar.add(btnSendFriend);
89          toolBar.setBounds(1, 134, 296, 36);
90
91          pnlUp = new JPanel() {
92              public void paintComponent(Graphics g) {
93                  super.paintComponent(g);
94                  ImageIcon img = new ImageIcon("images/skin_up.png");
95                  g.drawImage(img.getImage(), 0, 0, null);
96              }
97          };
98          pnlUp.setLayout(null);
99          pnlUp.add(btnClose);
100         pnlUp.add(btnMin);
101         pnlUp.add(lblName);
102         pnlUp.add(lblFace);
103         pnlUp.add(toolBar);
```

图 4-23 实现工具栏的代码

JToolBar 组件除了上面简单的应用外，还可以在 JToolBar 组件中加入 ToolTip。当按钮上不使用文本而仅使用图标时，为了让用户明白图标所代表的含义，当用户把鼠标指针移动到工具栏中的某个图标时，稍等一两秒后，将显示文本提示信息。这时候就要设置 ToolTip。

如在上面这个程序的 81 行后面加上一行代码：

```
btnDeleteFriend.setToolTipText("删除一个好友信息");
```

程序运行后的效果见图 4-24 所示。

同步练习三

根据 MiniQQ 系统的用户需求，完成主界面的设计。要求界面简洁、美观。

主界面（MainUI）的设计参考图 4-18 的界面设计，但要求底图风格与其他的相同，整个版面采用 BorderLayout 布局管理器布局，分成三个部分：北方、中部和南方。上部的"查看资料""删除好友"和"发送消息"三个按钮放在工具条（JToolBar）上，中部是一个滚动面板（JScrollPane）上显示的树（JTree），底部只有一个带图标和文字的按钮，要去掉边框。而

图 4-24 ToolText 示例

北方、中部和南方放置具体组件的三个面板采用 BoxLayout 布局。

编辑一个 Word 文档，文档中的内容包括：①解决问题的流程（或思路）；②已运行通过后的程序代码；③程序运行后的截图。

要求：按照 Java 规范编写程序代码，代码中需要有必要的注释。

4.7 MiniQQ 服务器端管理界面设计

案例 4-11

案例描述 根据 1.6.1 了解 MiniQQ 系统的用户需求，在 MiniQQ 服务器端需要提供管理功能，包括列表显示上线用户的信息、启动服务器、停止服务器和发送公告信息等，所以，需要设计服务器端管理界面。

运行效果 该案例设计完成后运行效果如图 4-25 所示。

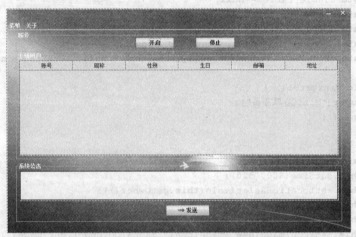

图 4-25 MiniQQ 系统服务器端管理界面

实现流程 其实现流程如下：

从图 4-25 可以看出，与客户端主界面类似，在设计该界面时，将整个版面划分为三个部分：上部、中部和下部。由于该界面大小固定，为了灵活布置组件，也不采用布局管理器，而是设置组件的绝对位置。该界面同样去掉了装饰，自定义了两个用于最小化和关闭窗体的图标按钮。

（1）在服务器端定义管理界面类 ManagerUI。该类放于服务器端的 cn.edu.gdqy.mini.ui 包下，其父类为 JFrame，并去掉装饰，窗体不需要改变大小，但可以移动。

（2）定义初始化处理方法 init()。在该方法中，将一个总面板加载在 ManagerUI 窗体上，总面板（设置底图）上加载三个面板、两个图标按钮（一个是最小化窗体图标按钮，另一个是关闭窗体的图标按钮）和一个下拉菜单，每个面板上添加的组件包括：

① 上部面板：布置 2 个组件：

a."开启"服务按钮：JButton，设置文本。

b."停止"服务按钮：JButton，设置文本。

② 中部面板：一个表格（JTable）组件显示于滚动面板（JScrollPane）上。

③ 下部面板：布置一个带有系统公告消息编辑文本域（JTextArea）的滚动面板和一个"发送"按钮（JButton）。

（3）编写构造方法，调用init()方法。

完整代码　完整代码如代码清单4-13所示。

代码清单4-13　ManagerUI类的定义

```java
package cn.edu.gdqy.mini.ui;
import java.awt.*;
import javax.swing.*;
import javax.swing.border.TitledBorder;
public class ManagerUI extends JFrame {
    private static final long serialVersionUID = 1L;
    private JPanel jpanel = null, pnlUp = null, pnlCenter = null, pnlDown = null;
    private JButton btnStart = null, btnStop = null, btnSend = null;
    private JLabel btnClose = null, btnMin = null;
    private JTable table = null;
    private JTextArea textarea = null;
    private JMenuBar menubar = null;
    private JMenu menu = null, menuAbout = null;
    private JMenuItem itemExit = null, itemStart = null, itemStop = null, itemAbout = null;
    public ManagerUI() {
        super("MiniQQ服务器");
        init();
    }

    private void init() {
        this.setSize(800, 520);
        this.setLocationRelativeTo(this.getOwner());
        this.setUndecorated(true);
        this.setLayout(null);
        this.setIconImage(new ImageIcon("images/QQ.png").getImage());
        this.setContentPane(getJPanel());
        this.setVisible(true);
    }

    @SuppressWarnings("serial")
    private Container getJPanel() {              // 定义一个总体面板
        btnMin = new JLabel(new ImageIcon("images/btn_mini_normal.png"));
        btnMin.setBounds(733, -1, 28, 20);
        btnClose = new JLabel(new ImageIcon("images/btn_close_normal.png"));
        btnClose.setBounds(761, -1, 39, 20);
        jpanel = new JPanel() {
            public void paintComponent(Graphics g) {
                super.paintComponent(g);
                ImageIcon img = new ImageIcon("images/adbg1.jpg");
                g.drawImage(img.getImage(), 0, 0, null);
            }
        };
        jpanel.setLayout(null);
        jpanel.add(btnClose);                    // 添加"关闭"图标按钮
        jpanel.setSize(800, 520);
        jpanel.add(btnMin);                      // 添加"最小化"图标按钮
```

```java
        jpanel.add(getUpJpanel());                     // 添加上部面板
        jpanel.add(getCenterJpanel());                 // 添加中部面板
        jpanel.add(getDownJpanel());                   // 添加下部面板
        jpanel.add(createMenuBar());                   // 添加下拉菜单
        jpanel.setBorder(BorderFactory.createEtchedBorder());    // 面板设置边框
        return jpanel;
    }

    private Component getUpJpanel() {
        btnStart = new JButton("开启");
        btnStart.setSize(90, 25);
        btnStart.setLocation(280, 15);
        btnStop = new JButton("停止");
        btnStop.setSize(90, 25);
        btnStop.setLocation(420, 15);
        pnlUp = new JPanel();
        pnlUp.setLayout(null);
        pnlUp.setSize(760, 50);
        pnlUp.setLocation(20, 52);
        pnlUp.add(btnStart);                           // 添加"开启"服务按钮
        pnlUp.add(btnStop);                            // 添加"停止"服务按钮
        pnlUp.setOpaque(false);
        TitledBorder title = BorderFactory.createTitledBorder("服务");
        title.setTitleColor(Color.WHITE);
        pnlUp.setBorder(BorderFactory.createTitledBorder(title));
        return pnlUp;
    }

    @SuppressWarnings("unused")
    public Component getCenterJpanel() {               // 构建中部面板
        Object[] columnName = { "账号", "昵称", "性别", "生日", "邮箱", "地址" };
        // 表格列名
        Object[][] info = null;                        // 表格数据
        if(info == null) {
            table = new JTable(new Object[0][10], columnName);
        } else {
            table = new JTable(info, columnName);      // 创建表格
        }
        table.setRowHeight(25);                        // 设置表格行高
        table.getTableHeader().setReorderingAllowed(false);  // 设置表格不允许重新排序
        table.setEnabled(false);                       // 设置表格不可编辑
        table.setOpaque(false);
        JScrollPane jscrollpane1 = new JScrollPane(table);
        jscrollpane1.setAutoscrolls(true);
        jscrollpane1.setBounds(10, 20, 740, 220);
        TitledBorder title = BorderFactory.createTitledBorder("上线用户");
        title.setTitleColor(Color.WHITE);
        jscrollpane1.setOpaque(false);
        pnlCenter = new JPanel();
        pnlCenter.setLayout(null);
        pnlCenter.setSize(760, 250);
        pnlCenter.setLocation(20, 100);
        pnlCenter.add(jscrollpane1);
        pnlCenter.setBorder(title);
        pnlCenter.setOpaque(false);
```

```java
            return pnlCenter;
        }

        private Component getDownJpanel() {              // 构建下部面板
            textarea = new JTextArea();
            textarea.setBorder(BorderFactory.createLineBorder(Color.black));
            JScrollPane jscrollpane = new JScrollPane(textarea);
            jscrollpane.setBounds(10, 20, 740, 70);
            jscrollpane.setAutoscrolls(true);
            jscrollpane.setOpaque(false);
            btnSend = new JButton("发送", new ImageIcon("images/arrow_right.png"));
            btnSend.setBounds(350, 100, 100, 25);
            pnlDown = new JPanel();
            pnlDown.setLayout(null);
            pnlDown.setSize(760, 140);
            pnlDown.setLocation(20, 355);
            TitledBorder title = BorderFactory.createTitledBorder("系统公告");
            title.setTitleColor(Color.WHITE);
            pnlDown.setBorder(title);
            pnlDown.add(jscrollpane);
            pnlDown.add(btnSend);
            pnlDown.setOpaque(false);
            return pnlDown;
        }

        public JMenuBar createMenuBar() {               // 构建菜单条
            menubar = new JMenuBar();                   // 构建一个菜单条
            menubar.setBounds(1, 30, 898, 20);
            menubar.setOpaque(false);
            menu = new JMenu("菜单");                    // 构建一个"菜单"菜单
            menu.setForeground(Color.WHITE);
            itemExit = new JMenuItem("退出");
            itemStart = new JMenuItem("开启服务");
            itemStop = new JMenuItem("停止服务");
            // 构建三个菜单项
            menu.add(itemStart);
            menu.add(itemStop);
            menu.add(itemExit);
            // 将三个菜单项添加到菜单对象中
            menuAbout = new JMenu("关于");               // 构建一个"关于"菜单
            menuAbout.setForeground(Color.WHITE);
            itemAbout = new JMenuItem("关于服务器");      // 构建一个菜单项
            menuAbout.add(itemAbout);                    // 将菜单项添加到菜单对象中
            menubar.add(menu);                           // 将菜单添加到菜单条中
            menubar.add(menuAbout);
            return menubar;
        }
    }
```

在设计服务器端的管理界面中,用到了两个新的组件:JTable 和 JMenu,前者是表格组件,后者是菜单组件。这两个组件的基本概念及主要使用方法,读者可自行查阅资料学习。

同步练习四

根据 MiniQQ 系统的用户需求，完成服务器端管理界面的设计。要求界面简洁、美观。

在服务器端添加包 cn.edu.gdqy.mini.ui，将管理界面类（ManagerUI）添加到该包下。管理界面（ManagerUI）的设计参考图 4-25 的界面设计，但要求底图风格与其他的相同。界面中包含的内容：

（1）"开启"按钮——可用组件 JButton

功能：用于开启服务器的 Socket 服务。

（2）"停止"按钮——可用组件 JButton

功能：用于停止服务器的 Socket 服务。

（3）菜单条（JMenuBar）

两个菜单："系统"和"关于"（使用组件 JMenu）。

"系统"菜单下的菜单项：

"开启服务"（JMenuItem）：与"开启"按钮功能相同。

"停止服务"（JMenuItem）：与"停止"按钮功能相同。

"退出"（JMenuItem）功能：退出系统。

"关于"菜单下的菜单项：

"关于服务器"（JMenuItem）功能：显示服务器的说明信息。

（4）显示上线用户的表格

表格用组件 JTable，放在滚动面板（JScrollPane）上显示。

（5）系统公告

编辑框（JTextArea）：用于编辑公告信息。

（6）"发送"按钮（JButton）功能：向所有 QQ 用户发送公告信息。

编辑一个 Word 文档，文档中的内容包括：①解决问题的流程（或思路）；②已运行通过后的程序代码；③程序运行后的截图。

要求：按照 Java 规范编写程序代码，代码中需要有必要的注释。

总　结

用户界面分为字符用户界面（CUI）和图形用户界面（GUI）两类。

Java 中包括两类 GUI 组件：java.awt 包中组件和 javax.swing 包中组件。

Java 中一共有 6 种布局管理器，分别是 BorderLayout、BoxLayout、FlowLayout、GridLayout、GridBagLayout 和 CardLayout。FlowLayout 布局管理器是 Panel、Applet 默认的布局管理器。BorderLayout 布局管理器是 Window、Frame 和 Dialog 默认的布局管理器。

Java 中使用关键字 class 标识一个类定义的开始，类的实体由域（或成员变量）和方法（或成员函数）构成，一个类中可以定义 0 个或多个域和 0 个或多个方法。类名用英文名词命名，首字母大写。域对应类的静态属性，也称之为类的成员变量。域名用名词命名，首字母小写。方法定义了类的动态属性，声明了类所拥有的操作和功能，即类所提供的所有服务。方法名用动词或动词词组命名，首字母小写。

Java 中有三种访问控制符：public、protected、private。public 是指公有可访问的，protected

是受保护访问的，private 是私有可访问的。除了这三种访问控制符提供的访问权限外，还有一种访问权限：默认访问权限，是一种包访问权限，是指不给出访问控制符的情况。

继承性是面向对象技术中非常重要的概念。它是一种由已有的类创建新类的机制，类与类之间的继承关系是一种分层关系，是一种"一般"类与"具体"类之间的关系。被继承的类称为"父类"或"超类"，而继承得到的类则称为"子类"或"派生类"。在 Java 中严格规定一个子类只能拥有一个直接父类，也就是说，Java 只支持单继承。

在 javax.swing 包中，组件可分为两大类：①容器组件：可放置其他组件的组件，如我们已经用到过的 JFrame（框架）和 JPanel（面板）等。②非容器组件：不属于容器组件的其他组件，如 JTextField（文本框）、JButton（按钮）和 JLabel（标签）等。

第5章 事件处理

在前面章节我们所设计的界面中,涉及了按钮、菜单等功能处理组件,但到目前为止,都没有对按钮、菜单项等做功能方面的处理。也就是说,当用户按下按钮或选择菜单项时,还没有任何响应。本章中,将使按钮或其他一些功能性组件,变得"活跃"起来。要想这些组件有所"反应",需要进行事件处理。本章将学习事件处理模型的概念、事件处理机制、接口的定义与应用,事件监听器接口和事件适配器类。在事件处理中,我们将深入理解内部类及多态性的概念和基本应用。

5.1 事件处理模型

案例 5-1

案例描述 在 MiniQQ 系统的用户登录界面中,"最小化"和"关闭"按钮由我们自行定义,需要编写代码来实现各自的功能:当用户单击"最小化"按钮时,用户登录界面最小化为一个放置在任务栏上的图标;单击"关闭"按钮时,关闭当前窗口并退出当前应用程序。

运行效果 当用户单击图 5-1 中左图的"最小化"按钮时,登录界面被隐藏,而在任务栏上显示右图所示的图标。当用户单击"关闭"按钮时,关闭当前窗体并退出应用程序。

图 5-1 单击"最小化"图标时的执行情况

实现流程 其实现流程如下:

① 定义两个实现了 ActionListener 监听器接口的内部类(关于内部类的更详细的知识将在 5.5 中介绍)。

在 LoginUI 类中添加两个内部类,一个是 CloseListener 类,重写 actionPerformed()方法,编写代码实现关闭用户登录窗口并退出当前应用程序的功能;另一个是 MinimizeListener 类,也要重写 actionPerformed()方法,编写代码实现设置登录窗口的状态为最小化成一个图标的功能。具体代码如代码清单 5-1 所示。

代码清单 5-1　内部类 CloseListener 的定义

```java
// 内部类CloseListener的定义
private class CloseListener implements ActionListener {
    @Override
    public void actionPerformed(ActionEvent e) {
        LoginUI.this.dispose();              // 关闭用户登录窗口
        System.exit(0);                      // 退出程序
    }
}
// 内部类MinimizeListener的定义
private class MinimizeListener implements ActionListener {
    @Override
    public void actionPerformed(ActionEvent e) {
        LoginUI.this.setState(JFrame.ICONIFIED);   //将窗口最小化成一个图标
    }
}
```

说明：代码清单 5-1 中，定义了两个实现 ActionListener 接口的具体类 CloseListener 和 MinimizeListener。由于 ActionListener 接口中的方法 actionPerformed()需要重写，所以，必须在该方法中有实现代码，并加注解符"@Override"。

② 将监听器对象注册到按钮对象上。

修改 LoginUI 类中 getCloseButton()和 getMinimizeButton()方法，添加监听器注册代码，如代码清单 5-2 中线框框住的代码行。

代码清单 5-2　生成"关闭"和"最小化"按钮

```java
private JButton getCloseButton() {
    ImageIcon icon = new ImageIcon("images/btn_close_highlight.png");
    ImageIcon icon2 = new ImageIcon("images/btn_close_normal.png");
    btnClose = new JButton(icon2);
    btnClose.setRolloverIcon(icon);          // 当鼠标悬浮在按钮上方时即显示
    btnClose.setLocation(338, -2);
    btnClose.setSize(39, 20);
    btnClose.setContentAreaFilled(false);
    btnClose.addActionListener(new CloseListener());
    return btnClose;
}

private JButton getMinimizeButton() {
    ImageIcon icon = new ImageIcon("images/btn_mini_down.png");
    ImageIcon icon2 = new ImageIcon("images/btn_mini_normal.png");
    btnMinimize = new JButton(icon2);
    btnMinimize.setRolloverIcon(icon);
    btnMinimize.setLocation(310, -2);
    btnMinimize.setSize(28, 20);
    btnMinimize.setContentAreaFilled(false);
    btnMinimize.addActionListener(new MinimizeListener());
    return btnMinimize;
}
```

说明：

① 调用按钮组件对象的 addActionListener()方法为按钮绑定监听器对象；

② 当用户单击按钮时，产生 ActionEvent 事件，该事件将由按钮监听器对象中的 actionPerformed()方法进行处理，该方法调用事件类 ActionEvent 的 getSource()方法获取事件源（按钮）。

③ 内部类：在一个公有类中定义的类。当编译生成 class 文件时，内部类自动生成

的文件名为：外部类名$内部类名.class，如 LoginUI$CloseListener.class。图 5-2 是上面两个内部类编译后自动生成的 class 文件信息。

图 5-2　内部类 class 文件

④ 匿名对象：在绑定监听器对象时使用了匿名对象。直接 new CloseListener()生成一个匿名对象作为 addActionListener()方法的参数。

1. 引入问题

从案例 5-1 中，我们已大致了解 Java 中事件的处理过程，但究竟什么是事件？Java 事件处理模型和处理机制是怎样的呢？

2. 解答问题

所谓事件，就是发生在用户界面上的用户交互行为而产生的一种效果，如鼠标的各种动作、键盘的操作以及发生在组件上的各种动作。当用户按下键盘上的键或者按下鼠标按钮，操作图形用户界面程序时，将产生一个事件，系统将捕获这个事件以及相关数据（如事件类型、事件源等），传递给正在运行的应用程序，对事件作相应处理。

（1）授权事件模型

Java 中的事件处理是基于授权事件模型的。即将事件委托给在组件上注册的"事件监听器"接口或"事件适配器"类进行处理。授权事件模型由三个元素组成：

- 事件对象：所有事件的信息被封装在一个事件对象中，包含事件的类型（如单击鼠标）、产生事件的组件（如按钮）以及事件发生的时间。
- 事件源：产生事件的对象。不同的事件源可能会产生不同的事件。例如：单击按钮，会产生 ActionEvent 对象。这里的"按钮"就是事件源。
- 事件处理程序：产生事件后，要对事件作相应的处理。系统将事件对象作为参数传递给事件处理程序。

这种授权事件模型处理过程为：

① 确定事件源，明确什么组件或哪个组件要被处理；

② 确定事件对象，明确该组件上的哪些事件需要被处理；

③ 实现事件监听器，编写实现事件监听器接口或继承事件适配器类的代码，以完成对应事件的处理。

在该事件处理模型中，监听器对象都要被注册到事件源上。如：Component.addXxxListener (EventListener)。授权事件处理模型如图 5-3 所示。

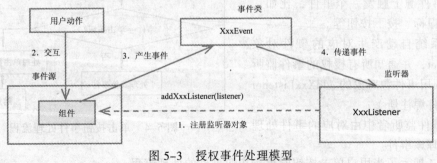

图 5-3　授权事件处理模型

（2）awt 事件

在 Java 中，所有的事件都是从 java.util 包中的 EventObject 类继承而来的事件类。java.awt.event 包包含了大部分事件类。awt 事件分为两大类：

① 高级事件：封装了 GUI 组件的语义模式。与其屏幕的基础组件无关，只依赖于具有一定语义的事件，见表 5-1。

② 低级事件：与其屏幕的基础组件相关联，见表 5-2。

表 5-1　四个高级事件类

事　件　类	事件产生时刻
ActionEvent	按钮被单击、单击菜单选项、单击一个列表项或在文本域中按 Enter 键
AdjustmentEvent	用户调整滚动条
ItemEvent	用户在组合框或列表框中选择一项
TextEvent	文本域或文本框中的内容发生变化

表 5-2　六个低级事件类

事　件　类	事件产生时刻
ComponentEvent	组件被缩放、移动、显示或隐藏，它是所有低级事件的基类
ContainerEvent	在容器中添加/删除一个组件
FocusEvent	组件得到焦点/失去焦点
WindowEvent	窗口被激活、钝化、图标化、还原或关闭
KeyEvent	按下或释放一个键盘上的键
MouseEvent	按下、释放鼠标按钮，移动或拖到鼠标

例如：

① 当组件被激活时，将产生 ActionEvent 事件对象。

② 当移动鼠标时，将产生 MouseEvent 事件对象。

③ 当在键盘上按下一个键时，将产生 KeyEvent 事件对象。

④ 当从列表框、组合框、复选框选定项目时，产生 ItemEvent 事件对象。

⑤ 当光标停于文本框中时，会产生 FocusEvent 事件对象。

⑥ 当最大化或关闭窗口时，将产生 WindowEvent 事件对象。

（3）事件流

事件流的处理过程为：

① 事件源上触发一个事件，比如，用户按下鼠标、按下按钮等。

② 系统自动产生对应的事件对象 EventObject，并通知所有授权的事件监听者（事先调用事件源对象的 addXxxListener 方法向事件源注册）。

③ 事件监听者中由对应的事件处理方法来处理该事件。

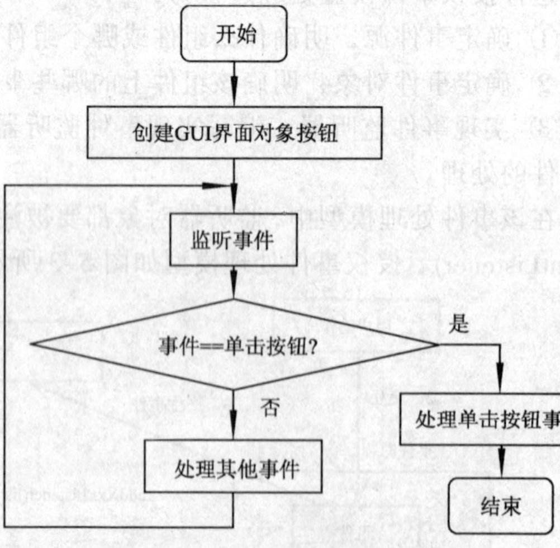

图 5-4 展示了当用户单击按钮时单击按钮事件的处理流程。

图 5-4　单击按钮事件处理流程

5.2 接 口

1. 引入问题

案例 5-1 中,我们定义的 CloseListener 类和 MinimizeListener 类已经实现了 ActionListener 监听器接口,使用关键字 "implements"。然而,这只是关于接口的部分信息,而在 Java 中,究竟什么是"接口"?如何自定义"接口"?又如何引用"接口"呢?

2. 解答问题

接口(interface)在面向对象编程中,也是一个很重要的概念,其定义和使用与抽象类类似(有关抽象类的概念及定义方法将在后面学习)。接口也常用在"继承关系"(一般地,在接口中称为实现关系)中。接口的功能是把所需成员组合起来,是封装一定功能的集合。它好比一个模板,在其中定义了对象必须实现的成员,通过类来实现它。接口不能直接被实例化,也不能包含成员的任何代码,只定义成员本身,接口成员的具体代码由实现接口的类提供。

注意:JDK 8 之后在 Java 接口中引入了 default 方法,可以在不破坏 java 现有实现架构的情况下能往接口里增加新方法。也就是说 Java 接口现在可以有非抽象方法了。

(1)接口的定义

使用 interface 关键字定义接口,其语法格式为:

```
public interface 接口名 [extends 父接口名列表] {
    // 常量域声明部分
    public static final 域类型 域名 = 常量值;
    // 抽象方法声明部分
    public abstract 返回值类型 方法名(参数列表);
}
```

例如:

```
// 定义一个水果接口 IFruit,保存文件为 IFruit.java
package cn.edu.gdqy.demo;
public interface IFruit {              //定义水果接口
    public void grow();                //水果是被栽培的
    public void expressedJuice();      //水果是可以榨汁的
}
```

说明:

① 接口不包含方法的任何实现,接口中的方法都是没有方法体的抽象方法(JDK8 之前)。上面定义的水果接口中,方法的定义都是以分号";"结尾,表明没有方法的具体实现。接口只是用来定义一组操作,不是实现这些操作。也就是说,接口定义的仅仅是实现某一特定功能的一组方法的对外接口和规范,一组约定或一组规则,而并没有真正实现这些功能。接口是需要具体的类来实现的,如上面的水果接口,需要具体的苹果、梨、橙子等水果类来实现水果接口,也就是说,接口中所定义的方法的实现代码需要在具体的类中写出来。

② 接口定义的方法和属性都必须是 public 的访问权限,即使没有加 public 关键字,也默认是 public 访问权限的。接口中的方法和属性不允许使用 protected 或者 private 进行修饰。

③ 接口中定义的方法都是抽象方法,即使不加 abstract 关键字,默认也是 abstract 的。

④ 接口中不允许定义一般的成员变量，但可以定义常量。接口中定义的属性必须是 static 或者拥有 final 修饰符。

⑤ 接口不能直接用来创建对象，因此接口中不包含构造方法的定义。

⑥ 常量名（域名）用大写字母定义，多个单词之间用下划线"_"连接，如 PI、MESSAGE_ERROR 等。

⑦ 定义接口的文件名与定义类的文件名时方法一样，文件名与接口名相同，扩展名为 .java。

（2）接口的实现

接口中定义的方法需要在具体的类中实现，这个过程称为接口的实现。定义的类中实现接口时使用 implements 关键字来标识。在类中可以使用接口中定义的常量，而且必须实现接口中定义的所有方法。

一个类可以实现多个接口，接口列表间用逗号","分隔。在类中实现接口所定义的方法时，方法的声明必须与接口中完全一致。

例如，定义苹果类（Apple）实现水果接口。

```java
package cn.edu.gdqy.demo;
public class Apple implements IFruit {
    void grow() {
        System.out.println("栽培苹果");
    }

    void expressedJuice() {
        System.out.println("榨苹果汁");
    }
}
```

（3）接口的应用场合

① 利用接口实现多继承

Java 语言的类结构是层次结构，只支持单继承，不支持多继承。也就是说，每个子类最多只有一个父类。这种层次结构在处理某些复杂问题（如一个子类需要由多个父类派生）就会显得力不从心，但由于一个类可以实现多个接口，一个接口可以继承多个接口，就可以用实现接口的方法解决这种类似网状结构的复杂问题。

② 在具有层次关系（继承关系）的类中，超类可以用接口来代替抽象类。

5.3　事件监听器接口

1. 引入问题

案例 5-1 中，我们已经用到事件监听器接口 ActionListener。那么，Java 中究竟有哪些主要的事件监听器接口呢？

2. 解答问题

每个事件都有一个相应的监听器接口，接口用于规定标准行为，可由任何类在任何地方实现其方法。表 5-3 中给出了接口名及相应方法。

表 5-3 监听器接口表

事件类型	接口	方法及参数
调整滚动条	AdjustmentListener	adjustmentValueChanged(adjustmentEvente)
组件	ComponentListener	componentHidden(ComponentEvente)
		componentMoved(ComponentEvente)
		componentResized(ComponentEvente)
		componentShown(ComponentEvente)
鼠标按钮	MouseListener	mouseClicked(MouseEvente)
		mouseEntered(MouseEvente)
		mouseExited(MouseEvente)
		mouseReleased(MouseEvente)
		mousePressed(MouseEvente)
鼠标移动	MouseMotionListener	mouseDraqged(MouseEvente)
		mouseMoved(MouseEvente)
动作	ActionListener	actinPerformed(ActionEvente)
选项	ItemListener	itemStateChanged(ItemEvente)
窗体	WindowListener	windowActivated(WindowEvente)
		windowDeactivated(WindowEvente)
		windowOpened(WindowEvente)
		windowClosed(WindowEvente)
窗体	WindowListener	windowClosing(WindowEvente)
		windowIconified(WindowEvente)
		windowDeIconified(WindowEvente)
键	KeyListener	void keyPressed(KeyEvente)
		void keyReleased(KeyEvente)
		void keyTyped(KeyEvente)

下面我们将利用 MiniQQ 系统中的实际应用来说明几种常用事件的处理方法。

（1）单击按钮

在 Java 中，当用户单击按钮时，事件的产生与处理过程为：

① 产生 ActionEvent 事件（单击按钮时自动产生）。

② 创建 ActionEvent 对象，注册监听器对象（用组件的 addActionListener 方法为按钮绑定监听器对象）。

③ 用监听器对象的 actionPerformed()方法处理 ActionEvent。

④ 在 actionPerformed()方法中，处理具体的事务。

单击按钮的事件处理过程详见案例 5-1。

（2）选择组合框中的一项

在 Java 中，当用户从组合框中选择一项时，事件的产生与处理过程为：

① 产生 ItemEvent 事件（选择列表项时自动产生）。

② 创建 ItemEvent 对象，注册监听器对象（使用组件的方法 addItemListener(ItemEvent e)进行注册）。

③ 用监听器对象的 itemStateChanged()方法处理 ItemEvent。

④ 在 itemStateChanged()方法中，处理具体的事务。

下面我们以 MiniQQ 系统中，从用户注册界面头像组合框选择一个列表项的事件处理过程作为例子，说明 ItemEvent 事件的处理方法。

案例 5-2

案例描述　运行 MiniQQ 系统，打开用户注册界面，当用户从头像组合框中选择某个头像的文本内容时，在下面的头像显示标签中显示头像图标。

运行效果　如图 5-5 所示，当用户从左图中选择一个头像时，将在右图所示的头像显示标签中显示相应的头像图标。

图 5-5　选择头像组合框中的一项

实现流程　将 ItemListener 监控器注册到组合框（comboBoxFace）对象上，并定义一个匿名类，该匿名类实现 ItemListener 接口。定义匿名类时需要重新 itemStateChanged()方法，在该方法中编写实现获取组合框中选择的一项，并将相应的头像图标赋值给头像标签组件的功能。

直接修改 RegisterUI 类的 getJPanel()方法，添加代码清单 5-3 中矩形框中的代码行。

代码清单 5-3　创建选择头像组合框

```
private JPanel getJPanel() {
    ...
    comboBoxFace = new JComboBox();
    ...
    comboBoxFace.setModel(new DefaultComboBoxModel(face));
    comboBoxFace.setBounds(420, 20, 80, 28);
    comboBoxFace.addItemListener(new ItemListener() {
        public void itemStateChanged(ItemEvent arg0) {
            Icon faceImage = new ImageIcon("images/faces/" +
                comboBoxFace.getSelectedItem().toString() + ".gif" );
            lblFaceIcon.setIcon(faceImage);
        }
    });
    ...
    return jPanel;
}
```

说明：

① 在框住的这段代码中，调用 addItemListener()方法为组合框绑定监听器对象。

② 当用户选择组合框中选项时，产生 ItemEvent 事件，该事件将由组合框监听器对象中的 itemStateChanged()方法进行处理。

③ 调用组合框对象的 getSelectedItem()方法获取组合框中选择的一项内容。

④ 匿名内部类：实现"选择组合框中某项"的事件中使用了匿名内部类。什么是匿名内部类？匿名内部类就是没有名字的内部类。正因为没有名字，所以匿名内部类只能使用一次，它通常用来简化代码。但使用匿名内部类必须有个前提条件，即必须继承一个父类或实现一个接口。在该案例中，实现了 ItemListener 接口。

⑤ 既然使用的是匿名内部类，当然，其监听器对象也是匿名的。

（3）鼠标事件

鼠标事件（MouseEvent）用于鼠标所产生的事件，包括 MOUSE_CLICKED（单击）、MOUSE_DRAGGED（拖曳）、MOUSE_ENTERED（移入）、MOUSE_EXITED（移出）、MOUSE_MOVED（移动）、MOUSE_PRESSED（按下）、MOUSE_RELEASED（释放）等事件。

对于那些由用户单击按钮之类的动作，不需要明确地处理鼠标事件，它将由组件内部翻译成相应的语义事件。当用户通过鼠标画图时，需要捕捉鼠标的拖曳、单击或移动等事件。

下面我们将以 MiniQQ 系统中用户使用鼠标拖曳窗体时，处理鼠标左键按下、释放事件和鼠标拖曳事件为例，说明鼠标事件的处理方法。

案例 5-3

案例描述　在 MiniQQ 系统的登录界面 LoginUI 和主界面 MainUI 中，我们有一行代码，如下面矩形框中的代码。

```java
private void init() {
this.setSize(width, height);
this.setResizable(true);
this.setTitle("MINIQQ 登录");
    this.setUndecorated(true);
    ...
}
```

这行代码的意思是不启用窗体装饰。也就是说，我们定义的 LoginUI 和 MainUI 窗体不再有标题栏、最大化、最小化和关闭按钮。这样如果不作其他处理的话，虽然代码中设置了窗体可以移动和改变大小，但事实上是做不到的。

需要我们编写鼠标事件处理代码，实现对未启动窗体装饰的窗体的移动功能。

运行效果　当用户拖曳鼠标时，登录界面会随之移动。

实现流程　实现流程如下：

① 在登录界面 LoginUI 类中，声明三个成员变量 isDragging、mx、my，分别表示是否正在拖动、拖曳前鼠标的 x 坐标和 y 坐标。

修改 LoginUI 类的定义，添加三个变量的声明语句：

```java
public class LoginUI extends JFrame {
    private static final long serialVersionUID = 1L;
    ...
    private JButton btnMinimize;
    private boolean isDragging;    //用于记录用户是否正在拖曳窗体
    private int mx;                //用于记录拖曳之前鼠标的 x 坐标
    private int my;                //用于记录拖曳之前鼠标的 y 坐标
    public LoginUI() {
        init();
    }
    ...
}
```

② 修改 LoginUI 类的 init() 方法，对登录窗体对象添加鼠标事件处理代码。

a. 将鼠标监听器对象注册到当前窗体对象，定义匿名内部类，实现 MouseLisener 接口中的所有方法，但仅需在两个方法中添加代码。

mousePressed()：表示鼠标左键被按下。此时设置 isDragging 的值为 true，表示拖动开始，并通过事件对象获取鼠标移动之前的 x 坐标和 y 坐标。

mouseReleased()：表示鼠标左键按下后被释放。此时设置 isDragging 的值为 false，表示拖曳过程结束。

b. 将鼠标移动监听器对象注册到当前窗体对象,定义匿名内部类,实现 MouseMotion Lisener 接口中的所有方法,但仅需在一个方法中添加代码:

mouseDragged():表示鼠标被拖动。在该方法中,获取拖动前窗体的位置,根据鼠标拖动之前和当前的位置,计算窗体当前位置。

修改 init()方法,添加代码清单 5-4 中框住的代码行。

参考代码 参考代码见清单 5-4。

清单 5-4 监听鼠标事件

```java
private void init() {
    ......
    this.setVisible(true);
    this.addMouseListener(new MouseListener() {
        public void mousePressed(MouseEvent e) {      //鼠标左键按下事件
            isDragging = true;                         //鼠标按下,开始拖曳
            mx = e.getX();                             //获取鼠标按下时的鼠标位置
            my = e.getY();
        }
        public void mouseReleased(MouseEvent e) {     //鼠标左键释放事件
            isDragging = false;                        //拖动过程结束
        }
        @Override
        public void mouseClicked(MouseEvent e) {       //鼠标单击事件

        }
        @Override
        public void mouseEntered(MouseEvent e) {       //鼠标进入组件事件

        }
        @Override
        public void mouseExited(MouseEvent e) {        //鼠标退出组件事件

        }
    });
    this.addMouseMotionListener(new MouseMotionListener() {
        @Override
        public void mouseDragged(MouseEvent e) {       //鼠标拖曳事件
            if (isDragging) {                          //表示正在拖曳
                int x = LoginUI.this.getLocation().x;  //获取窗体拖动前的位置
                int y = LoginUI.this.getLocation().y;
                x = x + e.getX() - mx;                 //计算拖动后的窗体的位置
                y = y + e.getY() - my;
                LoginUI.this.setLocation(x, y);        //设置窗体拖动后的位置
            }
        }
        @Override
        public void mouseMoved(MouseEvent e) {         //鼠标移动事件

        }
    });
}
```

说明:

① 对窗体定义、绑定了两个鼠标事件的监听器对象,一个是实现了 MouseListener 接口的事件监听器对象,另一个则是实现了 MouseMotionListener 接口的事件监听器对象;

② MouseListener 接口中的 mousePressed()方法，是当鼠标左键按下事件发生时，将利用鼠标事件类 MouseEvent 的 getX()、getY()方法获取鼠标按下的 x、y 坐标（鼠标移动之前），并设置 isDraging 变量的值为 true；mouseReleased()方法，当鼠标左键释放事件发生时，设置 isDraging 变量的值为 false；

③ MouseMotionListener 接口中的 mouseDragged()方法实现过程中，利用鼠标事件类 MouseEvent 的 getX()、getY()分别获取鼠标的 X、Y 坐标值，并利用窗体对象的 getLocation()方法获取窗体拖动前的 x、y 坐标，然后方法计算出拖动后的窗体位置，最后使用窗体对象的 setLocation()方法设置拖动后的窗体位置。

④ 使用接口创建监听器类时（监听器类中使用了 implements 这个关键字），监听器类中必须实现该接口中的所有方法，不管是否需要用到这些方法。例如：在该案例中，即使没有用到 mouseClicked()、mouseEntered()、mouseExited()、mouseMoved()方法，也必须对它们重新声明一次。

请读者自行实现主界面 MainUI 的拖曳效果。

（4）键盘事件

键盘事件类（KeyEvent）是当用户按下键盘上的键时发生的事件：

按下一个键时产生 KEY_PRESSED（按下键）事件，而释放该键时将产生 KEY_RELEASED（释放键）事件。

由于 KEY_PRESSED 和 KEY_RELEASED 属于底层事件，使用不方便。因此，Java 提供了一个高层的事件 KEY_TYPED（键入按键事件），以方便用户输入字符。

下面我们将以 MiniQQ 系统中一个简单的例子，说明键盘事件的处理方法。

案例 5-4

案例描述　运行 MiniQQ 系统打开用户登录界面，为了操作方便，当用户输入密码按回车键后，实现登录操作，显示 MiniQQ 系统主界面。

运行效果　该案例完成后运行结果如图 5-6 所示。

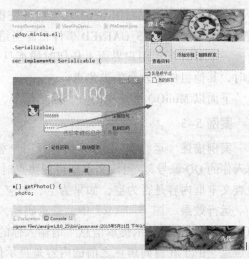

图 5-6　输入密码后按回车键打开主界面

实现流程　其处理流程如下：

① 修改 LoginUI 类，在 LoginUI 类中添加一个实现了 KeyListener 接口的内部类 MyKeyListener。在实现的所有方法中，仅在 keyPressed()方法中添加代码，判断当前的按键[e.getKeyCode()]是否是回车键（KeyEvent.**VK_ENTER**），如果是回车键，则显示主界面；否则，继续输入密码。MyKeyListener 类的定义如代码清单 5-5 所示。

代码清单 5-5　监听按下键盘键的事件

```java
private class MyKeyListener implements KeyListener {
    @Override
    public void keyPressed(KeyEvent e) {
        if (e.getKeyCode() == KeyEvent.VK_ENTER){    //判断是否按了回车键
            try{
```

```
            new MainUI();        //当按了回车键后，显示登录成功后的主界面
        }
        catch (Exception e1){
            e1.printStackTrace();
        }
    }
}
@Override
public void keyReleased(KeyEvent e) {
}
@Override
public void keyTyped(KeyEvent e) {
}
}
```

② 将键盘事件监听器对象注册到密码组件上。

修改 getPasswordField()方法，添加矩形框中的一行代码：

```
private JPasswordField getPasswordField() {
    pfPassword = new JPasswordField();
    pfPassword.setSize(150, 25);
    pfPassword.setLocation(110, 135);
    pfPassword.addKeyListener(new MyKeyListener());
    returnpfPassword;
}
```

（5）焦点事件

焦点事件类（FocusEvent）是当组件获得焦点和失去焦点时发生的事件。当组件获得焦点时，会产生 FOCUS_GAINED 事件，而当组件失去焦点时，则会产生 FOCUS_LOST 事件。

一个 GUI 图形用户界面上任何时候都只有一个组件获得焦点。也就是当一个组件获得焦点时，其他组件必然会失去焦点。

下面以 MiniQQ 系统中的一个简单例子，来说明焦点事件的处理方法。

案例 5-5

案例描述 运行 MiniQQ 系统打开用户登录界面，输入账号的文本框中显示提示信息"请输入你的 QQ 账号"。当该文本框得到焦点时，应将提示信息清除掉；当文本框失去焦点时，检查文本框内容是否为空，如果为空，则应当在文本框中重新显示提示信息。

运行效果 图 5-7（a）中，是密码输入框得到焦点，而 QQ 账号输入框失去焦点，在 QQ 账号输入框中显示提示信息"请输入你的 QQ 账号"；图 5-7（b）则是 QQ 账号输入框得到焦点，由于在得到焦点之前的内容是提示信息，因而此时该文本框中内容为空。实现流程如下所示。

（a）　　　　　　　　　　　　　　　（b）

图 5-7　QQ 账号文本框失去焦点和得到焦点时的运行效果

实现流程　其处理流程如下:

① 在 LoginUI 类中添加一个实现了 FocusListener 接口的内部类,命名为 MyFocusListener,其程序代码详见代码清单 5-6。

代码清单 5-6　监听组件焦点事件

```java
private class MyFocusListener implements FocusListener {
    private static final String DEFAULT_STR = "请输入你的QQ账号";
    // 组件得到焦点
    @Override
    public void focusGained(FocusEvent e) {
        /* 判断QQ账号输入框的内容是否是提示信息,如果是,则将文本框的内容清空 */
        if(txtNumber.getText().trim().equals(DEFAULT_STR)) {
            txtNumber.setText("");
        }
    }
    // 组件失去焦点
    @Override
    public void focusLost(FocusEvent e) {
        /* 判断QQ账号输入框的内容是否为空,如果是,则将文本框的内容重新置为提示信息 */
        if(txtNumber.getText().trim().equals("")) {
            txtNumber.setText(defaultStr);
        }
    }
}
```

② 将焦点事件监听器对象注册到 QQ 账号输入文本框上。

修改 LoginUI 类的 getNumberTextField()方法,添加下面代码中矩形框中的代码行。

```java
private JTextField getNumberTextField() {
    txtNumber = new JTextField(8);
    txtNumber.setText("请输入你的QQ账号");
    txtNumber.setSize(170, 25);
    txtNumber.setLocation(90, 100);
    txtNumber.addFocusListener(new MyFocusListener());    // 将焦点事件监听器注册到组件上
    return txtNumber;
}
```

从以上例子可以看出,凡是程序中含有事件处理,必须要引用 java.awt.*和 java.awt.event.*两个包,而且未曾注册的组件不可以处理事件。

5.4　事件适配器类

1. 引入问题

在案例 5-3 中,虽然我们仅需要重写 mousePressed()和 mouseReleased()方法,但由于在实现的接口中还定义了其他几个方法,即使不在其中写入任何一行代码,但也必须实现这个方法。Java 中有没有另外一种方式来监听事件呢?

2. 解答问题

JDK 中也提供了大多数事件监听器接口的最简单的实现类,称之为事件适配器(Adapter)类。用事件适配器来处理事件,可以简化事件监听器代码。

java.awt.event 包中提供的常用事件适配器类有:MouseAdapter、KeyAdapter、FocusAdapter 和 WindowAdapter。

下面将以 MouseAdapter 鼠标适配器类为例,说明应用事件适配器类的使用方法。

案例 5-6

案例描述 在 MiniQQ 系统的用户登录界面中,对"注册账号"按钮应用事件适配器类,添加事件处理代码。单击"注册账号"按钮,打开用户注册界面。

运行效果 当用户单击"注册账号"按钮,打开用户注册界面,如图 5-8 所示。

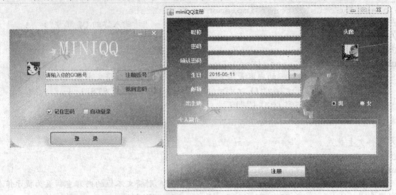

图 5-8 单击"注册账号"按钮打开用户注册界面

实现流程 其实现流程如下:

(1)在 LoginUI 类中定义一个私有的内部类 RegisterMouseAdapter。

该类继承鼠标适配器类 MouseAdapter,重写 mouseClicked()方法,在该方法中添加实例化 RegisterUI 对象的代码,打开用户注册界面,代码为:

```java
private class RegisterMouseAdapter extends MouseAdapter {
    @Override
    public void mouseClicked(MouseEvent e) {
        new RegisterUI();
    }
}
```

说明:

这个类定义于 LoginUI 类的内部。由于只需要在 LoginUI 类中使用,所以其访问控制符使用的是 "private"(私有可见的)。这个内部类继承了 MouseAdapter 类。而 MouseAdapter 类是接收鼠标事件的抽象适配器类,此类中的方法为空,此类存在的目的是方便创建监听器对象。

继承此类可创建 MouseEvent,并针对所需事件重写方法。如果要实现 MouseListener 和 MouseMotionListener 接口,则必须定义该接口中的所有方法。此抽象类将所有方法都定义为空,所以只须针对关心的事件重写方法。在 RegisterMouse Adapter 类的定义中,我们只重写了 mouseClicked()方法。

(2)将鼠标事件监听器对象注册到"注册账号"按钮组件。

当定义了内部类 RegisterMouseAdapter 后,还必须对要处理事件的按钮(如"注册账号"按钮 btnRegister)添加事件监听器,与这个适配器对象关联起来,修改 LoginUI 类的 getRegisterButton()方法,添加下面代码中矩形框中的代码行。

```java
private JButton getRegisterButton() {        // 注册账号
    btnRegister = new JButton("注册账号");
    btnRegister.setSize(90, 25);
    btnRegister.setLocation(270, 100);
```

```
    btnRegister.setContentAreaFilled(false);
    btnRegister.addMouseListener(new RegisterMouseAdapter());
    return btnRegister;
}
```

注意，在使用 MouseAdapter 和 MouseEvent 时，还需要导入下面两个类：

```
import java.awt.event.MouseAdapter;
import java.awt.event.MouseEvent;
```

这里我们用到了抽象类，那么究竟什么是抽象类？抽象类要如何定义和使用呢？

抽象类往往用来表征我们在对问题领域进行分析、设计中得出的抽象概念，是对一系列看上去不同，但是本质上相同的具体概念的抽象，我们不能对它们实例化，所以称之为抽象。例如，我们要描述"形状"，它就是一个抽象概念，它有一些共性，但又缺乏特性（矩形、圆形等都是形状，它们有自己的特性），我们拿不出唯一一种能代表形状的东西（因为矩形、圆形都不能代表形状），可用抽象类来描述它，所以抽象类是不能够实例化的。当我们用某个类来具体描述"圆形"时，这个类就可以继承描述"形状"的抽象类，我们都知道"圆形"是一种"形状"。

在面向对象开发中，抽象类主要用来进行类型隐藏。我们可以构造出一个固定的一组行为的抽象描述，但是这组行为却能够有任意多个可能的具体实现方式。这个抽象描述就是抽象类，而这一组任意种可能的具体实现则表现为这个抽象类的所有派生类。

在 Java 中，使用关键字 abstract 声明的类称为"抽象类"。如果一个类里包含了一个或多个抽象方法（定义方法时带有关键字"abstract"），类就必须指定成 abstract（抽象）的。而"抽象方法"，属于一种不完整的方法，只含有一个声明，没有方法主体。

抽象类中的所有抽象方法不能有具体实现，而应在它们的派生类中实现所有的抽象方法（实现的意思是，要有方法体，哪怕{}里是空的）。下面我们就以计算"矩形""圆形"的面积和周长为例，来说明抽象类的定义与使用方法。

Shape 抽象类的定义：

```
package cn.edu.gdqy.demo.abs;
public abstract class Shape {
    public abstract double getArea();
    public abstract double getPerimeter();
}
```

Rectangle（矩形）类的定义：

```
package cn.edu.gdqy.demo.abs;
public class Rectangle extends Shape {
    private double width;
    private double height;
    public Rectangle(double width, double height) {
        this.width = width;
        this.height = height;
    }
    @Override
    public double getArea() {
        return width * height;
    }
    @Override
    public double getPerimeter() {
        return 2 * (width + height);
    }
}
```

Circle（圆形）类的定义：

```java
package cn.edu.gdqy.demo.abs;
public class Circle extends Shape {
    private double r;
    public Circle(double r) {
        this.r = r;
    }
    @Override
    public double getArea() {
        return Math.PI * r * r;
    }
    @Override
    public double getPerimeter() {
        return 2 * Math.PI * r;
    }
}
```

编写一个测试类测试圆形对象和矩形对象的使用。

```java
package cn.edu.gdqy.demo.abs;
public class Test {
    public static void main(String[] args) {
        double r = 20;
        Shape circle = new Circle(r);
        System.out.printf("半径为%3.1f 的圆的面积=%f，周长=%f\n", r,
                    circle.getArea(), circle.getPerimeter());
        double width = 20;
        double height = 10;
        Shape rec = new Rectangle(width, height);
        System.out.printf("宽度为%3.1f，高度为%3.1f 的矩形的面积=%f，周长=%f\n",
                width, height, rec.getArea(), rec.getPerimeter());
    }
}
```

该程序的 Java 文件组织结构为：

- cn.edu.gdqy.demo.abs
  - Circle.java
  - Rectangle.java
  - Shape.java
  - Test.java

程序运行后输出：

```
半径为 20.000000 的圆的面积=1256.637061，周长=125.663706
宽度为 20.0、高度为 10.0 的矩形的面积=200.000000，周长=60.000000
```

说明：在"矩形"和"圆形"两个具体"形状"类中，都必须实现"形状"抽象类中的两个抽象方法。

问题：抽象类与接口的区别是什么？

5.5 内　部　类

我们已在前面多次用到了内部类，接下来，我们将详细了解内部类的一些内容。

内部类是指在一个外部类的内部再定义一个类。类名不需要和文件名相同。内部类可以是静态 static 的，也可用 public，default，protected 和 private 修饰。内部类是一个编译时的概念，一旦编译成功，就会成为与其外部类完全不同的类，所以内部类的成员变量或方法名可以和外部类的相同。

内部类分为成员内部类、局部内部类、嵌套内部类和匿名内部类几种方式，其中，成员内部类和匿名内部类已在 5.3 和 5.4 节中学习过了。下面我们将学习局部内部类、嵌套内部类。

（1）局部内部类

局部内部类，是指内部类定义在方法和作用域内。如下面的内部类定义在外部类的方法体中。

```java
public class Outer {
    public Shape getShape(String s) {
        class Inner implements Shape {
            private String label;
            private Inner(String label) {
                this.label = label;
            }
            public String readLabel() {
                return label;
            }
        }
        return new Inner(s);
    }
    public static void main(String[] args) {
        Outer p = new Outer();
        Shape d = p.getShape("apple");
        System.out.println(d.readLabel());
    }
}
```

Shape 接口的定义：

```java
public interface Shape {
    public String readLabel();
}
```

局部内部类也像别的类一样进行编译，但只是作用域不同而已，只在一个方法或条件的作用域内才能使用，退出这些作用域后无法引用。

（2）嵌套内部类

嵌套内部类，就是修饰为 static 的内部类。声明为 static 的内部类，不需要内部类对象和外部类对象之间的联系，就是说我们可以直接引用 outer.inner，既不需要创建外部类，也不需要创建内部类。

嵌套类和普通的内部类还有一个区别：普通内部类不能有 static 数据和 static 属性，也不能包含嵌套类，但嵌套类可以。而嵌套类不能声明为 private，一般声明为 public，方便调用。例如：

```java
public class Outer2 {
    private static String name = "zhangsan";        //外部类静态私有成员
    private String id = "007";                      //外部类普通私有成员
    static class Inner {
        private String address = "广州市新港西路152号";  //内部类私有成员
        public String mail = "xrhe@163.com";        //内部类公有成员
        public void show() {
            //System.out.println(id);               //不能直接访问外部类的非静态成员
            System.out.println(name);               // 只能直接访问外部类的静态成员
            System.out.println("地址： " + address); // 访问本内部类成员
        }
    }
    public void show() {
        Inner inner = new Inner();
        inner.show();
        // System.out.println(mail);                //外部类中不可直接访问 mail
        // System.out.println(address);             //外部类中不可直接访问 address
        System.out.println(inner.address);          // 可以访问内部类的私有成员
```

```
            System.out.println(inner.mail);           // 可以访问内部类的公有成员
    }
    public static void main(String[] args) {
        Outer2 outer = new Outer2();
        outer.show();
    }
}
```

程序运行输出:

地址： 广州市新港西路 152 号
广州市新港西路 152 号
xrhe@163.com

请读者注意：当在内部类中访问外部类的成员变量或成员方法时，被访问的外部类的成员变量或成员方法通常要定义为 "final" 修饰符的。

5.6 多 态 性

多态性是指允许不同类的对象对同一消息做出响应。多态性包括参数化多态性和包含多态性。多态性语言具有灵活、抽象、行为共享、代码共享的优势，很好地解决了应用程序方法同名问题。

多态有两种表现形式：重载和覆盖。

重载（overload）：是指在同一个类中可以定义多个方法名相同而参数（参数个数及类型）不同的方法。与继承关系无关。

覆盖（override）：发生在继承关系的子类中。也就是说必须有继承的情况下才有覆盖发生。当父类中定义了一个方法后，其子类中又定义了一个相同的方法（方法名和参数都完全一样），我们就称子类中的方法将父类中相同的方法覆盖了。方法的覆盖已在 4.4.4 节中学习过了，此处不再赘述，下面仅给出方法重载的一个简单例子：

```
//项目名：TestPolymorphism
//Math.java
package cn.edu.gdqy.demo;
public class Math {
    public int add(int x, int y) {
        return x + y;
    }

    public int add(int x, int y, int z) {
        return x + y + z;
    }
}

//TestMath.java
public class TestMath {
    public static void main(String[] args) {
        Math math = new Math();
        System.out.println("3+100+200 = " + math.add(3,100,200));
        System.out.println("50+300 = " + math.add(50,300));
    }
}
```

说明：类中成员方法和构造方法都可以被重载。

同步练习

1. 实现 MiniQQ 系统中用户注册中的头像选择功能。

2. 实现 MiniQQ 系统中用户登录界面、主界面的"关闭"、"最小化"和移动功能。

3. 实现 MiniQQ 系统中用户登录时，QQ 号输入框默认获得焦点；QQ 号输入结束按回车键，则密码输入框获得焦点；密码输入结束按回车键，"登录"按钮获得焦点，实现登录功能。

编辑一个 Word 文档，文档中的内容包括：①解决问题的流程（或思路）；②已运行通过后的程序代码；③程序运行后的截图。

要求：按照 Java 规范编写程序代码，代码中需要有必要的注释。

总　　结

Java 中的事件处理是基于授权事件模型的。即将事件委托给在组件上注册的"事件监听器"接口或"事件适配器"类进行处理。授权事件模型由三个元素组成：①事件对象：所有事件的信息被封装在一个事件对象中，包含事件的类型（如单击鼠标）、产生事件的组件（如按钮）以及事件发生的时间。②事件源：产生事件的对象。不同的事件源可能会产出不同的事件。如：单击按钮，会产生 ActionEvent 对象。这里的"按钮"就是事件源。③事件处理程序：产生事件后，要对事件作相应的处理。系统将事件对象作为参数传递给事件处理程序。

授权事件模型处理过程为：①确定事件源，明确什么组件或哪个组件要被处理；②确定事件对象，明确该组件上的哪些事件需要被处理；③实现事件监听器，编写实现事件监听器接口或继承事件适配器类的代码，以完成对应事件的处理。

接口（interface）在面向对象编程中，是一个很重要的概念，使用关键字"implements"可以实现 1 个或多个接口。ActionListener、MouseListener、KeyListener、ItemListener 等是常见的事件监听器接口。

JDK 中也提供了大多数事件监听器接口的最简单的实现类，称之为事件适配器（Adapter）类。用事件适配器来处理事件，可以简化事件监听器代码。java.awt.event 包中提供的常用事件适配器类有：MouseAdapter、KeyAdapter、FocusAdapter 和 WindowAdapter。

内部类是指在一个外部类的内部再定义一个类。类名不需要和文件名相同。内部类可以是静态 static 的，也可用 public，default，protected 和 private 修饰。内部类的成员变量或方法名可以和外部类的相同。

多态性是指允许不同类的对象对同一消息作出响应。多态性包括参数化多态性和包含多态性。多态性语言具有灵活、抽象、行为共享、代码共享的优势，很好地解决了应用程序方法同名问题。

多态有两种表现形式：重载和覆盖。重载（overload）是指在同一个类中可以定义多个方法名相同而参数（参数个数及类型）不同的方法，与继承关系无关。而覆盖（override），则是发生在继承关系的子类中。也就是说必须有继承的情况下才有覆盖发生。当父类中定义了一个方法后，其子类中又定义了一个相同的方法（方法名和参数都完全一样），我们就称子类中的方法将父类中相同的方法覆盖了。

第 6 章 异常处理

程序通过编译后，在运行时仍然可能会出现一些意外。例如：当两个数相除，而除数为 0 时，或者一个数组的下标超界时，或者要访问的文件不存在时，就会出现意外，中断程序的运行。

然而，程序在运行时出现意外是难以避免的，我们必须对这些可能出现的意外加以处理。让我们先来看看下面的例子。

我们将 MiniQQ 项目中用户登录界面 LoginUI 类的定义中的一行代码注释掉，改变为：

```
private JTextField getNumberTextField() {
    //txtNumber = new JTextField(8);    //该行代码注释掉了也就意味着删除该行代码了
    txtNumber.setText("请输入你的QQ账号");
    txtNumber.setSize(150, 25);
    txtNumber.setLocation(110, 100);
    return txtNumber;
}
```

此时程序运行后，出现下面的 NullPointerException 异常提示，并且程序的执行也被中断了。

```
Exception in thread "main" java.lang.NullPointerException
        at cn.edu.gdqy.miniqq.ui.LoginUI.getNumberTextField(LoginUI.java:115)
        at cn.edu.gdqy.miniqq.ui.LoginUI.init(LoginUI.java:54)
        at cn.edu.gdqy.miniqq.ui.LoginUI.<init>(LoginUI.Java:41)
        at cn.edu.gdqy.miniqq.client.main(Client.java:11)
```

这表明程序的运行出现了意外。程序出现意外是避免不了的，遇到这种情况我们应该怎么处理呢？

6.1 异常分类

1. 引入问题

当程序出现意外时，我们需要进行一些处理，以保证软件系统的健壮性。但不同的意外可能会引起不同的结果，在此，我们需要先了解程序可能会出现哪些意外。

2. 解答问题

Java 将程序运行中可能遇到的意外分为两类：

（1）非致命的意外：通过修正后程序还能继续执行。这类意外称为异常（Exception），例如：除数为 0 的除法运算、访问数组元素时下标超界、访问文件时文件不存在等。在 Java 中使用异常类来表示异常，不同的异常类代表了不同的异常，所有的异常都有一个基类 Exception。

（2）致命性的意外：即程序遇到了严重的不正常状态，不能简单地恢复执行。这类意外称为错误（Error）。例如：程序运行过程中内存耗尽，不能恢复执行。这种错误难以处理，一般的开发人员是无法处理这些错误的。在 Java 中用错误类来表示错误，不同的错误类代表了不同的错误，所有的错误都有一个基类 Error。

异常和错误的区别：

（1）异常能被开发人员处理；而错误是系统本身自带的，一般无法处理也不需要开发人员来处理。

（2）异常是在程序执行过程中出现的一个事件，它中断了正常指令的执行；而错误则是偏离了可接受的代码行为的一个动作或实例。

Java 所有的包中都定义了异常类和错误类。Exception 是所有异常类的父类，Error 类是所有错误类的父类。这两个类又是意外类 Throwable 的子类。

6.2 Java 异常处理机制

1. 引入问题

在软件开发中，程序出现异常，需要进行异常处理。那么，Java 的异常处理机制是怎样的呢？

2. 解答问题

Java 对于程序运行中发生的异常有其很好的处理机制，能够智能化地处理异常，不会导致系统崩溃或数据丢失。

当 Java 程序中发生异常时，就称程序产生了一个异常事件，相应地就生成了异常对象。这个异常对象可能由正在运行的方法生成，也可能由 Java 虚拟机生成。异常对象中包含了必要的信息，包括所发生异常事件的类型及异常发生时程序的运行状态。异常产生和提交的这个过程称为抛出异常。异常发生时，Java 运行时系统从生成异常对象的代码块开始，沿方法的调用者逐层回溯，寻找相应的处理代码，并把异常对象交给该方法处理，这个过程称为捕获异常。

Java 中异常捕获与处理的过程：①当程序运行中某个方法发生了异常，如果它不具备处理这个异常的能力，它就抛出一个异常，希望它的调用者能够捕获这个异常并进行处理；②如果调用者也不能处理这个异常，那么，这个异常还将继续被传递给上级调用者去处理，这种传递会一直继续到异常被处理为止；③如果程序始终没有处理这个异常，最终它就被传递到运行时系统。运行时系统捕获这个异常后通常只是简单地终止这个程序，输出异常信息。

下面让我们来看看出现异常的两个程序。

案例 6-1

```
package cn.edu.gdqy.demo;
public class HelloWorld {
    public static void main(String[] args) {
        int i = 0;
        String[] hello = { "Hello,world!", "Hi,Java!" };
        while (i < 3) {
            System.out.println(hello[i]);
            i++;
        }
    }
}
```

程序运行输出下列结果与异常信息：

```
Hello,world!
Hi,Java!
```

```
Exception in thread "main" java.lang.ArrayIndexOutOfBoundsException: 2
    at cn.edu.gdqy.demo.HelloWorld.main(HelloWorld.java:9)
```
从程序运行结果可以看出,该程序运行中,当执行到第 3 次循环时便发生了数组越界异常。

案例 6-2

```
package cn.edu.gdqy.demo;
public class ArithTest {
    public static void main(String[] args) {
        int d, result;
        d = 0;
        result = 90 / d;
        System.out.println(result + " The end.");
    }
}
```

程序运行输出异常信息:

```
Exception in thread "main" java.lang.ArithmeticException: / by zero
    at cn.edu.gdqy.demo.ArithTest.main(ArithTest.java:7)
```

从程序运行结果可以看出,程序运行过程中出现了算术异常,没有执行到最后一条输出语句。

6.3 异常的处理

1. 引入问题

案例 6-1 和案例 6-2 中,我们没对可能发生的异常作任何处理。这时,系统会将发生的异常交给 Java 运行时系统处理,程序会被终止执行,并显示异常信息。这样做对用户来说是极不友好的,用户不知道究竟发生了什么事。因此,如果程序在运行中发生了异常,我们通常不希望系统做如此简单的处理,而是需要开发人员编写异常处理代码告诉用户我们的程序究竟发生了什么事情,或者让程序能继续运行下去。Java 程序中要如何处理这些可能会发生的异常呢?

2. 解答问题

对所发生的异常进行的处理就是异常处理。异常处理的重要性在于,程序不但能发现异常,还要捕获异常,然后继续执行程序。

Java 通过 try...catch[...finally]程序结构来完成发现、捕获和处理异常。其语法格式如下:

```
try {
    // 此处写入可能抛出异常的代码
}
catch(ExceptionType1 e) {
    // 抛出 ExceptionType1 类异常时要执行的代码
}
catch(ExceptionType2 e) {
    // 抛出 ExceptionType2 类异常时要执行的代码
}
...
catch(ExceptionTypen e) {
    // 抛出 ExceptionTypen 类异常时要执行的代码
}
finally {
    // 必须执行的代码
}
```

说明:

① try{}语句块用于写入可能抛出异常的代码块。

② catch{}语句块可以有多个，写入要捕获异常的类型及相应的处理代码。多个 catch 中的异常类型必须从小到大给出。与 switch 语句中的 case 子句类似，如果发生了异常，系统会从第一个 catch 开始寻找，找到第一个匹配的异常类型后，就执行其中的异常处理代码。因此，如果将异常类型较大的放到前面，你所希望执行的后面的异常处理代码就会被忽略掉。

③ finally{}语句块可以省略，在其中写入必须执行的代码。

④ 在 try{}语句块后至少带有一个 catch{}语句块或者 finally{}语句块。也就是说，try{}块不能单独存在。

为了提高系统的健壮性，我们通常会在系统中大量使用异常处理代码。有时候，异常处理代码量甚至会达到正常代码的 1/3～1/2。程序运行中常见的异常类如表 6-1 所示。

表 6-1 常见异常类

异 常 类	说 明
ArithmeticException	算术异常
NullPointerException	空指针异常
NegativeArraySizeException	数组长度为负异常
ArrayIndexOutOfBoundsException	数组下标越界异常
SecuirtyException	安全检查异常
ArrayStoreException	数组存储异常
FileNotFoundException	找不到文件异常（试图打开一个并不存在的文件）
IOException	输入/输出异常（通常在输入/输出中发生的异常）
NumberFormatException	数据格式异常（从字符串转换到数字时非法数据格式转换）
ClassNotFoundException	找不到类异常（试图访问的类不存在）

（1）捕获异常

当程序在运行过程中发生了异常，系统会捕获异常。根据捕获到的异常作相应的异常处理。Java 中捕获异常时的匹配规则是：

① 抛出对象与 catch 参数类型相同。

② 抛出对象为 catch 参数类的子类。

③ 按先后顺序捕获。catch 块书写时的排列顺序为：先具体、后一般，但只捕获一次。

下面我们以实例来说明如何捕获异常。

对上节中的案例 6-1 和案例 6-2 做异常处理。

案例 6-3

```
// 修改案例 6-1
package cn.edu.gdqy.demo;
public class HelloWorld {
    public static void main(String[] args) {
        int i = 0;
        String[] hello = { "Hello,world!", "Hi,Java!" };
        try {
            while (i < 3) {
                System.out.println(hello[i]);
```

```
            i++;
        }
    } catch (ArrayIndexOutOfBoundsException e1) {
        System.out.println("数组下标超界啦！");
    } catch (Exception e2) {
        System.out.println("发生异常啦！");
    } finally {
        System.out.println("不管有没有发生异常，都会执行这行的！");
    }
}
```

程序运行输出：

```
Hello,world!
Hi,Java!
数组下标超界啦!
不管有没有发生异常，都会执行这行的!
```

说明：从程序运行结果可以看出，程序是正常结束的。程序执行到循环语句时，前两次循环都正常地输出了两行字符串，但当执行到第 3 次循环时，由于 i 等于 2，已超过了数组 hello 的下标上界 1，所以，在第三次执行：

```
System.out.println(hello[i]);
```

语句时，就会产生异常，系统转去作异常处理，此时需要捕获异常，由于在第一个 catch 中的异常类型与实际发生的异常类型相同，所以，程序就转去第一个 catch 块执行，输出"数组下标超界啦！"。

不管有没有异常发生，finally 块是一定会执行的，所以，最后执行了语句：

```
System.out.println("不管有没有发生异常，都会执行这行的！");
```

输出："不管有没有发生异常，都会执行这行的！"。

案例 6-4

```
// 修改案例 6-2
package cn.edu.gdqy.demo;
public class ArithTest {
    public static void main(String[] args) {
        int d, result;
        d = 0;
        try {
            result = 90 / d;
        } catch (Exception e) {
            result = 1;
        }
        System.out.println(result + " 结束.");
    }
}
```

程序运行输出：

```
1 结束.
```

说明：程序中，我们将可能发生异常的语句：

```
result = 90 / d;
```

放入 try 块中，而 catch 中的异常类型给出的与实际的异常类型不同，但由于 Exception 是所有异常类的父类，可以捕获其所有的异常子类。所以，在捕获异常时，如果我们不能明确究竟会发生什么样的异常，为了简化问题，都可以使用 Exception 异常类来代替其真实的异常子类。

（2）抛出异常

为了开发出健壮性很强的系统，Java 要求如果一个方法确实会引发除 RuntimeException 之外的异常，那么在方法中必须写明相应的异常处理代码。异常处理除了使用 try...catch 块，捕获发生的异常对象，并进行相应的处理外，还有另外一种处理方式：不在当前方法内直接处理异常，而是把异常抛出到调用的方法中。声明方法抛出异常的格式如下：

[访问权限修饰符] 返回值类型 方法名(参数列表) throws 异常列表

案例 6-5

```java
// 修改案例6-4
package cn.edu.gdqy.demo;
public class ArithTest {
    public static void main(String[] args) {
        double result;
        try {
            result = divide(90, 0);
        } catch(Exception e) {
            result = 1;
        }
        System.out.println(result + " The end.");
    }
    public static double divide(int a, int b) throws ArithmeticException {
        return a / b;
    }
}
```

说明：在方法 divide() 的定义中，没有对 a/b 作异常处理，而是在定义该方法时抛出了 ArithmeticException 异常。当程序运行到 divide() 方法中的语句时，会产生异常，由于此时没有捕获异常，而是将该异常抛出了，交由这个方法的调用者处理（见调用处的 try-catch 语句部分），如果调用者不处理，将会继续向上抛；如果一直不被处理，最后会由 Java 运行时处理，中止程序的执行，并输出异常信息。在案例 6-5 中，调用 divide() 方法的地方捕获并处理了抛出的异常。

另外，也可以使用 throw 抛出异常，我们仍然修改案例 6-4。

案例 6-6

```java
package cn.edu.gdqy.demo;
public class ArithTest {
    public static void main(String[] args) {
        double result;
        try {
            result = divide(90, 0);
        } catch(Exception e) {
            throw new ArithmeticException("发生算术异常");
        }
        System.out.println(result + " 结束.");
    }
    public static double divide(int a, int b) throws ArithmeticException {
        return a / b;
    }
}
```

程序运行输出：

```
Exception in thread "main" java.lang.ArithmeticException: 发生算术异常
    at cn.edu.gdqy.demo.ArithTest.main(ArithTest.java:11)
```

说明：throw 关键字通常用在方法体中，并且抛出一个异常对象。程序在执行到 throw 语句时立即停止，它后面的语句都不执行。通过 throw 抛出异常后，如果想在上一级代码中来捕获并处理异常，则需要在抛出异常的方法中使用 throws 关键字声明要抛出的异常；如果要捕获 throw 抛出的异常，则必须使用 try...catch 语句。

（3）自定义异常类

前面的内容中所有的异常类都是 Java 定义的异常类，然而，也可以自定义异常类。由于所有异常类都是 Exception 类的子类，自定义的异常类也不例外。

自定义异常类格式如下：

```
public class MyException extends Exception {
    // 异常类成员变量和方法定义区域
}
```

在程序中发现异常时，程序可以抛出（throw）一个异常实例，将其放到异常队列中去，并激活 Java 的异常处理机制。例如：

```
throw new MyException();  // throw 语句
```

案例 6-7

案例描述　定义一个简单的异常类，给出自定义异常类的使用方法。

运行效果　该案例程序完成后的运行效果如图 6-1 所示。

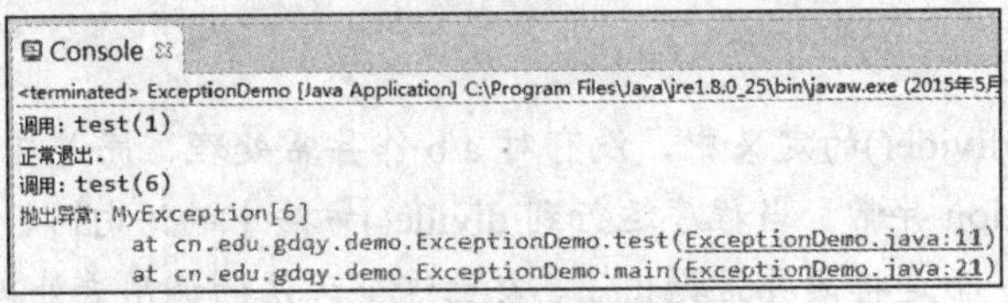

```
■ Console ⊠
<terminated> ExceptionDemo [Java Application] C:\Program Files\Java\jre1.8.0_25\bin\javaw.exe (2015年5月
调用: test(1)
正常退出.
调用: test(6)
抛出异常: MyException[6]
        at cn.edu.gdqy.demo.ExceptionDemo.test(ExceptionDemo.java:11)
        at cn.edu.gdqy.demo.ExceptionDemo.main(ExceptionDemo.java:21)
```

图 6-1　自定义异常类例程执行结果

实现流程　其实现流程如下：

① 在 cn.edu.gdqy.demo 包下新建一个带有 main()方法的类 ExceptionDemo。

② 在 ExceptionDemo 类的后面定义一个包级别的异常类 MyException，该类的超类是 Exception；定义一个带参数的构造方法，将一个整数值传入其中；类中重写 toString()方法，返回异常信息。

③ 在 ExceptionDemo 类中定义一个私有方法 test(int i)，该方法对参数 i 的值进行判断，如果 i 的值大于某个数，就抛出 MyException 的一个对象；否则正常结束。

④ 在 main()方法中，调用 test()方法，并作异常处理。

完整代码　完整代码详见代码清单 6-1。

代码清单 6-1　自定义异常类

```java
// 保存 java 文件为 ExceptionDemo.java。
package cn.edu.gdqy.demo;
public class ExceptionDemo {
    /* 定义方法 test()时抛出异常 MyException，如果参数的值大于 6 就会抛出异常 */
    private void test(int i) throws MyException {
        System.out.println("调用: test(" + i + ")");
        if(i > 5) {
            throw new MyException(i);
            // 抛出异常后，后面的语句不再执行，转去该方法 test()的调用处寻找 catch 块；
            // 执行相匹配异常类型的 catch 块中的语句
        }
        System.out.println("正常退出.");
```

```java
        }
        public static void main(String[] args) {
            try {
                ExceptionDemo demo = new ExceptionDemo();
                demo.test(1);        // 调用 test()方法，传参数为 1，不会抛出异常
                demo.test(6);        // 调用 test()方法，传参数为 6，会抛出异常
                // 抛出异常后，转去执行 catch 块中语句，输出异常信息
            } catch (MyException e) {
                e.printStackTrace();
            }
        }
    }
    /* 定义的 MyException 类继承自 Exception 异常类 */
    @SuppressWarnings("serial")
    class MyException extends Exception {
        private int i;
        /* 定义一个带参数的构造方法，给属性 i 赋值 */
        MyException(int i) {
            this.i = i;
        }
        /* 重写 toString()方法，返回字符串 */
        public String toString() {
            return "抛出异常: MyException[" + i + "]";
        }
    }
```

程序运行后，在控制台输出如图 6-1 所示内容。请读者设置断点自行跟踪程序的执行过程。

6.4 异常日志管理

1. 引入问题

现代信息技术发展到今天，我们能解决的问题越来越复杂，能处理事情的规模也越来越大，程序运行中发生各种各样的异常现象是难免的。当程序运行中出现问题，我们如何才能快速而准确地定位呢？

2. 解答问题

很多开发人员习惯于使用 System.out.println()、System.err.println()，以及异常对象的 printStrackTrace()方法来输出相关信息。这些使用方式虽然简便，但是所产生的信息在出现问题时并不能提供有效帮助。

在实际生产环境中，日志才是我们查找问题来源的重要依据。所以，比较合适的做法，是将发生的异常信息（包括程序运行时产生的错误信息、状态信息、调试信息和执行时间信息等）使用日志 API 来管理，将一些主要的信息保存到日志文件中，方便日后查阅。

从功能上来说，日志 API 本身所需求的功能非常简单，只需要能够记录一段文本即可。API 的使用者在需要进行记录时，根据当前的上下文信息构造出相应的文本信息，调用日志 API 完成信息的记录。

一般来说，日志 API 由下面几个部分组成：

① 记录器（Logger）：日志 API 的使用者通过记录器来发出日志记录请求，并提供日志的内容。在记录日志时，需要指定日志的严重性级别。

② 格式化器（Formatter）：对记录器所记录的文本进行格式化处理，并添加额外的元数据。

③ 处理器（Handler）：把经过格式化处理之后的日志记录输出到不同的地方。常见的日志输出目标包括控制台、文件和数据库等。

下面以标准的 Java 日志 API 为例，了解日志 API 的使用方法。

案例 6-8

案例描述　编写一个简单的异常日志管理程序，当解析错误的日期格式时抛出异常，将异常信息记录到日志记录器中。

运行效果　该案例程序完成后其运行效果如图 6-2 所示。

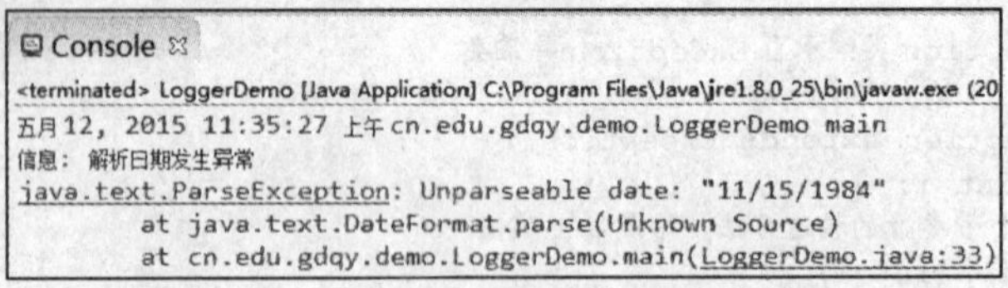

```
Console ⊠
<terminated> LoggerDemo [Java Application] C:\Program Files\Java\jre1.8.0_25\bin\javaw.exe (20
五月12, 2015 11:35:27 上午 cn.edu.gdqy.demo.LoggerDemo main
信息: 解析日期发生异常
java.text.ParseException: Unparseable date: "11/15/1984"
    at java.text.DateFormat.parse(Unknown Source)
    at cn.edu.gdqy.demo.LoggerDemo.main(LoggerDemo.java:33)
```

图 6-2　定义日志记录器例程执行结果

实现流程　其实现流程如下：

① 在 cn.edu.gdqy.demo 包下新建一个带有 main()方法的 LoggerDemo 类。

② 定义一个静态的成员：一个 java.util.logging.Logger 记录器对象。

③ 在 main()方法中解析日期，并对可能发生的异常进行异常处理，调用 Logger 类的 log()方法，将异常信息记录到日志记录器中。

完整代码　该案例完整代码见代码清单 6-2 所示。

代码清单 6-2　定义日志记录器

```java
package cn.edu.gdqy.demo;
import java.text.*;
import java.util.Date;
import java.util.logging.*;
public class LoggerDemo {
    private static Logger logger = Logger.getLogger(LoggerDemo.class.getName());
    // 定义日志记录器
    public static void main(String[] args) {
        DateFormat df = new SimpleDateFormat("dd/MM/yyyy");
        // 定义日期格式为：日/月/年，如：12/05/2015
        df.setLenient(false);                                    // 按日期格式精确匹配
        try {
            Date date = df.parse("11/15/1984");
            // 这里有意设置了一个错误的日期格式，当解析的时候会发生异常
            System.out.println("Date = " + date);
        } catch (ParseException e) {                             // 捕获解析异常
            if(logger.isLoggable(Level.SEVERE)) {
                logger.log(Level.SEVERE, "解析日期发生异常", e);  // 创建一个日志消息
            }
        }
    }
}
```

说明：程序运行后，在控制台上输出图 6-2 所示内容。从图中可以看出，在控制台上输出的信息不仅包含异常信息，还包含了抛出异常时的时间信息。这将会给我们调试程序提供更有效的帮助。

在案例 6-8 中，我们使用了 Logger 类来管理异常日志。关于日志记录器更详细的内容如下：

（1）使用 Logger 类创建 Logger 对象

要创建一个 Logger 对象，需要使用静态的 getLogger()方法，该方法有两种形式的参数：

```
a. static Logger getLogger(String name)
```
为指定子系统查找或创建一个 logger，参数为字符串，一般情况下给出当前类的类名。

```
b. static Logger getLogger(String name, String resourceBundleName)
```
为指定子系统查找或创建一个 logger。

注意：name 是 Logger 的名称，当名称相同时，同一个名称的 Logger 只创建一个。

（2）Logger 的级别

Logger 的级别全部定义在 java.util.logging.Level 里面。各级别按降序排列如下：

SEVERE（最高值）：最高日志级别，具有最高优先级。

WARNING：比 SERVER 低一个级别，表示一个需要注意但不是很严重的警告消息。

INFO：运行时产生的事件，表示一种信息消息。

CONFIG：表示与配置相关的输出。

FINE：表示程序追踪信息。

FINER：表示程序追踪信息。

FINEST（最低值）：最低日志级别，具有最低优先级。

ALL：系统将记录所有消息的特殊级别。

OFF：系统将不记录消息的特殊级别，完全关闭日志功能。

Logger 默认的级别是 INFO，比 INFO 更低的日志将不显示。

（3）Logger 的 Handler 对象

Handler 对象从 Logger 中获取日志信息，并将这些信息导出。例如，它可将这些信息写入控制台（ConsoleHandler）或文件（FileHandler）中，也可以将这些信息发送到网络日志服务中，或将其转发到操作系统日志中。

可以通过执行 setLevel（Level.OFF）来禁用 Handler，也可以通过执行适当级别的 setLevel 重新启用 Handler。

下面通过在 MiniQQ 系统中应用 Java 自带的 Logger，记录系统在运行过程中产生的各种异常和信息。

案例 6-9

案例描述　在 MiniQQ 系统中，使用系统时间生成日志文件，将异常信息记录到日志文件中。

运行效果　我们有意注释掉了一个组件的实例化语句，所以程序运行后在控制台上输出图 6-3 所示内容。

由于我们同时把异常信息也记录到了日志文件中，其文件位置及文件名、内容如图 6-4 所示。

```
<terminated> Client [Java Application] C:\Program Files\Java\jre1.8.0_25\bin\javaw.exe (2015年4月25日 下午2:48:26)
四月 25, 2015 2:48:27 下午 cn.edu.gdqy.miniqq.ui.LoginUI <init>
信息:
java.lang.NullPointerException
        at cn.edu.gdqy.miniqq.ui.LoginUI.getNumberTextField(LoginUI.java:139)
        at cn.edu.gdqy.miniqq.ui.LoginUI.init(LoginUI.java:76)
        at cn.edu.gdqy.miniqq.ui.LoginUI.<init>(LoginUI.java:58)
        at cn.edu.gdqy.miniqq.Client.main(Client.java:8)
```

图 6-3　控制台上的输出内容

实现流程　其实现流程如下：

① 在 MiniQQ 系统客户端的 cn.edu.gdqy.miniqq.util 包下，添加处理日志的类 QQLogger。

a. 该类中定义一个获取日志记录器的静态方法 getLogger()，返回设置了属性的记录器对象。

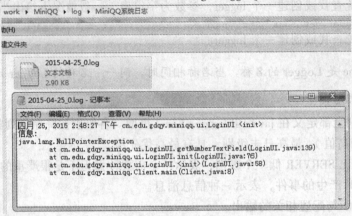

图 6-4　生成的日志文件

b. 添加一个给记录器设置属性的方法 setLogingProperties()，根据系统时间设定日志文件的文件名，创建文件处理器，并给日志记录器添加文件处理器，设置日志文件的输出格式。

完整代码　完整代码及注释如代码清单 6-3 所示。

代码清单 6-3　QQLogger 类的定义

```java
package cn.edu.gdqy.miniqq.util;
import java.io.*;
import java.text.SimpleDateFormat;
import java.util.Date;
import java.util.logging.*;
public class QQLogger {
    private static Logger logger = null;
    private static String fileName = "MiniQQ系统日志";
    /* 获取一个日志记录器，根据应用程序名命名 */
    @SuppressWarnings("rawtypes")
    public static Logger getLogger(Class clazz) {
        logger = Logger.getLogger(clazz.getName());
        setLogingProperties(logger,Level.ALL);
        return logger;
    }
    /**
     * 配置 Logger 对象输出日志文件路径
     * @param logger
     * @param level 在日志文件中输出 level 级别以上的信息
     */
    public static void setLogingProperties(Logger logger,Level level) {
        FileHandler fh = null;
        try {
            fh = new FileHandler(getLogName(),true);      // 创建文件处理器
            logger.addHandler(fh);                         // 日志输出文件
            logger.setLevel(level);
            fh.setFormatter(new SimpleFormatter());        // 输出格式
        } catch (SecurityException e) {
            logger.log(Level.SEVERE, "安全性错误", e);
```

```java
        } catch (IOException e) {
            logger.log(Level.SEVERE,"读取文件日志错误", e);
        }
    }
    // 构造日志文件路径及文件名
    private static String getLogName() {
        StringBuffer logPath = new StringBuffer();          // 定义一个字符串
        logPath.append("log/");    // "log/MiniQQ系统日志/2015-04-29_0.log"
        logPath.append(fileName);
        // 路径为当前应用程序项目 MiniQQ 文件夹下的"log/MiniQQ 客户端日志"
        File file = new File(logPath.toString());
        if(!file.exists()) {
            file.mkdirs();
        }          // 如果文件夹不存在，则在当前项目 MiniQQ 下创建路径："log/MiniQQ系统日志"
        SimpleDateFormat sdf = new SimpleDateFormat("yyyy-MM-dd");
        logPath.append("/"+sdf.format(new Date())+"_%u.log");
        // 根据当前日期生成文件名，后缀_0.log、_1.log、...等
        return logPath.toString();              // 返回日志文件路径及文件名
    }
}
```

编写该类后，将其复制到 MiniQQ 系统服务器端的 cn.edu.gdqy.mini.util 包下，类中内容不需要作任何修改。

② 在每个需要记录异常的类中，定义一个字段级的 Logger。如在 QQ 用户登录界面 LoginUI 类中添加语句（其他类中都作类似处理）：

```java
private static Logger logger = QQLogger.getLogger(LoginUI.class);
```

③ 在异常处理中使用 logger.log()方法记录异常到日志文件中。如修改 LoginUI 类的构造方法如下：

```java
public LoginUI() {
    try {
        init();
    } catch(Exception e) {
        logger.log(Level.INFO, "", e);        // 记录异常信息到日志文件中
    }
}
```

④ 测试异常的产生，并查看日志文件。
修改 LoginUI 类中 getNumberTextField()方法，有意将其中的第一行代码注释掉。例如：

```java
private JTextField getNumberTextField() {
    //txtNumber = new JTextField(8);
    txtNumber.setText("请输入你的QQ账号");
    txtNumber.setSize(150, 25);
    txtNumber.setLocation(110, 100);
    txtNumber.addFocusListener(new QQNumFocusListener());
    return txtNumber;
}
```

程序运行后，会抛出空指针异常，如图 6-3 和图 6-4 所示。
我们也可以调用 logger 的 info()方法将信息记录到记录器中。例如：

```java
logger.info("登录界面初始化开始");
init();
logger.info("登录界面初始化结束");
```

关于日志管理更深入的一些问题，希望读者查阅资料自行学习。另外，Apache 的 log4j 比 Java 的标准日志 API 功能更强大，也更好用。同样需要读者查资料自行研究。

6.5 单元测试工具 JUnit 的使用

1. 引入问题

在学习测试工具 JUnit 的使用之前，先来了解什么是"测试驱动开发"。"测试驱动开发"英文全称 Test-Driven Development，缩写为 TDD，是一种不同于传统软件开发流程的新型的开发方法。它要求在编写某个功能的代码之前先编写测试代码，然后只编写已测试通过的功能代码，通过测试来推动整个开发的进程，有助于编写简洁可用和高质量的代码，并加速开发进程。

这种测试驱动开发，我们可以应用单元测试工具 JUnit 来实现。如何应用 JUnit 呢？

2. 解答问题

JUnit 与 Eclipse 是一同提供的，无须另行下载。接下来我们用 MiniQQ 系统的用户信息类作为实例，说明 JUnit 单元测试工具的使用方法。

案例 6-10

案例描述 在 MiniQQ 系统中，定义用户信息类 User，User 类有属性：昵称、性别、出生地、出生日期等，编写访问这些属性的 get 和 set 方法；编写测试用例测试 User 类的正确性。

实现流程

① 在客户端添加用户信息类 User，该类置于 cn.edu.gdqy.miniqq.el 包下。完整代码如代码清单 6-4 所示。

代码清单 6-4 User 类的定义

```java
package cn.edu.gdqy.miniqq.el;
import java.util.Date;
public class User {
    private long id;                //id
    private String userName;        //昵名
    private String qq;              //QQ号码
    private String password;        //密码
    private Date birthday;          //生日
    private String address;         //地址
    private String email;           //邮件地址
    private String introduce;       //自我介绍
    private String sex;             //性别
    private String ip;              //登录ip地址
    private String port;            //端口号
    private String state;           //状态——上线、离线
    private byte[] face;            //头像
    public long getId() {
        return id;
    }
    public void setId(long id) {
        this.id = id;
    }
    public String getUserName() {
        return userName;
    }
    public void setUserName(String userName) {
        this.userName = userName;
    }
    public String getQq() {
```

```java
        return qq;
    }
    public void setQq(String qq) {
        this.qq = qq;
    }
    public String getPassword() {
        return password;
    }
    public void setPassword(String password) {
        this.password = password;
    }
    public Date getBirthday() {
        return birthday;
    }
    public void setBirthday(Date birthday) {
        this.birthday = birthday;
    }
    public String getAddress() {
        return address;
    }
    public void setAddress(String address) {
        this.address = address;
    }
    public String getEmail() {
        return email;
    }
    public void setEmail(String email) {
        this.email = email;
    }
    public String getIntroduce() {
        return introduce;
    }
    public void setIntroduce(String introduce) {
        this.introduce = introduce;
    }
    public String getSex() {
        return sex;
    }
    public void setSex(String sex) {
        this.sex = sex;
    }
    public String getIp() {
        return ip;
    }
    public void setIp(String ip) {
        this.ip = ip;
    }
    public String getPort() {
        return port;
    }
    public void setPort(String port) {
        this.port = port;
    }
    public String getState() {
        return state;
    }
    public void setState(String state) {
        this.state = state;
    }
    public byte[] getFace() {
```

```
        return face;
    }
    public void setFace(byte[] face) {
        this.face = face;
    }
}
```

② 编写测试用例，对 User 类进行测试。

a. 新建一个包 cn.edu.gdqy.miniqq.test，测试用例类就创建于该包中。

b. 新建一个测试用例类：TestUser，其方法是：选择右键菜单项 "New" → "JUnit Test Case"，在弹出的 "New JUnit Test Case" 对话框中输入类名 TestUser，其他的设置如图 6-5 和图 6-6 所示。

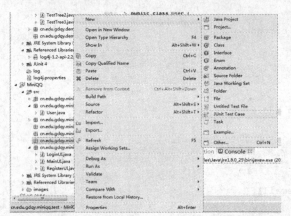
图 6-5 创建 "JUnit Test Case" 测试类的菜单选项

图 6-6 "New JUnit Test Case" 对话框

c. 创建 TestUser 类后，修改代码为代码清单 6-5。

代码清单 6-5　TestUser 类的定义

```java
package cn.edu.gdqy.miniqq.test;
import static org.junit.Assert.*;
import org.junit.*;
import cn.edu.gdqy.miniqq.el.User;
public class TestUser {
    User user = null;
    @Before
    public void setUp() throws Exception {
        System.out.println("测试开始！");
        user = new User();
        System.out.println("user 对象被初始化！");
    }
    @After
    public void tearDown() throws Exception {
        System.out.println("user 对象将被清理！");
        user = null;
        System.out.println("测试结束！");
    }
    @Test
    public void caseId() {
        user.setId(200);                                    //设置 id 属性的值为 200
        assertEquals("200", user.getId());                  //使用 Assert 查看 id 属性的值是否为 200
        System.out.println("id 属性被测试！");
    }
    @Test
    public void caseName() {
        user.setUserName("xrhe");                           //设置 userName 属性的值为 "xrhe"
```

```
        assertEquals("hfj", user.getUserName());
        //使用 Assert 查看 userName 属性的值是否为 hfj,这是个必然出现错误的测试
        System.out.println("useNname 属性被测试!");
    }
}
```

这里的 setUp()和 tearDown()方法执行了对 user 对象的初始化和清理工作,caseId()方法完成了对 user 对象的 id 属性进行测试,首先赋值为 200,然后使用 assertEquals()方法查看 id 属性中存放的值是否是期待的值,由于其期待值也是 200,所以执行后这个用例应该是成功的;caseName()方法则是对 user 对象的 userName 属性进行测试,也是首先赋值为"xrhe",然后使用 assertEquals()方法查看其值是否是期待的,由于测试用例中特意将期待值设定为根本不可能的"hfj",因此这个用例执行后会出现一个错误。

③ 运行 TestUser。方法是:

在左边的包浏览窗口中,选择右击 TestUser 类,选择右键菜单中的"Run As"→"JUnit Test"菜单项,如图 6-7 所示。

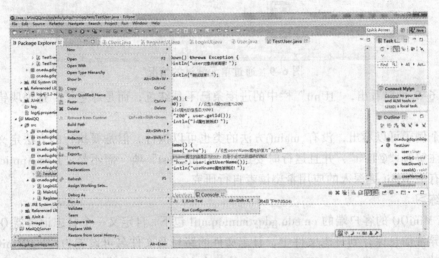

图 6-7 运行"单元测试"的方法

运行结束后,其结果如图 6-8 所示。

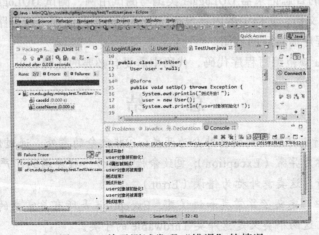

图 6-8 单元测试发现"错误"的情况

在图 6-8 中的左侧可以看到"JUnit"一栏，里边有一个错误，用红色条指示。不过这个错误是预料之中的，如果不想看到这个错误，可以将 caseName() 方法中的"hfj"改成"xrhe"，此时的运行效果如图 6-9 所示。

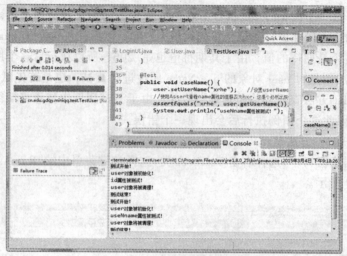

图 6-9　通过单元测试的情况

从图 6-9 可以看出，"JUnit"栏中的进度条已不是红色，而是绿色了，这说明错误已经被排除。

从这个例子可以看出，没有 main() 方法的类也可以执行，但是要执行的方法定义的前面需要加上注解符"@Test"，并且运行时要选择"JUnit Test"项，而不是"Java Application"。

其他有关 JUnit 更深入的应用希望读者自行研究。

同步练习

1. 在 MiniQQ 的客户端的 cn.edu.gdqy.miniqq.util 包下，自定义一个日志记录器 QQLogger 类，各种异常信息保存到日志文件中，日志文件的路径及文件名可设置为"log/MiniQQ_log_%u.log"。在 RegisterUI、LoginUI 和 MainUI 的每个方法中添加异常处理代码，并应用异常日志管理。

2. 针对自定义的日志记录器 QQLogger 类编写测试用例，测试 QQLogger 类的正确性。

编辑一个 Word 文档，文档中的内容包括：①解决问题的流程（或思路）；②已运行通过后的程序代码；③程序运行后的截图。

要求：按照 Java 规范编写程序代码，代码中需要有必要的注释。

总　　结

Java 将程序运行中可能遇到的意外分为两类：①非致命的意外：通过修正后程序还能继续执行，这类意外称为异常（Exception）；②致命性的意外：程序遇到了严重的不正常状态，不能简单地恢复执行，这类意外称为错误（Error）。

Java 所有的包中都定义了异常类和错误类。Exception 是所有异常类的父类，Error 类是所有错误类的父类。这两个类又是意外类 Throwable 的子类。

当 Java 程序中发生异常时，就称程序产生了一个异常事件，相应地就生成了异常对象。这个异常对象可能由正在运行的方法生成，也可能由 Java 虚拟机生成。异常对象中包含了必要的信息，包括所发生异常事件的类型及异常发生时程序的运行状态。异常产生和提交的这个过程称为抛出异常。

异常发生时，Java 运行时系统从生成异常对象的代码块开始，沿方法的调用者逐层回溯，寻找相应的处理代码，并把异常对象交给该方法处理，这个过程称为捕获异常。

Java 中异常处理的过程：当程序运行中某个方法发生了异常，如果它不具备处理这个异常的能力，就抛出一个异常，希望它的调用者能够捕获这个异常并进行处理。如果调用者也不能处理这个异常，那么，这个异常还将继续被传递给上级调用者去处理，这种传递会一直继续到异常被处理为止。如果程序始终没有处理这个异常，最终它就被传递到运行时系统。运行时系统捕获这个异常后通常只是简单地终止这个程序，输出异常信息。

第 7 章 I/O 文件处理及流

与外围设备和其他计算机系统进行交互的输入输出操作，尤其是对磁盘的文件操作，是计算机程序的重要功能，任何计算机语言都必须对输入输出提供支持，Java 语言也不例外。Java 的输入输出类库中包含了极其丰富的系统工具，这些类都被放在 java.io 包中。在该类库中，除了定义文件输入输出操作外，还定义了许多用来和其他外设进行信息交换的类。本章将介绍文件的读写方法及流的基本应用。

7.1 File

1. 引入问题

在学习 I/O 文件处理及流的概念之前，我们必须先要了解文件（包括目录，也叫文件夹）在 Java 中如何表达。

2. 解答问题

Java 中，一个文件或目录都使用 File 类型的对象来表示。File 类继承结构：java.lang.Object→java.io.File。

该类定义的语法结构为：

```
public class File extends Object implements Serializable, Comparable<File>
```

File 类专门用于管理文件和目录，是 java.io 包中唯一代表磁盘文件本身的对象，每个 File 对象都表示一个文件或目录。File 对象定义了一些与平台无关的方法来操纵文件。在创建 File 对象时需指明其所对应的文件或目录名。File 类提供了 4 个不同的构造方法，如表 7-1 所示，以不同的参数形式接收文件和目录名信息。

表 7-1 File 类的构造方法

构 造 方 法	功 能
File(File parent, String child)	根据父文件对象和 child 路径名创建一个新的 File 对象
File(String pathname)	通过给定路径名创建一个新的 File 对象
File(String parent, String child)	根据父路径名和 child 路径名创建一个新的 File 对象
File(URI uri)	通过给定的 file:URI 路径创建一个新的 File 对象

File 类提供了许多方法，用于获取文件或目录的属性以及对文件和目录进行操作。常用方法如表 7-2 所示。

表 7-2　File 类提供的常用方法

方　　法	功　　能
boolean delete()	删除此 File 对象表示的文件或目录
boolean exists()	测试此 File 对象表示的文件或目录是否存在
File getAbsoluteFile()	返回此 File 对象的绝对路径名形式
String getAbsolutePath()	返回此 File 对象的绝对路径名
String getName()	返回由此 File 对象表示的文件或目录的名称
String getParent()	返回此 File 对象父目录的路径名；如果此路径名没有指定父目录，则返回 null
File getParentFile()	返回此 File 对象的父目录的 File 对象；如果此路径没有指定父目录，则返回 null
String getPath()	获取该 File 对象的文件路径
boolean isDirectory()	测试此 File 对象表示的文件是否是一个目录
boolean isFile()	测试此 File 对象表示的文件是否是一个标准文件
long length()	返回由此 File 对象表示的文件的长度
String[] list()	返回一个字符串数组，这些字符串指定此 File 对象表示的目录中的文件和目录
File[] listFiles()	返回一个 File 对象数组
boolean mkdir()	创建此 File 对象指定的目录
boolean mkdirs()	创建此 File 对象指定的目录，包括所有必需但不存在的父目录

下面我们将给出一个简单的例子说明文件 File 类的基本使用方法。

案例 7-1

案例描述　使用 File 类进行一些简单的文件及文件夹的操作。

运行效果　程序运行后，在控制台上显示的部分内容如图 7-1 所示。

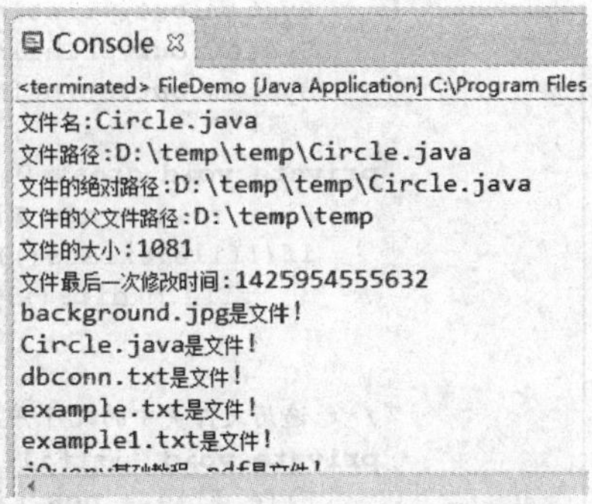

实现流程　其实现流程如下：

① 在 cn.edu.gdqy.demo 包下新建带有 main()方法的类，类名为 FileDemo。

② 在 FileDemo 类中添加显示给定路径文件的基本信息的方法 viewFile()，该方法的功能是判断文件是否存在，如果不存在，则创建一个空的文件，否则，获取文件名、文件路径等信息。

图 7-1　File 类案例程序运行结果

③ 在 FileDemo 类中添加创建文件夹的方法 createDir()，该方法的功能是判断文件夹是否存在，如果不存在，创建文件夹以及父文件夹等。

④ 在 FileDemo 类中添加列出当前文件夹下所有文件及子文件夹的方法 listFiles()，该方法判断当前路径是否是文件，如果是文件，显示文件名；如果是子文件夹，则递归调用 listFiles()方法。

⑤ 在 FileDemo 类中添加修改文件名的方法 fileRename()。

⑥ 在 FileDemo 类中添加复制文件或文件夹的方法 copyFlie()，复制时，如果是文件，在

目标文件夹创建一个空文件；如果是文件夹，则递归调用 copyFlie()方法。

⑦ 在 FileDemo 类中添加创建空文件的方法 creatNewfile()，该方法判断文件是否存在，如果不存在，则创建一个空文件。

⑧ 在 main()方法中实例化 FileDemo 对象，调用上面定义的方法进行相应文件或文件夹的处理。

参考代码 要完成实现流程中的各项功能，详见代码清单 7-1。

代码清单 7-1　File 类的基本应用

```java
package cn.edu.gdqy.demo;
import java.io.*;
public class FileDemo {
    private void viewFile(String path) {
        File file = new File(path);
        if(!file.exists()) {                          // 判断文件是否存在
            try {
                file.createNewFile();                 // 创建文件
            } catch(IOException e) {
                e.printStackTrace();
            }
        }
        String name = file.getName();                 // 获取文件名
        String filePath = file.getPath();             // 获取文件路径
        String absPath = file.getAbsolutePath();      // 获取绝对路径名
        String parent = file.getParent();             // 获取父文件路径
        long size = file.length();                    // 获取文件大小
        long time = file.lastModified();              // 最后一次修改时间
        System.out.println("文件名:" + name);
        System.out.println("文件路径:" + filePath);
        System.out.println("文件的绝对路径:" + absPath);
        System.out.println("文件的父路径:" + parent);
        System.out.println("文件的大小:" + size);
        System.out.println("文件最后一次修改时间:" + time);
    }
    private void createDir(String path) {
        File file = new File(path);
        if(!file.exists()) {  // 判断文件夹是否存在
            file.mkdirs();  // 创建文件夹
        }
    }
    /** 遍历文件夹中的文件并显示 */
    private void listFiles(String path) {
        File file = new File(path);
        File[] files = file.listFiles();              // 获取 path 下所有文件和文件夹
        for(File f : files) {                         // 遍历所有文件及文件夹
            if(f.isFile()) {                          // 判断其是否为文件
                System.out.println(f.getName() + "是文件!");
            } else if(f.isDirectory()) {              // 判断其是否为文件夹
                listFiles(f.getPath());               // 列出当前文件夹下所有文件
            }
        }
    }
    private void fileRename(String fromPath, String toPath) {
        File file1 = new File(fromPath);
        File file2 = new File(toPath);
        if(!file2.exists()) {                         // 判断 file2 文件夹路径存在与否,不存在则创建
            new File(file2.getParent()).mkdirs();
```

```java
        }
        file1.renameTo(file2);                  // 修改文件名
    }
    private void copyFlie(String src, String to) {
        File file1 = new File(src);             //源文件对象
        if(!file1.exists()) {
            return;
        }
        File fileto = new File(to);
        if(fileto.exists()) {    //如果目标存在且是文件，直接返回
            if(fileto.isFile()) {
                return;
            }
        } else {
            fileto.mkdirs();
        }
        String topath = to + "/" + file1.getName();
        if(file1.isFile()) {
            creatNewfile(topath);
            return;
        } else if(file1.isDirectory()) {
            fileto = new File(topath);
            if(!fileto.exists()) {
                fileto.mkdirs();
            }
            //复制整个文件夹下的所有文件和文件夹
            File[] files = file1.listFiles();
            if(files != null) {
                for(File f : files) {
                    String path2 = topath + "/" + f.getName();
                    if(f.isFile()) {                    //判断是否为文件
                        creatNewfile(path2);            //创建新文件
                    } else if(f.isDirectory()) {        //判断是否为文件夹
                        String s = f.getPath();         //获取路径作为源路径
                        copyFlie(s, path2);
                    }
                }
            }
        }
    }
    private void creatNewfile(String path) {
        File file = new File(path);
        if(!file.exists()) {                        // 判断文件是否存在
            try {
                file.createNewFile();               // 创建文件
            } catch(IOException e) {
                e.printStackTrace();
            }
        }
    }
    public static void main(String[] args) {
        FileDemo tf = new FileDemo();
        tf.viewFile("D:/temp/temp/Circle.java");
        tf.listFiles("D:/temp");
        tf.createDir("D:/demo/temp/");
        tf.fileRename("D:/temp/temp/Circle.java", "D:/temp/temp/MyCircle.java");
        tf.copyFlie("D:/temp/temp", "D:/xrhe");
    }
}
```

说明：使用文件 File 类的 createNewFile()方法，创建的是一个空文件，要想往文件中写信息，或者要从文件中读取信息，还需要用到我们后面将要学习的文件输入输出流。

7.2 流

在上节中，我们利用 File 类所提供的一些方法，可以创建文件夹、重命名文件、删除文件、获取文件夹下所有子文件夹和文件，甚至还可以创建新的文件，但是，要想向文件中写内容，或者想要从文件中读取内容，仅仅使用 File 类是不够的，还需要用到文件输入输出流等一些能对文件进行读写的类。

Java 程序的输入输出（包括网络上数据的传输）功能是通过流来实现的。流是指一组有顺序的、有起点和终点的字节组合，如文件、网络等。

流是一串连续不断数据的集合，就像水管里的水流，在水管的一端一点一点地供水，而在水管的另一端看到的是一股连续不断的水流。数据写入程序可以是一段一段地向数据流管道中写入数据，这些数据段会按顺序形成一个长的数据流。对数据的读取程序来说，看不到数据流在写入时的分段情况，每次可以读取其中的任意长度的数据，但只能先读取前面的数据后，再读取后面的数据。不管写入时是将数据分多次写入，还是作为一个整体一次写入，读取时的效果都是完全一样的。

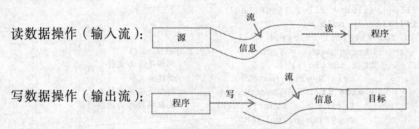

在 Java 中的流按流动方向可以分为输入流及输出流两种。输入流和输出流是以程序为参考点来说的，所谓输入流就是将数据流入到程序的流，即是程序从中获取数据的流；输出流就是从程序流出数据的流，即程序输出数据的流。在输入流的一边是程序，而另一边是流的数据源；而输出流的一边是程序，另一边则是目标。

Java 中的流按照处理数据的单位分为两种：字节流和字符流。分别由 4 个抽象类来表示：InputStream（输入流）、OutputStream（输出流）、Reader（读入，输入）和 Writer（写出，输出）。InputStream 和 Reader 用于读操作，而 OutputStream 和 Writer 则用于写操作。InputStream 和 OutputStream 基于字节流，而 Reader 和 Writer 基于字符流。Java 中其他多种多样变化的流均是由它们派生出来的。

下面我们将按字节流和字符流来详细介绍输入流和输出流的使用方法。

7.2.1 字节流

1. 引入问题

Java 中有哪些字节流？如何使用这些字节流呢？

2. 解答问题

字节流由字节组成，是从 InputStream 和 OutputStream 派生出来的一系列类。这类流以字节（byte）为基本处理单位。

（1）InputStream 与 OutputStream

InputStream 类的层次结构：java.lang.Object→java.io.InputStream。

该类定义的语法结构：public abstract class InputStream extends Object implements Closeable

从其定义可以看出，InputStream 是一个抽象类，该类是表示字节输入流的所有类的超类。InputStream 类与其子类的继承关系如图 7-2 所示。

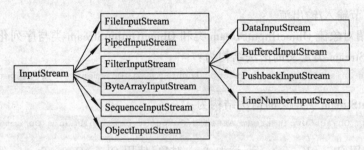

图 7-2　InputStream 类与其子类的继承关系

InputStream 类提供了一些常用方法如表 7-3 所示。

表 7-3　InputStream 类的常用方法

方　　法	功　　能
public int available()	返回此输入流下一个方法调用可以不受阻塞地从此输入流读取的字节数
public void close()	关闭此输入流并释放与该流关联的所有系统资源
public abstract int read()	从输入流中读取数据的下一个字节。子类必须提供此方法的一个实现
public int read(byte[] b)	从输入流中读取一定数量的字节，并将其存储在缓冲区数组 b 中
public intread(byte[] b, int off, int len)	将输入流中最多 len 个字节读数据入 byte 数组。b - 读入数据的缓冲区。off - 数组 b 中将写入数据的初始偏移量。len - 要读取的最大字节数

OutputStream 类继承结构：java.lang.Object→java.io.OutputStream。该类定义的语法结构：
public abstract class OutputStream extends Object implements Closeable, Flushable

从其定义可以看出，OutputStream 也是一个抽象类，该类是表示字节输出流的所有类的超类。OutputStream 类与其子类的继承关系如图 7-3 所示。

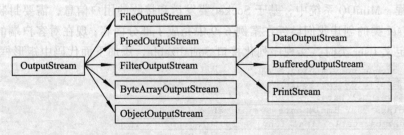

图 7-3　OutputStream 类与其子类的继承关系

OutputStream 类提供的常用方法如表 7-4 所示。

表 7-4 OutputStream 类的常用方法

方 法	功 能
public void close()	关闭此输出流并释放与此流有关的所有系统资源
public void flush()	刷新此输出流并强制写出所有缓冲的输出字节
public void write(byte[] b)	将 b.length 个字节从指定的 byte 数组写入此输出流
public void write(byte[] b, int off, int len)	将指定 byte 数组中从偏移量 off 开始的 len 个字节写入此输出流
public abstract void write(int b)	将指定的字节写入此输出流

下面我们将以实例来说明几个常见字节输入/输出流的使用方法。

（2）常见字节输入/输出流

① 下面介绍对象流 ObjectInputStream 类和 ObjectOutputStream 类与序列化。

ObjectInputStream 类定义的语法结构为：

```
public class ObjectInputStream extends InputStream implements ObjectInput, ObjectStreamConstants
```

ObjectOutputStream 类定义的语法结构为：

```
public class ObjectOutputStream extends OutputStream implements ObjectOutput, ObjectStreamConstants
```

我们可以使用 ObjectInputStream 读取 Java 对象，使用 ObjectOutputStream 写入 Java 对象。通过在流中使用文件可以实现对象的持久存储。如果流是网络套接字流，则可以在另一台主机上或另一个进程中重构对象。

Java 规定，只能将支持 java.io.Serializable 接口的对象写入流中。writeObject()方法用于将对象写入流中。所有对象（包括 String 和数组）都可以通过 writeObject()写入，但必须使用与写入对象时相同的类型和顺序从相应 ObjectInputstream 中读回对象。

ObjectInputStream 对以前使用 ObjectOutputStream 写入的对象进行反序列化。只有支持 java.io.Serializable 或 java.io.Externalizable 接口的对象才能从流读取。readObject()方法用于从流读取对象。在 Java 中，字符串和数组都是对象，所以在序列化期间将其视为对象。读取时，需要将其强制转换为期望的类型。

对于对象的序列化处理，这里修改 User 类的定义，而对象流的访问问题，将在 8.4 节中发送和接收用户的注册请求时介绍，这里就不再举例了。

案例 7-2

案例描述 对 MiniQQ 系统中的 User 类进行序列化处理。

实现流程 MiniQQ 系统中，基于 Socket 要发送和接收的用户信息，需要封装到 User 类的对象中。User 类的创建我们已经在案例 6-9 中完成了部分内容，现在对客户端的 User 类做些修改。在定义 User 类时，实现序列化接口 Serializable，添加下面代码中矩形框中的部分。

```
package cn.edu.gdqy.miniqq.el;
import java.io.Serializable;
import java.util.Date;
public class User implements Serializable {
    private static final long serialVersionUID = 1L;
    private long id;
    ...    // 其他代码省略
}
```

说明：网络上只能传输数据流，按照二进制位传输数据，因此，User 类实现了

Serializable 接口，目的是对 User 对象进行串行化处理。

ObjectInputStream 和 ObjectOutputStream 类的使用方法，见 8.3 节和 8.4 节中 MiniQQ 的用户注册请求和服务器端、客户端 User 对象输入输出流的处理。

② FileInputStream 类和 FileOutputStream 类的使用

FileInputStream 是文件输入流类，而 FileOutputStream 则是文件输出流类。

FileInputStream 类和 FileOutputStream 类定义的语法结构如下：

```
public class FileInputStream extends InputStream
public class FileOutputStream extends OutputStream
```

FileInputStream 从文件系统中的某个文件中获得输入字节，用于读取诸如图像数据之类的原始字节流。FileOutputStream 用于将诸如图像数据之类的原始字节的流写入 File 或 FileDescriptor。下面我们将给出一个综合了 BufferedInputStream、BufferedOutputStream、FileInputStream 和 FileOutputStream 类的例子来说明文件输入输出流的简单使用方法。

案例 7-3

案例描述　在 D:\temp\temp 文件夹下有一个图片文件 background.jpg，现要求编写程序将该文件复制到 D:\temp 目录下，文件名仍为 background.jpg。

运行效果　原图片文件 D:\temp\temp\background.jpg 和目标图片文件 D:\temp\background.jpg 分别如图 7-4 和图 7-5 所示。

图 7-4　原图片文件

图 7-5　目标图片文件

实现流程　其实现流程如下：

① 使用源文件路径构建文件输入流（FileInputStream）对象，为了提高处理效率，以文件输入流对象作为参数，创建带缓冲区的输入流（BufferdInputStream）。

② 使用目标路径创建文件输出流对象（FileOutputStream），同样为了提高处理效率，以文件输出流对象作为参数，创建带缓冲区的输出流（BufferdOutputStream）。

③ 定义一个 1 024 字节的缓冲区：

```
byte[] buffer = new byte[1024];
```

④ 循环处理输入流：从输入流中读取数据到缓冲区，再将缓冲区中的数据写入到输出流，直到输入流中数据处理完毕。

⑤ 刷新输出流，不等缓冲区满强制将缓冲区中的数据输出到输出流。

⑥ 关闭输出流和输入流。

完整代码　完整代码及注释如代码清单 7-2 所示。

代码清单 7-2　图片文件的复制

```
package cn.edu.gdqy.demo;
import java.io.*;
public class ByteFileRWDemo {
    public static void main(String[] args) {
```

```java
            FileOutputStream fos = null;
            FileInputStream fis = null;
            BufferedInputStream bis = null;
            BufferedOutputStream bos = null;        //利用缓冲的方法目的是提高运行的效率
            try {
                fis = new FileInputStream("D:/temp/temp/background.jpg");
                //用源文件构造一个文件输入流对象
                bis = new BufferedInputStream(fis);      //封装为带缓冲的输入流
                String fileName = "D:/temp/ground.jpg";  //目标文件的路径及文件名
                fos = new FileOutputStream(fileName);    //构造一个文件文件输出流对象
                bos = new BufferedOutputStream(fos);     //封装为带缓冲的输出流
                byte[] buffer = new byte[1024];          // 定义一个缓冲区
                int bytesRead = 0;     // 每次读取字节数,赋初值 0
                                       // read()方法返回读取的字节数,如果已经读取完毕,返回-1
                while(( bytesRead = bis.read(buffer)) != -1) {
            //循环从源文件中读取内容到 buffer 中
                    bos.write(buffer,0,bytesRead);       //将数据写入目标文件中
                }
                bos.flush();                             //刷新输出流的缓冲
            } catch(IOException e) {
                e.printStackTrace();
            } finally {
                if(bis != null) {
                    try {
                        if(bos != null) {
                            bos.close();                 //关闭输出流
                        }
                        if(bis != null) {
                            bis.close();                 //关闭输入流
                        }
                    } catch(IOException e) {
                        e.printStackTrace();
                    }
                }
            }
        }
```

7.2.2 字符流

字符流是从 Reader 和 Writer 派生出的一系列类,这类流以 16 位的 Unicode 编码表示的字符为基本处理单位。

(1) Reader 与 Writer

Reader 类继承结构:java.lang.Object→java.io.Reader。该类定义的语法结构为:

`public abstract class Reader extends Object implements Readable, Closeable`

从其定义可以看出,Reader 是一个用于读取字符流的抽象类,该类是所有字符输入流类的超类。Reader 类与其子类的继承关系如图 7-6 所示。

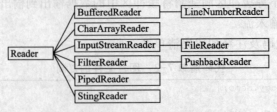

图 7-6 Reader 类与其子类的继承关系

子类必须实现的方法只有 read(char[], int, int) 和 close()。但是，多数子类将重写此处定义的一些方法，以提供更高的效率和/或其他功能。Reader 类提供的方法如表 7-5 所示。

表 7-5　Reader 类的常用方法

方　　法	功　　能
public intavailable()	返回此输入流下一个方法调用可以不受阻塞地从此输入流读取的字节数
public abstract void close()	关闭该流并释放与之关联的所有资源
public abstract int read()	从输入流中读取单个字符
public int read(char[] cbuf)	从输入流中读取一定数量的字符到数组 cbuf 中
public int read(char[] cbuf, int off, int len)	将输入流中最多 len 个字符读入数组。cbuf – 读入数据的缓冲区。off – 数组 cbuf 中将写入数据的初始偏移量。len – 要读取的最大字符数

Writer 类的继承结构：java.lang.Object→java.io.Writer。该类定义的语法结构为：
public abstract class Writer extends Object implements Appendable, Closeable, Flushable
Writer 是写入字符流的抽象类。子类必须实现的方法仅有 write(char[], int, int)、flush()和 close()。但是，多数子类将重写此处定义的一些方法，以提供更高的效率和/或其他功能。Writer 类及其子类之间的继承关系如图 7-7 所示。

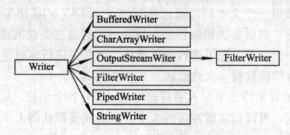

图 7-7　Writer 类与其子类的继承关系

Writer 类提供的常用方法如表 7-6 所示。

表 7-6　Writer 类的常用方法

方　　法	功　　能
public Writer append(char c)	将指定字符添加到此 writer
public Writer append(CharSequence csq)	将指定字符序列添加到此 writer
public void close()	关闭此输出流并释放与此流有关的所有系统资源
public void flush()	刷新此输出流并强制写出所有缓冲的输出字符
public void write(char[] cbuf)	写入字符数组
public void write(char[] cbuf, int off, int len)	写入字符数组的某一部分
public void write(int c)	写入单个字符
public void write(String str)	写入字符串
public void write(String str, int off, int len)	写入字符串的某一部分

下面我们将以实例来说明几个常见字符输入/输出流的使用方法。
（2）常见字符输入/输出流
① 缓冲的字符流 BufferedReader 类和 BufferedWriter 类的使用
采用缓冲的目的：
a. 采用缓冲处理是为了提高效率，如果没有缓存，例如 FileReader 对象，每次调用 read()

方法进行读操作时，都会直接去文件中读取字节，转换成字符并返回，这样频繁的读取文件效率很低。

b. 缓冲的字符流的出现提高了对流的操作效率，原理就是将数组进行了封装。

c. 在使用缓冲的字符流对象时，缓冲的存在是为了增强流的功能，因此在建立缓冲的字符流对象时，要先有流对象的存在。

BufferedReader 类和 BufferedWriter 类定义的语法结构如下：

```
public class BufferedReader extends Reader
public class BufferedWriter extends Writer
```

BufferedReader 类的对象从字符输入流中读取文本，缓冲各个字符，从而实现字符、数组和行的高效读取。其构造方法：

a. BufferedReader(Reader in)。用于创建一个使用默认大小输入缓冲区的缓冲字符输入流。

b. BufferedReader(Reader in, int sz)。用于创建一个使用指定大小输入缓冲区的缓冲字符输入流。

在常用方法中，除从其父类 Reader 中继承之外，还有一个 readLine()方法。该方法的语法格式为：

```
public String readLine() throws IOException
```

该方法的功能是读取一个文本行。通过换行('\n')、回车('\r')或回车后直接跟着换行等字符之一认为某行已终止。但该方法用的还是与缓冲的字符流相关联的流对象的 read()方法，只不过，每一次读到一个字符，先不进行具体操作，而是先进行临时存储，当读取到回车标记时，将临时容器中存储的数据一次性返回。

BufferedWriter 类的对象将文本写入字符输出流，缓冲各个字符，从而提供单个字符、数组和字符串的高效写入。可以指定缓冲区的大小，或者接受默认的大小。在大多数情况下，默认值就足够了。

其构造方法：

a. BufferedWriter(Writer out)。用于创建一个使用默认大小输出缓冲区的缓冲字符输出流。

b. BufferedWriter(Writer out, int sz)。用于创建一个使用指定大小输出缓冲区的缓冲字符输出流。

BufferedWriter 类也有一个在其父类 Writer 中没有的方法 newLine()，其定义的语法格式为：

```
public void newLine() throws IOException
```

该方法的功能是写入一个行分隔符。写出平台相关的行分隔符来标记一行的终止。Windows 平台下为'\n'。

② FileReader 类和 FileWriter 类的使用

FileReader 类的继承结构：java.lang.Object→java.io.Reader→java.io.InputStreamReader→java.io.FileReader。该类定义的语法结构：

```
public class FileReader extends InputStreamReader
```

该类常用构造方法：

a. FileReader(File file)。在给定从中读取数据的 File 对象的情况下创建一个新的 FileReader 对象。

b. FileReader(String fileName)。在给定从中读取数据的文件名的情况下创建一个新的 FileReader 对象。

FileWriter 类的继承结构：java.lang.Object→java.io.Writer→java.io.OutputStreamWriter→java.io.FileWriter。该类定义的语法结构：

```
public class FileWriter extends OutputStreamWriter
```

该类常用的构造方法：

a. FileWriter(File file)。根据给定的 File 对象构造一个 FileWriter 对象。

b. FileWriter(File file, boolean append)。根据给定的 File 对象以及指示是否附加写入数据的 boolean 值，来构造一个 FileWriter 对象。

c. FileWriter(String fileName)。根据给定的文件名构造一个 FileWriter 对象。

d. FileWriter(String fileName, boolean append)。根据给定的文件名以及指示是否附加写入数据的 boolean 值，来构造一个 FileWriter 对象。

下面将给出一个综合了 BufferedReader、BufferedWriter、FileReader 和 FileWriter 类使用的简单例子。

案例 7-4

案例描述 在 D:\temp\temp 文件夹下有一个文件 Circle.java，现要求编写程序将该文件复制到 D:\temp 目录下，文件名仍为 Circle.java。

运行效果 源文件 D:\temp\temp\Circle.java 和目标文件 D:\temp\Circle.java，分别如图 7-8 和图 7-9 所示。

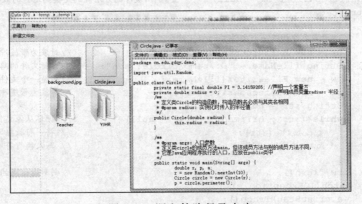

图 7-8　源文件路径及内容

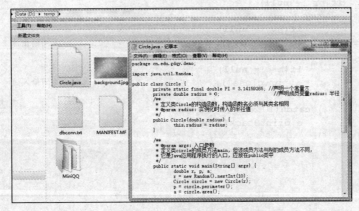

图 7-9　目标文件及内容

实现流程 其实现流程如下：

a. 使用源文件路径创建字符文件输入流对象，为了提高处理效率，以字符文件输入流对象作为参数，创建带缓冲区的字符输入流。

b. 使用目标路径创建字符文件输出流对象，为了提高处理效率，以字符文件输出流对象作为参数，创建带缓冲区的字符输出流。

c. 定义一个读取一行数据的字符串变量。

d. 循环处理字符读取流：从输入流中读取一行数据到字符串变量，再将字符串变量中保存的数据写入输出流，并写入一个换行符，直到输入流中数据处理完成。

e. 刷新输出流，不等缓冲区满强制将缓冲区中的数据输出到输出流。

f. 关闭输出流和输入流。

完整代码 完整代码及注释如代码清单 7-3 所示。

代码清单 7-3 复制文本文件程序

```java
package cn.edu.gdqy.demo;
import java.io.*;
public class FileRWDemo {
    public static void main(String[] args) {
        FileWriter fw = null;
        FileReader fr = null;
        BufferedReader br = null;      //利用缓冲的方法目的是提高运行的效率
        BufferedWriter bw = null;      //利用缓冲的方法目的是提高运行的效率
        try {
            fr = new FileReader("D:/temp/temp/Circle.java");
            //用源文件构造一个文件 Reader 对象
            br = new BufferedReader(fr);           //封装为带缓冲的 Reader 对象
            String fileName = "D:/temp/Circle.java";  //目标文件的路径及文件名
            fw = new FileWriter(fileName);         //构造一个文件 Writer 对象
            bw = new BufferedWriter(fw);           //封装为带缓冲的 Writer 对象
            String str = null;
            while((str = br.readLine()) != null) { // 循环从源文件中读取一行
                bw.write(str);                      // 将一行数据写入目标文件中
                bw.newLine();                       // 写入换行符
            }
            bw.flush();                            //刷新输出流的缓冲
        } catch(IOException e) {
            e.printStackTrace();
        } finally {
            if(br != null) {
                try {
                    if(bw != null) {
                        bw.close();                //关闭输出流
                    }
                    if(br != null) {
                        br.close();                //关闭输入流
                    }
                } catch(IOException e) {
                    e.printStackTrace();
                }
            }
        }
    }
}
```

7.3 RandomAccessFile

1. 引入问题

前面对文件的访问是顺序访问，Java 中是否能对文件进行随机访问呢？

2. 解答问题

Java 中，要随机访问文件，需要使用 RandomAccessFile 类。

该类的继承结构：java.lang.Object→java.io.RandomAccessFile。类定义的语法结构为：
`public class RandomAccessFile extends Object implements DataOutput, DataInput, Closeable`

此类支持随机访问文件。随机访问文件的行为类似存储在文件系统中的一个大型 byte 数组。有一个指向该数组的光标或索引，称为文件指针；读取操作从文件指针开始读取字节，并随着对字节的读取而前移此文件指针。如果随机访问文件以读取/写入模式创建，输出操作则从文件指针开始写入字节，并随着对字节的写入而前移此文件指针。该文件指针可以通过 getFilePointer()方法读取，并通过 seek()方法设置。

通常，如果读取所需数量的字节之前已到达文件末尾，则抛出 EOFException 异常。如果由于某些原因无法读取任何字节，而不是在读取所需数量的字节之前已到达文件末尾，则抛出 IOException，而不是 EOFException。需要特别指出的是，如果流已被关闭，则可能抛出 IOException。

该类提供两个构造方法：

（1）RandomAccessFile(File file, String mode)。创建从中读取和向其中写入的随机文件流，该文件由 File 参数指定。

（2）RandomAccessFile(String name, String mode)。创建从中读取和向其中写入的随机文件流，该文件具有指定名称。

无论使用哪个构造方法来创建 RandomAccessFile 对象，都需要提供两种信息：一个作为数据源文件，以文件名字符串或文件对象的方式给出；另一个则是访问模式字符串，它规定了 RandomAccessFile 对象可以用何种方式打开和访问指定的文件。

使用 RandomAccessFile 类随机读写文件时，在创建了一个 RandomAccessFile 对象之后，该文件处于打开状态。此时，文件的指针处于文件开始位置。可以通过 seek(long pos)方法设置文件指针的当前位置，而进行文件的快速定位，然后使用相应的 read()和 write()方法对文件进行读写操作。在对文件的读写操作完成后，调用 close()方法关闭文件。

案例 7-5

案例描述 在 D:/demo 下创建文本文件 message.txt。在该文件中写入发送的消息，包括消息发送者、接收者、消息内容和发送消息的时间。并读取文件内容，在控制台上显示出来。

运行效果 在控制台上显示的内容：

```
文件指针当前位置:0
此时文件指针当前位置:30
Sender    Receiver        Time                Message
1:张三李四2015-04-11 22:42:25.48   李四,你好!
2:李四张三2015-04-11 22:42:25.48   你好!张三
```

创建的文件及保存的信息如图 7-10 所示。

图 7-10 生成的 message.txt 文件

实现流程 其实现流程如下：

① 定义消息类 Message，具有 4 个属性：sender（消息发送者，String）、receiver（消息发送者，String）、time（发送时间，Timestamp）、message（消息内容，String），以及访问这 4 个属性的 set 和 get 方法。

② 用可读写模式创建一个随机访问文件对象，文件路径及文件名为：D:/demo/message.txt。

③ 调用随机访问对象的 getFilePointer()方法，获取文件指针的位置。

④ 向文件中写入消息头内容："SenderReceiverTimeMessage"并换行。

⑤ 再次调用随机访问对象的 getFilePointer()方法，获取文件指针的位置。

⑥ 构建两个消息对象，封装数据，并将这两个消息对象放入一个数组中。

⑦ 将对象数组中的对象数据写入文件。

⑧ 调用 seek()方法将文件指针设置为文件开始处，读取文件中的内容并输出到控制台（包括一行消息头和两个消息对象的信息）。

⑨ 关闭文件。

完整代码 完整代码及详细注释如代码清单 7-4 所示。

代码清单 7-4　使用 RandomAccessFile 类随机读写文件

```java
package cn.edu.gdqy.demo;
import java.io.*;
import java.sql.Timestamp;
public class MessageFile {
    public static void main(String[] args) {
        RandomAccessFile file = null;
        try {
            // 创建一个随机访问文件对象,并设置为可读写模式 seek()
            file = new RandomAccessFile("D:/demo/message.txt", "rw");
            System.out.println("文件指针当前位置:" + file.getFilePointer());
            file.writeBytes("Sender\tReceiver\tTime\t\tMessage\n");
            // 添加内容到文件中去
            System.out.println("此时文件指针当前位置:" + file.getFilePointer());
            // 创建二条消息记录
            Message m1 = new Message();
            m1.setSender("张三");
            m1.setReceiver("李四");
            m1.setTime(new Timestamp(System.currentTimeMillis()));
            m1.setMessage("李四, 你好! ");
            Message m2 = new Message();
            m2.setSender("李四");
            m2.setReceiver("张三");
            m2.setTime(new Timestamp(System.currentTimeMillis()));
            m2.setMessage("你好! 张三");
            Message[] msgs = new Message[] { m1, m2 };  //定义一个包含两条消息的消息数组
            for(Message msg : msgs) {  // for..each 循环, 将消息数组中的消息写入文件中
```

```java
                    file.writeUTF(msg.getSender());
                    file.writeUTF(msg.getReceiver());
                    file.writeLong(msg.getTime().getTime());
                    file.writeUTF(msg.getMessage());
                }
                /* 读取刚才写入的内容 */
                file.seek(0);                                    // 重新把文件指针定位到开始处
                String data = file.readLine();                   // 读取消息头
                System.out.println(data);                        // 输出消息头
                /* 读取文件内容创建消息记录 */
                Message[] msgCreated = new Message[2];           // 创建有两条消息的数组
                /* 从文件中读出保存到消息对象中 */
                for(int i = 0; i < msgCreated.length; i++) {
                    msgCreated[i] = new Message();
                    msgCreated[i].setSender(file.readUTF());
                    msgCreated[i].setReceiver(file.readUTF());
                    msgCreated[i].setTime(new Timestamp(file.readLong()));
                    msgCreated[i].setMessage(file.readUTF());
                }
                /* 输出消息内容 */
                for(int i = 0; i < msgCreated.length; i++) {
                    System.out.print((i + 1) + ":");
                    System.out.print(msgCreated[i].getSender() + "\t");
                    System.out.print(msgCreated[i].getReceiver() + "\t");
                    System.out.print(msgCreated[i].getTime() + "\t");
                    System.out.print(msgCreated[i].getMessage());
                    System.out.println();
                }
            } catch(FileNotFoundException e) {
                e.printStackTrace();
            } catch(IOException e) {
                e.printStackTrace();
            } finally {
                try {
                    if(file != null) {
                        file.close();               // 关闭文件
                    }
                } catch(IOException e) {
                    e.printStackTrace();
                }
            }
        }
    }
    class Message {  // 包访问权限的类
        private String sender;
        private String receiver;
        private Timestamp time;
        private String message;
        // 成员变量的定义, 或者叫做域变量、字段级的变量的定义、或者是属性的定义
        Message() {
            super();
        }
        public String getSender() {
            return sender;
        }
```

```java
    public void setSender(String sender) {
        this.sender = sender;
    }
    public String getReceiver() {
        return receiver;
    }
    public void setReceiver(String receiver) {
        this.receiver = receiver;
    }
    public Timestamp getTime() {
        return time;
    }
    public void setTime(Timestamp time) {
        this.time = time;
    }
    public String getMessage() {
        return message;
    }
    public void setMessage(String message) {
        this.message = message;
    }
}
```

7.4 压缩文件读写

1. 引入问题

对压缩文件的读写，即是对文件进行压缩和解压缩。众所周知，WinRAR 是一款压缩/解压软件，Java 中，是否也提供了相应的解决方案？

2. 解答问题

Java 中，对压缩文件的读写，需要用到 ZipFile 和 ZipEntry 类。我们先了解这两个类的构造方法和一些常用方法，最后，用一个实例来说明如何压缩文件和如何将一个压缩后的文件解压缩。

ZipFile 类的继承结构：java.lang.Object→java.util.zip.ZipFile。该类处于 java.util.zip 包中，用于从 ZIP 文件读取条目。ZipFile 类提供的三个构造方法和其他常用方法分别如表 7-7 和表 7-8 所示。

表 7-7 ZipFile 类的构造方法

方法	功能
ZipFile(File file)	打开供阅读的 ZIP 文件，由指定的 File 对象给出
ZipFile(File file, int mode)	打开新的 ZipFile 按指定模式从指定的 File 对象读取
ZipFile(String name)	打开供阅读的 ZIP 文件

表 7-8 ZipFile 类的其他常用方法

方法	功能
public void close()	关闭 ZIP 文件
public Enumeration<? extends ZipEntry>entries()	返回 ZIP 文件条目的枚举

续表

方法	功能
protected void finalize()	确保不再引用此 ZIP 文件时调用它的 close 方法
public ZipEntry getEntry(String name)	返回指定名称的 ZIP 文件条目；如果未找到，则返回 null
public InputStream getInputStream(ZipEntry entry)	返回输入流以读取指定 ZIP 文件条目的内容
public String getName()	返回 ZIP 文件的路径名
public int size()	返回 ZIP 文件中的条目数

ZipEntry 类的继承结构：java.lang.Object→java.util.zip.ZipEntry。该类定义的语法结构：
```
public class ZipEntry extends Object implements Cloneable
```
ZipEntry 类提供的构造方法和其他常用方法分别如表 7-9 和表 7-10 所示。

表 7-9　ZipEntry 类的构造方法

方法	功能
ZipEntry(String name)	使用指定名称创建新的 ZIP 条目
ZipEntry(ZipEntry e)	使用从指定 ZIP 条目获取的字段创建新的 ZIP 条目

表 7-10　ZipEntry 类的其他常用方法

方法	功能
public String getName()	返回条目名称
public long getSize()	返回条目数据的未压缩大小；如果未知，则返回 -1
public long getTime()	返回条目的修改时间；如果未指定，则返回 -1
public boolean isDirectory()	如果为目录条目，则返回 true
public voidsetTime(long time)	设置条目的修改时间

下面我们用实例来简单介绍压缩文件的读写方法。

案例 7-6

案例描述

① 对一个文件夹（包含子文件夹）中的文件进行压缩，生成以该文件夹命名的压缩文件，扩展名为 ".zip"，如压缩 "D:\a1"，则在 "D:\" 下生成压缩文件 "a1.zip"。

② 对生成的压缩文件解压，如生成的 "a1.zip" 压缩文件中包含的文件，解压到 "D:\a2" 文件夹下。

运行效果

① 压缩前 d:\a1 文件夹下的文件及文件夹列表如图 7-11 所示，运行压缩程序后，在 D 盘根目录下生成 a1.zip 文件，文件内容如图 7-12 所示。

② 运行解压缩程序后，在 D 盘根目录下生成 a2 文件夹，并将 a1.zip 中包含的条目解压到 D:\a2 文件夹下，其结构如图 7-13 所示。

实现流程　其实现流程如下：

（1）压缩文件实现流程：

① 将要压缩的所有文件放入一个文件夹（如 D:\a1）中。

图 7-11　d:\a1 文件夹下的文件及文件夹列表　　图 7-12　生成的压缩文件 a1.zip 的内容

图 7-13　解压缩后的目录结构

② 用要压缩的文件夹构建一个 File 对象。

③ 由于要压缩的文件夹下可能还包含子文件夹，所以我们约定，凡是文件夹都被压缩为一个与文件夹同名，扩展名为 ".zip" 的压缩文件（压缩文件的路径：当前文件夹的父路径 + "/" + 当前文件夹名.zip，如 D:\a1，压缩后文件路径及文件名为 D:\a1.zip）。这需要使用递归调用，因此，我们将定义一个方法（如 zipDir()方法）用于压缩文件夹。

④ 编写 zipDir()方法：

a. 构建一个压缩后的目标文件 File 对象。

b. 用目标文件 File 对象作为参数构建文件输出流对象，并使用带缓冲区的输出流构建 ZipOutputStream 压缩输出流对象。

c. 使用 File 的 listFiles()方法，列出源文件夹下所有文件及子文件夹，放入一个 File 数组中，再遍历该数组，如果当前的 File 对象是文件，构建文件缓冲输入流，用该文件名作为参数构建 ZipEntry 压缩条目，并调用压缩输出流的 putNextEntry()方法，把条目加入压缩输出流；从输入流中读取数据，写入压缩输出流中；如果当前的 File 对象是子文件夹，则递归调用 zipDir()方法，按照同样的流程继续压缩子文件夹。

d. 关闭输入流，如果压缩的是子文件夹，由于在源文件夹下生成了临时的压缩文件，需要删除这些临时压缩文件。

e. 关闭输出流。

f. 递归返回生成的压缩文件。

⑤ 调用 zipDir()方法压缩文件。

（2）解压缩文件实现流程：

① 指明要解压的源文件和解压后的目标路径。

② 编写解压缩方法 unZipFile()，由于压缩文件中可能包含压缩文件，所以，解压缩时某个文件又是压缩文件，需要递归调用解压缩方法 unZipFile()。unZipFile()方法的实现流程：

a. 判断源文件是否存在，如果不存在直接返回。

b. 根据目标路径构建目标文件 File 对象，如果目标路径不存在，就创建目标路径。
　　c. 对源文件构建缓冲压缩文件输入流。
　　d. 调用压缩输入流对象的 getNextEntry()方法，遍历压缩输入流对象，获取每一个压缩条目，压缩条目的名称就是解压后的文件名，用当前的目标路径和文件名构建带缓冲的文件输出流；循环调用压缩输入流的 read()方法读取文件内容，然后调用输出流的 write()方法，将读取的文件内容写入输出流；读/写完成后，调用输出流的 flush()方法强制将缓冲区中数据写入输出流；关闭输出流。
　　e. 判断解压后的文件，如果还是一个压缩文件，则递归调用 unZipFile()方法继续解压，并删除该子压缩文件。
　　f. 关闭压缩输入流。
　③ 调用 unZipFile()方法，完成解压缩任务。
　完整代码　压缩文件和解压文件完整代码及详细注释如代码清单 7-5 和代码清单 7-6 所示。

代码清单 7-5　实现文件压缩功能

```java
package cn.edu.gdqy.demo;
import java.io.*;
import java.util.zip.*;
public class ZipFileDemo {
    static final int BUFFER = 2048;
    static boolean flag = false;
    public static void main(String args[]) throws IOException {
        File file = new File("D:/a1");              //用源压缩路径构建的文件对象
        ZipFileDemo zip = new ZipFileDemo();        //实例化一个 ZipFileDemo 对象
        try {
            File zipfile = zip.zipDir(file);        //调用压缩方法对目录进行压缩
            System.out.println("已生成压缩文件: " + zipfile.getName());
        } catch (Exception e) {
            e.printStackTrace();
        }
    }
    /*
     * 功能: 将一个指定文件夹（包括它子文件夹）压缩成一个同名压缩文件
     * 参数: myDir——当前正在处理的文件夹
     */
    public File zipDir(File myDir) throws IOException {
        BufferedInputStream origin = null;          // 定义缓冲输入流对象
        File zipFile = new File(myDir.getParent() + "/" + myDir.getName() + ".zip");
        // 压缩文件路径及文件名
        FileOutputStream fos = new FileOutputStream(zipFile);  // 创建文件输出流对象
        ZipOutputStream out = new ZipOutputStream(
            new BufferedOutputStream(fos, BUFFER));
        // 创建压缩输出流对象，将向它传递希望写入文件的输出流
        File dirContents[] = myDir.listFiles();
        // dirContents[]获取当前目录(myDir)所有文件对象（包括子目录）
        File tempFile = null;                       // 创建临时文件 tempFile,使用后删除
        try {
            for(int i = 0; i <dirContents.length; i++) {
                // 遍历当前目录所有文件对象，包括子目录
                // 使用递归方法将当前目录的子目录压缩成一个 ZIP 文件，并作为一个 ENTRY 加入其中
```

```java
            if(dirContents[i].isDirectory()) {
                tempFile = zipDir(dirContents[i]);
                flag = true;        // flag 标记 tempFile 是否由子目录压缩成的 ZIP 文件
            }
            else {                  // 如果当前文件对象是文件不是文件夹
                tempFile = dirContents[i];
                flag = false;
            }
            System.out.println("压缩文件: " + tempFile.getName());
            FileInputStream fis = new FileInputStream(tempFile);
            origin = new BufferedInputStream(fis, BUFFER);
            // 为要读取的文件创建缓冲输入流
            ZipEntry entry = new ZipEntry(tempFile.getName());
            // 为被读取的文件创建压缩条目
            byte data[] = new byte[BUFFER];          // 定义一个读入文件的缓冲区
            out.putNextEntry(entry);    // 在向 ZIP 输出流写入数据之前,必须首先使用
            //out.putNextEntry(entry)方法放置压缩条目对象
            int count;
            while((count = origin.read(data, 0, BUFFER)) != -1) {
            //从源文件读取数据
                out.write(data, 0, count);          // 向 ZIP 文件写入数据
            }
            origin.close();                         // 关闭源文件输入流
            // tempFile 是在源子文件夹中临时生成的 ZIP 文件,必须删除它
            if(flag == true) {
                flag = tempFile.delete();
            }
        }
        out.close();                                //关闭压缩文件输出流
    } catch(Exception e) {
        e.printStackTrace();
    }
    return zipFile;                                 // 递归返回生成的压缩文件
}
```

代码清单 7-6 实现解压文件功能

```java
package cn.edu.gdqy.demo;
import java.io.*;
import java.util.zip.*;
public class UnzipFileDemo {
    public static void main(String[] args) {
        UnzipFileDemo unzip = new UnzipFileDemo();
        unzip.unZipFile("D:/a1.zip", "D:/a2");
    }
    public void unZipFile(String origin, String ddir) {
        try {
            int BUFFER = 1024;
            BufferedOutputStream dest = null;   //定义一个缓冲输出流,解压后文件的输出目标
            File fileOrigin = new File(origin);
            if(!fileOrigin.exists()) {          //检查源文件是否存在
                return;
            }
            //取源压缩文件的文件名(去掉扩展名.zip)作为解压缩后文件的文件夹
```

```java
                String topath = ddir + "/" + fileOrigin.getName().substring(0,
                    fileOrigin.getName().length()-4);
                File toFile = new File(topath);
                if(!toFile.exists()) {                    //如果目标文件夹不存在，则创建之
                    toFile.mkdirs();
                }
                FileInputStream fis = new FileInputStream(fileOrigin);
                // 要解压的压缩文件作为输入流
                ZipInputStream zis = new ZipInputStream(new BufferedInputStream(fis));
                //构建压缩输入流对象，用缓冲是为了提高处理效率
                ZipEntry entry;
                while((entry = zis.getNextEntry()) != null) {    //遍历压缩文件中的 Entry
                    System.out.println("解压缩: " + entry);
                    int count;
                    byte data[] = new byte[1024];
                    FileOutputStream fos = new FileOutputStream(topath + "/" + entry.getName());
                    //解压缩后的文件路径及文件名
                    dest = new BufferedOutputStream(fos, BUFFER);
                    // 封装到指定了缓冲区大小的缓冲输出流中，提高处理效率
                    while((count = zis.read(data, 0, BUFFER)) != -1) {
                        // 从压缩输入流中读数据
                        dest.write(data, 0, count);            // 写入目标文件中
                    }
                    dest.flush();                              // 刷新输出流
                    dest.close();                              // 关闭输出流
                    // 检查解压后的文件是否还是压缩文件，如果是，递归调用继续解压并删除子压缩文件
                    String zipToPath = topath + "/" + entry.getName();
                    if(entry.getName().endsWith("zip")) {
                        unZipFile(zipToPath, topath);
                        File delFile = new File(zipToPath);
                        delFile.delete();
                    }
                }
                zis.close();                                   //关闭输入流
            } catch(Exception e) {
                e.printStackTrace();
            }
        }
    }
```

同步练习

1. 定义 User 类，实现序列化接口；
2. 实现文本文件和二进制文件的复制功能；
3. 实现文件的压缩与解压功能。

编辑一个 Word 文档，文档中的内容包括：①解决问题的流程（或思路）；②已运行通过后的程序代码；③程序运行后的截图。

要求：按照 Java 规范编写程序代码，代码中需要有必要的注释。

总　　结

Java 中，一个文件或文件夹都使用 File 类型的对象来表示。

Java 程序的输入输出（包括网络上数据的传输）功能是通过流来实现的。流是指一组有顺序的、有起点和终点的字节组合，如文件、网络等。

Java 中的流按照处理数据的单位分为两种：字节流和字符流。分别由 4 个抽象类来表示：InputStream（输入流）、OutputStream（输出流）、Reader（读入、输入）和 Writer（写出、输出）。InputStream 和 Reader 用于读操作，而 OutputStream 和 Writer 则用于写操作。InputStream 和 OutputStream 基于字节流，而 Reader 和 Writer 基于字符流。Java 中其他多种多样变化的流均是由它们派生出来的。

Java 中，要随机访问文件，需要使用 RandomAccessFile 类。

Java 中，对压缩文件的读写，需要用到 ZipFile 类和 ZipEntry 类。

第 8 章 网络编程

前面我们已完成了 MiniQQ 系统部分功能，但到目前为止，客户端程序和服务器端程序都还各自为政，无法通信。本章中我们将把用户在客户端注册界面上填写的注册信息发送到服务器端，服务器端按要求处理请求后，又将反馈信息响应给客户端。

要完成这项任务，我们需要做以下几件事：
（1）建立服务器端程序；
（2）获取 MiniQQ 客户端程序中的用户注册信息；
（3）从客户端发送用户注册信息到服务器端；
（4）在服务器端接收从客户端发送来的用户注册信息。

要实现这些功能，我们首先需要了解网络编程的一些原理和基本知识。例如：什么是 HTTP 协议？TCP 协议和 UDP 协议有什么不同？在我们的程序中究竟应该选择哪种网络传输协议？信息在网络上是以什么样的方式传输？……

8.1 HTTP 协议

1. 引入问题

HTTP（Hypertext Transfer Protocol），即超文本传输协议。它是一种基于应用层的协议。协议实际上就是一种规范，一种通信双方都必须遵守的规范。HTTP 协议究竟能做什么呢？

2. 解答问题

对于 HTTP 协议，可能很多人首先会想到的是浏览网页。没错，浏览网页确实是 HTTP 协议的主要应用，但是 HTTP 协议并不是只能用于网页的浏览。HTTP 既然是一种协议，只要通信双方都遵守这个协议，HTTP 也就可以用在普通的通信中了。

HTTP 协议的通信流程：
① 客户端发送一个请求（Request）给服务器；
② 服务器接收到这个请求后将生成一个响应（Response）返回给客户端。

一次 HTTP 通信流程结束就表明完成了一个事务。整个通信流程可分为四个步骤：
① 客户机与服务器建立连接。
② 建立连接后，客户机发送一个请求给服务器，请求方式的格式为：统一资源标识符（URL）、协议版本号，后边是包括请求修饰符、客户机信息和可能的内容的 MIME 信息。
③ 服务器接到请求后，给予相应的响应信息，其格式为一个状态行，包括信息的协议版本号、一个成功或错误的代码，后边是包括服务器信息、实体信息和可能的内容的 MIME 信息。

④ 客户机接收服务器所返回的信息作相应的处理,最后客户机与服务器断开连接。
HTTP 协议的请求模型如图 8-1 所示。

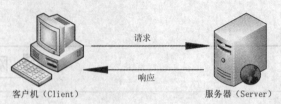

图 8-1　HTTP 协议的请求模型

HTTP 是一个无状态的协议。在客户机与服务器之间不需要建立持久的连接,当一个客户端向服务器发出请求,然后服务器返回响应后,连接就被关闭了。在服务器端不保留连接的相关信息。所有 HTTP 连接都被构造成一套请求和应答。

一次 HTTP 操作过程,具体如下:
① 地址解析。
如客户端请求地址:http://172.18.78.253:8888。从中解析出协议名、IP 地址、端口号等。
② 封装 HTTP 请求数据包。
把地址解析的信息结合本机自己的信息,封装成一个 HTTP 请求数据包。
③ 封装成 TCP 包,建立 TCP 连接。
④ 客户机发送请求命令。
⑤ 服务器响应。
⑥ 服务器关闭 TCP 连接。
客户机发起一次请求的过程:
客户机将请求封装成 HTTP 数据包→封装成 TCP 数据包→封装成 IP 数据包→封装成数据帧→硬件将帧数据转换成比特流(二进制数据)→最后通过物理硬件(网卡芯片)发送到指定地点。
服务器硬件收到比特流→转换成 IP 数据包,通过 IP 协议解析 IP 数据包,然后发现里面的 TCP 数据包,就通过 TCP 协议解析 TCP 数据包,接着发现是 HTTP 数据包就通过 HTTP 协议再解析 HTTP 数据包得到数据。

8.2　Socket

1. 引入问题

为了客户端程序与服务器端程序之间能够通信,当我们了解 HTTP 协议后,还需要了解 Socket 的概念,以及如何进行 Socket 编程等。

2. 解答问题

Socket 非常类似于电话插座。任何用户在通话之前,首先要占有一部电话机,相当于申请一个 Socket;同时要知道对方的号码,相当于对方有一个固定的 Socket。然后向对方拨号呼叫,相当于发出连接请求(假如对方不在同一区内,还要拨对方区号,相当于给出网络地址)。假如对方在场并空闲(相当于通信的另一主机开机且可以接受连接请求),拿起电话话筒,双方就可以正式通话,相当于连接成功。双方通话的过程,是一方向电话机发出信号和对方从电话机接收信号的过程,相当于向 Socket 发送数据和从 Socket 接收数据。通话结束后,一方挂起电话机相当于关闭 Socket，撤销连接。

一个完整的 Socket 有一个本地唯一的 Socket 号，由操作系统分配。网络上的两个程序通过一个双向的通信连接实现数据的交换，这个双向链路的一端就称为一个 Socket。Socket 通常用来实现客户方和服务方的连接。

Socket 是 TCP/IP 协议的一个十分流行的编程接口，一个 Socket 由一个 IP 地址和一个端口号唯一确定。在 Java 环境下，Socket 编程主要是指基于 TCP/IP 协议的网络编程。由于 TCP/IP 协议是一个协议群，其传输层有两种协议：TCP 协议和 UDP 协议，所以，网络编程是指基于 TCP 协议和 UDP 协议的 Socket 编程。

（1）TCP 和 UDP 两类传输协议

网络通信中数据包的传输要用到 TCP/IP 协议。而在 TCP/IP 协议群中传输层协议包括两种：TCP 和 UDP。在简化的计算机网络 OSI 模型中，它们完成的是第四层传输层所指定的功能。在学习使用 Socket 网络编程之前，我们需要首先弄清楚要传输数据的这两种传输协议的基本知识及各自的应用场合。

① TCP 协议

TCP 协议（Transfer Control Protocol，传输控制协议）是一种面向连接的、可靠的、基于字节流的传输层通信协议。通过 TCP 协议传输，得到的是一个顺序的无差错的数据流。

发送方和接收方成对的两个 Socket 之间必须建立连接，以便在 TCP 协议的基础上进行通信。

② UDP 协议

UDP 协议（User Datagram Protocol，数据报协议）是一种无连接的协议。每个数据报都是一个独立的信息，包括完整的源地址或目的地址，它在网络上以任何可能的路径传往目的地，因此能否到达目的地，到达目的地的时间以及内容的正确性等都不能被保证。

③ TCP 协议和 UDP 协议的应用场合

TCP 常用在要求可靠而有序的数据传输的场合，例如远程登录（Telnet）和文件传输（FTP）等。但是可靠的传输是要付出代价的，对数据内容正确性的检验必然占用计算机的处理时间和网络的带宽，一次 TCP 传输的效率不如 UDP 高。

UDP 报文没有可靠性、顺序保证和流量控制字段等，可靠性较差。但是正因为 UDP 协议的控制选项较少，在数据传输过程中延迟小、数据传输效率高，适合对可靠性要求不高的应用程序，或者可以保障可靠性的应用程序，如 DNS、TFTP、SNMP 等。

UDP 操作简单、无连接，因此通常用于局域网高可靠性的 Client/Server 结构应用程序中。例如：视频会议系统，并不要求音频视频数据绝对的正确，只要保证连贯性就可以了，这种情况下显然使用 UDP 会更合理一些。

（2）Client/Server 网络模式

Client/Server 网络模式即是客户/服务器模式，简称为 C/S 体系结构。所谓"客户"是指请求服务的一端，既可以是一台机器，也可以是一个请求服务的客户程序；而"服务器"则是指提供服务的一端，同样地，既可以是一台机器，也可以是一个提供服务的服务程序。

在 Client/Server 结构的软件系统中，应用程序分为客户端和服务器端两大部分。客户端部分为每个用户所专用，而服务器端部分则由多个用户共享其信息与功能。客户端部分通常负责执行前台功能，如管理用户接口、数据处理和请求等；而服务器端部分执行后台服务，如响应请求、提供服务、对共享数据库进行操作等。

任何一个应用系统，不管是简单的单机系统还是复杂的网络系统，都由 3 个部分组成：显示逻辑（表示层）、事务处理逻辑（功能层）和数据处理逻辑（数据层）。"显示逻辑"与用户直接交互；"事务处理逻辑"进行具体的运算和数据的处理；"数据处理逻辑"直接对数据库中的数据进行查询、修改和更新等操作。

我们的 MiniQQ 系统中，客户端（MiniQQ）仅仅处理用户与系统交互的部分，而业务逻辑和数据处理都归于服务器端（MiniQQServer），由服务器端完成更重要的任务。

（3）Socket 的通信过程

本章我们仅介绍基于 TCP 协议的 Socket 编程，而基于 UDP 协议的 Socket 编程，将在 12.3 节通过一个实例：基于 UDP 协议实现好友之间的即时通信，再深入学习其通信过程。

基于 TCP 协议的 Socket 编程是基于连接的，根据连接启动的方式以及本地套接字要连接的目标，套接字之间的连接过程可以分为三个步骤：服务器监听，客户端请求，连接确认。

① 服务器监听：服务器端套接字并没有定位具体的客户端套接字，而是处于等待连接的状态，实时监控网络状态。

② 客户端请求：由客户端的套接字提出连接请求，要连接的目标是服务器端的套接字。为此，客户端的套接字必须首先描述它要连接的服务器的套接字，指出服务器端套接字的地址和端口号，然后就向服务器端套接字提出连接请求。

③ 连接确认：当服务器端套接字监听到或者说接收到客户端套接字的连接请求，它就响应客户端套接字的请求，建立一个新的线程，把服务器端套接字的描述发给客户端，一旦客户端确认了此描述，连接就建立起来了。而服务器端套接字继续处于监听状态，继续接收其他客户端套接字的连接请求。

Java 在包 java.net 中提供了两个类 Socket 和 ServerSocket，分别用来表示双向连接的客户端和服务端。这是两个封装得非常好的类，使用很方便。Socket 类常用构造方法如下：

① Socket(String host, int port)：创建一个流套接字并将其连接到指定主机上的指定端口号。

② Socket(InetAddress addr, int port)：创建一个流套接字并将其连接到指定 IP 地址的指定端口号。

其中 addr、host 和 port 分别是双向连接中另一方的 IP 地址、主机名和端口号。

注意：在选择端口时，必须小心。每一个端口提供一种特定的服务，只有给出正确的端口，才能获得相应的服务。

1～1023 的端口号为系统所保留，例如 HTTP 服务的端口号为 80，Telnet 服务的端口号为 21，FTP 服务的端口号为 23，所以，我们在选择端口号时，最好选择一个大于 1023 的数，以防止发生冲突，一般选择大于 4000 的整数。

ServerSocket 类的常用构造方法为：

ServerSocket(int port)：创建绑定到特定端口的服务器套接字。

注意：这里的 port 是指服务器端的某个端口号，确定规则以不与其他端口号发生冲突为准，也建议选择大于 4000 的整数。

在创建 Socket 时如果发生错误，将产生 IOException 异常，在程序中必须对之作出处理。所以在创建 Socket 或 ServerSocket 时必须捕获或抛出异常。

服务器端程序将一个套接字（Socket 对象）绑定到一个特定的端口，并通过此套接字等待和监听客户端的连接请求。客户端程序则根据服务器端程序所在的主机名和端口号发出连接请求。如果一切正常，服务器接受连接请求，并获得一个新的绑定到不同端口地址的套接字。

客户端程序和服务器端程序通过读写套接字进行通信。Java 中使用 ServerSocket 和 Socket 实现服务器端和客户端的 Socket 通信。其通信过程如图 8-2 所示。

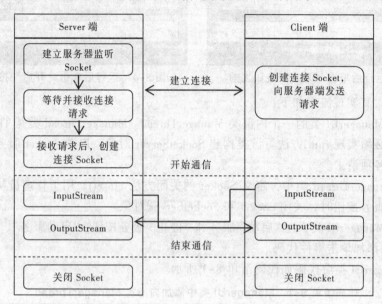

图 8-2 Socket 的通信过程

Server（服务器）端 Listen（监听）某个端口是否有连接请求，Client（客户）端向 Server 端发出 Connect（连接）请求，Server 端向 Client 端发回 Accept（接受）消息。一个连接就建立起来了。连接成功后，Server 端和 Client 端就可以相互通信。

对于一个功能齐全的 Socket，都要包含以下基本结构，其工作过程包括四个基本步骤：
① 创建 Socket；
② 打开连接到 Socket 的输入/输出流；
③ 按照一定的协议对 Socket 进行读/写操作；
④ 关闭 Socket。

8.3 MiniQQ 的服务器端程序

Socket 通信中包括两个部分，一个是客户端，另一个则是服务器端。这里我们将开发 Socket 的服务器端程序。

案例 8-1

案例描述 在 MiniQQ 系统的服务器端（MiniQQServer）编写 Socket 服务器端程序，监听客户端的连接请求，建立 Socket 连接，处理各种服务请求。

运行效果 该案例程序完成后运行效果如图 8-3 和图 8-4 所示。

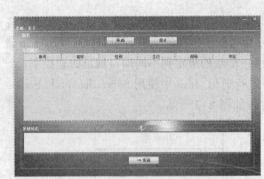
图 8-3 运行后单击"开启"按钮之前

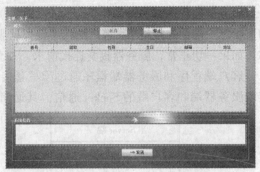
图 8-4 运行后单击"开启"按钮之后

实现流程 其实现流程如下：

（1）定义 ManagerUI 类的一个内部类 ManagerThread。ManagerThread 类是 Thread（线程）类的派生类，必须实现 run()方法。该类构建 SocketServer 对象，启动 Socket 服务，并监听从客户端发来的各项请求。

（2）在 ManagerThread 类中，定义 Socket 的关闭方法 close()。用于管理员从管理界面上单击"停止"服务按钮时，关闭 Socket 和 SocketServer 对象。

（3）修改 ManagerUI 类，为"启动"服务和"停止"服务按钮、"启动服务"、"停止服务"、"退出"菜单项添加单击事件代码。

修改 ManagerUI 类后代码如代码清单 8-1 所示。

代码清单 8-1　ManagerUI 类中添加内部类 ManagerThread

```java
// 添加矩形框中代码(ManagerUI 类中省略了部分代码，被省略部分的代码详见代码清单 4-13)
package cn.edu.gdqy.mini.ui;
import java.awt.*;
....
import cn.edu.gdqy.mini.util.QQLogger;
public class ManagerUI extends JFrame {
    private static final long serialVersionUID = 1L;
    private static Logger logger = QQLogger.getLogger(ManagerUI.class);
    private JPanel jpanel = null;
    ...
    private int my;              //用于记录鼠标当前的 y 坐标
    private ManagerThread managerThread = null;
    public ManagerUI() {
        super("MiniQQ 服务器");
        init();
    }
    private void init() {
        ...
    }
    @SuppressWarnings("serial")
    private Container getJPanel() {
        ...
        return jpanel;
    }
    private Component getUpJpanel() {
        btnStart = new JButton("开启");
        ...
        btnStart.addActionListener(new StartListener());
        btnStop = new JButton("停止");
        ...
```

```java
            btnStop.addActionListener(new StopListener());
            pnlUp = new JPanel();
            pnlUp.setLayout(null);
            pnlUp.setSize(760, 50);
            pnlUp.setLocation(20, 52);
            pnlUp.add(btnStart);
            pnlUp.add(btnStop);
            pnlUp.setOpaque(false);
            TitledBorder title = BorderFactory.createTitledBorder("服务");
            title.setTitleColor(Color.WHITE);
            pnlUp.setBorder(BorderFactory.createTitledBorder(title));
            return pnlUp;
        }
        @SuppressWarnings("unused")
        public Component getCenterJpanel() {
            ......
            return pnlCenter;
        }
        private Component getDownJpanel() {
            ......
            return pnlDown;
        }
        public JMenuBar createMenuBar() {
            menubar = new JMenuBar();
            menubar.setBounds(1, 30, 898, 20);
            menubar.setOpaque(false);
            menu = new JMenu("菜单");
            menu.setForeground(Color.WHITE);
            itemExit = new JMenuItem("退出");
            itemExit.addMouseListener(new CloseAdapter());
            itemStart = new JMenuItem("开启服务");
            itemStart.addActionListener(new StartListener());
            itemStop = new JMenuItem("停止服务");
            itemStop.addActionListener(new StopListener());
            menu.add(itemStart);
            menu.add(itemStop);
            menu.add(itemExit);
            menuAbout = new JMenu("关于");
            menuAbout.setForeground(Color.WHITE);
            itemAbout = new JMenuItem("关于服务器");
            menuAbout.add(itemAbout);
            menubar.add(menu);
            menubar.add(menuAbout);
            return menubar;
        }
        private class CloseAdapter extends MouseAdapter {
            @Override
            public void mouseClicked(MouseEvent e) {
                ManagerUI.this.dispose();    //关闭用户注册窗口
                System.exit(0);              //退出程序
            }
        }
        private class MinimizeAdapter extends MouseAdapter {
            @Override
            public void mouseClicked(MouseEvent e) {
                ManagerUI.this.setState(JFrame.ICONIFIED);
            }
        }
        /* 这是一个内部类,用于启动和关闭SocketServer、Socket,已经监听客户端的请求 */
        private class ManagerThread extends Thread {
```

```java
            ServerSocket server = null;
            Socket socket = null;
            public void run() {
                try {
                    server = new ServerSocket(8189);    // 开启Socket服务器,并监听8189端口
                    server.setSoTimeout(100);
                    // 设置超时100 ms,对此ServerSocket调用 accept()将只阻塞此时间长度
                    // 否则将一直阻塞,无法关闭,关闭时将抛出异常
                    while (!Thread.interrupted()) {
                        try {
                            Thread.sleep(100);
                            if(server != null) {
                                socket = server.accept();    // 服务器监听有没有客户端发来请求
                                if(socket != null) {         // 表明有请求发生
                                    //从socket接收数据流,解析数据,并根据请求类型做相应处理
                                }
                            }
                        } catch (InterruptedException e) {
                            break;
                        } catch (IOException e) {
                            continue;
                        }
                    }
                } catch(IOException e) {
                    logger.log(Level.SEVERE, "", e);
                }
            }
            public void close() {
                try {
                    if(socket != null) {
                        socket.close();                      // 关闭客户端Socket
                    }
                    if(server != null) {
                        server.close();                      // 关闭服务器端Socket
                    }
                } catch(IOException e) {
                    logger.log(Level.SEVERE, "", e);
                }
            }
        }
        private class StartListener implements ActionListener {
            @Override
            public void actionPerformed(ActionEvent e) {
                btnStart.setEnabled(false);                  // 启动成功后,启动按钮就不能再用了
                btnStop.setEnabled(true);                    // 启动成功后,可以关闭服务
                managerThread = new ManagerThread();         // 实例化管理线程
                managerThread.start();                       // 启动管理线程
            }
        }
        private class StopListener implements ActionListener {
            @Override
            public void actionPerformed(ActionEvent e) {
                btnStop.setEnabled(false);                   // 停止服务后,停止按钮就不能再用了
                btnStart.setEnabled(true);                   // 停止服务后,可以再次启动服务
                if(managerThread != null) {
                    managerThread.close();                   // 调用管理线程的close()方法,关闭服务器
                }
            }
        }
    }
```

要运行服务器端程序，还需要定义一个具有 main()方法的类，作为程序运行的入口。我们在服务器端定义一个包，包名为 cn.edu.gdqy.mini，再在该包下定义带有 main()方法的 Server 类。在 main()方法中实例化 ManagerUI 对象，打开启动服务器端管理界面。ManagerUI 类的完整代码如下所示。

```java
package cn.edu.gdqy.mini;
import cn.edu.gdqy.mini.ui.ManagerUI;
public class Server {
    public static void main(String[] args) {
        new ManagerUI();    //启动服务器端管理界面
    }
}
```

说明：在前面所编写的所有程序中，都只有一个线程［由 main()方法执行的主线程］在运行。这里我们用到了多线程的概念。也就是说在一个程序中，除了主线程外，还可以有其他线程并行运行。

多线程程序中，单个程序似乎能同时执行多个任务。每个任务通常被称为一个线程（Thread）。每个线程在同一个程序中执行自己的代码，并且每个线程"同时"运行，这就称为多线程（multi-threading）。关于多线程编程更详细的知识见第 9 章，本章仅介绍如何应用多线程编程。

至于如何从 Socket 接收数据流，解析数据，并根据请求类型做相应处理的问题，留待用户注册请求发送之后再做处理。这里我们首先在客户端和服务器端的工具包（客户端的工具包：cn.edu.gdqy.miniqq.util；服务器端的工具包：cn.edu.gdqy.mini.util）下都定义两个类 RequestType、ResponseType，类中分别定义请求类型和响应类型。两个类的完整代码分别详见代码清单 8-2 和代码清单 8-3。

代码清单 8-2　RequestType 类的定义

```java
public class RequestType {
    public static final String USER_REGISTER =      "re";       //用户注册
    public static final String USER_LOGIN =         "ln";       //用户登录
    public static final String ADD_GROUP =          "ag";       //添加分组
    public static final String DELETE_GROUP =       "dg";       //删除分组
    public static final String FUZZY_QUERY =        "fq";       //模糊查询QQ用户
    public static final String PRECISE_QUERY =      "pq";       //精确查找QQ好友
    public static final String ADD_FRIEND =         "af";       //添加好友
    public static final String DELETE_FRIEND =      "df";       //删除好友
    public static final String USER_LOGOUT =        "lo";       //用户下线
    public static final String GROUP_FRIEND_ALL =   "gl";       //当前用户的所有分组
    public static final String SEND_FILE =          "sf";       //发送文件
    public static final String RECEIVE_FILE =       "rf";       //接收文件
    public static final String FRIEND_LIST =        "ls";       //获取好友列表
    public static final String ONLINE_LIST =        "il";       //获取上线好友
    public static final String OUTLINE_LIST =       "ol";       //获取下线好友
    public static final String PUBLIC_MSG =         "pm";       //公告信息
}
```

代码清单 8-3　ResponseType 类的定义

```java
public class ResponseType {
    public static final String USER_REGISTER =      "rere";     //用户注册
    public static final String USER_LOGIN =         "reln";     //用户登录
    public static final String ADD_GROUP =          "reag";     //添加分组
    public static final String DELETE_GROUP =       "redg";     //删除分组
    public static final String FUZZY_QUERY =        "refq";     //模糊查询QQ用户
```

第 8 章　网络编程

```java
    public static final String PRECISE_QUERY     = "repq";       //精确查找QQ好友
    public static final String ADD_FRIEND        = "reaf";       //添加好友
    public static final String DELETE_FRIEND     = "redf";       //删除好友
    public static final String USER_LOGOUT       = "relo";       //用户下线
    public static final String GROUP_FRIEND_ALL  = "regl";       //当前用户的所有分组
    public static final String SEND_FILE         = "resf";       //发送文件
    public static final String RECEIVE_LOGIN     = "rerf";       //接收文件
    public static final String FRIEND_LIST       = "rels";       //获取好友列表
    public static final String ONLINE_LIST       = "reil";       //获取上线好友
    public static final String OUTLINE_LIST      = "reol";       //获取下线好友
    public static final String PUBLIC_MSG        = "repm";       //公告信息
}
```

这两个类中定义的请求与响应类型常量将在后续的服务请求与响应功能中使用。为了方便处理，在客户端与服务器端传送的数据中，除包含实际的信息（如用户注册信息、登录信息）外，还应包含服务请求类型。服务器端处理是否成功？如果失败，失败的原因是什么？这些信息应该封装到同一个对象中。因此，我们需要在客户端定义一个请求数据的类，命名为 RequestData，该类必须实现序列化接口，进行串行化处理。RequestData 类定义于 cn.edu.gdqy.miniqq.el 包下，详见代码清单 8-4。

代码清单 8-4　请求数据 RequestData 类的定义

```java
package cn.edu.gdqy.miniqq.el;
import java.io.Serializable;
public class RequestData implements Serializable {
    /** 封装请求的各种数据 */
    private static final long serialVersionUID = 1L;
    private String type = null;           //请求类型
    private Object data = null;           //封装的数据
    private boolean success = false;      //是否成功
    private String msg = "";              //不成功的提示信息
    public String getType() {
        return type;
    }
    public void setType(String type) {
        this.type = type;
    }
    public Object getData() {
        return data;
    }
    public void setData(Object data) {
        this.data = data;
    }
    public boolean isSuccess() {
        return success;
    }
    public void setSuccess(boolean success) {
        this.success = success;
    }
    public String getMsg() {
        return msg;
    }
    public void setMsg(String msg) {
        this.msg = msg;
    }
}
```

说明：RequestData 类用于客户端与服务器端之间传送数据时封装数据。

同步练习一

1. 在 MiniQQ 系统的服务器端（MiniQQServer）编写 Socket 服务器端程序，监听客户端的连接请求，建立 Socket 连接，处理各种服务请求。
2. 定义请求数据类型和响应数据类型的类。
3. 定义封装在网络上传输的数据的类。

编辑一个 Word 文档，文档中的内容包括：①解决问题的流程（或思路）；②已运行通过后的程序代码；③程序运行后的截图。

要求：按照 Java 规范编写程序代码，代码中有必要的注释。

8.4 MiniQQ 的用户注册请求

案例 8-2

案例描述　在 MiniQQ 系统的客户端，用户在注册界面中，输入注册信息，单击"注册"按钮后，将注册信息及注册请求发送给服务器端；服务器端处理请求后，将响应信息反馈给用户。

运行效果　先运行服务器端程序，单击管理界面上的"启动"按钮，启动服务器，如图 8-4 所示。再运行客户端程序，在登录界面上单击"注册账号"按钮，进入用户注册界面，用户输入注册信息（见图 8-5），然后单击"注册"按钮，提交用户的注册信息之后，将收到从服务器端返回的信息，如图 8-6 所示。

图 8-5　用户输入注册信息

图 8-6　用户提交注册信息后

实现流程　其实现流程如下：

我们在发送用户的注册请求时，需要将用户的注册信息一并发送给服务器，通过服务器端保存到数据库中。但注册信息如何保存到数据库中，将在第 11 章学习，这里只做简单处理，不涉及与数据库交互的内容。

（1）验证注册信息的有效性。

由于用户昵称和密码不能为空，两次输入的密码要一致，所以，需要在客户端的 RegisterUI 类中添加方法 verify()，用于判断昵称和密码的有效性。详见代码清单 8-5。

代码清单 8-5　RegisterUI 类中 verify()方法的定义

```
/*
 * 验证用户输入的注册信息的有效性
 * 如果要验证的信息有效，返回 true，否则返回 false，提示用户重新输入
 */
private boolean verify() {
```

```java
    if(txtName.getText().trim().equals("")) {
        JOptionPane.showMessageDialog(null,"用户的昵称信息不能为空,请重新输入",
            "温馨提示",JOptionPane.WARNING_MESSAGE);
        return false;
    }
    if(txtPassword1.getPassword().length == 0) {
        JOptionPane.showMessageDialog(null,"密码不能为空,请重新输入",
            "温馨提示",JOptionPane.WARNING_MESSAGE);
        return false;
    }
    if(!new String(txtPassword1.getPassword()).equals(new String(txtPassword2.getPassword()))) {
        JOptionPane.showMessageDialog(null,"两次输入密码不同,请重新输入",
            "温馨提示",JOptionPane.WARNING_MESSAGE);
        return false;
    }
    return true;
}
```

（2）封装注册请求信息。

在客户端的 RegisterUI 类中添加封装用户注册信息及请求类型等信息的方法 getUser()。在该方法中,首先调用 verify()方法,验证用户输入的注册信息的有效性,然后,封装注册信息到 User 对象中。getUser()方法返回封装了数据的 User 对象。实现 getUser()方法的程序代码如代码清单 8-6 所示。

代码清单 8-6　RegisterUI 类中 getUser()方法的定义

```java
/* 将用户输入的注册信息封装到 User 对象中 */
private User getUser() {
    User user = null;
    if(verify()) {                          // 封装数据之前先验证数据的有效性
        user = new User();                  // 实例化 User 对象
        if(user != null) {
            user.setUserName(txtName.getText().trim());  // 获取并封装用户输入的昵称
            user.setPassword(new String(txtPassword1.getPassword()).toString());
            // 获取并封装用户输入的密码
            user.setBirthday(dpBirthday.getDate());      // 获取并封装用户输入的出生日期
            user.setEmail(txtEmail.getText().trim());    // 获取并封装 Email 信息
            user.setAddress(txtPlace.getText().trim());  // 获取并封装出生地信息
            if(boy.isSelected()) {                       // 获取并封装性别信息
                user.setSex("男");
            } else if(girl.isSelected()){
                user.setSex("女");
            }
            String facePath = "images/faces/" +comboBoxFace.getSelectedItem().toString() + ".gif";
            // 获取头像图标文件路径
            FileInputStream input = null;                // 定义文件输入流
            byte[] buffer = null;                        // 定义缓冲区
            try {
                input = new FileInputStream(new File(facePath)); // 构建文件输入流对象
                buffer = new byte[input.available()];    // 构建缓冲区
                input.read(buffer);                      // 将图标读入缓冲区
            } catch(Exception e) {
                logger.log(Level.SEVERE, "", e);
            } finally {
                if(input != null) {
                    try {
                        input.close();                   // 关闭文件输入流
                    } catch(IOException e) {
```

```
                    logger.log(Level.SEVERE, "", e);
                }
            }
            user.setFace(buffer);                                    // 封装头像信息
            user.setIntroduce(txtIntroduce.getText().trim());        // 封装个人简介信息
            user.setState("离线");                                    // 用户的登录状态默认为"离线"
        }
    }
    return user;                                                     // 返回一个 User 类型的对象
}
```

（3）在客户端编写一个线程类，用其发送注册请求信息到服务器。

该类命名为 RegisterThread，继承 Thread 类，实现 run()方法。RegisterThread 类定义于 MiniQQ 客户端的 cn.edu.gdqy.miniqq.net 包下。实现流程如下：

① 在 MiniQQ 客户端添加包 cn.edu.gdqy.miniqq.net。
② 在 cn.edu.gdqy.miniqq.net 包下，添加一个继承了 Thread 类的 RegisterThread 类。
③ 定义一个带有一个参数（参数类型为 RequestData）的构造方法，将用户注册请求信息传入该类中。
④ 实现 run()方法：

a. 建立与服务器之间的 Socket 连接，建立连接时给出的服务器 IP 地址和端口号封装到 QQServer 类型的对象中，便于维护。QQServer 类（添加到客户端的 cn.edu.gdqy.miniqq.util 包下）的定义如代码清单 8-7 所示。

代码清单 8-7　QQServer 类的定义

```
package cn.edu.gdqy.miniqq.util;
public class QQServer {
    public static final String IP = "127.0.0.1";
    // 服务器 IP 地址，需要根据实际服务器部署机器的 IP 地址进行修改
    // 这里使用本地机 IP，主要目的是方便测试
    public static final int PORT = 8189;
    // 服务器端建立 Socket 时的端口号，根据实际端口号进行设置
}
```

b. 使用 Socket 通道的输出流实例化一个对象输出流。
c. 调用对象输出流对象的 writeObject()方法，将注册请求信息写入输出流。
d. 调用输出流的 flush()方法，不必等到缓冲区满，强制将缓冲区中的数据发送出去。
e. 关闭输出流和 Socket。

实现该流程的完整代码如代码清单 8-8 所示。

代码清单 8-8　用户注册线程类 RegisterThread 的定义

```
package cn.edu.gdqy.miniqq.net;
import java.io.*;
import java.net.Socket;
import java.util.logging.*;
import cn.edu.gdqy.miniqq.el.RequestData;
import cn.edu.gdqy.miniqq.util.*;
public class RegisterThread extends Thread {
    private static Logger logger = QQLogger.getLogger(RegisterThread.class);
    // 定义一个日志记录器
    private RequestData data = null;
    // 需要发送到服务器的数据，包括用户注册信息和请求类型等
    private Socket socket = null;        // 定义一个客户端 Socket 对象
```

```java
private ObjectOutput oos = null;        // 定义一个对象输出流对象
private ObjectInput ois = null;         // 定义一个对象输入流对象
// 定义一个带有一个参数的构造方法,其功能是将要发送到服务器的数据传入该线程中
public RegisterThread(RequestData data) {
    this.data = data;
}
public void run() {
    try {
        socket = new Socket(QQServer.IP , QQServer.PORT);
        // 创建一个 Socket,也就是要创建一条与服务器相连的通道
        oos = new ObjectOutputStream(socket.getOutputStream());
        // 用 Socket 通道的输出流构建一个对象输出流
        oos.writeObject(data);          // 向输出流中写注册请求信息
        oos.flush();                    // 强制将缓冲区中的数据发送出去,不必等到缓冲区满
        //这里还会添加代码处理从服务器端返回来的信息
        //...
        //...
    } catch(IOException | ClassNotFoundException ioe) {
        logger.log(Level.SEVERE, "", ioe);
    }
    finally {
        try {
            if(oos != null) {           // 关闭输出流
                oos.close();
            }
            if(ois!=null) {             // 关闭输入流
                ois.close();
            }
            if(socket != null) {        // 关闭 Socket
                socket.close();
            }
        } catch(IOException e) {
            logger.log(Level.SEVERE, "", e);
        }
    }
}
```

(4) 在客户端的 RegisterUI 类添加 "注册" 按钮事件。

① 在 RegisterUI 类中添加一个实现 ActionListener 接口的内部类,类名为 RegisterListener。详细代码见代码清单 8-9 所示。

代码清单 8-9　RegisterUI 类中内部类 RegisterListener 的定义

```java
private class RegisterListener implements ActionListener {
    @Override
    public void actionPerformed(ActionEvent e) {
        /*
         * 调用 getUser()方法将用户注册信息封装到 user 对象中
         * 再将 user 对象封装到 RequestData 类型的 data 对象中
         * data 对象作为 RegisterThread 类的构造方法的参数
         * RegisterThread 是一个线程,必需调用 start()方法才能启动这个线程,转去执行其 run()方法
         */
        RequestData data = new RequestData();                  // 实例化请求数据对象
        data.setType(RequestType.USER_REGISTER);               // 请求类型为用户注册
```

```
            data.setData(getUser());                    // 封装用户的注册信息
            RegisterThread register = new RegisterThread(data);
            // 实例化注册线程对象，传入一个参数：用户请求数据
            register.start();                            // 启动线程
        }
    }
```

② 给"注册"按钮组件添加事件监听器，在代码清单 4-1 中的代码

```
        submit.setBounds(200, 362, 140, 29);
```

后面添加代码：

```
        submit.addActionListener(new RegisterListener());
```

这样，发送注册请求及注册信息这个任务在客户端已基本完成了，接下来我们要在服务器端实现接收、处理服务请求和向客户端响应信息的功能。(注：由于我们暂时还不准备将用户注册信息保存到数据库中，关于用户信息的存储功能，需要等到第 11 章才能实现。)

（5）服务器端提供注册服务

修改服务器端 ManagerUI 类的内部类 ManagerThread，在 SocketServer 监听到有 Socket 连接时，从其输入通道接收传过来的信息。由于服务器端在该处事务繁忙，各种请求都要汇集到这里，如果直接使用当前的线程，会使性能下降，所以，这里需要另外定义一个线程来处理一个 Socket 事务。

该线程类命名为 ServiceThread，用于提供各种服务，放于服务器端的 cn.edu.gdqy.mini.net 包中。实现流程如下：

① 在服务器端添加一个包，包名为 cn.edu.gdqy.mini.net。

② 从客户端发送来的服务请求信息中包括有 User、RequestData 等信息，为了与客户端一致，我们需要对客户端 cn.edu.gdqy.miniqq.el 包的所有类打包，打包为 user.jar，然后将该 jar 包以外部 jar 包的方式添加到服务器端项目中（添加 jar 包方法详见 4.4.7）。

③ 在 cn.edu.gdqy.mini.net 包下，添加 ServiceThread 类。该类的实现流程为：

a. 定义构造方法，将与客户端建立的 Socket 连接传入 ServiceThread 类的对象中。

b. 实现 run()方法，通过 Socket 的输入流构建对象输入流，调用对象输入流的 readObject() 方法，读取从客户端发送来的请求数据（类型为 RequestData）。

c. 判断请求类型，如果请求类型是用户注册，则产生一个 QQ 号，并将这个 QQ 号封装到 User 对象中。

d. 实例化一个 RequestData 对象，将 User 对象、响应类型、是否成功以及如果处理失败的提示信息等封装到 RequestData 对象中。

e. 通过 Socket 的输出流构建一个对象输出流，调用输出流对象的 writeObject()方法将响应信息写入输出流（响应的信息会反馈到客户端）。

f. 调用输出流的 flush()方法，将缓冲区中数据全部写入输出流。

g. 关闭输出流、输入流和 Socket。

ServiceThread 类定义的代码详见代码清单 8-10。

代码清单 8-10 服务线程 ServiceThread 类的定义

```
package cn.edu.gdqy.mini.net;
import java.io.*;
import java.net.*;
import cn.edu.gdqy.miniqq.el.*;
import java.util.logging.*;
```

```java
import cn.edu.gdqy.mini.util.*;
public class ServiceThread extends Thread {
    private static Logger logger = QQLogger.getLogger(ServiceThread.class);
    // 定义一个日志记录器
    private Socket socket = null;                           // 客户端Socket
    private ObjectInput ois = null;
    private ObjectOutput oos = null;
    private RequestData data = null;
    /* 由于要从socket通道的输入流中分析数据，所以socket要作为参数传过来 */
    public ServiceThread(Socket socket) {
        this.socket = socket;
    }
    public void run() {
        try {
            InputStream is = socket.getInputStream();
            ois = new ObjectInputStream(is);
            data = (RequestData) ois.readObject();
            if(data != null) {
                switch (data.getType()) {
                    case RequestType.USER_REGISTER: {       //用户注册
                        handleRegister();
                        break;
                    }
                    case RequestType.USER_LOGIN: {          //用户登录
                        break;
                    }
                    case RequestType.ADD_GROUP: {           //添加好友分组与修改分组名称
                        break;
                    }
                    case RequestType.FUZZY_QUERY: {         //模糊查询QQ用户
                        break;
                    }
                    case RequestType.PRECISE_QUERY: {       //精确查找QQ好友
                        break;
                    }
                    case RequestType.DELETE_GROUP: {        //删除分组
                        break;
                    }
                    case RequestType.ADD_FRIEND: {          //添加好友
                        break;
                    }
                    case RequestType.USER_LOGOUT: {         //下线处理
                        break;
                    }
                    case RequestType.DELETE_FRIEND: {       //删除好友
                        break;
                    }
                    case RequestType.GROUP_FRIEND_ALL: {
                        //获取当前用户的所有分组，用于MiniQQ中加载好友树
                        break;
                    }
                    default:
                        break;
                }
            }
        } catch(IOException | ClassNotFoundException e) {
            logger.log(Level.SEVERE, "", e);
        } finally {
            try {
                if (oos != null) {
```

```java
                    oos.close();
                }
                if(ois != null) {
                    ois.close();
                }
                if(socket != null) {
                    socket.close();
                }
            } catch(IOException e) {
                logger.log(Level.SEVERE, "", e);
            }
        }
    }
    /* 用于处理用户信息的注册，由于没有连接数据库，这里仅对要响应的信息作简单处理 */
    private void handleRegister() {
        User user = (User)data.getData();          // 从前端发来的用户注册信息
        long date = new Date().getTime();
        user.setId(date);
        RequestData response = new RequestData();  //封装要响应到客户端的信息
        response.setData(user);
        response.setType(ResponseType.USER_REGISTER);
        if(user == null || user.getId() == 0) {
            response.setSuccess(false);
            response.setMsg("操作失败，请稍后再试。");
        } else {
            response.setSuccess(true);
        }
        try {
            oos = new ObjectOutputStream(socket.getOutputStream());
            //获取socket的输出流
            oos.writeObject(response);             //将反馈信息写入输出流
            oos.flush();
        } catch(IOException e) {
            logger.log(Level.SEVERE, "", e);
        }
    }
}
```

④ 修改内部类 ManagerThread 中处理 socket 的输入流。

这时候只需要实例化 ServiceThread 线程并启动这个线程，实例化时将 Socket 对象作为参数传入服务线程。见代码清单 8-11 中框住的代码。

代码清单 8-11　修改 ManagerThread 类

```java
/* 这是一个内部类，用于启动和关闭SocketServer、Socket，已经监听客户端的请求 */
private class ManagerThread extends Thread {
    private ServerSocket server = null;
    private Socket socket = null;
    public void run() {
        try {
            server = new ServerSocket(8189);       // 开启Socket服务器，并监听8189端口
            server.setSoTimeout(100);
            while(!Thread.interrupted()) {
                try {
                    Thread.sleep(100);
                    if(server != null) {
                        socket = server.accept();  // 服务器监听有没有客户端发来请求
                        if(socket != null) {       // 表明有请求发生
                            // 从socket接收数据流，解析数据，并根据请求类型做相应处理
                            ServiceThread service = new ServiceThread(socket);
                            service.start();
```

```
                    }
                } catch(InterruptedException e) {
                    break;
                } catch(IOException e) {
                    continue;
                }
            }
        } catch(IOException e) {
            logger.log(Level.SEVERE, "", e);
        }
    }
    public void close() {
        ...                            // 该部分代码已被省略
    }
}
```

（6）由于此时服务器端向客户端做了响应，所以，我们接下来又需要转去客户端添加对服务器端响应信息的处理代码。

修改客户端 cn.edu.gdqy.mini.net 下的 RegisterThread 类，接收从服务器端响应回来的信息，当注册成功时，提示用户其注册的 QQ 号，不成功则提示用户稍后再试。代码清单 8-12 中框住的是新添加的用来完成这部分功能的代码。

代码清单 8-12　修改 RegisterThread 类，处理服务器端的响应

```
package cn.edu.gdqy.miniqq.net;
import java.io.*;
// 这部分代码已省略
...
import cn.edu.gdqy.miniqq.util.ResponseType;
public class RegisterThread extends Thread {
    private static Logger logger = QQLogger.getLogger(RegisterThread.class);
    private RequestData data = null;        // 需要发送到服务器的数据
    private Socket socket = null;           // 定义一个 Socket
    private ObjectOutput oos = null;        // 定义一个对象输出流
    private ObjectInput ois = null;         // 定义一个对象输入流
    // 定义一个带有一个参数的构造方法,其功能是将要发送到服务器的数据传入该线程对象中
    public RegisterThread(RequestData data) {
        this.data = data;
    }
    public void run() {
        try {
            socket = new Socket(QQServer.IP, QQServer.PORT);
            // 创建一个 Socket,也就是要创建一条与服务器相连的通道
            oos = new ObjectOutputStream(socket.getOutputStream());
            // 用 Socket 通道的输出流实例化一个对象输出流
            oos.writeObject(data);           // 向输出流中写 user 对象信息
            oos.flush();                     // 强制将缓冲区中的数据发送出去,不必等到缓冲区满
            //下面这段代码处理通过 Socket 从服务器端响应回来的信息
            ois = new ObjectInputStream(socket.getInputStream());
            RequestData receiver = (RequestData) ois.readObject();
            if(receiver.getType().equals(ResponseType.USER_REGISTER)) {
                if(receiver.isSuccess()) {
                    User user = (User)receiver.getData();   //返回的数据是带有 QQ 号的用户信息
                    String qq = user.getId() + "";
                    JOptionPane.showMessageDialog(null, "注册成功! 您的 QQ 账号是: "
                        + qq, "温馨提示", JOptionPane.WARNING_MESSAGE);
                } else {
                    JOptionPane.showConfirmDialog(null, receiver.getMsg(),
```

```java
                            "温馨提示", JOptionPane.OK_OPTION, JOptionPane.ERROR_MESSAGE);
                }
            } catch(IOException | ClassNotFoundException ioe) {
                logger.log(Level.SEVERE, "", ioe);
            }
            finally {
                try {
                    if(oos!=null) {           // 关闭输出流
                        oos.close();
                    }
                    if(ois!=null) {           // 关闭输入流
                        ois.close();
                    }
                    if(socket != null) {      // 关闭 Socket
                        socket.close();
                    }
                } catch(IOException e) {
                    logger.log(Level.SEVERE, "", e);
                }
            }
        }
```

至此，我们已基本完成用户的注册功能（之所以是基本完成，是因为注册信息还没有保存到数据库中）。

同步练习二

根据 MiniQQ 系统的用户需求，实现或完善 MiniQQ 系统用户注册功能。包括完整的服务器端和客户端程序。

编辑一个 Word 文档，文档中的内容包括：①解决问题的流程（或思路）；②已运行通过后的程序代码；③程序运行后的截图。

要求：按照 Java 规范编写程序代码，代码中需要有必要的注释。

总 结

HTTP 协议的通信流程：①客户端发送一个请求（Request）给服务器；②服务器接收到这个请求后将生成一个响应（Response）返回给客户端。

Socket 是 TCP/IP 协议的一个十分流行的编程接口，一个 Socket 由一个 IP 地址和一个端口号唯一确定。

在 Java 环境下，Socket 编程主要是指基于 TCP/IP 协议的网络编程。由于 TCP/IP 协议是一个协议群，其传输层有两种协议：TCP 协议和 UDP 协议，所以，网络编程是指基于 TCP 协议和 UDP 协议的 Socket 编程。

第 9 章　多线程编程

在第 8 章之前，我们介绍的全部程序都只有一个看得见的线程，即由 main()方法执行的主线程。而在第 8 章的网络编程中，我们应用了多线程来编写网络程序，但仍然不了解多线程的工作原理。

所谓多线程编程，就是编写的应用程序可以同时执行多个任务。使用多线程的目的很简单，就是让程序获得更高的性能。那么，什么是线程呢？线程和进程是同一个概念吗？我们如何使用多线程编程？

9.1　进程与线程

1. 引入问题

为了有助于理解多线程编程的思想，我们必须首先了解什么是线程？什么是进程？

2. 解答问题

进程是程序的一次动态执行过程。一个进程既包括其所要执行的指令，也包括执行指令所需的系统资源，不同进程所占用的系统资源相对独立，每个进程都有一段专属的内存空间，称为进程控制块。所以进程是重量级的任务，它们之间的通信和转换都需要操作系统付出较大的开销。

线程是比进程更小的执行单元，是进程中的一个实体，是被系统独立调度和分派的基本单位。一个进程在执行过程中，可以产生多个线程。线程自己基本上不拥有系统资源，但它可以与同属一个进程的其他线程共享进程所拥有的全部资源。同一个进程中的线程可以共享相同的内存空间，并通过数据的共享来达到数据交换、通信和必要的同步等操作。所以线程是轻量级的任务，它们之间的通信和转换只需要较小的系统开销。每个线程都有自身的产生、执行和消亡的过程。

多线程程序中，单个程序似乎能同时执行多个任务。每个任务通常被称为一个线程（Thread）。每个线程在同一个程序中执行自己的代码，并且每个线程"同时"运行，这就称为多线程（Multi-threading）。

从第 8 章的实例中我们已经知道，Java 语言支持多线程编程。

9.2　线程的状态

1. 引入问题

每个 Java 程序都有一个默认的主线程。对于独立应用程序，主线程是 main()方法执行的线程。要实现多线程，必须在主线程中创建新的线程对象。那么，线程的生命周期是怎样的呢？

2. 解答问题

一个线程有自己完整的生命周期，经历 5 个状态：
① 新生状态（New 状态）；
② 就绪状态（Runnable 状态）；
③ 运行状态（Running 状态）；
④ 阻塞状态（Not Running 状态）；
⑤ 死亡状态（Dead 状态）。

在一定的条件下，这五个状态之间会相互转换。其转换过程如下：

① 当实例化一个线程对象（用 new 运算符）后，线程进入"新生"状态，这时，已对线程对象分配内存空间，并已被初始化。

② 当一个新创建的线程对象调用 start()方法后，线程处于"就绪"状态，该线程进入可运行状态，具备了运行的条件，但尚未分配到 CPU 资源，进入线程队列按线程优先级排队，等待系统为它分配 CPU。

③ 处于"就绪"状态的线程，一旦获得 CPU 资源，就转入"运行"状态，执行 run()方法中的代码。

④ 当处于"运行"状态的线程，一旦 run()方法执行结束，或者调用了 stop()方法，线程就转入"死亡"状态。

⑤ 当处于"运行"状态的线程，调用了 sleep()方法或调用了 wait()方法，或者线程由于 I/O 而被阻塞，线程就转入"阻塞"状态。

⑥ 当处于"阻塞"状态的线程，其 sleep()方法所指定的时间已到，或者如果线程处于 wait，拥有条件变量的对象调用了 notify()或 notifyAll()方法，或者如果线程由于 I/O 而被阻塞，其 I/O 操作已完成，该线程又会转入"就绪"状态。并重复"就绪"→"运行"→"阻塞"这样一个过程，直到线程结束。

线程状态之间的转换过程见图 9-1 所示。

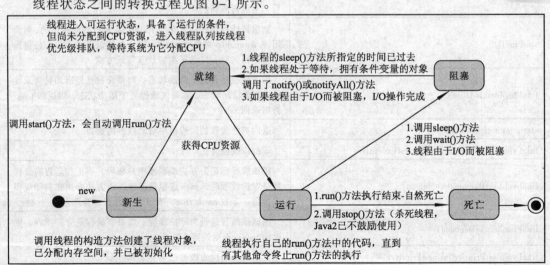

图 9-1 线程的状态转换图

9.3 线程对象的创建

1. 引入问题

从上节中我们已经知道，线程有其自己的生命周期，那么，在 Java 中，我们如何创建线程对象呢？

2. 解答问题

Java 语言中，与线程相关的是 java.lang 包中的 Thread 类和 Runnable 接口。

Runnable 接口定义很简单，只有一个 run() 方法。任何一个类如果希望自己的实例能够以线程的形式执行，都可以来实现 Runnable 接口。实现 Runnable 接口的类必须实现 run() 方法，该方法无参数，定义结构为：

```
public void run();
```

当启动一个实现了接口 Runnable 的线程对象时，将导致在独立执行的线程中自动调用对象的 run() 方法。

Thread 类的语法结构为：

```
public class Thread extends Object implements Runnable
```

从 Thread 类的定义可以看出，Thread 类实现了 Runnable 接口，Thread 类是 Java 中对线程的具体描述。Thread 类提供的常用方法见表 9-1。

表 9-1 Thread 类的常用方法

方法	功能
static Thread currentThread()	返回对当前正在执行的线程对象的引用
static void yield()	暂停当前正在执行的线程对象，并执行其他线程
static void sleep(long millis) throws InterruptedException	在指定的时间（单位：ms）内让当前正在执行的线程休眠
void start()	使该线程开始执行。Java 虚拟机调用该线程的 run() 方法。结果是两个线程并发地运行，一个是该线程，一个是主线程。多次启动一个线程是非法的。特别是当线程已经结束执行后，不能再重新启动
void run()	如果该线程是使用独立的 Runnable 运行对象构造的，则调用该 Runnable 对象的 run() 方法；否则该方法不执行任何操作并返回。Thread 的子类应该重写该方法
final boolean isAlive()	测试线程是否处于活动状态。如果线程已经启动且尚未终止，则为活动状态。如果该线程处于活动状态，则返回 true；否则返回 false
static int activeCount()	返回当前线程的线程组中活动线程的数目
final void join() throws InterruptedException	等待该线程终止
final void setDaemon(boolean on)	将该线程标记为守护线程或用户线程。当正在运行的线程都是守护线程时，Java 虚拟机退出。该方法必须在启动线程前调用。参数 on 为 true，表示守护线程，否则为用户线程
final boolean isDaemon()	测试该线程是否为守护线程。如果该线程是守护线程，则返回 true；否则返回 false
final void setPriority(int newPriority)	更改线程的优先级
final int getPriority()	返回线程的优先级

（1）定义线程类

创建一个线程，实际上就是创建一个新的线程类或其子类的实例的过程。由于 Java 仅支持单继承，所以，如果定义的类已经派生自其他类，但又需要运行于自己的线程中，就必须实现接口 Runnable，否则，定义的类既可以采用继承自 Thread 类的方式，又可以采用实现 Runnable 接口的方式来达到定义线程的目的。但都必须重写（或覆盖）run()方法。

例如，案例 8-1 中服务器端线程 ManageThread 类的定义：

```java
public class ManagerThread extends Thread {
    ...
    @Override
    public void run() {
        ...
    }
    ...
}
```

这个类的定义也可以修改为实现 Runnable 接口：

```java
public class ManagerThread implements Runnable {
    ...
    @Override
    public void run() {
        ...
    }
    ...
}
```

当线程启动后，希望能自动执行的代码必须放到 run()方法中。

（2）实例化并启动线程

继承了 Thread 类的类称为子类，而实现了 Runnable 接口的类通常称为具体类，两种类在实例化时有区别。因为 Runnable 是接口，实现了该接口的类实例化对象后，没有 start()等与线程相关的方法，需要将该对象作为参数实例化一个 Thread 类的对象，才可以使用线程类提供的各种方法，以实现相应功能。

① 继承了 Thread 类的子类 ManagerThread 的实例化并启动的代码为：

```java
ManagerThread managerThread = new ManagerThread();    // 可以直接实例化
managerThread.start();
```

② 实现了 Runnable 接口的具体类 ManagerThread 的实例化并启动代码为：

```java
Thread thread = new Thread(new ManagerThread());
// ManagerThread 线程类对象作为实例化线程的参数，构造一个线程实例。
thread.start();
```

思考：我们在定义一个线程时，什么情况下只能实现 Runnable 接口，而不能继承 Thread？

9.4 线程的调度

1. 引入问题

Java 的线程有两种：守护线程（Daemon）和用户线程（User）。这两类线程是如何调度的呢？

2. 解答问题

守护线程又称精灵线程，它是一种在后台提供通用性支持的线程。当程序只剩下守护线程时，程序就会退出。任何线程都可以是守护线程或用户线程，这两种线程几乎每个方面都相同，唯一的区别是判断虚拟机（JVM）何时离开：

用户线程：Java 虚拟机在它所有非守护线程已经离开后自动离开。

守护线程：是用来服务于线程的，如果没有其他用户线程正运行，那么就没有可服务的对象，也就没有理由继续下去。

守护线程与用户线程写法上基本没什么区别，调用线程对象的方法 setDaemon(true)，则设置线程为守护线程，setDaemon(false)或默认为用户线程。该方法必须在启动线程前调用。

守护线程使用的情况较少，但并非无用，如 JVM 的垃圾回收、内存管理等线程都是守护线程。还有就是在做数据库应用的时候，使用的数据库连接池，连接池本身也包含着很多后台线程，监控连接个数、超时时间、状态等。

案例 9-1

案例描述　编写两个线程，一个设置为守护线程，一个为用户线程，观察两个线程的执行情况。

运行效果　该程序运行结果如图 9-2 所示。

实现流程　实现流程如下：

① 在 cn.edu.gdqy.demo 包下，添加一个类 ThreadManage，该类具有 main()方法；

② 在 ThreadManage 类中定义一个包级别的用户线程 UserThread，该类实现 Runnable 接口；

③ 在 ThreadManage 类中定义一个包级别的守护线程 DaemonThread，该类继承自 Thread 类；

④ 在 ThreadManage 类的 main()方法中，实例化并启动这两个线程。

完整代码　按照上述实现流程编写程序，其完整代码及详细注释详见代码清单 9-1。

图 9-2　两种线程例程执行效果

代码清单 9-1　守护线程和用户线程调度情况

```java
package cn.edu.gdqy.demo;
public class ThreadManage {
    public static void main(String[] args) {
        Thread userThread = new Thread(new UserThread());      // 实例化用户线程
        Thread daemonThread = new DaemonThread();              // 实例化守护线程
        daemonThread.setDaemon(true);              //设置为守护线程，必需在启动之前调用该方法
        // 而 userThread 默认为用户线程
        daemonThread.start();                      //启动守护线程
        userThread.start();                        //启动用户线程
    }
}

class UserThread implements Runnable {
    @Override
    public void run() {
        for(int i = 0; i < 10; i++) {
            System.out.println("用户线程：第" + i + "次执行。");
            try {
                Thread.sleep(10);                  //等待 10 ms
            } catch(Exception e) {
```

```
                e.printStackTrace();
            }
        }
    }
}

class DaemonThread extends Thread {
    @Override
    public void run() {
        for(int i=0;i<65535;i++) {
            System.out.println("守护线程: 第" + i + "次执行。");
            try {
                Thread.sleep(10);                    //等待 10 ms
            } catch(Exception e) {
                e.printStackTrace();
            }
        }
    }
}
```

说明：从图 9-2 可以看出，虽然守护线程中 for 循环语句的循环体应该执行 65 535 次，但实际上仅执行了 11 次。这是由于用户线程的 run()方法中 for 循环执行完 10 次后，就自然离开，这时，守护线程就没有"守护"的必要了，所以，Java 虚拟机就会自动退出。用户线程（前台线程）保证执行完毕，而守护线程（后台线程）还没有执行完毕就退出了。

我们在使用守护线程的时候一定要注意：JRE 判断程序是否执行结束的标准是看所有的用户线程是否执行完毕，而不会理会守护线程的状态。

9.5 线程的优先级

1. 引入问题

当线程启动后就处于就绪状态，一旦分配到 CPU 资源，就转入运行状态，如果有多个线程处于就绪状态等待分配资源，其分配策略是怎样的呢？

2. 解答问题

Java 中，每一个线程都有一个优先级，高优先级的线程可能比低优先级的线程有更高的执行概率。默认情况下线程的优先级为 5，用常量 NORM_PRIORITY 表示。最高优先级为 10，用 MAX_PRIORITY 表示。最低优先级为 1，用 MIN_PRIORITY 表示。Java 线程可以有优先级的设定。如果一个线程没有设置优先级，则其优先级为默认优先级 5，即 NORM_PRIORITY。

设置线程优先级：

通过调用 Thread 对象的 setPriority()方法更改线程的优先级。优先级不能超出 1～10 的取值范围，否则抛出 IllegalArgumentException 异常。另外如果该线程已经属于一个线程组（ThreadGroup），该线程的优先级不能超过该线程组的优先级。

获取线程优先级：

通过调用 Thread 对象的 getPriority()方法可以获取一个线程的优先级。

下面我们通过一个例子来说明如何设置线程的优先级，以及设置优先级后线程的执行情况。

案例 9-2

案例描述 定义一个简单的线程类，用该类实例化三个线程对象，三个线程设置不同的优先级，观察其运行情况。

运行效果 该案例程序完成后运行效果如图 9-3 所示。

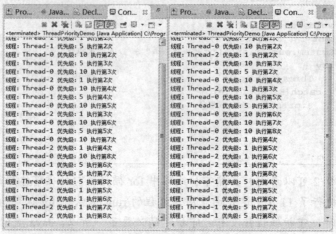

图 9-3 设置线程优先级例程的两次执行结果

实现流程 其实现流程如下：

① 在 cn.edu.gdqy.demo 包下，添加一个类 ThreadPriorityDemo，该类具有 main()方法；

② 在 ThreadPriorityDemo 类中定义一个内部类，类名为 SimpleThread，该类继承自 Thread 类；

③ 在 ThreadPriorityDemo 类中定义私有方法 execute()，该方法的功能是实例化三个线程对象，对三个线程设置不同的优先级，并启动这三个线程；

④ 在 ThreadPriorityDemo 类的 main()方法中，调用 execute()方法，测试设置了优先级的线程的执行情况。

完整代码 按照上述实现流程编写程序，其完整代码及详细注释如代码清单 9-2 所示。

代码清单 9-2 设置优先级后线程的执行情况

```java
package cn.edu.gdqy.demo;
public class ThreadPriorityDemo {
    public static void main(String[] args) {
        ThreadPriorityDemo demo = new ThreadPriorityDemo();
        demo.execute();
    }
    private void execute() {
        SimpleThread thread1 = new SimpleThread();      // 实例化第一个线程对象
        SimpleThread thread2 = new SimpleThread();      // 实例化第二个线程对象
        SimpleThread thread3 = new SimpleThread();      // 实例化第三个线程对象
        thread1.setPriority(Thread.MAX_PRIORITY);       // 设置线程 1 为最高优先级
        thread2.setPriority(Thread.NORM_PRIORITY);      // 设置线程 2 为中等优先级
        thread3.setPriority(Thread.MIN_PRIORITY);       // 设置线程 3 为最低优先级
        thread3.start();        // 启动线程 3，自动执行线程的 run()方法
        thread2.start();        // 启动线程 2，自动执行线程的 run()方法
        thread1.start();        // 启动线程 1，自动执行线程的 run()方法
    }
    private class SimpleThread extends Thread {
        @Override
        public void run() {
```

```
        String name = this.getName();              // 获取线程名
        int priority = this.getPriority();         // 获取线程优先级
        for(int i = 0; i < 8; i++) {
            System.out.println("线程: " + name + " 优先级: " +
                priority + " 执行第" + (i+1) + "次");
        }
    }
}
```

线程优先级的问题：

从图 9-3 中可以看出，并不是优先级高的就一定比优先级低的先执行完。这是因为优先级并不一定是指对 CPU 分配的优先程度，这与操作系统和虚拟机版本有关。线程的优先级通常是全局的和局部的优先级设定的组合，Java 的 setPriority()方法只应用于局部的优先级。也就是说，我们不可能对于整个 CPU 的分配设置优先级。我们的应用程序通常不知道有哪些其他进程运行的线程，对于整个系统来说，修改一个线程的优先级所带来的影响是难以预测的。所以，我们在编写程序时，不要将业务逻辑依赖于线程优先级，否则可能产生不了预期的结果。

9.6 线程的同步控制

线程的同步是保证多线程安全访问竞争资源的一种手段。这里的竞争资源主要是指多个线程访问单个对象的情况。多个线程获得资源的顺序不是固定的，所以其执行是异步的。当多个线程在异步的情况下共享资源时，会出现错误的结果。这时就必须要求线程同步，按照人们所期望的步骤执行。

线程同步是 Java 多线程编程的难点，往往开发者搞不清楚什么是竞争资源，什么时候需要考虑同步，怎么同步等问题。

9.6.1 竞争的实例

这里我们也用一个多个线程访问同一个账户的问题来说明多线程的资源竞争情况。

案例 9-3

案例描述　定义一个用户账户类和一个线程类。实例化多个线程访问同一个用户账户，观察执行情况。

运行效果　完成程序后运行效果如图 9-4 所示。

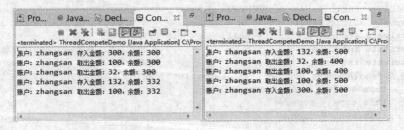

图 9-4　资源竞争例程的两次执行结果

实现流程　其实现流程如下：

（1）在 cn.edu.gdqy.demo 包下，添加一个类 ThreadCompeteDemo，该类具有 main()方法。

（2）在 ThreadCompeteDemo 类中定义一个包级别的账户类 Account，该类定义两个属性（账户名和账户余额），以及访问这两个属性的 get 方法和 set 方法；定义操作账户的两个方法：一个存款方法 deposit()，另一个则是取款方法 draw()。

（3）在 ThreadCompeteDemo 类中定义一个包级别的线程，类名为 MyThread，该类继承自 Thread 类。

① 类中定义一个具有三个参数的构造方法，将账户名、对账户的操作类型和存入/取出的金额数传入线程中。

② 定义一个操作账户的 execute()方法，根据对账户的操作类型实现存款或取款。

③ 在 run()方法中，休眠一定时间后，调用 execute()方法实现存款/取款功能。

（4）在 ThreadCompeteDemo 类的 main()方法中，首先实例化一个账户（开户），然后开启多个线程同时对这个账户进行存款/取款操作，测试线程的执行情况。

参考代码　具体代码及详细注释详见代码清单 9-3。

代码清单 9-3　多个线程之间竞争资源清单

```java
package cn.edu.gdqy.demo;
public class ThreadCompeteDemo {
    public static void main(String[] args) {
        Account account = new Account();           //实例化一个账户
        account.setName("zhangsan");               //设置账号
        account.setBalance(100);                   //开户金额
        MyThread thread1 = new MyThread(account, MyThread.DEPOSIT, 300);
        //实例化一个线程，存款 300
        MyThread thread2 = new MyThread(account, MyThread.DRAW, 100);
        //实例化一个线程，取款 100
        MyThread thread3 = new MyThread(account, MyThread.DEPOSIT, 132);
        //实例化一个线程，存款 132
        MyThread thread4 = new MyThread(account, MyThread.DRAW, 32);
        //实例化一个线程，取款 32
        MyThread thread5 = new MyThread(account, MyThread.DRAW, 100);
        //实例化一个线程，取款 100
        thread1.start();                           //启动 5 个线程
        thread2.start();
        thread3.start();
        thread4.start();
        thread5.start();
    }
}
class MyThread extends Thread {
    public static final int DEPOSIT = 1;
    public static final int DRAW = 2;
    private Account account = null;                //账户
    private int type = 0;                          //操作类型：存款——DEPOSIT，取款——DRAW
    private int cash = 0;                          //存款或取款金额
    MyThread(Account account, int type, int cash) {
        this.account = account;
        this.type = type;
        this.cash = cash;
    }
    @Override
    public void run() {
        try {
```

```java
                Thread.sleep(5);
            } catch(InterruptedException e) {
                e.printStackTrace();
            }
            execute();
        }
        private void execute() {
            if(this.type == DEPOSIT) {
                this.account.deposit(this.cash);          // 存款
            } else if(this.type == DRAW) {
                this.account.draw(cash);                   // 取款
            }
        }
    }
    // 定义账户类
    class Account {
        private String name;                               // 账户名
        private int balance = 0;                           // 余额
        public String getName() {
            return name;
        }
        public void setName(String name) {
            this.name = name;
        }
        public int getBalance() {
            return balance;
        }
        public void setBalance(int balance) {
            this.balance = balance;
        }
        //存款
        public void deposit(int cash) {
            balance += cash;
            System.out.println("账户: " + name + " 存入金额: " + cash + ", 余额: " + balance);
        }
        //取款
        public void draw(int cash) {
            balance -= cash;
            System.out.println("账户: " + name + " 取出金额: " + cash + ", 余额: " + balance);
        }
    }
```

说明：从图 9-4 中看出，当程序运行结束后，"zhangsan"账户的余额明显与预期的不一致（预期余额应该为 300），并且其结果不可预测。之所以出现这种情况，是因为多个线程并发访问了竞争资源 account，并对 account 的属性 balance（余额）做了修改。

当我们在线程对象中定义了全局变量，run()方法会修改该变量时，如果有多个线程同时使用该线程对象，那么就会造成全局变量的值被同时修改，造成错误。

要想多个线程访问竞争资源时，得到正确的结果，必须进行同步处理。我们再来看看另外一个简单的例子。

案例 9-4

案例描述 写程序定义一个线程类，实例化并启动多个线程对象，要求在单个线程中按顺序执行循环体，观察执行情况。

运行效果 完成程序后运行效果如图 9-5 所示。

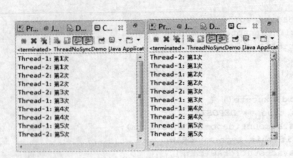

图 9-5 案例 9-4 的程序两次运行结果

实现流程 其实现流程如下：

① 在 cn.edu.gdqy.demo 包下，添加一个类 ThreadNoSyncDemo，该类具有 main()方法。

② 在 ThreadNoSyncDemo 类中定义一个内部类，类名为 StepThread，该类继承自 Thread 类。

③ 在 ThreadNoSyncDemo 类中定义私有方法 execute()，该方法的功能是实例化一个 StepThread 对象，然后启动两个这样的线程。

④ 在 ThreadNoSyncDemo 类的 main()方法中，调用 execute()方法，测试线程的执行情况。

参考代码 根据上述实现流程编写程序，具体代码如代码清单 9-4 所示。

代码清单 9-4 多个线程的资源竞争情况

```java
package cn.edu.gdqy.demo;
public class ThreadNoSyncDemo {
    public static void main(String[] args) {
        ThreadNoSyncDemo demo = new ThreadNoSyncDemo();
        demo.execute();
    }
    private void execute() {
        StepThread step = new StepThread();
        Thread thread1 = new Thread(step);
        Thread thread2 = new Thread(step);
        thread1.start();
        thread2.start();
    }
    private class StepThread extends Thread {
        @Override
        public void run() {
            for(int i = 0; i < 5; i++) {
                try {
                    Thread.sleep(20);         // 线程阻塞20毫秒
                } catch(InterruptedException e) {
                    e.printStackTrace();
                }
                System.out.println(Thread.currentThread().getName() + ": 第" + (i +
1) + "次");
                // 获取当前线程的名称
            }
        }
    }
}
```

说明：从图 9-5 中看出，程序在运行时，似乎将单个线程内执行的语句"拆开"了，这明显与预期不符。根据预期应该输出：

```
Thread-0: 第1次
Thread-0: 第2次
```

```
Thread-0: 第 3 次
Thread-0: 第 4 次
Thread-0: 第 5 次
Thread-1: 第 1 次
Thread-1: 第 2 次
Thread-1: 第 3 次
Thread-1: 第 4 次
Thread-1: 第 5 次
```

这也是多线程需要解决的同步问题。

我们把上面两个案例程序稍作修改，再来看看执行的结果。对于案例 9-3，在账户类的存款和取款方法的定义部分加上"synchronized"关键字，其他代码不变，如下形式：

```java
// 存款
public synchronized void deposit(int cash) {
    balance += cash;
    System.out.println("账户: " + name + " 存入金额: " + cash + ", 余额: " + balance);
}
// 取款
public synchronized void draw(int cash) {
    balance -= cash;
    System.out.println("账户: " + name + " 取出金额: " + cash + ", 余额: " + balance);
}
```

修改后的程序运行结果如图 9-6 所示。

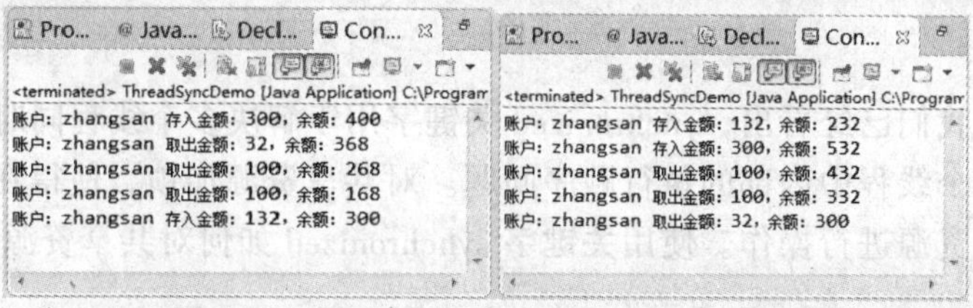

图 9-6 对账户的存款/取款方法添加"synchronized"关键字后的两次运行结果

从图 9-6 中看出，虽然线程执行的顺序没有固定，但对同一账户进行存款/取款操作后，结果是正确的。

同样，在案例 9-4 的代码中，需要同步的地方加上同步块，修改后如代码清单 9-5 所示。

代码清单 9-5　案例 9-4 添加 synchronized 关键字后程序

```java
package cn.edu.gdqy.demo;
public class ThreadSyncDemo {
    public static void main(String[] args) {
        ThreadSyncDemo demo = new ThreadSyncDemo();
        demo.execute();
    }
    private void execute() {
        StepThread step = new StepThread();
        Thread thread1 = new Thread(step);
        Thread thread2 = new Thread(step);
        thread1.start();
        thread2.start();
    }
    private class StepThread extends Thread {
        @Override
        public void run() {
            synchronized (this) {              //同步块
                for(int i = 0; i < 5; i++) {
                    try {
                        Thread.sleep(20);       //线程休眠 20 ms
```

```
            } catch (InterruptedException e) {
                e.printStackTrace();
            }
            System.out.println(Thread.currentThread().getName() + ": 第" + (i+1) + "次");
            //获取当前线程的名称
        }
    }
}
```

修改后的程序运行结果如图 9-7 所示。

这才是我们想要的结果。这说明在多线程编程中，我们在两个方面需要进行同步处理：一个是多个线程访问共享资源时，另一个就是需要按照一定步骤执行时。要同步就要加锁，以保证线程操作的"原子性"。下面我们继续探讨使用锁机制让线程同步，以及使用锁后可能出现的一些问题。

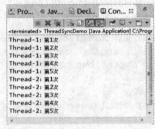

图 9-7 案例 9-4 添加同步块后的运行结果

9.6.2 synchronized 关键字

1. 引入问题

从上面的例子我们已经看出，synchronized 关键字用于解决多个线程同时访问竞争资源的同步问题，以及单个线程中内部的执行顺序问题。对共享资源加锁，使得在同一个时间，只有一个线程可以对资源进行操作。使用关键字 synchronized 如何对共享资源加锁呢？

2. 解答问题

使用关键字 synchronized 有三种方法用来对共享资源加锁：

（1）同步方法

当 synchronized 关键字修饰一个方法的时候，该方法称为同步方法。当 synchronized 方法执行结束或发生异常时，会自动释放锁。

Java 中的每个对象都有一个锁（lock），或者称为监视器（monitor），当一个线程访问某个对象的 synchronized 方法时，将该对象上锁，其他任何线程都无法再去访问该对象的 synchronized 方法，直到之前的那个线程执行结束或者抛出了异常，才将该对象的锁释放掉，其他线程才有可能再去访问该对象的 synchronized 方法。注意：是给对象上锁！如果是不同的对象，则各个对象之间没有制约关系，如案例 9-3。

（2）静态的同步方法

当一个 synchronized 关键字修饰的方法同时又被 static 修饰时，由于静态方法不属于对象，而是属于类，它会将这个方法所在的类的 Class 对象上锁。一个类不管生成多少个对象，它们所对应的是同一个 Class 对象。

因此当线程分别访问同一个类的两个对象的两个带有 static 和 synchronized 关键字的方法时，它们的执行顺序也是顺序的，也就是说一个线程先执行方法，执行完毕后另一个线程才开始。

（3）synchronized 块

synchronized 块的语法格式：

```
synchronized(object) {
```

表示线程在执行的时候会将 object 对象上锁。(注意:这个对象可以是任意类的对象,也可以使用 this 关键字)。这样就可以自行规定上锁对象。如案例 9-4。

当一个线程执行时,将 object 对象锁住,另一个线程就不能执行对应的块。

synchronized 方法实际上等同于用一个 synchronized 块包住方法中的所有语句,然后在 synchronized 块的括号中传入 this 关键字。当然,如果是静态方法,需要锁定的则是 Class 对象。

可能一个方法中只有几行代码会涉及线程同步问题,所以 synchronized 块比 synchronized 方法更加细粒度地控制了多个线程的访问,只有 synchronized 块中的内容不能同时被多个线程所访问,而方法中的其他语句仍然可以同时被多个线程所访问。

synchronized 方法与 synchronized 块的比较

synchronized 方法是一种粗粒度的并发控制,某一时刻,只能有一个线程执行该 synchronized 方法;而 synchronized 块则是一种细粒度的并发控制,只会将块中的代码同步,位于方法内、synchronized 块之外的其他代码可以被多个线程同时访问。

9.6.3 锁对象

1. 引入问题

Java 中提供了锁机制来处理多线程的同步问题,一种就是上面提到的使用 synchronized 关键字修饰的同步方法和同步块,另一种则是使用 ReentrantLock(重入锁)类。使用 synchronized 关键字会自动提供一个同步锁以及相关的条件,实现起来很简单,但是,如果有两个线程都要获取某个对象的锁定,一个线程获得某个对象的锁后,只要不释放,另一个线程将一直等下去,不能被中断,导致死锁现象的发生。而 ReentrantLock 除了拥有 synchronized 相同的并发性和内存语义外,还多了锁投票、定时锁等候和中断锁等候等,功能更强大。使用 ReentrantLock,如果某个线程获得的锁不释放,可以使另一个线程在等待了足够长的时间以后,中断等待,而去干别的事情。我们如何应用重入锁类来实现多个线程的同步问题呢?

2. 解答问题

重入锁 ReentrantLock 类继承结构:

```
java.lang.Object → java.util.concurrent.locks.ReentrantLock.
```

该类定义的语法结构:

```
public class ReentrantLock extends Object implements Lock, Serializable
```

ReentrantLock 类提供了几种方法让线程获取锁,如表 9-2 所示。提供的释放锁的方法,如表 9-3 所示。

表 9-2 ReentrantLock 类获取锁的方法

方 法	功 能
void lock()	当前线程一旦获取了锁便立即返回。如果别的线程持有锁,当前线程则一直处于休眠状态,直到获取锁
boolean tryLock()	当前线程如果获取了锁便立即返回 true,如果别的线程正持有锁,立即返回 false
boolean tryLock(long timeout, TimeUnit unit) throws InterruptedException	当前线程如果获取了锁便立即返回 true,如果别的线程正持有锁,会等待参数给定的时间,在等待的过程中,如果获取了锁定,就返回 true,如果等待超时,返回 false
void lockInterruptibly() throws InterruptedException	当前线程如果获取了锁立即返回。如果没有获取锁,当前线程开始休眠,直到或者锁定,或者当前线程被别的线程中断

表 9-3　ReentrantLock 类获取锁的方法

方　　法	功　　能
public void unlock()	释放拥有的锁。如果当前线程是某个锁的所有者，则将保持计数减 1。如果保持计数现在为 0，则释放该锁。如果当前线程不是此锁的持有者，则抛出 IllegalMonitorStateException 异常

使用 ReentrantLock 对象加锁的基本流程：
① 对欲加锁的对象声明一个 ReentrantLock 锁对象；
② 对欲保护的代码块加锁；
③ 释放锁。
如果已经声明了一个锁对象 aLock，则加锁的基本结构为：

```
aLock.lock();      //一个锁对象
try {
    //需要加锁的代码块，称为临界区
} finally {
    aLock.unlock();  // 释放锁
}
```

这样可以保证在任何时刻只有一个线程进入临界区，一旦一个线程锁住了欲加锁的对象，其他线程无法通过 lock 语句。当其他线程调用 lock()方法时都将被阻塞，直到获得锁的线程释放锁对象。

注意：释放锁的操作应该放在 finally 子句内。这是因为如果不将释放锁的操作放在 finally 子句中，一旦临界区的代码抛出异常，就无法释放锁，其他线程将永远被阻塞。

下面我们将多个线程访问竞争资源的案例 9-3，改为使用 ReentrantLock 对象来实现。完整代码如代码清单 9-6 所示。

代码清单 9-6　使用 ReentrantLock 对象对共享资源加锁

```
package cn.edu.gdqy.demo;
import java.util.concurrent.locks.*;
public class ThreadLockDemo {
    public static void main(String[] args) {
        LockAccount account = new LockAccount();           // 实例化一个账户
        account.setName("zhangsan");                        // 设置账号
        account.setBalance(100);                            // 开户金额
        LockThread thread1 = new LockThread(account, LockThread.DEPOSIT, 300);
        // 实例化一个线程，存款 300
        LockThread thread2 = new LockThread(account, LockThread.DRAW, 100);
        // 实例化一个线程，//取款 100
        LockThread thread3 = new LockThread(account, LockThread.DEPOSIT, 132);
        // 实例化一个线程，存款 132
        LockThread thread4 = new LockThread(account, LockThread.DRAW, 32);
        // 实例化一个线程，取款 32OperThread
        LockThread thread5 = new LockThread(account, LockThread.DRAW, 100);
        // 实例化一个线程，取款 100
        thread1.start();                                    // 启动 5 个线程
        thread2.start();
        thread3.start();
        thread4.start();
        thread5.start();
    }
}
class LockThread extends Thread {
```

```java
            public static final int DEPOSIT = 1;
            public static final int DRAW = 2;
            private LockAccount account = null;        // 账户
            private int type = 0;                       // 操作类型：存款—DEPOSIT，取款—DRAW
            private int cash = 0;                       // 存款或取款金额
            LockThread(LockAccount account, int type, int cash) {
                this.account = account;
                this.type = type;
                this.cash = cash;
            }
            @Override
            public void run() {
                try {
                    Thread.sleep(5);
                } catch(InterruptedException e) {
                    e.printStackTrace();
                }
                execute();
            }
            private void execute() {
                if(this.type == DEPOSIT) {
                    this.account.deposit(this.cash);    // 存款
                } else if(this.type == DRAW) {
                    this.account.draw(cash);            // 取款
                }
            }
        }
        // 定义账户类
        class LockAccount {
            private Lock lock = new ReentrantLock();    //声明一个锁对象
            private String name;                         // 账户名
            private int balance = 0;                     // 余额
            public String getName() {
                return name;
            }
            public void setName(String name) {
                this.name = name;
            }
            public int getBalance() {
                return balance;
            }
            public void setBalance(int balance) {
                this.balance = balance;
            }
            public void deposit(int cash) {              // 存款
                lock.lock();                             //加锁
                try {
                    balance += cash;
                    System.out.println("账户:" + name + " 存入金额:" + cash + ",余额:" + balance);
                } finally {
                    lock.unlock();                       //解锁
                }
            }
            public void draw(int cash) {                 // 取款
                lock.lock();
                try {
                    balance -= cash;
                    System.out.println("账户:" + name + " 取出金额:" + cash + ",余额:" + balance);
                } finally {
                    lock.unlock();
```

```
        }
    }
}
```

使用锁对象后的程序运行结果如图 9-8 所示。运行结果是正确的，说明已获得同步效果。

图 9-8　使用锁对象后的程序两次运行结果

说明：为了线程同步，既可以使用 synchronized 关键字加锁，也可以使用 ReentrantLock 锁对象加锁。然而，这两种加锁方式有什么区别呢？

① synchronized 是在 JVM 层面上实现的，不但可以通过一些监控工具监控 synchronized 的锁定，而且在代码执行时出现异常，JVM 会自动释放锁定；但是使用 ReentrantLock 则不行，锁定 lock() 是通过代码实现的，要保证锁定一定会被释放，就必须将 unLock() 放到 finally{} 中。

② 在资源竞争不是很激烈的情况下，Synchronized 的性能要优于 ReetrantLock，但是在资源竞争很激烈的情况下，Synchronized 的性能会下降得很快，而 ReetrantLock 的性能能维持常态。

9.6.4　条件对象

1. 引入问题

在前面仅使用 synchronized 关键字和 ReentrantLock 类的锁机制中，没有考虑对象在等待某个条件是否已经发生的情况。但加锁的某个对象要等待某个条件是否已经发生，又该如何呢？

2. 解答问题

为实现线程间的同步控制，java.lang.Object 提供了两个方法：
① public final void wait() throws InterruptedException;
② public final void notify();

当使用一个对象作为加锁操作的目标时，对象的 wait() 方法用来声明该对象在等待某个条件的发生；而 notify() 方法则是声明等待的条件已经发生。wait() 方法和 notify() 方法用来处理同步问题。

一个线程可以通过使用 wait() 方法和 notify() 方法来告诉另外一个线程一个特定的条件是否已经发生。

wait() 方法的作用：令当前线程挂起，同步资源解锁，使别的线程可以访问并修改共享资源，而当前线程排队等候对资源的再次访问。

notify() 方法的作用：唤醒正在排队等待资源的线程中优先级最高者，使之执行并拥有资源。

从 Java 1.5 开始，在 java.util.concurrent.locks 包中，提供了条件 Condition 接口，Condition 对象将 Object 监视器方法（wait()、notify() 和 notifyAll()）分解成截然不同的对象，以便通过将

这些对象与任意 Lock 组合使用,为每个对象提供多个等待集合。其中,Lock 替代了 synchronized 方法和语句的使用,Condition 替代了 Object 监视器方法的使用。

Condition 实例实质上被绑定到一个锁上。要为特定 Lock 实例获得 Condition 实例,需要使用其 newCondition()方法。Condition 接口提供的方法如表 9-4 所示。

表 9-4 Condition 接口提供的方法

方 法	功 能
void await()	引起当前线程在接到信号或被中断之前一直处于等待状态
boolean await(long time, TimeUnit unit)	引起当前线程在接到信号、被中断或到达指定等待时间之前一直处于等待状态
long awaitNanos(long nanosTimeout)	引起当前线程在接到信号、被中断或到达指定等待时间之前一直处于等待状态
void awaitUninterruptibly()	引起当前线程在接到信号之前一直处于等待状态
boolean awaitUntil(Date deadline)	引起当前线程在接到信号、被中断或到达指定最后期限之前一直处于等待状态
void signal()	唤醒一个等待线程
void signalAll()	唤醒所有等待线程

下面我们以著名的生产者与消费者线程为例,说明条件对象在多线程的同步问题上的使用方法。

案例 9-5

案例描述　编写程序实现生产者与消费者线程间的同步控制,如图 9-9 所示。

运行效果　该案例程序完成后运行效果如图 9-10 所示。

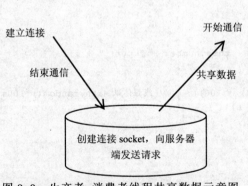

图 9-9　生产者-消费者线程共享数据示意图

图 9-10　生产者-消费者线程例程运行结果

实现流程　其实现流程如下:

① 在 cn.edu.gdqy.demo 包下,添加一个类 ThreadConditionDemo,该类具有 main()方法。

② 在 ThreadConditionDemo 类中定义一个包访问级别的类 CandyBox(糖果盒),类中定义两个方法:

put()方法——由生产者线程调用。当糖果盒对象中的糖果没有被取走时,生产者线程等待,直到消费者线程将糖果取走,生产者线程才将糖果放入糖果盒中。

get()方法——由消费者线程调用。当糖果盒对象中没有糖果时,消费者线程等待,直到生产者线程放入糖果到糖果盒中,消费者线程才从糖果盒中取走糖果。

③ 在 ThreadConditionDemo 类中定义一个包访问级别的生产者线程 Producer,该类继承自 Thread 类。线程中调用糖果盒对象的 put()方法,放入 10 颗糖果。每放入一颗糖果线程将阻塞一定时间,再放入下一颗。

④ 在 ThreadConditionDemo 类中定义一个包访问级别的消费者线程 Consumer,该类继承自 Thread 类。线程中调用糖果盒对象的 get()方法,从糖果盒中取出 10 颗糖果。

⑤ 在 ThreadConditionDemo 类的 main()方法中,实例化生产者和消费者线程,并先启动生产者线程,再启动消费者线程。

参考代码　根据上述实现流程编写程序,具体代码如代码清单 9-7 所示。

代码清单 9-7　生产者-消费者线程程序

```java
package cn.edu.gdqy.demo;
import java.util.concurrent.locks.*;
public class ThreadConditionDemo {
    public static void main(String[] args) {
        CandyBox c = new CandyBox();
        Producer p1 = new Producer(c, 1);
        Consumer c1 = new Consumer(c, 1);
        p1.start();
        c1.start();
    }
}
class Producer extends Thread {                //定义生产者线程
    private CandyBox candyBox;
    private int number;
    public Producer(CandyBox c, int number) {
        this.candyBox = c;
        this.number = number;
    }
    @Override
    public void run() {
        for(int i = 0; i < 10; i++) {
            candyBox.put(i);
            System.out.println("生产者 #" + this.number + " put: " + i);

            try {
                sleep((int) (Math.random() * 100));    // 线程休眠 Math.random()*100ms
            } catch(InterruptedException e) {
                e.printStackTrace();
            }
        }
    }
}

class Consumer extends Thread {                //定义消费者线程
    private CandyBox candyBox;
    private int number;
    public Consumer(CandyBox c, int number) {
        this.candyBox = c;
        this.number = number;
    }
    @Override
```

```java
    public void run() {
        int value = 0;
        for(int i = 0; i < 10; i++) {
            value = candyBox.get();              // 获取新的数据
            System.out.println("消费者 #" + this.number + " got: " + value);
        }
    }
}
class CandyBox {                                 //定义存储数据的 CandyBox 类
    private int contents;                        // 存放的内容
    private boolean available = false;
    // 对象中是否有新数据的状态,有新数据时值为 true,否则为 false
    private Lock candyLock;                      //定义锁对象
    private Condition condition;                 //定义条件对象
    public CandyBox() {
        candyLock = new ReentrantLock();         //实例化一个锁对象
        condition = candyLock.newCondition();    //新构建一个条件对象
    }
    public int get() {                           // 由消费者线程调用的方法
        candyLock.lock();                        //上锁
        try {
            while(available == false) {
            // 当对象中没有新的数据时,消费者线程等待,直到有新的数据,这时 available 为 true
                try {
                    condition.await();           //当前线程等待,等待生产者存放数据
                } catch(InterruptedException e) {
                    e.printStackTrace();
                }
            }   // while 循环是在 available 为 true 的情况下结束的,也就是说生产者线程
                // 已经放了新的数据在对象中,这时可以取数了
            available = false;
            condition.signalAll();               //通知生产者值已经被接收
            return contents;                     // 获取新的数据
        } finally {
            candyLock.unlock();                  //解锁
        }
    }
    public void put(int value) {                 //由生产者线程调用的方法
        candyLock.lock();                        //上锁
        try {
            while (available == true) {          // 当对象中的数据没有被取走时,生产者线程等待,
                                                 // 直到新的数据被取走,这时 available 为 false
                try {
                    condition.await();           // 当前线程等待,等待消费者取走数据
                } catch(InterruptedException e) {
                    e.printStackTrace();
                }
            }
            contents = value;                    // 产生数据-保存数据
            available = true;                    // 表示已经有新的数据了
            condition.signalAll();               // 通知消费者新的数据已被设置
        } finally {
            candyLock.unlock();                  //解锁
        }
    }
}
```

说明:Producer 顺序生成 0~9 的整数,然后使用 put()方法存储在 CandyBox 对象中,每次存储后调用 sleep()随机休眠一段时间;Consumer 则相反,使用 get()方法从 CandyBox 中把存储的整数取出来。

正确的运行过程是：Consumer 能够把 Producer 顺序存储的整数都取出来。但 Producer 和 Consumer 的执行代码中并没有解决这个顺序操作的问题。如果 Producer 所在的线程执行得较快，则可能发生 Consumer 还没来得及把数据取出来，新的数据已经覆盖了旧的数据。如果 Consumer 执行得较快，会出现多次取出同一个数据的错误。

为了保证 Producer 每产生一个数据，Consumer 就能及时取得一个数据且取一次，这时就需要在 put()和 get()方法上加一些限制：

① Producer 和 Consumer 两个线程不能同时访问 CandyBox。

使用 Lock 给 CandyBox 的 get()和 put()方法加锁来实现。

②两个线程的操作应遵循一个简单的顺序。

在 CandyBox 中定义一个私有 boolean 类型的变量 available，该变量的值为 true，表示有新的值存放进来，但还没有被取出。并使用 await()和 signal()方法进行控制。

注意：永远保证是在一个循环里面使用 await()方法，否则可能会造成等待的线程无法被唤醒。

9.6.5 死锁

1. 引入问题

锁机制存在以下问题：

① 在多线程竞争下，加锁、释放锁会导致比较多的上下文切换和调度延时，引起性能问题。

② 一个线程持有锁会导致其他所有需要此锁的线程挂起。

③ 如果一个优先级高的线程等待一个优先级低的线程释放锁会导致优先级倒置，引起性能风险。

为了控制访问冲突，需要对访问资源加锁。但加锁会带来一个潜在危险——死锁。什么是死锁呢？

2. 解答问题

如果两个或多个线程在等待两个或多个锁被释放，而实际上这些解锁过程根本不会发生，那么线程就会陷入无限等待状态，这就是死锁。

线程等待解锁的状态有时也称为线程被阻塞，或线程处于阻塞状态。错误的等待顺序是造成死锁的主要原因。

死锁产生的四个必要条件：

（1）互斥使用：当资源被一个线程使用（占有）时，别的线程不能使用。

（2）不可抢占：资源请求者不能强制从资源占有者手中夺取资源，资源只能由资源占有者主动释放。

（3）请求和保持：当资源请求者在请求其他资源的同时保持对原有资源的占有。

（4）循环等待：存在一个等待队列，thread1 占有 thread2 的资源，thread2 占有 thread3 的资源，thread3 占有 thread1 的资源。这样就形成了一个等待环路。

当上述四个条件都成立的时候，便形成死锁。当然，在处于死锁的情况下，一旦打破上述任何一个条件，便可让死锁消失。下面我们将模拟死锁的产生。

案例 9-6

案例描述 编写程序模拟死锁的产生，观察程序的运行。

运行效果 该案例程序完成后运行效果如图 9-11 所示。

图 9-11 模拟死锁例程的运行状况

实现流程 其实现流程如下。

① 在 cn.edu.gdqy.demo 包下，添加一个类 ThreadDeadLockDemo，该类具有 main()方法；

② 在 ThreadDeadLockDemo 类中定义一个包访问级别的类 Resource（竞争资源），类中定义两个静态对象 o1 和 o2。

③ 在 ThreadDeadLockDemo 类中定义一个内部类 DeadLockThread1，该类实现 Runnable 接口。该线程首先占用 o1 资源，休眠 1 s，让给其他线程执行。然后请求 o2 资源。

④ 再在 ThreadDeadLockDemo 类中定义一个内部类 DeadLockThread2，该类同样实现 Runnable 接口。该线程首先占用 o2 资源，休眠 1 s，让给其他线程执行。然后请求 o1 资源。

⑤ 在 ThreadManage 类的 main()方法中，实例化并启动这两个线程。

完整代码 根据上述实现流程编写程序，完整代码如代码清单 9-8 所示。

代码清单 9-8 模拟死锁的产生

```java
package cn.edu.gdqy.demo;
public class ThreadDeadLockDemo {
    public static void main(String[] args) {
        ThreadDeadLockDemo demo = new ThreadDeadLockDemo();
        demo.execute();
    }
    private void execute() {
        DeadLockThread1 dt1 = new DeadLockThread1();
        DeadLockThread2 dt2 = new DeadLockThread2();
        Thread t1 = new Thread(dt1);
        Thread t2 = new Thread(dt2);
        t1.start();                    // 启动两个线程
        t2.start();
    }
    private class DeadLockThread1 implements Runnable {
        @Override
        public void run() {
            //首先占用o1资源，然后休眠1s,让给其他线程执行。然后请求o2资源
            synchronized(Resource.o1) {
                try {
                    Thread.sleep(1000);
                } catch(InterruptedException e) {
                }
                synchronized(Resource.o2) {
                    System.out.println("DeadLockThread1");
                }
            }
        }
    }
    private class DeadLockThread2 implements Runnable {
        @Override
        public void run() {
            //首先占用o2资源,然后休眠1s,让给其他线程执行。然后请求o1资源
```

```
            synchronized (Resource.o2) {
                try {
                    Thread.sleep(1000);
                } catch(InterruptedException e) {
                    e.printStackTrace();
                }
                synchronized(Resource.o1) {
                    System.out.println("DeadLockThread2");
                }
            }
        }
    }
}
class Resource {                                    //定义竞争的资源
    public static Object o1 = new Object();
    public static Object o2 = new Object();
}
```

说明：当启动线程 t1 后，执行 t1 的 run()方法，占用 o1 资源，然后 t1 休眠确保能够让 t2 来执行。t2 执行 run()方法，占有 o2 资源。此时就形成了死锁产生的第四个必要条件。即线程 t1 占有了 t2 所需的资源，t2 占有了 t1 所需的资源，双方都不释放，线程运行陷入死锁。

程序运行后一直处于运行状态，如图 9-10 所示。

虽然很多时候程序能够正常运行，但如果存在发生死锁的可能，就意味着程序是不稳定的。应该重新考虑线程对资源的等待顺序。

9.7 阻塞队列

1. 引入问题

阻塞队列与普通队列的区别在于，当队列空时，从队列中获取元素的操作将会被阻塞，或者当队列满时，往队列里添加元素的操作会被阻塞。试图从空的阻塞队列中获取元素的线程将会被阻塞，直到其他线程往空的队列插入新的元素。同样，试图往已满的阻塞队列中添加新元素的线程同样也会被阻塞，直到其他线程使队列重新变得空闲起来，如从队列中移除一个或者多个元素，或者完全清空队列。图 9-12 展示了线程之间如何通过阻塞队列进行交互。

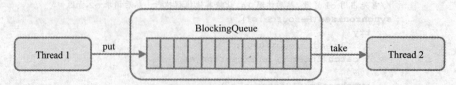

图 9-12　两个线程通过阻塞队列进行交互示意图

从图 9-12 中可以看出，线程 1 往阻塞队列中添加元素，而线程 2 从阻塞队列中移除元素。在 Java 中，我们如何应用阻塞队列来实现共享资源的控制呢？

2. 解答问题

BlockingQueue 是在 java.util.concurrent 包中定义的一个接口。主要有以下一些实现类：

① ArrayBlockQueue：一个由数组支持的有界阻塞队列。此队列按 FIFO（先进先出）原

则对元素进行排序。创建其对象必须明确大小,像数组一样。

② LinkedBlockQueue:一个可改变大小的阻塞队列。此队列按 FIFO(先进先出)原则对元素进行排序。创建其对象如果没有明确大小,默认值是 Integer.MAX_VALUE。链接队列的吞吐量通常要高于基于数组的队列,但是在大多数并发应用程序中,比其可预知的性能要低。

③ PriorityBlockingQueue:类似于 LinkedBlockingQueue,但其所含对象的排序不是 FIFO,而是依据对象的自然排序顺序或者是构造方法所带的 Comparator 决定的顺序。

④ SynchronousQueue:同步队列。同步队列没有任何容量,每个插入必须等待另一个线程移除,反之亦然。

下面修改案例 9-5 条件对象中的生产者-消费者模式的程序,用阻塞队列实现生产者/消费者模式。

案例 9-7

案例描述 编写程序用阻塞队列实现生产者/消费者模式。

运行效果 该案例程序完成后运行效果如图 9-13 所示。

实现流程 其实现流程如下:

① 在 cn.edu.gdqy.demo 包下,添加一个类 BlockingQueueDemo,该类具有 main()方法。

② 在 BlockingQueueDemo 类中定义一个内部类 CandyBox(糖果盒),类中定义一个阻塞队列,并定义两个方法:

put()方法——由生产者线程调用。调用阻塞队列的 put()方法放入糖果到糖果盒中。

get()方法——由消费者线程调用。调用阻塞队列的 take()方法从糖果盒中取走糖果。

③ 在 BlockingQueueDemo 类中定义一个内部类 Producer(生产者线程),该类继承自 Thread 类。线程中调用糖果盒对象的 put()方法,放入糖果。

④ 在 BlockingQueueDemo 类中定义一个内部类 Consumer(消费者线程),该类继承自 Thread 类。线程中调用糖果盒对象的 get()方法,从糖果盒中取出糖果。

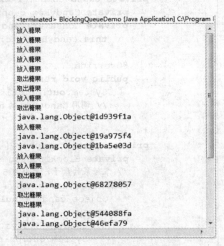

图 9-13 阻塞队列实现生产者/消费者模式例程运行结果

⑤ 在 BlockingQueueDemo 类中定义一个私有方法 execute(),该方法实现启动 10 个生产者线程和 10 个消费者线程的功能。

⑥ 在 BlockingQueueDemo 类的 main()方法中,调用 BlockingQueueDemo 对象的 execute()方法,实现生产者-消费者模式。

参考代码 根据上述实现流程编程程序,具体代码如代码清单 9-9 所示。

代码清单 9-9 用阻塞队列实现生产者/消费者模式

```
package cn.edu.gdqy.demo;
import java.util.concurrent.*;
public class BlockingQueueDemo {
    public static void main(String[] args) {
        BlockingQueueDemo demo = new BlockingQueueDemo();
```

```java
            demo.execute();
        }
        private void execute() {
            CandyBox c = new CandyBox();                    // 实例化一个糖果盒对象
            for(int i = 0; i < 10; i++) {                   // 启动10个放糖果的线程
                new Thread(new Producer(c)).start();
            }
            for(int i = 0; i < 10; i++) {
                new Thread(new Consumer(c)).start();        // 启动10个取糖果的线程
            }
        }
        private class Producer extends Thread {             // 定义生产者线程：放糖果
            private CandyBox candyBox;                      // 从外部传入糖果盒对象
            private Object candy = new Object();            // 申请一个糖果对象
            private Producer(CandyBox c) {
                this.candyBox = c;
            }
            @Override
            public void run() {
                candyBox.put(candy);     // 调用CandyBox的put()方法，将一颗糖果放入盒子中
            }
        }
        private class Consumer extends Thread {             // 定义消费者线程：取糖果
            private CandyBox candyBox;                      // 从外部传入糖果盒对象
            private Consumer(CandyBox c) {
                this.candyBox = c;
            }
            @Override
            public void run() {
                System.out.println(candyBox.get().toString());
                // 调用CandyBox的get()方法，从糖盒中取出一颗糖果，并输出该糖果对象
            }
        }
        private class CandyBox {      // 定义一个CandyBox类，可以放糖果和去糖果
            private BlockingQueue<Object> candys = new ArrayBlockingQueue<Object>(5);
            // 装糖果的盘子，大小为5
            public Object get() {     // 取出糖果，由消费者线程调用
                Object candy = null;
                try {
                    candy = candys.take(); //从盒子中取出一个糖果,如果盒子已空,当前线程被阻塞
                    System.out.println("取出糖果");
                } catch(InterruptedException e) {
                    e.printStackTrace();
                }
                return candy;
            }
            public void put(Object candy) {     // 放糖果，由生产者线程调用
                try {
                    candys.put(candy);          // 向盒子末尾放一个糖果,如果盒子已满,当前线程阻塞
                    System.out.println("放入糖果");
                } catch(InterruptedException e) {
                    e.printStackTrace();
                }
            }
        }
    }
```

说明：程序运行结果如图9-12所示。从图中可以看出，启动10个放糖果线程和10个取糖果线程，前5个放入糖果的线程成功执行，到第6个，发现盒子已满，即刻阻塞，

切换到取糖果线程执行，成功实现了生产者/消费者模式。从实现的代码看，使用阻塞队列比使用条件对象更简单、方便。（注：由于输出语句与放糖果操作、取糖果操作不是"原子的"，所以，输出的"取出糖果"和相应的对象字符串有时并非顺序输出的。）

9.8 线 程 池

1. 引入问题

Java 中，线程池的作用就是限制系统中执行线程的数量。

根据系统的环境情况，可以自动或手动设置线程数量，达到运行的最佳效果。如果线程数设置太多而实际用的很少，就会浪费系统资源；反之，如果线程数设置太少，而实际用得较多，则会造成系统拥挤，效率不高。用线程池控制线程数量，其他线程排队等候。一个任务执行完毕，再从线程队列中取最前面的任务开始执行。若队列中没有等待线程，线程池的这一资源处于等待状态。当一个新任务需要运行时，如果线程池中有等待的工作线程，就可以开始运行了；否则进入等待队列。

使用线程池的目的：

（1）减少创建和销毁线程的次数，每个工作线程都可以被重复利用，可执行多个任务。

（2）可以根据系统的承受能力，调整线程池中工作线程的数目，防止因为消耗过多的内存，而急速降低服务器的性能。

我们如何在 Java 程序中使用线程池呢？

2. 解答问题

Java 中，关于线程池的所有接口和类都位于 java.util.concurrent 包中。线程池的超级接口是 Executor，该接口提供了 execute()方法，其定义为：

```
public void execute(Runnable command);
```

该方法的功能是在未来某个时间执行给定的命令。该命令可能在新的线程、已入池的线程或者正调用的线程中执行，这由 Executor 实现决定。

但是严格意义上讲 Executor 并不是一个线程池，而只是一个执行线程的工具。真正的线程池接口是其子接口 ExecutorService。该接口定义的语法结构为：

```
public interface ExecutorService extends Executor
```

该子接口提供如表 9-5 所示的几种常用方法。

表 9-5　ExecutorService 接口的常用方法

方　　法	功　　能
boolean awaitTermination(long timeout, TimeUnit unit)	请求关闭、发生超时或者当前线程中断，无论哪一个首先发生，都将导致阻塞，直到所有任务完成执行
boolean isShutdown()	如果此执行程序已关闭，则返回 true
boolean isTerminated()	如果关闭后所有任务都已完成，则返回 true
void shutdown()	启动一次顺序关闭，执行以前提交的任务，但不接受新任务

另一个子线程接口是 ScheduledExecutorService。这与 Timer/TimerTask 类似，用于解决那些需要重复执行任务的问题。

线程池比较重要的两个类：

① ThreadPoolExecutor 类：是 ExecutorService 接口的默认实现。

② ScheduledThreadPoolExecutor 类：继承 ThreadPoolExecutor 的 ScheduledExecutorService 接口实现，是周期性任务调度的类实现。

下面我们将介绍 ThreadPoolExecutor 类的结构以及使用方法。

ThreadPoolExecutor 的完整构造方法：

```
public ThreadPoolExecutor(int corePoolSize, int maximumPoolSize, long keepAliveTime,
TimeUnit unit, BlockingQueue<Runnable> workQueue, ThreadFactory threadFactory, Rejected
ExecutionHandler handler)
```

参数：

① corePoolSize：池中所保存的线程数，包括空闲线程。

② maximumPoolSize：池中允许的最大线程数。

③ keepAliveTime：当线程数大于核心时，此为终止前多余的空闲线程等待新任务的最长时间。

④ unit：keepAliveTime 参数的时间单位。

⑤ workQueue：执行前用于保持任务的队列。此队列仅保持由 execute 方法提交的 Runnable 任务。

⑥ threadFactory：执行程序创建新线程时使用的工厂。

⑦ handler：由于超出线程范围和队列容量而使执行被阻塞时所使用的处理程序。

ThreadPoolExecutor 是 Executors 类的底层实现。要配置一个线程池较为复杂，但在 Executors 类里面提供了一些静态工厂，生成一些常用的线程池，为配置线程池提供了方便。这些静态方法详见表 9-6。

表 9-6 ThreadPoolExecutor 类的常用静态方法

静态方法	功能
ExecutorService newSingleThreadExecutor()	创建一个单线程的线程池。这个线程池只有一个线程处于工作状态，也就是相当于单线程串行执行所有任务。如果这个唯一的线程因为异常结束，那么会有一个新的线程来替代它。此线程池保证所有任务的执行顺序按照任务的提交顺序执行
ExecutorService newFixedThreadPool(int nThreads)	创建固定大小的线程池。每次提交一个任务就创建一个线程，直到线程达到线程池的最大大小。线程池的大小一旦达到最大值就会保持不变，如果某个线程因为执行异常而结束，那么线程池会补充一个新线程
ExecutorService newCachedThreadPool()	创建一个可缓存的线程池。如果线程池的大小超过了处理任务所需要的线程，那么就会回收部分空闲（60 s 不执行任务）的线程，当任务数增加时，此线程池又可以智能地添加新线程来处理任务。此线程池不会对线程池大小做限制，线程池大小完全依赖于操作系统（或者说 JVM）能够创建的最大线程大小
ScheduledExecutorService newScheduledThreadPool(int corePoolSize)	创建一个线程池，它可安排在给定延迟后运行命令或者定期地执行。参数：corePoolSize——池中所保存的线程数，即使线程是空闲的也包括在内

下面以 MiniQQ 系统服务器端服务线程创建与管理的线程池为例说明线程池的使用方法。

案例 9-8

案例描述 修改早期实现的 MiniQQ 系统服务器端程序（案例 8-1），使用线程池来管理服务线程。

运行效果 该案例程序完成后运行显示如图 8-3、图 8-4 所示的服务器端管理界面。

实现流程 其实现流程如下。

① 修改 ManagerThread 管理器线程类，将实例化的服务线程添加到线程池中，由线程池管理这些为客户端提供服务的线程；

② 在 ManagerThread 线程类中修改关闭 Socket 服务器和线程池的方法。

完整代码 根据上述处理流程，我们采用线程池来管理我们的服务线程。修改服务器端 ManagerUI 类中的内部类 ManagerThread，修改 run()方法和 close()方法，ManagerThread 类定义的完整代码如代码清单 9-10 所示。

代码清单 9-10　ManagerThread 类的定义

```java
/* 这是一个内部类，用于启动和关闭 SocketServer 和线程池 */
private class ManagerThread extends Thread {
    private ServerSocket server = null;         //定义一个 Socket 服务器
    private ExecutorService pool = null;        //定义一个线程池
    public void run() {
        try {
            server = new ServerSocket(8189);    // 建立一个 Socket 服务器，端口号为 8189
            pool = Executors.newFixedThreadPool(100);   // 创建固定大小的线程池
            while(true) {                       // server != null
                pool.execute(new ServiceThread(server.accept()));
                // 服务器一旦监听到有连接，就建立 Socket，并实例化一个服务线程，加入线程池中执行
            }
        } catch(IOException e) {                // 如果抛出异常，则关闭 Socket 服务器
            if(pool != null) {
                try {
                    if(server != null && !server.isClosed())
                        server.close();         //关闭 Socket 服务器
                } catch(IOException e1) {
                    e1.printStackTrace();
                }
                try {
                    if(!pool.awaitTermination(60, TimeUnit.SECONDS)) {
                        pool.shutdownNow();
                        if(!pool.awaitTermination(60, TimeUnit.SECONDS))
                            System.err.println("线程池没有被中断");
                    }
                } catch(InterruptedException ie) {
                    pool.shutdownNow();         // 按过去执行已提交任务的顺从发起一个有序的关闭，
                                                //不再接受新的任务
                    Thread.currentThread().interrupt();  // 中断当前线程
                }
            }
        }
    }
    /* 该方法用于关闭 Socket 服务器和线程池 */
    public void close() {
        if(server != null && !server.isClosed()) {
            try {
                server.close();                 //关闭 Socket 服务器
            } catch(IOException e) {
                e.printStackTrace();
            }
            server = null;
        }
        try {
            if(!pool.awaitTermination(60, TimeUnit.SECONDS)) {
```

```java
            //阻塞线程60秒, 直到所有任务完成执行, 如果60s内没有中止, 返回false
            pool.shutdownNow();
            // 按过去执行已提交任务的顺从发起一个有序的关闭, 不再接受新的任务
            if(!pool.awaitTermination(60, TimeUnit.SECONDS)) {
                System.err.println("线程没有被中断");
            }
        }
    } catch(InterruptedException ie) {
        pool.shutdownNow();
        // 按过去执行已提交任务的顺从发起一个有序的关闭, 不再接受新的任务
        Thread.currentThread().interrupt();            // 中断当前线程
    }
}
```

同步练习

1. 使用多线程实现生产者-消费者模式。
2. 修改 MiniQQ 系统服务器端程序，使用线程池来管理服务线程。

编辑一个 Word 文档，文档中的内容包括：①解决问题的流程（或思路）；②已运行通过后的程序代码；③程序运行后的截图。

要求：按照 Java 规范编写程序代码，代码中有必要的注释。

总　　结

进程是程序的一次动态执行过程。一个进程既包括其所要执行的指令，也包括执行指令所需的系统资源，不同进程所占用的系统资源相对独立，每个进程都有一段专属的内存空间，称为进程控制块。

线程是比进程更小的执行单元，是进程中的一个实体，是被系统独立调度和分派的基本单位。一个进程在执行过程中，可以产生多个线程。线程自己基本上不拥有系统资源，但它可以与同属一个进程的其他线程共享进程所拥有的全部资源。同一个进程中的线程可以共享相同的内存空间，并通过数据的共享来达到数据交换、通信和必要的同步等操作。

多线程程序中，单个程序似乎能同时执行多个任务。每个任务通常被称为一个线程。每个线程在同一个程序中执行自己的代码，并且每个线程"同时"运行，这就称为多线程。

一个线程有自己完整的生命周期，经历 5 个状态：新生状态（New 状态）、就绪状态（Runnable 状态）、运行状态（Running 状态）、阻塞状态（Not Running 状态）和死亡状态（Dead 状态）。

Java 语言中，与线程相关的是 java.lang 包中的 Thread 类和 Runnable 接口。Runnable 接口定义很简单，只有一个 run()方法。Thread 类实现了 Runnable 接口，Thread 类是 Java 中对线程的具体描述。

Java 的线程有两种：守护线程（Daemon）和用户线程（User）。用户线程：Java 虚拟机在它所有非守护线程已经离开后自动离开。守护线程：是用来服务于线程的，如果没有其他用户线程在运行，那么就没有可服务的对象，也就没有理由继续下去。

Java 中，每一个线程都有一个优先级，高优先级的线程可能比低优先级的线程有更高的执行概率。默认情况下线程的优先级为 5，用常量 NORM_PRIORITY 表示。最高优先级为

10，用 MAX_PRIORITY 表示。最低优先级为 1，用 MIN_PRIORITY 表示。

　　线程的同步是保证多线程安全访问竞争资源的一种手段。使用 synchronized 关键字和使用 ReentrantLock（重入锁）类可以解决多个线程同时访问竞争资源的同步问题。

　　当使用一个对象作为加锁操作的目标时，对象的 wait()方法用来声明该对象在等待某个条件的发生；而 notify()方法则是声明等待的条件已经发生。wait()方法和 notify()方法用来处理同步问题。

　　如果两个或多个线程在等待两个或多个锁被释放，而实际上这些解锁过程根本不会发生，那么线程就会陷入无限等待状态，这就是死锁。

第10章 泛型与集合

10.1 泛 型

1. 引入问题

泛型（Generic type 或 generics）是对 Java 语言的类型系统的一种扩展，以支持创建可以按类型进行参数化的类。可以把类型参数看作是使用参数化类型时指定的类型的一个占位符，就像方法的形式参数是运行时传递的值的占位符一样。在 Java 中，我们如何定义并引用泛型呢？

2. 解答问题

在定义泛型类或声明泛型类的变量时，使用尖括号来指定形式类型参数。类型形式参数与类型实际参数之间的关系类似于方法形式参数与方法实际参数之间的关系，只是类型参数表示类型，而不是表示值。

泛型类中的类型参数几乎可以用于任何可以使用类名的地方。下面是一个使用泛型的简单例子。

案例 10-1

案例描述 编写程序定义一个使用泛型的类，说明泛型的使用方法。

运行效果 该案例程序完成后运行效果如图 10-1 所示。

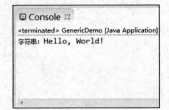

图 10-1 泛型例程运行结果

实现流程 其实现流程如下：

① 在 cn.edu.gdqy.demo 包下，添加带泛型的类 GenericDemo。为方便测试，类中添加 main() 方法；

② 类中添加带有一个参数的构造方法，参数的类型是泛型，该构造方法的功能是给类的一个类型为泛型的属性赋值；

③ 类中添加一个获取属性值的方法 getData()；

④ 在 main() 方法中实例化带有泛型的类，使用字符串类型作为参数类型；然后调用 getData() 方法获取字符串并输出该字符串。

完整代码 完整代码见代码清单 10-1。

代码清单 10-1 泛型的应用

```
package cn.edu.gdqy.demo;
public class GenericDemo<T> {
    private T t = null;
    public GenericDemo(T t) {
        this.t = t;
```

```
        }
        private T getData() {
            return t;
        }
        public static void main(String[] args) {
            String str = "Hello, World!";
            GenericDemo<String> demo = new GenericDemo<String>(str);
            String str2 = demo.getData();
            System.out.println("字符串: " + str2);
        }
    }
```

程序运行输出结果见图 10-1。

在案例 10-1 定义的类中，使用尖括号指定类型参数 T，有了这个参数化类型后，在对类进行实例化时，就可以指定任何类型了。

10.2 集　　合

1. 引入问题

在对数据进行处理时，通常需要应用集合类型，如数组、链表等。Java API 中，已有专门用于数据存储、访问、更新等操作的接口。有哪些主要的集合类型呢？

2. 解答问题

Java 中，Collection 表示一组对象，这些对象也称为集合的元素。有些集合允许有重复的元素，而有些则不允许有重复的元素。有些集合是有序的，而有些则是无序的。Java API 中所用的集合类，都实现了 java.util.Collection 接口，Collection 是层次结构中的根接口。该接口定义了表 10-1 所示的常用方法。

表 10-1　Collection 接口的常用方法

方　　法	功　　能
boolean add(E e)	添加元素到集合中
boolean addAll(Collection<? extends E> c)	将指定集合中的所有元素都添加到此集合中
void clear()	移除此集合中的所有元素
boolean contains(Object o)	如果此集合中包含指定的元素，则返回 true
boolean containsAll(Collection<?> c)	如果此集合包含指定集合中的所有元素，则返回 true
boolean equals(Object o)	比较此集合与指定对象是否相等
boolean isEmpty()	如果此集合不包含元素，则返回 true
Iterator<E> iterator()	返回在此集合元素上进行迭代的迭代器
boolean remove(Object o)	从此集合中移除指定元素的单个实例
boolean removeAll(Collection<?> c)	移除此集合中那些也包含在指定集合中的所有元素
boolean retainAll(Collection<?> c)	仅保留此集合中那些也包含在指定集合中的元素
int size()	返回此集合中的元素个数
Object[] toArray()	返回包含此集合中所有元素的数组

JDK 不提供此 Collection 接口的任何直接实现，但它提供了一些更具体的子接口（如 Set、List 和 Map）的实现。

下面我们将简单介绍有关集合的几个接口和集合类。

（1）Iterator

从上面我们对 Collection 接口的介绍中，已经知道集合的 iterator()方法返回一个迭代器 Iterator。所以，在介绍其他集合之前，让我们先来了解 Iterator。

java.util.Iterator 是一个接口，其定义语法结构为：

```
public interface Iterator<E>
```

Iterator 是对集合进行迭代的迭代器。迭代器取代了 Java 集合框架中的 Enumeration（枚举）。迭代器提供的方法如表 10-2 所示。

表 10-2　Iterator 接口的常用方法

方法	功能
boolean hasNext()	确定迭代器中是否还有元素可以迭代，如果有返回 true，否则返回 false
E next()	返回迭代的下一个元素
void remove()	从迭代器指向的集合中移除迭代器返回的最后一个元素

下面将给出一个有关迭代器的简单使用方法。

案例 10-2

案例描述　编写程序演示迭代器的简单使用方法。

运行效果　该案例程序完成后运行效果如图 10-2 所示。

实现流程　其实现流程如下：

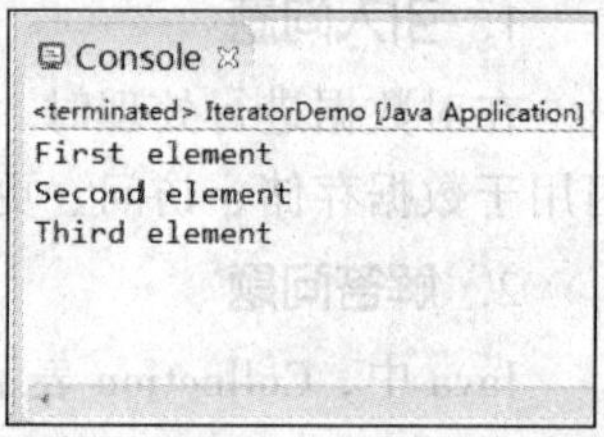

① 在 cn.edu.gdqy.demo 包下，添加类 IteratorDemo。为方便测试，类中添加 main()方法。

图 10-2　迭代器例程运行结果

② 在 main()方法中定义一个列表，调用列表的 add()方法向列表添加几个字符串。

③ 从列表对象获取迭代器，再从迭代器中获取并输出迭代器中的数据。

完整代码　根据上述实现流程编写程序，完整代码如代码清单 10-2 所示。

代码清单 10-2　迭代器的简单应用

```java
package cn.edu.gdqy.demo;
import java.util.*;
public class IteratorDemo {
    public static void main(String[] args) {
        List<String> list = new ArrayList<String>();  //定义一个类型为字符串的数组列表
        list.add("First element");                    //添加数组元素
        list.add("Second element");                   //添加数组元素
        list.add("Third element");                    //添加数组元素
        @SuppressWarnings("rawtypes")
        Iterator iter = list.iterator();  //调用集合的 iterator()方法，返回一个迭代器对象
        while(iter.hasNext()) {           //如果迭代器中还有元素
            String str = (String)iter.next();         //获取迭代器中的下一个元素
            System.out.println(str);
        }
    }
}
```

程序运行输出如图 10-2 所示的结果。

（2）Vector

Vector 向量类可实现自动增长的对象数组。java.util.Vector 提供的向量类 Vector 以实现

类似动态数组的功能。在 Java 语言中没有指针的概念，但如果正确灵活地使用指针又确实可以大大提高程序的质量。为了弥补这个缺点，Java 提供了丰富的类库，Vector 类便是其中之一。事实上，灵活使用数组也可以完成向量类的功能，但向量类中提供大量的方法大大方便了用户的使用。

Vector 的大小可以根据需要增大或缩小，以适应创建 Vector 后添加或移除项的操作。创建一个向量类的对象后，可以往其中随意插入不同类型的对象，即无须顾及类型也无须预先选定向量的容量，并可以方便地进行查找。对于预先不知或者不愿预先定义数组大小，并且需要频繁地进行查找、插入和删除工作的情况，可以考虑使用向量类。与数组一样，它包含可以使用整数索引进行访问的方法。

Vector 类提供了四个构造方法，如表 10-3 所示。

表 10-3　Vector 类的几个构造方法

构 造 方 法	说　　明
Vector()	构造一个空向量，使其内部数据数组的大小为 10，其标准容量增量为零
Vector(Collection<? extends E> c)	构造一个包含指定集合中元素的向量，这些元素按其集合的迭代器返回元素的顺序排列
Vector(int initialCapacity)	使用指定的初始容量和等于零的容量增量构造一个空向量
Vector(int initialCapacity, int capacityIncrement)	使用指定的初始容量和容量增量构造一个空的向量

Vector 向量类提供了大量的方法用于操作集合中的元素，表 10-4 给出了部分方法，其他的详见 Java API 官方文档。

表 10-4　Vector 类的常用方法

方　　法	功　　能
final synchronized void addElement(Object obj)	将 obj 插入向量的尾部。obj 可以是任何类型的对象。对同一个向量对象，亦可以在其中插入不同类的对象。但插入的应是对象而不是数值，所以插入数值时要注意将数组转换成相应的对象
final synchronized void setElementAt(Object obj,int index)	将 index 处的对象设置成 obj，原来的对象将被覆盖
final synchronized void insertElementAt(Object obj,int index)	在 index 指定的位置插入 obj，原来对象及此后的对象依次往后顺延
final synchronized void removeElement(Object obj)	从向量中删除 obj，若有多个存在，则从向量头开始试，删除找到的第一个与 obj 相同的向量成员
final synchronized void removeAllElement()	删除向量所有的对象。
final synchronized void removeElementAt(int index)	删除 index 所指的地方的对象
final int indexOf(Object obj)	从向量头开始搜索 obj，返回所遇到的第一个 obj 对应的下标，若不存在此 obj，返回 –1
final synchronized int indexOf(Object obj,int index)	从 index 所表示的下标处开始搜索 obj
final int lastIndexOf(Object obj)	从向量尾部开始逆向搜索 obj
final synchornized int lastIndexOf(Object obj,int index)	从 index 所表示的下标处由尾至头逆向搜索对象
final synchornized firstElement()	获取向量对象中的首个对象
final synchornized Object lastElement()	获取向量对象的最后一个对象

下面给出一个简单例子说明 Vector 类的使用方法。

案例 10-3

案例描述　编写程序演示 Vector 类的使用方法。

运行效果　该案例程序完成后运行效果如图 10-3 所示。

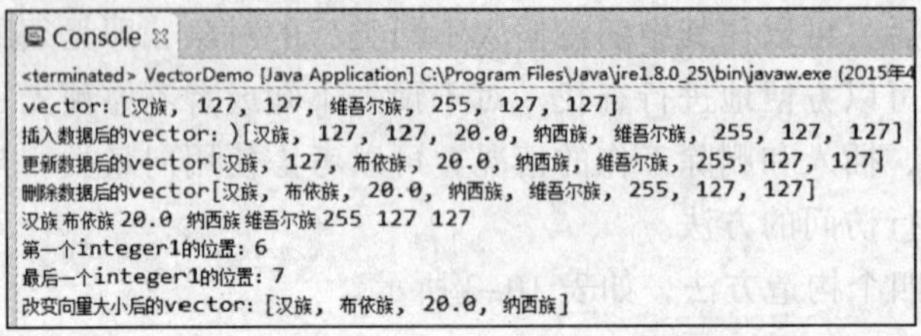

```
Console ⊠
<terminated> VectorDemo [Java Application] C:\Program Files\Java\jre1.8.0_25\bin\javaw.exe (2015年4
vector: [汉族, 127, 127, 维吾尔族, 255, 127, 127]
插入数据后的vector: )[汉族, 127, 127, 20.0, 纳西族, 维吾尔族, 255, 127, 127]
更新数据后的vector[汉族, 127, 布依族, 20.0, 纳西族, 维吾尔族, 255, 127, 127]
删除数据后的vector[汉族, 布依族, 20.0, 纳西族, 维吾尔族, 255, 127, 127]
汉族 布依族 20.0 纳西族 维吾尔族 255 127 127
第一个integer1的位置: 6
最后一个integer1的位置: 7
改变向量大小后的vector: [汉族, 布依族, 20.0, 纳西族]
```

图 10-3　Vector 类的使用方法例程运行结果

实现流程　其实现流程如下：

① 在 cn.edu.gdqy.demo 包下，添加类 VectorDemo。为方便测试，类中添加 main()方法；
② 在 main()方法中定义一个 Vector 对象，调用 Vector 对象的各种方法对向量进行各种操作；
③ 从向量对象获取迭代器，再从迭代器中获取并输出迭代器中的数据。

完整代码　根据上述实现流程编写程序，完整代码如代码清单 10-3 所示。

代码清单 10-3　Vector 类的简单应用

```java
package cn.edu.gdqy.demo;
import java.util.*;
public class VectorDemo {
    @SuppressWarnings("unchecked")
    public static void main(String[] args) {
        @SuppressWarnings("rawtypes")
        Vector vector = new Vector();              //定义一个向量对象
        Integer integer1 = new Integer(127);       //定义一个整型对象
        vector.addElement("汉族");                  // 加入字符串对象
        vector.addElement(integer1);               // 加入整型对象
        vector.addElement(integer1);               // 加入整型对象
        vector.addElement("维吾尔族");              // 加入字符串对象
        vector.addElement(new Integer(255));       // 加入整型对象
        vector.addElement(integer1);               // 加入整型对象
        vector.addElement(integer1);               // 加入整型对象
        System.out.println("vector: " + vector);   // 转为字符串并打印
        vector.insertElementAt("纳西族", 3);        // 向指定位置插入新对象
        vector.insertElementAt(new Float(20.0), 3);
        // 向指定位置插入新对象，指定位置后的对象依次往后顺延
        System.out.println("插入数据后的 vector: )" + vector);
        vector.setElementAt("布依族", 2);           // 将指定位置的对象更新为新的对象
        System.out.println("更新数据后的 vector" + vector);
        vector.removeElement(integer1);
        // 从向量对象中删除对象 integer1，删除的是第一个 integer1
        System.out.println("删除数据后的 vector" + vector);
        @SuppressWarnings("rawtypes")
        Iterator iter = vector.iterator();         //将向量中的数据加入迭代器
        while(iter.hasNext()) {                    //遍历每一个数据元素
            System.out.print(iter.next() + " ");
        }
        System.out.println();
        // 按不同的方向查找对象 integer1 所处的位置
        System.out.println("第一个 integer1 的位置: " + vector.indexOf(integer1));
```

```
            System.out.println("最后一个integer1的位置: " + vector.lastIndexOf(integer1));
            //重新设置vector的大小,多余的元素被截掉
            vector.setSize(4);
            System.out.println("改变向量大小后的vector: " + vector);
        }
    }
```

程序运行输出如图10-3所示的结果。

Vector是线程安全的,因此,在多线程系统中,如果多个线程访问竞争的数组资源,最好使用Vector对象来管理数据。

(3) List 与 ArrayList、LinkedList

java.util.List是继承自Collection接口的子接口,是一个有序的集合,可以包含重复的元素。提供了按索引访问集合的方式。List提供的常用方法详见表10-5。

表10-5 List接口的常用方法

方 法	功 能
boolean add(E e)	向列表的尾部添加指定的元素
void add(int index, E element)	在列表的指定位置插入指定元素
boolean contains(Object o)	如果列表包含指定的元素,则返回true
boolean equals(Object o)	比较指定的对象与列表是否相等
E get(int index)	返回列表中指定位置的元素
int indexOf(Object o)	返回此列表中第一次出现的指定元素的索引;如果此列表不包含该元素,则返回-1
boolean isEmpty()	如果列表不包含元素,则返回true
Iterator<E> iterator()	返回按适当顺序在列表的元素上进行迭代的迭代器
int lastIndexOf(Object o)	返回此列表中最后出现的指定元素的索引;如果列表不包含此元素,则返回-1
E remove(int index)	移除列表中指定位置的元素
booleanremove(Object o)	从此列表中移除第一次出现的指定元素
intsize()	返回列表中的元素数
Object[] toArray()	返回按适当顺序包含列表中的所有元素的数组(从第一个元素到最后一个元素)

List有两个重要的实现类:ArrayList和LinkedList。ArrayList是数组列表,是容量可以自动增长的动态数组,而LinkedList是链表列表,分别应用于数组和链表数据结构的一些操作。

可以利用列表的toArray()方法返回列表对应的数组,也可以使用数组Arrays.asList()方法返回一个列表。

集合当中放置的都是Object类型,因此取出来的也是Object类型。要获取实际的类型,必须使用强制类型转换。集合中只能放置对象的引用,无法直接放置基本数据类型(如int、float等)的数据,这些数据需要用其包装类封装成对象后才能加入集合中。

ArrayList与LinkedList的主要区别:

① ArrayList实现了基于动态数组的数据结构,而LinkedList实现的是基于链表的数据结构。

② 对于随机访问的get()和set()方法,ArrayList优于LinkedList,因为LinkedList要移动指针,而ArrayList使用索引随机访问。

③ 对于新增add()和删除remove()操作,LinkedList优于ArrayList,因为ArrayList要移动数据,而LinkedList只需要修改指针。

如果不需要频繁地新增和删除数据元素等大量移动数据元素的操作时,选择ArrayList

数组列表，反之，选择 LinkedList 链表列表。

每个 ArrayList 实例都有一个容量，该容量是指用来存储列表元素的数组的大小。它总是至少等于列表的大小。随着向 ArrayList 中不断添加元素，其容量也自动增长。自动增长会带来数据向新数组的重新复制，因此，如果可预知数据量的多少，可在构造 ArrayList 时指定其容量。在添加大量元素前，应用程序也可以使用 ensureCapacity() 操作来增加 ArrayList 实例的容量，这可以减少递增式再分配的数量。

下面以一个实例说明 ArrayList 的使用方法。

案例 10-4

案例描述 编写程序演示 ArrayList 类的使用方法。

运行效果 该案例程序完成后运行效果如图 10-4 所示。

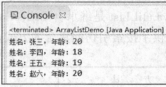

图 10-4 ArrayList 使用方法例程运行结果

实现流程 其实现流程如下。

① 在 cn.edu.gdqy.demo 包下，添加类 ArrayListDemo。为方便测试，类中添加 main() 方法。

② 在 ArrayListDemo 类中添加一个内部类 Student，用于定义学生信息，包括两个属性：姓名和年龄，以及访问这两个属性的方法。

③ 在 ArrayListDemo 类中添加一个用于测试 ArrayList 类使用方法的 test() 方法。该方法中实例化多个学生对象，添加到数组列表中。

④ 从数组列表对象获取迭代器，再遍历并输出迭代器中的数据。

⑤ 在 main() 方法中调用 test() 方法实现 ArrayList 数组列表对象存储数据的功能。

完整代码 根据上述实现流程编写程序，完整代码如代码清单 10-4 所示。

代码清单 10-4　ArrayList 类的简单应用

```java
package cn.edu.gdqy.demo;
import java.util.*;
public class ArrayListDemo {
    public static void main(String[] args) {
        ArrayListDemo demo = new ArrayListDemo();
        demo.test();
    }
    private void test() {
        Student s1 = new Student("张三", 20);            // 实例化一个学生对象
        Student s2 = new Student("李四", 18);            // 实例化一个学生对象
        Student s3 = new Student("王五", 19);            // 实例化一个学生对象
        Student s4 = new Student("赵六", 20);            // 实例化一个学生对象
        List<Student> list = new ArrayList<Student>();   // 创建一个学生列表
        list.add(s1);                                    // 将学生张三的信息添加到列表中
        list.add(s2);                                    // 将学生李四的信息添加到列表中
        list.add(s3);                                    // 将学生王五的信息添加到列表中
        list.add(s4);                                    // 将学生赵六的信息添加到列表中
        Iterator<Student> iter = list.iterator();        // 将列表中的信息加入迭代器
        while (iter.hasNext()) {
            Student s = iter.next();
            System.out.println("姓名: " + s.getName() + ", 年龄: " + s.getAge());
        }
    }
    private class Student {                              // 定义一个学生内部类
        private String name;
```

```
        private int age;
        private Student(String name, int age) {
            this.name = name;
            this.age = age;
        }
        public String getName() {
            return name;
        }
        public int getAge() {
            return age;
        }
    }
}
```

程序运行输出如图 10-4 所示的结果。

前面已经分别介绍了 Vector 和 ArrayList 的使用，ArrayList 与 LinkedList 之间的区别，现在我们再来看看，Java 中 Vector、ArrayList 和 LinkedList 的联系与区别。

这三个类都是 List 接口的实现类。List 用于存放多个元素，能够维护元素的次序，并且允许元素重复。3 个具体实现类的区别如下：

① ArrayList 是最常用的 List 实现类，内部是通过数组实现的，它允许对数据元素进行快速随机访问。但数组的缺点是每个元素之间不能有间隔，当数组大小不满足时需要增加存储能力，需要将已有的数据复制到新的存储空间中。当从 ArrayList 的中间位置插入或者删除元素时，需要对数组进行复制、移动操作，影响效率。因此，它适合随机查找和遍历，不适合频繁插入和删除操作。

② Vector 与 ArrayList 一样，也是通过数组实现的，不同的是它支持线程的同步，即某一时刻只有一个线程能够写 Vector，避免多线程同时写入而引起的不一致性，但实现同步需要很高的开销，因此，访问 Vector 比访问 ArrayList 慢。

③ LinkedList 是用链表结构存储数据的，很适合数据的动态插入和删除操作，随机访问和遍历效率较低。另外，它还提供了 List 接口中没有定义的方法，专门用于操作表头和表尾元素，可以当作堆栈、队列和双向队列使用。

④ Vector 和 ArrayList 虽然都是通过数组实现的，但两者在实现上主要有下面两点不同：

a. 当数组的大小不够的时候，需要重新建立数组，然后将元素复制到新的数组内，但 ArrayList 和 Vector 在扩展数组大小时有所不同：ArrayList 在数组大小不够时默认扩展 50% 加 1 个，而 Vector 默认扩展 1 倍。

b. 虽然 Vector 属于线程安全的，但大多数情况下不使用 Vector，因为线程安全需要更大的系统开销。

（4）Map 与 HashMap、TreeMap

在数组中，我们通过数组的下标来对其内容进行索引，访问数组虽然方便，但如果某些对象在数组中无法方便地按顺序存放，访问这样的数组就不太方便了，这时候我们就可以使用 Map。

在 Map 中，我们可以通过对象来对对象进行索引，用来索引的对象称为 key，其对应的值对象称为 value，这就是 Map 的键-值对。

java.util.Map 是一个接口，其定义为：

```
public interface Map<K, V>
```

将键映射到值的对象。一个映射不能包含重复的键，但值可以相同；每个键最多只能映射到一个值。Map 接口允许以键集、值集或键-值映射关系集的形式查看某个映射的内容。

映射顺序定义为迭代器在映射的集合上返回其元素的顺序。某些映射实现可明确保证其顺序，如 TreeMap 类；另一些映射实现则不保证顺序，如 HashMap 类。

Map 接口提供的常用方法如表 10-6 所示。

表 10-6　Map 接口的常用方法

方　　法	功　　能
void clear()	从此映射中移除所有映射关系
boolean containsKey(Object key)	如果此映射包含指定键的映射关系，则返回 true
boolean containsValue(Object value)	如果此映射将一个或多个键映射到指定值，则返回 true
V get(Object key)	返回指定键所映射的值；如果此映射不包含该键的映射关系，则返回 null
boolean isEmpty()	如果此映射未包含键-值映射关系，则返回 true
V put(K key, V value)	将指定的值与此映射中的指定键关联
V remove(Object key)	如果存在一个键的映射关系，则将其从此映射中移除
int size()	返回此映射中的键-值映射关系数

HashMap 和 TreeMap 都是 Map 接口的实现类，HashMap 通过 hashcode 对其内容进行快速查找，元素的排列顺序不是固定的；而 TreeMap 中所有的元素都保持某种固定的顺序，如果你想得到一个有序的结果就应该使用 TreeMap。HashMap 与 TreeMap 都不是线程安全的。

下面我们将以实例说明 TreeMap 与 HashMap 的使用方法。

案例 10-5

案例描述　我们在开发软件项目中，经常会涉及一些常量值，如性别包含"男""女"；学历包括"小学""初中""高中""大专""本科"研究生（硕士）、研究生（博士）。这些信息如果保存到数据库中，检索时会降低效率，因此，我们常常把这些不变的内容保存在内存中，以提高其检索性能。编写程序应用 TreeMap 实现诸如性别、学历这些信息的存储。

运行效果　该案例程序完成后运行效果如图 10-5 所示。

图 10-5　案例 10-5 运行效果

实现流程　其实现流程如下：

① 在 cn.edu.gdqy.demo 包下添加一个窗体类 TreeMapDemo，在窗体上创建两个组合框，一个组合框中加载性别数据的 TreeMap，另一个组合框则加载学历数据的 TreeMap；

② 在 TreeMapDemo 类中添加一个保存常量值的类，定义两个 TreeMap 对象，并加载相应的性别数据和学历数据；

③ 在 TreeMapDemo 类中添加一个事件监听器，当单击"点击"按钮时，获取选择的性别和学历，并弹出信息提示框显示相应的性别和学历；

④ 将事件监听器对象注册到"点击"按钮上。

完整代码完整代码及注释如代码清单 10-5 所示。

代码清单 10-5　TreeMap 类的简单应用

```
package cn.edu.gdqy.demo;
import java.awt.event.*;
import java.util.TreeMap;
import javax.swing.*;
```

```java
public class TreeMapDemo extends JFrame {
    private static final long serialVersionUID = 1L;
    private JComboBox<String> cmbSex = null;
    private JComboBox<String> cmbEdu = null;
    public TreeMapDemo() {
        init();
    }
    @SuppressWarnings({ "unchecked", "rawtypes" })
    private void init() {
        this.setLayout(null);
        this.setTitle("TreeMap Demo");
        this.setSize(290,180);
        JLabel label1 = new JLabel("性别");              // 定义一个显示"性别"提示的标签
        label1.setBounds(20, 20, 30, 25);
        this.add(label1);
        // 定义一个显示"性别"列表的下拉列表框,列表内容来自于HRConstant.TSex//中的所有值
        DefaultComboBoxModel model1 = new DefaultComboBoxModel(
                HRConstant.TSex.values().toArray());
        cmbSex = new JComboBox(model1);
        cmbSex.setBounds(60, 20, 200, 25);
        this.add(cmbSex);
        JLabel label2 = new JLabel("学历");              // 定义一个显示"学历"提示的标签
        label2.setBounds(20, 60, 30, 25);
        this.add(label2);
        // 定义一个显示"学历"列表的下拉列表框,列表内容来自于HRConstant.TEdu//中的所有值
        DefaultComboBoxModel model2 = new DefaultComboBoxModel(
                HRConstant.TEdu.values().toArray());
        cmbEdu = new JComboBox(model2);
        cmbEdu.setBounds(60, 60, 200, 25);
        this.add(cmbEdu);
        JButton btnClick = new JButton("点击");
        // 定义一个用于获取用户选择的性别和学历的功能按钮
        btnClick.setBounds(115, 105, 60, 25);
        btnClick.addActionListener(new ClickListener());
        this.add(btnClick);
        this.setVisible(true);
    }
    // 定义一个内部类实现ActionListener监听器接口
    private class ClickListener implements ActionListener {
        @Override
        public void actionPerformed(ActionEvent arg0) {
            String sex = (String)cmbSex.getSelectedItem();        // 获取用户选择的性别
            String key1 = HRConstant.TSex.firstKey();  // 在性别TreeMap中获取第一个键
            String value1 = HRConstant.TSex.get(key1);    // 获取第一个键所映射的值
            while (!value1.equals(sex) && key1 != null) {
                // 如果没有找到选择的性别,并且没有遍历完所有的性别
                key1 = HRConstant.TSex.higherKey(key1);    // 获取比当前键更高的键
                value1 = HRConstant.TSex.get(key1);          // 获取更高键映射的值
            }
            String edu = (String)cmbEdu.getSelectedItem();   // 获取用户选择的学历
            String key2 = HRConstant.TEdu.firstKey();   // 在学历TreeMap中获取第一个键
            String value2 = HRConstant.TEdu.get(key2);    // 获取第一个键所映射的值
            while (!value2.equals(edu) && key2 != null) {
                // 如果没有找到选择的学历,并且没有遍历完所有的学历
                key2 = HRConstant.TEdu.higherKey(key2);    // 获取比当前键更高的键
                value2 = HRConstant.TEdu.get(key2);          // 获取更高键映射的值
            }
            JOptionPane.showMessageDialog(null, "'" + sex + "'的键值是: " +
                key1 + ",'" + edu + "'的键值是: " + key2);
        }
```

```java
        public static void main(String[] args) {
            new TreeMapDemo();
        }
    }
    class HRConstant {                              // 定义一个保存常量值的类
        // 定义性别对象并定义一个静态块为其赋值
        public static TreeMap<String, String> TSex = new TreeMap<String, String>();
        static {
            TSex.put("1", "男");      // 键为"1"，映射的值为"男"
            TSex.put("2", "女");      // 键为"2"，映射的值为"女"
        }
        // 定义学历对象并定义一个静态块为其赋值
        public static TreeMap<String, String> TEdu = new TreeMap<String, String>();
        static {
            TEdu.put("01", "小学");
            TEdu.put("02", "初中");
            TEdu.put("03", "高中");
            TEdu.put("04", "大专");
            TEdu.put("05", "本科");
            TEdu.put("06", "研究生（硕士）");
            TEdu.put("07", "研究生（博士）");
        }
    }
```

说明：程序中定义了一个保存性别和学历等常量值的类 HRConstant，该类中定义了两个 TreeMap 类型的对象，并调用 TreeMap 对象的 put()方法，将值保存到 TreeMap 中。加载性别和学历信息到下拉列表框中时，方法是获取所有的值并转换为数组作为参数构建组合框模型。可以使用 firstKey()、higherKey()、get()等方法一起检索 TreeMap 对象中的键、值以及键-值对。当用户在性别列表中选择"男"，在学历列表选择"研究生（博士）"，然后点击"点击"按钮，弹出如图 10-5 所示的消息框。

我们接下来看看 HashMap 是如何使用的。

案例 10-6

案例描述 编写程序模拟从数据库中获取教师信息，并将所有教师信息和教师总数封装到 HashMap 对象中，然后在 main()方法中对这些信息进行解析。

运行效果 该案例程序完成后运行效果如图 10-6 所示。

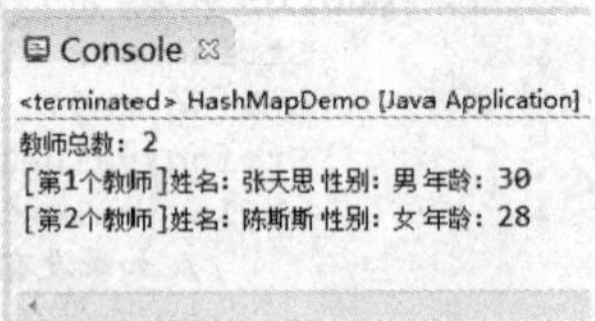

图 10-6 应用 HashMap 的例程运行结果

实现流程 其实现流程如下：

① 在 cn.edu.gdqy.demo 包下添加一个类 HashMapDemo，为了方便测试，类中添加 main()方法。

② 在 TreeMapDemo 类中添加一个包访问级别的 Teacher 类，类中定义姓名、性别和年龄三个属性，以及访问这三个属性的 get 和 set 方法。

③ 在 HashMapDemo 类中定义一个封装教师信息和教师人数的方法 getTeachers()，该方法返回 HashMap<String, Object>对象。

④ 在 main()方法中调用 getTeachers()方法，对返回的 HashMap<String, Object>对象进行解析，获取教师人数和所有的教师信息。

完整代码 完整代码及注释如代码清单 10-6 所示。

代码清单 10-6 HashMap 类的简单应用

```java
package cn.edu.gdqy.demo;
import java.util.*;
public class HashMapDemo {
    public static void main(String[] args) {
        HashMapDemo demo = new HashMapDemo();
        HashMap<String, Object> map = demo.getTeachers();
        // 调用 getTeachers()方法, 返回一个 HashMap 对象
        @SuppressWarnings("unchecked")
        ArrayList<Teacher> data = (ArrayList<Teacher>)map.get("data");
        // 从 HashMap 对象中获取键名为 "data" 映射的值, 该值为教师列表
        int total = ((Integer)map.get("total")).intValue();
        // 从 HashMap 对象中获取键名为 "total" 映射的值, 该值为整型值
        System.out.println("教师总数: " + total);        //输出教师总数
        for(int i = 0; i < data.size(); i++) {           //遍历教师信息列表
            Teacher t = data.get(i);
            System.out.println("[第" + (i+1) + "个教师]姓名: " + t.getName() +
                " 性别: " + t.getSex() + " 年龄: " + t.getAge());
        }
    }
    /* 定义一个获取教师信息及记录总数的方法, 返回 HashMap 对象 */
    private HashMap<String, Object> getTeachers() {
        ArrayList<Teacher> tlist = new ArrayList<Teacher>();    // 实例化一个数组列表
        Teacher t1 = new Teacher();            // 创建第一个教师对象并对其属性赋值
        t1.setName("张天思");
        t1.setSex("男");
        t1.setAge(30);
        tlist.add(t1);                         // 将第一个教师对象添加到列表中
        Teacher t2 = new Teacher();            // 创建第二个教师对象并对其属性赋值
        t2.setName("陈斯斯");
        t2.setSex("女");
        t2.setAge(28);
        tlist.add(t2);                         // 将第二个教师对象添加到列表中
        HashMap<String, Object> map = new HashMap<String, Object>();
        //创建一个 HashMap 对象
        map.put("data", tlist);                // 将教师列表添加到 map 中, 键名为 "data"
        map.put("total", tlist.size());        // 将教师数量添加到 map 中, 键名为 "total"
        return map;         // 返回 HashMap 对象
    }
}
class Teacher {       // 定义有三个属性 (姓名、性别、年龄) 的教师类
    private String name;
    private String sex;
    private int age;
    public String getName() {
        return name;
    }
    public void setName(String name) {
        this.name = name;
    }
    public String getSex() {
        return sex;
    }
    public void setSex(String sex) {
        this.sex = sex;
    }
    public int getAge() {
        return age;
```

```
    }
    public void setAge(int age) {
        this.age = age;
    }
}
```

程序运行输出如图 10-6 所示的教师信息。

同步练习

练习案例 10-1 至案例 10-6。

编辑一个 Word 文档，文档中的内容包括：①解决问题的流程（或思路）；②已运行通过后的程序代码；③程序运行后的截图。

要求：按照 Java 规范编写程序代码，代码中有必要的注释。

总　　结

泛型（Generic type 或 generics）是对 Java 语言的类型系统的一种扩展，以支持创建可以按类型进行参数化的类。可以把类型参数看作是使用参数化类型时指定的类型的一个占位符，就像方法的形式参数是运行时传递的值的占位符一样。

Iterator 是对集合进行迭代的迭代器。迭代器取代了 Java 集合框架中的 Enumeration（枚举）。

Vector 向量类可实现自动增长的对象数组。java.util.Vector 提供的向量类 Vector 以实现类似动态数组的功能。Vector 是安全的，因此，在多线程系统中，如果多个线程访问竞争的数组资源，最好使用 Vector 对象来管理数据。

java.util.List 是继承自 Collection 接口的子接口，是一个有序的集合，可以包含重复的元素。提供了按索引访问集合的方式。

List 有两个重要的实现类：ArrayList 和 LinkedList。ArrayList 是数组列表，是容量可以自动增长的动态数组，而 LinkedList 是链表列表，分别应用于数组和链表数据结构的一些操作。

Map 接口允许以键集、值集或键-值映射关系集的形式查看某个映射的内容。映射顺序定义为迭代器在映射的集合上返回其元素的顺序。某些映射实现可明确保证其顺序，如 TreeMap 类；另一些映射实现则不保证顺序，如 HashMap 类。

第11章 数据库编程

大量数据需要长期保存，其方式有两种：一种是保存到文件，而另一种则是保存到数据库。保存到文件中的数据，具有检索不方便、访问效率低等缺点；所以，大批量、需要长期保存的数据通常保存在数据库中。

数据库（Database，DB）是按照一定的数据结构来组织、存储和管理数据的仓库。为了便于数据的集中管理和快速查询，常常需要把某些相关的数据放进这样的仓库里，并根据管理和检索的需要进行相应的处理。例如，在我们的 MiniQQ 系统中，需要将 QQ 用户的基本情况（QQ 账号、昵称、性别、出生日期、籍贯、邮箱地址等）存放在一个表中，而好友情况（属于哪个 QQ 用户、好友的信息等）存放到另一个表中，这些表及表与表之间形成的关系，就组成了一个数据仓库，我们称其为"数据库"。

11.1 JDBC

1. 引入问题

不管是 SQL Server 数据库还是 MySQL 数据库，从逻辑上（甚至物理上）都与我们的 Java 应用程序是分开的。我们如何才能把 Java 应用程序中的数据保存到数据库？或者，我们怎样才能在 Java 应用程序中访问数据库中的数据呢？

2. 解答问题

为了使 Java 应用程序与数据库之间能够通信，需要应用 JDBC。JDBC，全称为 Java DataBase Connectivity，即为 Java 数据库连接，是一种用来执行 SQL 语句的 Java 语言应用程序编程接口 API，它包括一系列用 Java 语言编写的类和接口，是 Java 访问数据库的标准接口技术，它与 Microsoft 开发的 ODBC 技术具有同样的功效，提供一组通用的 API，通过数据库特定的驱动程序，访问数据库。不同之处是 ODBC 是用 C 语言编写的，主要用于在 Windows 平台下访问数据库，JDBC 是完全用 Java 语言编写的，是 Java 程序访问数据库的接口技术。

JDBC 是 Java 程序连接和访问数据库的应用程序接口（API），该接口是 Java 核心 API 的一部分。

JDBC 由一组类和接口组成，它支持 ANSI SQL—1992 标准。通过调用这些类和接口所提供的成员方法，就可以方便地连接各种不同的数据库，再使用标准的 SQL 命令对数据库进行查询、插入、删除和修改等操作。

要在 Java 中使用 JDBC，必须下载 JDBC 驱动程序，并将其 jar 包文件导入 Eclipse 这样的 IDE 环境中。

（1）下载 JDBC 驱动程序

不同数据库需要下载不同的 JDBC 驱动程序，下面提供 MySQL 和 SQL Server 两种数据库的 JDBC 驱动程序下载地址。

JDBC for MySQL 的下载地址：http://www.mysql.com/products/connector/。在下载页面单击"Download"后，下载文件 mysql-connector-java-gpl-5.1.35.msi 文件。

在资源管理器中双击该文件就可以直接安装该 JDBC 了。安装后其 jar 包解压到了 C:\Program Files(x86)\MySQL\MySQL Connector J 目录下，（如果是 32 位系统，则在 C:\Program Files\MySQL\MySQL Connector J 目录下），如图 11-1 所示。

图 11-1　运行 mysql-connector-java-gpl-5.1.35.msi 文件后的 jar 文件位置

JDBC for SQL Server 的下载地址：https://msdn.microsoft.com/zh-cn/data/aa937724.aspx，在下载页面单击"Download the Microsoft JDBC Driver 4.1 or 4.0 for SQL Server"后，即可在如图 11-2 所示的页面中根据您所使用的系统选择你要下载的版本。

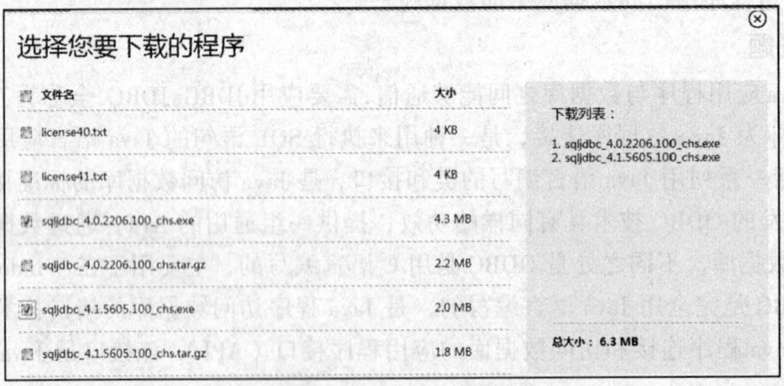

图 11-2　要下载的文件

例如，这里下载 Windows 下的 4.0 版 sqljdbc_4.0.2206.100_chs.exe，该文件是自解压文件，解压缩后包含下面文件及文件夹，如图 11-3 所示。

解压后有两个 JDBC jar 包文件，其区别为：

sqljdbc.jar：使用 sqljdbc.jar 类库时，应用程序必须首先按 class.forName（驱动名称）注册驱动程序。JDK1.6 以上版本不推荐使用。

sqljdbc4.jar：在 JDBC API 4.0 中，DriverManager.getConnection()方法得到了增强，可自动加载 JDBC Driver。因此，使用 sqljdbc4.jar 类库时，应用程序无须调用 Class.forName()方法来注册或加载驱动程序。调用 DriverManager 类的 getConnection()方法时，会从已注册的 JDBC Driver 集中找到相应的驱动程序。sqljdbc4.jar 文件包括"META-INF/services/java.sql.Driver"文件，后者包含.sqlserver.jdbc.SQLServerDriver 作为已注册的驱动程序。现有的应用程序（当前通过使用 Class.forName 方法加载驱动程序）将继续工作，而无须修改。sqljdbc4.jar 类库要求使用 6.0 或更高版本的 Java 运行时环境(JRE)。

（2）在 Eclipse 中配置 JDBC 驱动程序

在 Eclipse 中配置 JDBC 驱动程序，就是要把我们根据上面的方法下载的 jar 文件添加到库中。只需按照 4.4.7 中介绍的方法导入到引用库中就行了，这里不再赘述。

图 11-4 至图 11-6 分别是导入 JDBC for MySQL 和 JDBC for SQL Server 两个 jar 包后的目录结构。

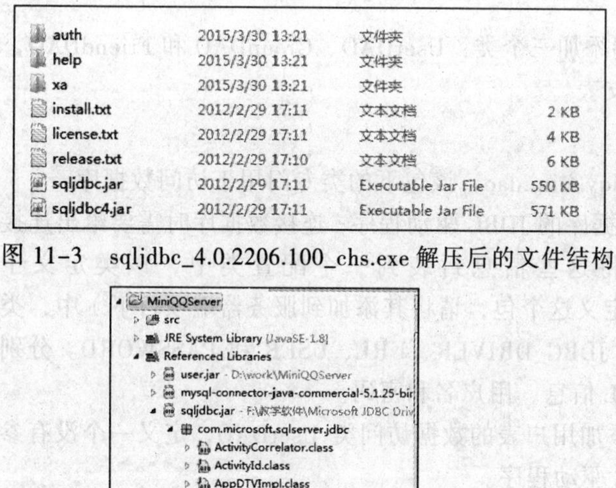

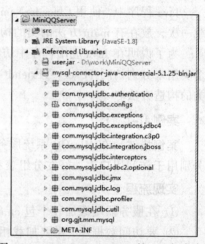

图 11-4　JDBC for MySQL 的 Jar 包内容

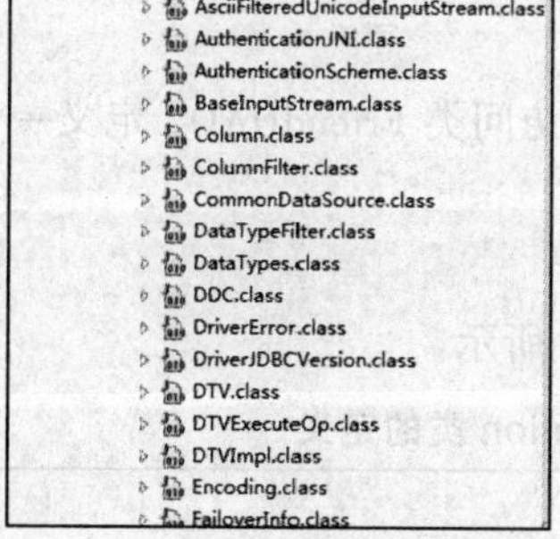

图 11-3　sqljdbc_4.0.2206.100_chs.exe 解压后的文件结构

图 11-5　sqljdbc.jar 包内容　　　　图 11-6　sqljdbc4.jar 包内容

11.2 连接数据库

1. 引入问题

了解了数据库的基本知识和对数据库的表、数据的基本操作后，就可以在 Java 应用程序中通过 JDBC 连接到数据库，并对数据库中的数据进行必要的操作了。上节中，我们已经将 JDBC 的 jar 包文件导入 Eclipse 开发环境，但如何在 Java 程序中使用其中提供的类来建立与数据库之间的连接呢？

2. 解答问题

这里将以 MySQL 数据库的操作作为例子，说明在 Java 应用程序中利用 JDBC 连接数据库的基本流程。

（1）注册驱动器类

Java 程序中，使用 Class.forName()方法加载相应数据库的 JDBC 驱动程序。通常只需要加载一次，放在有 main 方法的类的构造方法或初始化方法中。

为了说明在 Java 应用程序中访问数据库，如何加载 JDBC 驱动程序？下面我们将定义三个类用来分别访问 TUser、TFriendGroup 和 TFriend 三个表。但在这一步，我们仅定义这三个类的构造方法。

案例 11-1

案例描述 在 MiniQQ 系统服务器端添加三个类：UserDAO、GroupDAO 和 FriendDAO，分别用于访问用户表、好友分组表和好友表。

实现流程

① 在服务器端添加一个包 cn.edu.gdqy.mini.dao，该包下的类专门用于访问数据库。

② 要访问数据库，需要加载相应数据库的 JDBC 驱动程序；连接数据库时需要给出连接地址、用户名、密码等信息，我们将这些信息封装到一个配置类中，该类定义于 cn.edu.gdqy.mini.util 包（如果你还没有定义这个包，请将其添加到服务器端项目下）中，类名为 Configuration。其中定义四个常量：JDBC_DRIVER、URL、USER 和 PASSWORD。分别配置 JDBC 驱动程序、登录数据库的 URL 信息、用户名和密码。

③ 在 cn.edu.gdqy.mini.dao 包下，添加用户表的数据访问类 UserDAO，定义一个没有参数的构造方法；在构造方法中加载 JDBC 驱动程序。

④ 在 cn.edu.gdqy.mini.dao 包下，添加好友分组表的数据访问类 GroupDAO，定义一个没有参数的构造方法；在构造方法中加载 JDBC 驱动程序。

⑤ 在 cn.edu.gdqy.mini.dao 包下，添加好友表的数据访问类 FriendDAO，定义一个没有参数的构造方法；在构造方法中加载 JDBC 驱动程序。

完整代码

① Configuration 类定义的完整代码如代码清单 11-1 所示。

代码清单 11-1　服务器端 Configuration 类的定义

```
package cn.edu.gdqy.mini.util;
public class Configuration {
    public static final String JDBC_DRIVER = "com.mysql.jdbc.Driver";
```

```
    public static final String URL =
        "jdbc:mysql://127.0.0.1:3306/dbminiqq?useUnicode=true&characterEncoding=UTF-8";
    public static final String USER = "xrhe";
    public static final String PASSWORD = "12345";
}
```

说明：该类放置于服务器端的 cn.edu.gdqy.mini.util 包中。JDBC_DRIVER 是 JDBC for MySQL 的驱动程序；URL 是统一资源定位符，其中 jdbc:mysql 是协议名和子协议名，localhost 表示本地主机（这里为了调试方便，MySQL 数据库和当前的应用程序处于同一台机器），3306 表示连接到 MySQL 数据库的端口号，useUnicode=true&characterEncoding=UTF-8 表示采用 Unicode 编码，其编码字符集使用 UTF-8；USER 是登录数据库的用户名，而 PASSWORD 则是登录数据库的登录密码。

如果你要访问的是 SQL Server 数据库，就需要修改上面的连接配置了。修改如下：

```
public class Configuration {
    public static final String JDBC_DRIVER = "com.microsoft.sqlserver.jdbc.SQLServerDriver";
    public static final String URL = "jdbc:sqlserver://127.0.0.1:1433;DataBaseName=DBMiniQQ";
    public static final String USER = "sa";
    public static final String PASSWORD = "12345";
}
```

② UserDAO 类定义的完整代码如代码清单 11-2 所示。

代码清单 11-2　UserDAO 类的定义

```
package cn.edu.gdqy.mini.dao;
import java.util.logging.*;
import cn.edu.gdqy.mini.util.*;
public class UserDAO {
    private static Logger logger = QQLogger.getLogger(UserDAO.class);
    public UserDAO(){
        try{
            Class.forName(Configuration.JDBC_DRIVER);
        }catch(ClassNotFoundException e){
            logger.log(Level.SEVERE, "驱动程序加载失败", e);
        }
    }
}
```

③ GroupDAO 类定义的完整代码如代码清单 11-3 所示。

代码清单 11-3　GroupDAO 类的定义

```
package cn.edu.gdqy.mini.dao;
import java.util.logging.*;
import cn.edu.gdqy.mini.util.*;
public class GroupDAO {
    private static Logger logger = QQLogger.getLogger(GroupDAO.class);
    public GroupDAO(){
        try{
            Class.forName(Configuration.JDBC_DRIVER);
        }catch(ClassNotFoundException e){
            logger.log(Level.SEVERE, "驱动程序加载失败", e);
        }
    }
}
```

④ FriendDAO 类定义的完整代码如代码清单 11-4 所示。

代码清单 11-4　FriendDAO 类的定义

```java
package cn.edu.gdqy.mini.dao;
import java.util.logging.*;
import cn.edu.gdqy.mini.util.*;
public class FriendDAO {
private static Logger logger = QQLogger.getLogger(FriendDAO.class);
    public FriendDAO(){
        try{
            Class.forName(Configuration.JDBC_DRIVER);
        }catch(ClassNotFoundException e){
            logger.log(Level.SEVERE, "驱动程序加载失败", e);
        }
    }
}
```

（2）DriverManager 类

DriverManager 类用来管理数据库中的所有驱动程序，是 JDBC 的管理层，作用于用户和驱动程序之间，跟踪可用的驱动程序，并在数据库和驱动程序之间建立连接。它提供了注册驱动程序、获得连接以及向数据库的输出流发送信息等方法。

该类提供的常用成员方法：

```
public static synchronized Connection getConnection(String url, String user, String password) throws SQLException
```

（3）连接到数据库

使用 DriverManager 类的 getConnection()方法，就可以创建到数据库的连接，语法格式为：

```
Connection conn = DriverManager.getConnection(url,userName,password);
```

如：MiniQQ 系统服务器端的三个数据访问类 UserDAO、GroupDAO 和 FriendDAO 中，凡是需要访问数据库中的数据时都必须使用下列语句进行连接。

```java
...
private final String url = Configuration.URL;
private final String dbuser = Configuration.USER;
private final String password = Configuration.PASSWORD;
...
Connection conn = null;
try{
    conn = DriverManager.getConnection(url,dbuser,password);
} catch(SQLException e){
    logger.log(Level.SEVERE, "数据库连接失败", e);
finally{
    if(conn!=null){
        conn.close();
    }
}
```

（4）Connection 接口

Connection 负责建立与指定数据库的连接。提供的常用方法如表 11-1 所示。

表 11-1　Connection 的常用方法

方法	功能
Statement createStatement()	创建一个 Statement 对象，封装 SQL 语句发送给数据库，通常用来执行不带参数的 SQL 语句

续表

方法	功能
Statement createStatement(int resultSetType,int resultSetConcurrecy)	创建一个 Statement 对象，该对象将生成具有给定类型和并发性的 ResultSet 对象。此方法与上述 createStatement 方法相同，但它允许重写默认结果集类型和并发性。已创建结果集的可保存性可调用 getHoldability() 函数来确定。 ① resultSetType：结果集类型，主要包括： ResultSet.TYPE_FORWARD_ONLY； ResultSet.TYPE_SCROLL_INSENSITIVE； ResultSet.TYPE_SCROLL_SENSITIVE。 ② resultSetConcurrency：并发类型，主要包括： ResultSet.CONCUR_READ_ONLY； ResultSet.CONCUR_UPDATABLE
PreparedStatement prepareStatement(String sql)	用来创建 PreparedStatement 类对象
void close()	用来断开 Connection 类对象与数据库的连接

表 11-1 中所有的方法都抛出 SQLException 异常，即定义时都 throws SQLException。

11.3 执行 SQL 语句

1. 引入问题

当在 Java 程序中创建了与数据库之间的连接后，就可以执行各种 SQL 语句了。对数据进行操作的 SQL 语句有插入（INSERT INTO）、删除（DELETE）、修改（UPDATE）和查询（SELECT）语句，前三种语句不返回结果集，而最后一种则要返回查询后的结果集。为了执行 SQL 语句，需要用到两个接口：Statement 和 PreparedStatement。

（1）Statement 接口

该接口的主要功能是将 SQL 命令传送给数据库，并将 SQL 命令的执行结果返回。提供的常用方法如表 11-2 所示。

表 11-2 Statement 的常用方法

方法	功能
ResultSet executeQuery(String sql)	执行指定的 SQL 查询语句，并返回查询结果。其参数 sql 为 SELECT 语句
int executeUpdate(String sql)	执行 SQL 的 INSERT、UPDATE 和 DELETE 语句，返回值是插入、修改或删除的记录行数或者是 0
ResultSet getResultSet()	获取 ResultSet 对象的当前结果集
void close()	用来释放 Statement 对象的数据库和 JDBC 资源

表 11-2 中所有的方法都抛出 SQLException 异常，即定义时都 throws SQLException。

（2）PreparedStatement 接口

该接口的对象可以代表一个预编译 SQL 语句。会将传入的 SQL 语句编译并暂存在内存中，其执行效率较高。常见成员方法如表 11-3 所示。

表 11-3　PreparedStatement 的常用方法

方　法	功　能
ResultSet executeQuery()	使用 SQL 的 SELECT 语句对数据库进行记录查询操作，并返回 ResultSet 对象
int executeUpdate()	使用 SQL 的 INSERT、DELETE 和 UPDATE 语句对数据库进行插入、删除和修改记录的操作
void setInt(int index,int x)	给指定位置的参数设定整型数据
void setDouble(int index,double x)	给指定位置的参数设定 double 类型数据
void setFloat(int index,float x)	给指定位置的参数设定 float 类型数据
void setDate(int index,Date x)	给指定位置的参数设定日期类型数据
void setTime(int index,Time x)	给指定位置的参数设定时间类型数据
void setString(int index,String x)	给指定位置的参数设定字符串型数据

表 11-3 中所有的方法都抛出 SQLException 异常，即定义时都 throws SQLException。

当了解执行 SQL 语句的两个接口后，在 Java 程序中如何才能执行非查询操作与查询操作呢？

2. 解答问题

（1）执行非查询操作

非查询操作包括插入、删除和修改三种，下面就以好友分组的这三种操作的数据库处理过程作为例子，让我们能很好地掌握这类问题的处理方法。

① 执行非查询语句

通常使用 Statement 或 PreparedStatement 对象的 executeUpdate()方法来执行非查询语句，该方法返回所影响的记录行数。

执行插入语句。插入语句形如：INSERT INTO 表名(列 1,列 2,...) values(值 1,值 2,...)。这里以插入好友分组信息为例说明其使用方法。

为了便于后面内容的介绍，这里我们先把数据库中三个表 TUser（用户）、TFriendGroup（好友分组）和 TFriend（好友）对应的实体类 User、FriendGroup 和 Friend，除 User 类已在前面章节中定义出来外，另外两个先在这里给出。

案例 11-2

案例描述　查看 1.6.2 中 MiniQQ 系统数据库表结构的设计，在 MiniQQ 系统中定义三个类来封装用户信息、好友信息和好友分组信息。

实现流程　数据库中定义了三个表：TUser（用户）、TFriendGroup（好友分组）和 TFriend（好友），相应地，在 MiniQQ 系统中就应该定义三个类来封装各自的数据。

a. User 类的定义

已在 7.2 中定义 User 类，放于 cn.edu.gdqy.miniqq.el 包（如果该包不存在，请添加该包）下，如果你还没有定义该类，请参照 7.2 中完成，此处不再赘述。

b. FriendGroup 类的定义

在 MiniQQ 系统客户端的 cn.edu.gdqy.miniqq.el 包下，添加 FriendGroup 类。该类对象封装的数据需要在网络上传输，必需序列化处理，即需要实现 Serializable 接口。由于 TFriendGroup 表中定义了三个字段：id、groupname、creator，所以，该类将定义三个属性：

id（类型：long）、groupname（类型：String）和 creator（类型：User），并定义访问这三个属性的 set 和 get 方法。

  c. Friend 类的定义

  在 MiniQQ 系统客户端的 cn.edu.gdqy.miniqq.el 包下，添加 Friend 类。同样，该类对象封装的数据需要在网络上传输，必须进行序列化处理，即需要实现 Serializable 接口。由于 TFriend 表中定义了三个字段：id、groupid 和 friendnum，所以，该类将定义三个属性：id（类型：long）、groupid（类型：FriendGroup）和 friendnum（类型：User），并定义访问这三个属性的 set 和 get 方法。

  d. 更新服务器端的 user.jar 包

  重新对 cn.edu.gdqy.miniqq.el 包下所有的类打包成 user.jar，替换掉服务器端的 user.jar。

  完整代码 User 类定义的完整代码详见案例 7-2，而 FriendGroup 类和 Friend 类定义的完整代码分别如代码清单 11-5 和代码清单 11-6 所示。

代码清单 11-5 FriendGroup 类的定义

```java
package cn.edu.gdqy.miniqq.el;
import java.io.Serializable;
public class FriendGroup implements Serializable{
    private static final long serialVersionUID = 11991615730907767782L;
    private long id;                            //分组id
    private String groupName = null;            //分组名称
    private User creator = null;                //分组创建者
    public void setGroupName(String groupName){
        this.groupName=groupName;
    }
    public String getGroupName(){
        return groupName;
    }
    public long getId() {
        return id;
    }
    public void setId(long id) {
        this.id = id;
    }
    public User getCreator() {
        return creator;
    }
    public void setCreator(User creator) {
        this.creator = creator;
    }
    public String toString(){
        return groupName;
    }
}
```

代码清单 11-6 Friend 类的定义

```java
package cn.edu.gdqy.miniqq.el;
import java.io.Serializable;
public class Friend implements Serializable {
    private static final long serialVersionUID = 1L;
    private long id;                            //好友id
    private FriendGroup group = null;           //好友所在分组
    private User friend = null;                 //好友用户信息
    public long getId() {
```

```java
        return id;
    }
    public void setId(long id) {
        this.id = id;
    }
    public FriendGroup getGroup() {
        return group;
    }
    public void setGroup(FriendGroup group) {
        this.group = group;
    }
    public User getFriend() {
        return friend;
    }
    public void setFriend(User friend) {
        this.friend = friend;
    }
}
```

案例 11-3

案例描述　编写插入数据的方法，将好友分组信息插入 TFriendGroup 表中。

实现流程

a. 在代码清单 11-3 所示的 GroupDAO 类中，添加 add()方法，将要插入的分组信息封装到分组对象（FriendGroup）中，作为插入分组记录方法的参数；

b. 编写插入分组信息的 SQL 语句字符串；

c. 建立到数据库的连接；

d. 建立执行 SQL 命令的语句对象；

e. 执行 SQL 命令，将分组信息插入到数据库的 TFriendGroup 表中；

f. 获取插入的记录 id 值；

g. 关闭结果集、语句对象和连接对象；

h. 返回成功插入后的分组对象。

完整代码　按照上述流程编写的 add()方法的完整代码详见代码清单 11-7。

代码清单 11-7　GroupDAO 类中 add()方法的定义

```java
/*添加分组，返回添加的分组信息 */
public FriendGroup add(FriendGroup group) {
    Connection conn = null;                    // 定义连接对象，初始化为空
    Statement stm = null;                      // 定义语句对象，初始化为空
    ResultSet rs = null;                       // 定义结果集对象，初始化为空
    int count = 0;                             // 影响的记录行数，初始化为 0
    String sql = "INSERT INTO tfriendgroup(groupname,creator) values('" +
        group.getGroupName() + "','" + group.getCreator().getId()+ ")";
    // 插入分组的SQL语句，分组名和创建者id（QQ号）封装在group对象中，从前端作为参数传入
    try{
        conn = DriverManager.getConnection(url,dbuser,password);     // 建立连接
        if(conn != null) {                          // 成功建立连接
            stm = conn.createStatement();           // 使用连接对象创建 Statement 语句对象
            count = stm.executeUpdate(sql,Statement.RETURN_GENERATED_KEYS);
            // 执行更新命令，返回产生的主键值，即自增的 id 值
            if(count > 0){                          // 已成功插入分组信息
                rs = stm.getGeneratedKeys();        // 返回主键值到结果集中
```

```
                if(rs.next()){                    // 结果集不为空
                    group.setId(rs.getInt(1));    // 获取结果集第一条记录的第一个字段的值
                }
            }
        }catch(SQLException e){
            group.setId(0);         // 发生异常则设置其分组id为0,用于服务端线程判断是否插入成功
            logger.log(Level.SEVERE, "访问数据库失败", e);
        }
        finally{
            try{
                if(rs != null) {
                    rs.close();     // 关闭结果集对象
                }
                if(stm != null){
                    stm.close();    // 关闭语句对象
                }
                if(conn != null){
                    conn.close();   // 关闭连接对象
                }
            }catch(SQLException e){
                logger.log(Level.SEVERE, "关闭数据库失败", e);
            }
        }
        return group;          // 返回在传过来的参数基础上封装了已插入分组的id值的分组对象
    }
```

代码中有详细的注释信息,对所定义方法中的语句就不再赘述。

② 行修改语句

为方便理解,下面我们还是以处理好友分组信息为例,说明执行修改语句的流程。

案例 11-4

案例描述 编写修改数据的方法,实现更新某条分组信息的功能。

实现流程

a. 在代码清单 11-3 的 GroupDAO 类中添加 update()方法,将要修改的分组信息封装到分组对象(FriendGroup)中,作为修改分组信息方法的参数。

b. 编写修改分组信息的 SQL 语句字符串。

c. 建立到数据库的连接。

d. 建立执行 SQL 命令的语句对象。

e. 执行 SQL 命令,修改 TFriendGroup 表中某条分组信息。

f. 关闭语句对象和连接对象。

g. 返回成功更新后的分组对象。

完整代码 修改分组信息的完整代码如代码清单 11-8 所示。

代码清单 11-8 GroupDAO 类中 update()方法的定义

```
/* 修改分组,返回修改后的分组信息 */
public FriendGroup update(FriendGroup group) {
    Connection conn = null;         // 定义连接对象,初始化为空
    Statement stm = null;           // 定义语句对象,初始化为空
    int count = 0;                  // 定义返回的执行删除操作影响的记录数
    String sql = "UPDATE tfriendgroup SET groupname='" + group.getGroupName() +
```

```java
                "' WHERE id=" + group.getId();
        // 修改分组名称的SQL语句,修改后的分组名和要修改的分组id封装在group对象中,从前端作为参数传入
        try{
            conn = DriverManager.getConnection(url,dbuser,password);    // 建立连接
            if(conn != null) {                           // 成功建立连接
                stm = conn.createStatement();            // 使用连接对象创建Statement语句对象
                count = stm.executeUpdate(sql);          // 执行更新命令
                if(count < 1) {                          // 更新操作失败
                    group = null;                        // 将要返回的group对象置为空
                }
            }
        }catch(SQLException e){
            group = null;      // 发生异常后设置group对象为空,用于服务端线程判断是否插入成功
            logger.log(Level.SEVERE, "操作数据库失败", e);
        }
        finally{
            try{
                if(stm!=null){
                    stm.close();                         // 关闭语句对象
                }
                if(conn!=null){
                    conn.close();                        // 关闭连接对象
                }
            }catch(SQLException e){
                logger.log(Level.SEVERE, "关闭数据库失败", e);
            }
        }
        return group;
    }
```

③ 行删除语句

这里同样以处理分组信息为例,说明执行删除语句的流程。

案例 11-5

案例描述 编写删除数据的方法,实现删除某条好友分组信息的功能。

实现流程

a. 在代码清单 11-3 的 GroupDAO 类中添加 delete()方法,将要删除的分组信息封装到分组对象(FriendGroup)中,作为删除分组信息方法的参数。

b. 编写删除分组信息的 SQL 语句字符串。

c. 建立到数据库的连接。

d. 建立执行 SQL 命令的语句对象。

e. 执行 SQL 命令,删除 TFriendGroup 表中某条分组信息。

f. 关闭语句对象和连接对象。

g. 如果成功删除分组信息,返回 true,否则返回 false。

完整代码 删除分组信息的完整代码如代码清单 11-9 所示。

代码清单 11-9　GroupDAO 类中 delete()方法的定义

```
/*
 * 删除分组
 * 参数:info 中封装了要删除的分组的分组 id
 * 返回值:成功删除-true,删除失败-false
```

```java
    */
    public boolean delete(FriendGroup info) {
        boolean flag = false;                           // 删除操作是否成功的标准
        Connection conn = null;                         // 定义连接对象
        Statement stm = null;                           // 定义语句对象
        int count = 0;                                  // 定义返回的执行删除操作影响的记录数
        String sql = "DELETE FROM tfriendgroup WHERE id=" + info.getId();
        // 删除一个分组的SQL语句
        try{
            conn = DriverManager.getConnection(url,dbuser,password);    // 建立连接
            if(conn != null) {                          // 连接对象已成功创建
                stm = conn.createStatement();           // 使用连接对象创建Statement语句对象
                count = stm.executeUpdate(sql);         // 执行更新命令
                if(count > 0) {                         // 成功删除记录
                    flag = true;
                }
            }
        }catch(SQLException e){
            flag = false;
            logger.log(Level.SEVERE, "操作数据库失败", e);
        } finally{
            try{
                if(stm != null){
                    stm.close();                        // 关闭语句对象
                }
                if(conn != null){
                    conn.close();                       // 关闭连接对象
                }
            }catch(SQLException e){
                logger.log(Level.SEVERE, "关闭数据库失败", e);
            }
        }
        return flag;
    }
```

从上面三个案例可以看出，不管是执行插入、修改还是删除 SQL 语句，使用的都是 Statement 对象的 executeUpdate()方法。

④ BLOB 数据

MySQL 中，BLOB 是一个二进制大对象，用来存储可变数量的数据，即二进制文件，如图片、视频、音频及其他文件。BLOB 类型分为四种：TINYBLOB、BLOB、MEDIUMBLOB 和 LONGBLOB。这四种类型之间的唯一区别是存储文件的最大值不同，具体见表 11-4。

表 11-4　MySQL 的四种 BLOB 类型存储文件的最大值

MySQL 的 BLOB 类型	类 型 大 小
TINYBLOB	最大 255B
BLOB	最大 65KB
MEDIUMBLOB	最大 16MB
LONGBLOB	最大 4GB

在 MiniQQ 系统中，QQ 用户的注册信息包含了头像，MySQL 数据库 dbminiqq 的 tuser 表中，保存头像的字段定义为 BLOB 类型，在操作插入语句时不能与普通类型字段的处理方法相同。要如何处理呢？

案例 11-6

案例描述 编写插入用户数据的方法,将用户信息插入 TUser 表中。

实现流程

a. 在代码清单 11-2 的 UserDAO 类中,添加 add()方法,将要插入的用户信息封装到用户对象(User)中,作为插入用户记录方法的参数。
b. 编写插入用户信息的 SQL 语句字符串。
c. 建立到数据库的连接。
d. 建立执行 SQL 命令的语句对象。
e. 执行 SQL 命令,将用户信息插入到数据库的 TUser 表中。
f. 获取插入的记录 id 值。
g. 关闭结果集、语句对象和连接对象。
h. 返回成功插入后的用户对象。

完整代码 处理 BLOB 数据的 add()方法定义的完整代码如代码清单 11-10 所示。

代码清单 11-10 UserDAO 类中 add()方法的定义

```java
// 注册用户信息
public User add(User user) {
    Connection conn = null;
    PreparedStatement pstm = null;         // 定义预编译语句对象
    ResultSet rs = null;
    String sql = "insert into tuser(username,sex,birthday,place,email,password,"
        +"photo,introduce,ipaddress,port,state) values(?,?,?,?,?,?,?,?,?,?,?)";
        // 语句中用"?"号作为占位符
    try {
        conn = DriverManager.getConnection(url,dbuser,password);
        if(conn != null) {                 // 成功建立连接
            pstm = conn.prepareStatement(sql, Statement.RETURN_GENERATED_KEYS);
            // 使用连接对象的 prepareStatement()预编译语句方法,产生预编译语句对象
            pstm.setString(1, user.getUserName()); // 对第一个参数(第一个问号)设置字符串值
            pstm.setString(2, user.getSex());    // 对第二个参数(第二个问号)设置字符串值
            pstm.setObject(3, user.getBirthday()); // 对第三个参数(第三个问号)设置日期值
            pstm.setString(4, user.getAddress());
            pstm.setString(5, user.getEmail());
            pstm.setString(6, user.getPassword());
            pstm.setBytes(7, user.getFace());    // 对第七个参数(第七个问号)设置字节数组值
            pstm.setString(8, user.getIntroduce());
            pstm.setString(9, user.getIp());
            pstm.setInt(10, user.getPort());     // 对第十个参数(第十个问号)设置整型值
            pstm.setString(11, "离线");
            int count = pstm.executeUpdate();
            if(count > 0) {
                rs = pstm.getGeneratedKeys();
                if(rs.next()) {
                    user.setId(rs.getInt(1));
                } else {
                    user.setId(0);
                }
            }
        }
    }catch(SQLException e){
```

```
                    user.setId(0);
                    logger.log(Level.SEVERE, "操作数据库失败", e);
                } finally{
                    try{
                        if(rs!=null){
                            rs.close();         // 关闭结果集
                        }
                        if(pstm!=null){
                            pstm.close();       // 关闭语句对象
                        }
                        if(conn!=null){
                            conn.close();       // 关闭连接对象
                        }
                    }catch(SQLException e){
                        logger.log(Level.SEVERE, "关闭数据库失败", e);
                    }
                }
                return user;
            }
```

说明：从这段代码中看出，语句对象的类型不能是 Statement，而要使用 PreparedStatement。需要使用设置参数的方式设置字段的值。

前面我们既用到了 Statement 类，也用到了 PreparedStatement 类，这里我们简单地给出两者的区别：

Statement 类的执行效率比较低，对字段类型的支持也比较差，并且语法含义不清晰（结构不清楚）。由于编译不需要参数，PreparedStatement 可以使用 "?" 来替代 SQL 语句中的某些参数，它先将不带参数的 SQL 语句发送到数据库，进行预编译，然后 PreparedStatement 会再将设置好的参数发送给数据库，这样可以提高多次频繁操作一个 SQL 语句的效率。

在使用 PreparedStatement 设置相应参数时，要指明参数的位置和类型，以及给出参数的具体值，根据不同的参数类型使用不同的 setXXX（参数的位置，参数值）来设置参数，参数位置从 1 开始。

（2）执行查询操作

执行查询操作，必定会返回查询到的结果集，封装到 ResultSet 对象中。再对结果集对象进行遍历，获取每一条记录。下面我们从认识结果集 ResultSet 类开始，说明执行查询操作的处理流程。

① ResultSet 接口

从数据库中返回结果集。当使用 Statement 和 PreparedStatement 类提供的 executeQuery() 方法，使用 SQL 的 SELECT 语句查询记录时，会返回查询到的结果，结果集类型为 ResultSet。ResultSet 接口提供的方法如表 11-5 所示。

表 11-5　esultSet 类的常用方法

方　　法	功　　能
boolean absolute(int row) throws SQLException	移动记录指针到指定记录
boolean first() throws SQLException	移动记录指针到第一个记录
void beforeFirst() throws SQLException	移动记录指针到第一个记录之前
boolean last() throws SQLException	移动记录指针到最后一个记录

续表

方　　法	功　　能
boolean afterLast() throws SQLException	移动记录指针到最后一个记录之后
boolean previous() throws SQLException	移动记录指针到上一条记录
boolean next() throws SQLException	移动记录指针到下一条记录

② 执行查询语句

SQL 查询语句就是 SELECT 语句。与前面的执行插入、删除和修改等非查询语句不同，执行 SQL 查询语句后应该返回其查询的结果集，不能使用 executeUpdate()，而必须使用 executeQuery()方法。例如，我们想要查询所有的 QQ 用户信息，其处理流程为：

a. 构建 SQL 语句字符串。

```
String sql = "SELECT qqnum,username,sex,birthday,place,email," +
             "photo,introduce,ipaddress,port,state " +
             "FROM tuser";
```

b. 建立与数据库的连接。

```
Connection conn = DriverManager.getConnection(url,dbuser,password);
```

c. 创建语句对象。

```
Statement stm = conn.createStatement();
```

d. 执行查询语句。

```
ResultSet rs = stm.executeQuery(sql);
```

③ 结果集

在上面的最后一步，当执行了 SQL 查询语句后，会返回结果集暂存到 ResultSet 对象里。接下来我们需要遍历结果集，从中获取其存储的数据。

在结果集的遍历中，有一个被称为"记录指针"的东西。可以将其看成是访问数组的下标，但又和下标不同。记录指针初始时指向第一条记录的前面，而不是第一条记录。所以，需要调用结果集对象的 next()方法将记录指针向后移动到第一条记录，并判断其是否存在；如果存在，就获取该记录的各个字段的值，否则，就不能做任何访问数据的操作。

如对上面的 rs 结果集的遍历方法如下所示。

```
ArrayList<User> ul = new ArrayList<User>();
while(rs.next()) {                    // 向后循环移动记录指针，直到遍历完所有的记录
    User user = new User();
    user.setId(rs.getLong("qqnum"));
        // 获取记录指针指向的记录的"qqnum"字段的值，并赋值给 user 对象的 id 属性
    user.setUserName(rs.getString("username"));
        // 获取记录指针指向的记录的"username"字段的值，并赋值给 user 对象的 userName 属性
    user.setSex(rs.getString("sex"));
    user.setBirthday(rs.getDate("birthday"));
    user.setAddress(rs.getString("place"));
    user.setEmail(rs.getString("email"));
    user.setFace(rs.getBytes("photo"));
        // 获取记录指针指向的记录的"photo"字段的值，并赋值给 user 对象的 face 属性
    user.setIntroduce(rs.getString("introduce"));
    user.setIp(rs.getString("ipaddress"));
    user.setPort(rs.getInt("port"));
```

```
            user.setState(rs.getString("state"));
            ul.add(user);
    }
```

说明：

　　a. 在这段代码中，调用记录集的 getXXX()方法获取某个字段的值的时候，一定要与该字段的类型相匹配。

　　b. 如果确定记录集中只有一条记录，或者只对一条记录感兴趣，就不需要用循环语句，而直接使用下面的方式：

```
if (rs.next()) {
    User user = new User();
    user.setId(rs.getLong("qqnum"));
    ...
}
```

　　c. ArrayList 是一个动态数组类。数组的大小会动态地根据增加或减少的元素而改变。

　　d. ArrayList<E>是泛型类型，E 称为类型变量或者类型参数；ArrayList<User>称为参数化的类型，其中的 User 称为类型参数的实例或者实际类型参数，<User>念为 typeof User。

　　下面我们将上面的内容综合起来，编写一段完整的访问所有用户信息的代码。进一步理解在执行查询操作时的处理流程。

案例 11-7

案例描述　　编写查询数据的方法，从 TUser 表中查询所有用户信息，并封装到用户列表中。

实现流程

a. 在代码清单 11-2 的 UserDAO 类中添加 getAll()方法，该方法无参数。
b. 编写查询所有用户信息的 SQL 语句字符串。
c. 建立到数据库的连接。
d. 建立执行 SQL 命令的语句对象。
e. 执行 SQL 命令，将获取的用户信息封装到 ArrayList 列表中。
f. 关闭结果集、语句对象和连接对象。
g. 返回用户信息列表。

完整代码　　查询数据的 getAll()方法的完整代码如代码清单 11-11 所示。

代码清单 11-11　　UserDAO 类中 getAll()方法的定义

```
/* 获取所有的用户信息 */
public ArrayList<User> getAll() {
    ArrayList<User> ul = new ArrayList<User>();
    Connection conn = null;
    Statement stm = null;
    ResultSet rs = null;
    String sql = "SELECT qqnum,username,sex,birthday,place,email," +
        "photo,introduce,ipaddress,port,state " + "FROM tuser";   // SELECT 查询语句
    try{
        conn = DriverManager.getConnection(url,dbuser,password);// 建立与数据库的连接
        if(conn != null){
            stm = conn.createStatement();         //生成语句对象
            rs = stm.executeQuery(sql);           //执行查询语句并返回结果集
            while(rs.next()) {                    //向后循环移动记录指针，直到遍历完所有的记录
```

```java
            User user = new User();              //实例化一个User对象
            user.setId(rs.getLong("qqnum"));
            // 获取记录指针指向的记录的"qqnum"字段的值，并赋值给user对象的id属性
            user.setUserName(rs.getString("username"));
            // 获取记录指针指向的记录的"username"字段的值，并赋值给user对象的userName属性
            user.setSex(rs.getString("sex"));
            user.setBirthday(rs.getDate("birthday"));
            user.setAddress(rs.getString("place"));
            user.setEmail(rs.getString("email"));
            user.setFace(rs.getBytes("photo"));
            // 获取记录指针指向的记录的"photo"字段的值，并赋值给user对象的face属性
            user.setIntroduce(rs.getString("introduce"));
            user.setIp(rs.getString("ipaddress"));
            user.setPort(rs.getInt("port"));
            user.setState(rs.getString("state"));
            ul.add(user);                         // 将一个user对象添加到动态数组中
        }
    }catch(SQLException e){
        ul = null;
        logger.log(Level.SEVERE, "操作数据库失败", e);
    } finally{
        try{
            if(rs != null) {                      // 关闭记录集
                rs.close();
            }
            if(stm!=null){
                stm.close();                      // 关闭语句对象
            }
            if(conn!=null){                       // 关闭连接
                conn.close();
            }
        }catch(SQLException e){
            logger.log(Level.SEVERE, "关闭数据库失败", e);
        }
    }
    return ul;                                    //返回包含了所有用户信息的动态数组
}
```

④ 获取自动生成键

我们在定义数据库表结构时，通常会定义一个id字段。这个字段是标识字段、主键字段，其值是自动产生的。当我们插入一条记录时，系统会自动地为其产生一个键值。为了操作方便，我们希望即刻获取这个值。

案例11-3的执行插入语句中我们已经这样做了。调用执行语句的executeUpdate()方法时，第二个参数就是用来指明，我们需要获取这个自动生成的键值。

```java
stm.executeUpdate(sql,Statement.RETURN_GENERATED_KEYS);
```

返回的键值同样暂存到ResultSet结果集中：

```java
ResultSet rs = stm.getGeneratedKeys();
```

在这里访问记录集的方法也与普通的访问记录集的方法相同：

```java
if(rs.next()) {    // 结果集不为空
    int id = rs.getInt(1);
    // 获取结果集第一条记录的第一个字段的值
}
```

完整代码请查看案例11-3中介绍的GroupDAO类的add()方法。

⑤ 读 BLOB 数据

执行查询语句后，会暂存数据到结果集中。当我们保存了图片、视频、音频等二进制信息到某个字段时，获取这些值可以使用记录集对象的 getBytes()方法，如：

```
byte[] photo = rs.getBytes("photo");
```

完整代码请查看案例 11-7 中介绍的 UserDAO 类的 getAll()方法。

11.4 日期与时间

1. 引入问题

软件开发中，我们常常会处理大量的日期数据，如获取当前日期、处理日期格式等。而 Java 中已提供这样的日期对象来解决获取当前日期、定制日期的显示格式、以及将文本数据解析成日期对象等问题。然而，Java 中究竟有哪些基本的用于处理日期的类？如何应用这些类来解决我们的问题呢？

2. 解答问题

（1）Date 类

Date 类定义的层次结构：java.lang.Object→java.util.Date。用来表示特定的瞬间，精确到毫秒。

在 JDK 1.1 之前，Date 类有两个其他的方法。它允许把日期解释为年、月、日、小时、分和秒。它也允许格式化和解析日期字符串。不过，这些方法的 API 不易于实现国际化。从 JDK 1.1 开始，改为使用 Calendar 类实现日期和时间字段之间的转换，使用 DateFormat 类来格式化和解析日期字符串，而 Date 中的相应方法已被废弃。

Date 类的构造方法和其他常用方法分别如表 11-6 和表 11-7 所示。

表 11-6　Date 类的构造方法

构造方法	说明
Date()	构建 Date 对象并初始化此对象，以表示分配它的时间（精确到毫秒）
Date(long date)	构建 Date 对象并初始化此对象，以表示自从标准基准时间（称为"历元"，即 1970 年 1 月 1 日 00:00:00 GMT）以来的指定时间（单位：毫秒）

表 11-7　Date 类的常用方法

方法	功能
boolean after(Date when)	测试此日期是否在指定日期之后
boolean before(Date when)	测试此日期是否在指定日期之前
int compareTo(Date anotherDate)	比较两个日期的顺序
boolean equals(Object obj)	比较两个日期的相等性
long getTime()	返回自 1970 年 1 月 1 日 00:00:00 GMT 以来此 Date 对象表示的（单位：毫秒）
void setTime(long time)	设置此 Date 对象，以表示 1970 年 1 月 1 日 00:00:00 GMT 以后 time 毫秒的时间点。

例如，好友之间聊天时，需要把发送信息的当前日期和当前时间记录下来，就可以使用语句：

```
String time = new Date().toString();
System.out.println(time);
```

输出结果：
```
Tue Mar 31 11:58:55 CST 2015
```
这个输出显然不符合中国人的习惯（中国人习惯于"2015-03-31 11:58:55"这样的格式），必将应用到日期格式 DateFormat 类。由于 Date 类的直接获取年、月、日、时、分、秒等的方法已过时，要计算出这些值极为不方便，因此，我们还必须学习 Calendar 类的使用方法。

获取当前系统时间（单位：毫秒）可以使用方法：
```
long m = System.currentTimeMillis();
long m = new Date().getTime();
```
可以使用获取到的（单位：毫秒）来产生某个唯一性的值，比如，订单流水号等。当然，在并行系统中，多个用户在同一个时间获取到这个值，也是可能的，需要添加同步锁。

（2）DateFormat

DateFormat 类继承结构：java.lang.Object→java.text.Format→java.text.DateFormat。该类提供的常用方法如表 11-8 所示。

表 11-8　DateFormat 类的常用方法

方　　法	功　　能
final String format(Date date)	将一个 Date 格式化为日期/时间字符串
Calendar getCalendar()	获取与此日期/时间格式器关联的日历
static final DateFormat getDateInstance()	获取日期格式器，具有默认语言环境的默认格式化风格
static final DateFormat getDateTimeInstance()	获取日期/时间格式器，具有默认语言环境的默认格式化风格
static final DateFormat getInstance()	获取为日期和时间使用 SHORT 风格的默认日期/时间格式器
NumberFormat getNumberFormat()	获取此日期/时间格式器用于格式化和解析时间的数字格式器
static final DateFormat getTimeInstance()	获取时间格式器，具有默认语言环境的默认格式化风格
boolean isLenient()	判断日期/时间解析是否为不严格的
Date parse(String source) throws ParseException	从给定字符串的开始解析文本，以生成一个日期
void setCalendar(Calendar newCalendar)	设置此日期格式所使用的日历

DateFormat 是一个抽象类，提供了丰富的方法来格式化日期、时间，以及日期和时间的各种解析功能，但我们常用其直接子类 SimpleDateFormat 来处理日期、时间的格式化问题。

下面我们使用一个简单例子来说明对日期进行格式化处理的方法。

案例 11-8

案例描述　编写程序演示 Date 类、DateFormat 类和 SimpleDateFormat 类的使用方法。

运行效果　程序运行后在控制台上显示如图 11-7 所示的内容。

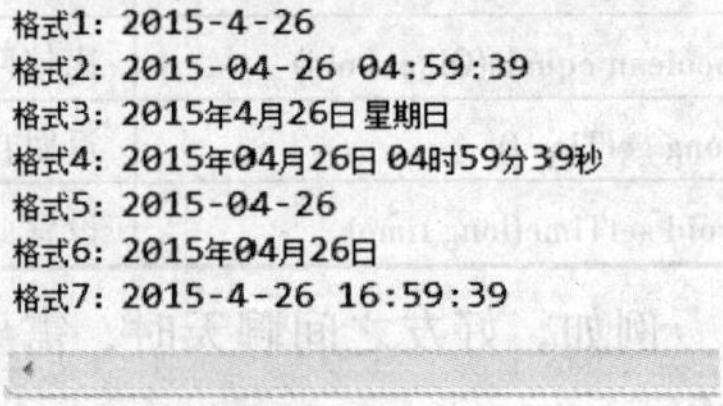

实现流程　其实现流程如下。

① 在 cn.edu.gdqy.demo 包下，添加用于演示 Date、DateFormat 等类使用方法的类 DateFormatDemo，该类带有 main()方法。

② 在 DateFormatDemo 类中，添加 test()方法，该方

```
Console
<terminated> DateFormatDemo [Java Application]
格式1: 2015-4-26
格式2: 2015-04-26 04:59:39
格式3: 2015年4月26日 星期日
格式4: 2015年04月26日 04时59分39秒
格式5: 2015-04-26
格式6: 2015年04月26日
格式7: 2015-4-26 16:59:39
```

图 11-7　案例 11-8 运行结果

法的功能是演示 Date、DateFormat 等类对象的构建方法。

③ 在 main()方法中实例化 DateFormatDemo 类的对象，调用其 test()方法，实现简单的日期/时间格式化功能。

完整代码　完整代码详见代码清单 11-12 所示。

代码清单 11-12　有关日期类、日期格式类的简单应用

```java
package cn.edu.gdqy.demo;
import java.text.*;
import java.util.*;
public class DateFormatDemo {
    public static void main(String[] args) {
        DateFormatDemo demo = new DateFormatDemo();
        demo.test();
    }
    private void test() {
        Date date = new Date();                                   // 创建日期
        /*  创建不同的日期格式  */
        DateFormat df1 = DateFormat.getDateInstance();            // 创建默认日期格式
        DateFormat df2 = new SimpleDateFormat("yyyy-MM-dd hh:mm:ss");
        DateFormat df3 = DateFormat.getDateInstance(DateFormat.FULL, Locale.CHINA);
        DateFormat df4 = new SimpleDateFormat("yyyy年MM月dd日 hh时mm分ss秒",
                Locale.CHINA);
        DateFormat df5 = new SimpleDateFormat("yyyy-MM-dd");
        DateFormat df6 = new SimpleDateFormat("yyyy年MM月dd日");
        DateFormat df7 = DateFormat.getDateTimeInstance();  // 创建默认日期时间格式
        /*  下面是按不同的日期格式输出  */
        System.out.println("格式1: " + df1.format(date));
        System.out.println("格式2: " + df2.format(date));
        System.out.println("格式3: " + df3.format(date));
        System.out.println("格式4: " + df4.format(date));
        System.out.println("格式5: " + df5.format(date));
        System.out.println("格式6: " + df6.format(date));
        System.out.println("格式7: " + df7.format(date));
    }
}
```

说明：在使用日期格式化类时，将结合 Calendar 和 Date 类。又因为 Date 类的直接获取年、月、日、时、分、秒等的方法已经不再使用，想要通过 Date 类计算这些值不方便，所以，接下来将学习 Calendar 类。使用 Calendar 类提供的方便方法来解决我们的实际问题。

（3）Calendar

Calendar 类的继承结构：java.lang.Object→java.util.Calendar。该类提供的常用方法如表 11-9 所示。GregorianCalendar 类是 Calendar 类的直接子类。

表 11-9　Calendar 类的常用方法

方　　法	功　　能
static Calendar getInstance()	构造一个基于当前时间的 Calendar
static Calendar getInstance(Locale al)	构造一个基于当前时间的 Calendar，使用了默认时区和给定的语言环境
final Date getTime()	返回一个表示此 Calendar 时间值的 Date 对象

方　　法	功　　能
final void setTime(Date date)	使用给定的 Date 设置此 Calendar 的时间
long getTimeInMillis()	返回此 Calendar 的时间值，以毫秒为单位
void setTimeInMillis(long millis)	用给定的 long 值设置此 Calendar 的当前时间值
int get(int field)	返回给定日历字段的值
void set(int field, int value)	将给定的日历字段设置为给定值
final void set(int year, int month, int date)	设置日历字段 YEAR、MONTH 和 DAY_OF_MONTH 的值。保留其他日历字段以前的值
final void set(int y,int m,int d,int h,int mm)	设置日历字段 YEAR、MONTH、DAY_OF_MONTH、HOUR_OF_DAY 和 MINUTE 的值
final void set(int y,int m,int d, int h,int mm,int s)	设置字段 YEAR、MONTH、DAY_OF_MONTH、HOUR、 MINUTE 和 SECOND 的值。保留其他字段以前的值
final void clear()	将此 Calendar 的所日历字段值和时间值设置成未定义
final void clear(int field)	将此 Calendar 的给定日历字段值和时间值设置成未定义

下面我们将给出一个简单的例子说明 Calendar 类及其子类的使用方法。

案例 11-9

案例描述　编写程序演示 Calendar 类及其子类的使用方法。

运行效果　程序运行后在控制台上显示如图 11-8 所示的内容。

图 11-8　案例 11-9 运行结果

实现流程　其实现流程如下：

① 在 cn.edu.gdqy.demo 包下，添加用于演示 Calendar 类及其子类使用方法的类 CalendarDemo，该类带有 main()方法。

② 在 CalendarDemo 类中，添加 test()方法，该方法的功能是演示 Calendar 类及其子类对象的构建方法。

③ 在 main()方法中实例化 CalendarDemo 类的对象，调用其 test()方法，实现 Calendar 类及其子类的简单使用。

完整代码　完整代码如代码清单 11-13 所示。

代码清单 11-13　Calendar 类的简单应用

```java
package cn.edu.gdqy.demo;
import java.text.SimpleDateFormat;
import java.util.*;
public class CalendarDemo {
    public static void main(String[] args) {
        CalendarDemo demo = new CalendarDemo();
        demo.test();
    }
    public void test() {
        /*按不同方式创建Calendar，并获取年、月、日、时、分、秒等，并将这些信息输出*/
        Calendar c1 = Calendar.getInstance();
        System.out.println(c1.get(Calendar.YEAR) + "年" + (c1.get(Calendar.MONTH) +
1) + "月" + c1.get(Calendar.DAY_OF_MONTH) + "日");
        Calendar c2 = new GregorianCalendar();
```

```java
        System.out.println(c2.get(Calendar.YEAR) + "年" + (c2.get(Calendar.MONTH) +
            1) + "月" + c2.get(Calendar.DAY_OF_MONTH) + "日");
        Calendar c3 = new GregorianCalendar(2015, 4, 23);
        System.out.println(c3.get(Calendar.YEAR) + "年" + c3.get(Calendar.MONTH) + "月" +
            c3.get(Calendar.DAY_OF_MONTH) + "日");
        Calendar c4 = new GregorianCalendar(2015, 4, 22, 20, 53);
        System.out.println(c4.get(Calendar.YEAR) + "年" + c4.get(Calendar.MONTH) + "月" +
            c4.get(Calendar.DAY_OF_MONTH) + "日" + c4.get(Calendar.HOUR_OF_DAY) + "时" +
            c4.get(Calendar.MINUTE) + "分");
        Calendar c5 = new GregorianCalendar(2015, 4, 26, 20, 53, 50);
        System.out.println(c5.get(Calendar.YEAR) + "年" + c5.get(Calendar.MONTH) + "月" +
            c5.get(Calendar.DAY_OF_MONTH) + "日" + c5.get(Calendar.HOUR_OF_DAY) + "时" +
            c5.get(Calendar.MINUTE) + "分" + c5.get(Calendar.SECOND) + "秒");
        Calendar c6 = new GregorianCalendar(Locale.CHINA);
        System.out.println(c6.get(Calendar.YEAR) + "年" + c6.get(Calendar.MONTH) + "月" +
            c6.get(Calendar.DAY_OF_MONTH) + "日" + c6.get(Calendar.HOUR_OF_DAY) + "时" +
            c6.get(Calendar.MINUTE) + "分" + c6.get(Calendar.SECOND) + "秒");
        c2.setTime(new Date());     // 通过日期设置 Calendar
        System.out.println(c2.get(Calendar.YEAR) + "年" + c2.get(Calendar.MONTH) + "月" +
            c2.get(Calendar.DAY_OF_MONTH) + "日" + c2.get(Calendar.HOUR_OF_DAY) + "时" +
            c2.get(Calendar.MINUTE) + "分" + c2.get(Calendar.SECOND) + "秒");
        c2.setTimeInMillis(new Date().getTime());       // 通过毫秒数设置 Calendar
        System.out.println(c2.get(Calendar.YEAR) + "年" + c2.get(Calendar.MONTH) + "月" +
            c2.get(Calendar.DAY_OF_MONTH) + "日" + c2.get(Calendar.HOUR_OF_DAY) + "时" +
            c2.get(Calendar.MINUTE) + "分" + c2.get(Calendar.SECOND) + "秒");

        SimpleDateFormat df = new SimpleDateFormat("yyyy年MM月dd日 hh时mm分ss秒",
            Locale.CHINA);    // 定义日期的中文输出格式,并输出日期
        System.out.println("按格式输出: " + df.format(c5.getTime()));
        System.out.println("年: " + c5.get(Calendar.YEAR));
        System.out.println("月: " + c5.get(Calendar.MONTH));
        System.out.println("日: " + c5.get(Calendar.DAY_OF_MONTH));
        System.out.println("时: " + c5.get(Calendar.HOUR));
        System.out.println("分: " + c5.get(Calendar.MINUTE));
        System.out.println("秒: " + c5.get(Calendar.SECOND));
        System.out.println("上午、下午: " + c5.get(Calendar.AM_PM));
        System.out.println("星期: " + c5.get(Calendar.DAY_OF_WEEK));
    }
}
```

11.5 MiniQQ 系统注册用户信息

在 8.3 节和 8.4 节,我们已经将用户的注册信息发送到了服务器端,并在服务线程中获取了用户的请求信息(一个 RequestData 类型的数据)。接下来,我们将用户注册信息保存到数据库。

案例 11-10

案例描述　完善 MiniQQ 系统的注册用户信息功能,将用户提交的注册信息保存到数据库中。
运行效果　该案例程序完成后运行效果如图 11-9 所示。
实现流程　其实现流程如下:

（1）修改服务器端服务线程 ServiceThread 类的 handleRegister()方法：

① 从 RequestData 对象中获取 User 对象。
② 调用 UserDAO 类的 register()方法实现用户注册功能。
③ 反馈成功注册后的用户信息给客户端。

handleRegister()方法定义的代码如代码清单 11-14 所示。

图 11-9　用户注册功能实现后的运行效果

代码清单 11-14　ServiceThread 类中 handleRegister()方法的定义

```java
/* 用于处理用户信息的注册 */
private void handleRegister() {
    User user = (User)data.getData();              // 从前端发来的用户注册信息
    UserDAO dao = new UserDAO();                   // 实例化 UserDAO 对象
    Friend friend = dao.register(user);            // 返回有分组信息和用户信息的好友信息
    // 调用 dao 对象的 register()方法，返回有分组信息和用户信息的好友信息，封装要响应到客户端的信息
    RequestData response = new RequestData();
    response.setData(friend);
    response.setType(ResponseType.USER_REGISTER);
    if(friend == null || friend.getId() == 0) {
        response.setSuccess(false);
        response.setMsg("操作失败，请稍后再试。");
    } else {
        response.setSuccess(true);
    }
    try {
        oos = new ObjectOutputStream(socket.getOutputStream()); // 获取 socket 的输出流
        oos.writeObject(response);                 // 将反馈信息写入输出流
        oos.flush();
    } catch(IOException e) {
        logger.log(Level.SEVERE, "写数据失败", e);
    }
}
```

（2）在服务器端 UserDAO 类中添加 register()方法。

用户注册时，不仅需要在数据库的 TUser 表中增加一条 QQ 用户信息，同时，还需要在 TFriendGroup 表中增加一条分组名默认为"我的好友"的分组信息、在 TFriend 表中增加一条是 QQ 用户本人的默认好友信息。为了实现 register()方法，还需要处理下列流程：

① 在 GroupDAO 类中添加 add(Connection conn,FriendGroup group)方法，代码如代码清单 11-15 所示。

代码清单 11-15　GroupDAO 类中 add(Connection,FriendGroup)方法的定义

```java
/* 与数据库的连接对象作为参数传入，用于事务处理 */
public FriendGroup add(Connection conn, FriendGroup group) {
    Statement stm = null;
    ResultSet rs = null;
    int count = 0;
    String sql = "INSERT INTO tfriendgroup(groupname,creator) values('" +
        group.getGroupName() + "'," + group.getCreator().getId()+ ")";
    try{
        if(conn != null){
            stm = conn.createStatement();
            count = stm.executeUpdate(sql,Statement.RETURN_GENERATED_KEYS);
            if(count > 0){
                rs = stm.getGeneratedKeys();
                if(rs.next()){
                    group.setId(rs.getInt(1));
                }
            }
        }
    }catch(SQLException e){
        group.setId(0);
        logger.log(Level.SEVERE, "操作数据库失败", e);
    }
    finally{
        try{
            if(rs! = null){
                rs.close();              // 关闭结果集
            }
            if(stm != null){
                stm.close();             // 关闭语句对象
            }
        }catch(SQLException e){
            logger.log(Level.SEVERE, "关闭数据库失败", e);
        }
    }
    return group;
}
```

② 在 FriendDAO 类中添加 add(Connection conn, Friend friend)方法，代码如代码清单 11-16 所示。

代码清单 11-16　FriendDAO 类中 add(Connection, Friend)方法的定义

```java
/* 与数据库的连接对象作为参数传入，用于事务处理 */
public Friend add(Connection conn, Friend friend) {    // 添加好友
    Statement stm = null;
    int count = 0;
    ResultSet rs = null;
    String sql = "INSERT INTO tfriend(groupid,friendnum) values("+
        friend.getGroup().getId() + "," + friend.getFriend().getId() + ")";
    try{
        if(conn != null){
            stm = conn.createStatement();
            count = stm.executeUpdate(sql,Statement.RETURN_GENERATED_KEYS);
            if(count > 0){
                rs = stm.getGeneratedKeys();       // 初始时记录指针指向第一条记录的前面位置
                if(rs.next()) {
                    friend.setId(rs.getInt(1));
```

```
                }
            }
        }catch(SQLException e){
            friend = null;
            logger.log(Level.SEVERE, "操作数据库失败", e);
        }
        finally{
            try{
                if(stm!=null){
                    stm.close();              // 关闭语句对象
                }
            }catch(SQLException e){
                logger.log(Level.SEVERE, "关闭数据库失败", e);
            }
        }
        return friend;
    }
```

③ 在 UserDAO 类中添加 register()方法，代码如代码清单 11-17 所示。

代码清单 11-17　UserDAO 类中 register()方法的定义

```
/*
 * QQ用户注册时，创建一个QQ用户，同时创建一个默认分组："我的好友"，并在这个分组中生成一个是自己
 *的好友，这里由于要更新几个表，所以采用了事务处理
 */
public Friend register(User user) {              // 注册用户
    Connection conn = null;
    PreparedStatement pstm = null;                // 定义预编译语句对象
    ResultSet rs = null;
    Friend friend = null;
    String sql = "insert into tuser(username,sex,birthday,place,email, password, photo,introduce," +
        "ipaddress,port,state) " + "values(?,?,?,?,?,?,?,?,?,?,?)";
    // 语句中用"?"号作为占位符
    try {
        conn = DriverManager.getConnection(url,dbuser,password);
        if(conn != null) {
            conn.setAutoCommit(false);            //设置事务处理开始,commit-提交 Auto-自动
            conn.setTransactionIsolation(Connection.TRANSACTION_REPEATABLE_READ);
            pstm = conn.prepareStatement(sql, Statement.RETURN_GENERATED_KEYS);
            // 使用连接对象的prepareStatement()预编译语句方法，产生预编译语句对象
            pstm.setString(1, user.getUserName());// 对第一个参数（第一个问号）设置字符串值
            pstm.setString(2, user.getSex());     // 对第二个参数（第二个问号）设置字符串值
            pstm.setObject(3, user.getBirthday());// 对第三个参数（第三个问号）设置日期值
            pstm.setString(4, user.getAddress());
            pstm.setString(5, user.getEmail());
            pstm.setString(6, user.getPassword());
            pstm.setBytes(7, user.getFace());     // 对第七个参数（第七个问号）设置字节数组值
            pstm.setString(8, user.getIntroduce());
            pstm.setString(9, user.getIp());
            pstm.setInt(10, Integer.valueOf(user.getPort()));
            // 对第十个参数（第十个问号）设置整型值
            pstm.setString(11, "离线");
            int count = pstm.executeUpdate();
            if(count > 0) {
                rs = pstm.getGeneratedKeys();
                if(rs.next()) {
```

```java
                        user.setId(rs.getInt(1));           // 在 t_user 表中插入了一条记录
                        FriendGroup fg = new FriendGroup(); // 创建默认分组"我的好友"
                        fg.setGroupName("我的好友");
                        fg.setCreator(user);
                        fg.setId(0);
                        FriendGroup group = new GroupDAO().add(conn, fg);
                        //使用当前的连接，建立分组
                        if(group.getId() > 0) {             // 已成功创建分组
                            Friend fd = new Friend();       // 在默认分组中将自己创建我默认好友
                            fd.setId(0);
                            fd.setFriend(user);             // 将注册的用户自己作为好友
                            fd.setGroup(group);             // 将已建的默认分组作为自己的分组
                            friend = new FriendDAO().add(conn, fd);
                            // 使用当前的连接，建立好友信息
                            if(friend.getId() > 0) {
                                conn.commit(); // 当QQ用户、默认分组和默认好友都创建完成后，提交事务
                            } else {
                                friend.setId(0);
                                conn.rollback();            // 不成功则回滚
                            }
                        } else {
                            conn.rollback();                // 不成功则回滚
                        }
                    } else {
                        conn.rollback();                    // 不成功则回滚
                    }
                } else {
                    conn.rollback();                        // 不成功则回滚
                }
            }
        }catch(SQLException e){
            friend = null;
            try {
                conn.rollback();                            // 不成功则回滚
            } catch (SQLException e1) {
                logger.log(Level.SEVERE, "操作数据库失败", e1);
            }
            logger.log(Level.SEVERE, "操作数据库失败", e);
        }
        finally{
            try{
                if(rs!=null){
                    rs.close();
                }
                if(pstm!=null){
                    pstm.close();
                }
                if(conn!=null){
                    conn.close();
                }
            }catch(SQLException e){
                logger.log(Level.SEVERE, "关闭数据库失败", e);
            }
        }
        return friend;
    }
```

这里用到了数据库连接的事务处理。在同时对相关的多个表进行数据更新时，要么全部

更新，要么一个也不更新。在 JDBC 的数据库操作中，一项事务是由一条或多条表达式所组成的一个不可分割的工作单元。通过连接对象的 commit()方法提交事务，或者通过连接对象的 rollback()方法进行回滚来结束事务的操作。有关事务操作的方法都位于接口 java.sql.Connection 中。

JDBC 中，事务操作默认是自动提交的。也就是说，一条对数据库的更新操作代表一项事务操作。操作成功后，系统将自动调用 commit()方法提交事务，否则将调用 rollback()方法回滚事务。也可以通过调用 setAutoCommit(false)禁止自动提交。把多个数据库操作作为一个事务，在操作完成后调用 commit()进行整体提交。倘若其中一个操作失败，就不会执行 commit()，并将产生相应的异常。此时就可以在异常捕获时调用 rollback()方法回滚事务。以保证多次更新操作后相关数据的一致性。

（3）修改客户端的注册线程 RegisterThread 类的处理从服务器端反馈回来的信息，代码如代码清单 11-18 所示。

代码清单 11-18　RegisterThread 类中添加处理从服务器端反馈回来信息的功能

```
...
//下面这段代码处理通过socket从服务器端响应回来的信息
ois = new ObjectInputStream(socket.getInputStream());
RequestData receiver = (RequestData) ois.readObject();
if(receiver.getType().equals(ResponseType.USER_REGISTER)) {
    if(receiver.isSuccess()) {
        Friend friend = (Friend)receiver.getData();
        // 返回的数据是带有默认分组和QQ用户信息的好友信息
        String qq = friend.getFriend().getId() + "";
        JOptionPane.showMessageDialog(null, "注册成功! 您的QQ账号是: " + qq,
            "温馨提示", JOptionPane.WARNING_MESSAGE);
    } else {
        JOptionPane.showConfirmDialog(null, receiver.getMsg(),
            "温馨提示", JOptionPane.OK_OPTION, JOptionPane.ERROR_MESSAGE);
    }
}
```

到此，当用户在注册界面输入相应的个人信息后，单击"注册"按钮将显示如图 11-3 所示的成功注册后产生的 QQ 号码。

同步练习一

认真阅读 1.6 节中 MiniQQ 即时通软件的项目需求和数据库结构设计文档，实现或完善 MiniQQ 系统用户注册功能。包括完整的服务器端程序、客户端程序。

编辑一个 Word 文档，文档中的内容包括：①解决问题的流程（或思路）；②已运行通过后的程序代码；③程序运行后的截图。

要求：按照 Java 规范编写程序代码，代码中需要有必要的注释。

11.6　MiniQQ 系统用户登录

QQ 用户若要使用 MiniQQ 系统来管理分组、加好友、聊天及在好友之间发送文件等，就必须使用已注册的 QQ 号和注册时输入的密码登录系统。

案例 11-11

案例描述 实现 MiniQQ 系统的用户登录功能,当用户输入 QQ 账号和密码,单击登录界面上的"登录"按钮后,如果该用户是合法用户(即已通过 QQ 账号和密码验证),显示系统主界面,否则,提示用户"QQ 账号不存在"或"密码错误"等信息。

运行效果 当输入 QQ 账号和密码后,运行结果如图 11-10 所示,显示主界面的运行截图放到案例 11-12 中给出。

图 11-10 用户登录截图

实现流程

(1)在客户端登录界面 LoginUI 类中,添加验证数据有效性的方法 verify()。该方法的功能是判断用户输入的 QQ 账号和密码是否为空,如果为空,提示用户重新输入;方法的返回值:如果数据有效,返回 true,否则返回 false。verify()方法的代码如代码清单 11-19 所示。

代码清单 11-19 LoginUI 类中 verify()方法的定义

```java
private boolean verify() {
    if(this.txtNumber.getText().trim().equals("")) {
        JOptionPane.showMessageDialog(null, "QQ 账号不能为空,请重新输入。");
        return false;
    }
    if(new String(this.pfPassword.getPassword()).trim().equals("")) {
        JOptionPane.showMessageDialog(null, "登录密码不能为空,请重新输入。");
        return false;
    }
    return true;
}
```

说明:当 QQ 账号为空或登录密码为空,将返回 false,并提示用户重新输入,只有这两者都不为空时,才返回 true。

(2)在 LoginUI 类中添加实现了 ActionListener 接口的内部类 LoginListener,该类定义代码如代码清单 11-20 所示。

代码清单 11-20 LoginUI 类中内部类登录监听器 LoginListener 的定义

```java
private class LoginListener implements ActionListener {
    @Override
    public void actionPerformed(ActionEvent e) {
        // 获取用户输入的qq账号和登录密码封装到User类的用户对象中发登录请求和用户登录信息给服务器,
        // 由服务器端判定是否合法用户并将结果反馈给客户端,
        // 如果是合法用户,则显示主界面,并获取所有好友列表,包括在线的和离线的好友
        if(verify()) {
            RequestData data = new RequestData();            // 封装网络通信的请求数据
            data.setType(RequestType.USER_LOGIN);            // 设置请求的类型,该类型为登录
            User user = new User();                          // 封装用户登录信息
            user.setId(Integer.valueOf(LoginUI.this.txtNumber.getText().trim()));
            // QQ 账号
            user.setPassword(new String(LoginUI.this.pfPassword.getPassword()).trim());
            // 用户登录密码
            user.setPort(9189);       // 封装好友通信的端口号,用于好友之间发送消息和文件
            data.setData(user);       // 将用户信息封装到请求数据对象中
            // 实例化登录线程类,并启动该线程,将封装的请求数据和当前登录界面对象作为参数传入其中
            Thread login = new Thread(new LoginThread(data, LoginUI.this));
```

```
            login.start();
        }
    }
}
```

（3）将事件监听器 LoginListener 对象注册到"登录"按钮上。

修改 LoginUI 类的 getLoginButton()方法，添加语句：

```
btnLogin.addActionListener(new LoginListener());
```

LoginUI 类的 getLoginButton()方法的完整代码如代码清单 11-21 所示。

代码清单 11-21　LoginUI 类中 getLoginButton()方法的定义

```java
private JButton getLoginButton() {
    ImageIcon icon = new ImageIcon("images/login.png");
    btnLogin = new JButton(icon);
    btnLogin.setSize(178, 30);
    btnLogin.setLocation(102, 253);
    btnLogin.addActionListener(new LoginListener());
    return btnLogin;
}
```

（4）编写注册线程 LoginThread 类，实现向服务器发送登录请求并处理从服务器端的响应信息，其实现流程包括：

① 在客户端 cn.edu.gdqy.miniqq.net 包下，添加 LoginThread 类。
② 类中定义一个具有两个参数（要发送的请求数据和当前的登录界面对象）的构造方法。
③ 创建与服务器端的 Socket 连接。
④ 从 Socket 对象获取输出流并封装为对象输出流。
⑤ 调用对象输出流的 writeObject()方法，将登录请求数据写入输出流。
⑥ 从 Socket 对象获取输入流并封装为对象输入流。
⑦ 调用对象输入流的 readObject()方法，读取从服务器端反馈回来的信息。
⑧ 如果响应数据的 success 字段的值为 true，则将获取的用户信息作为主界面类构造方法的参数，打开主界面，并关闭当前的登录界面；否则，提示用户登录失败，并显示登录界面。

线程 LoginThread 类定义的完整代码如代码清单 11-22 所示。

代码清单 11-22　线程 LoginThread 类的定义

```java
package cn.edu.gdqy.miniqq.net;
import java.io.*;
import java.net.Socket;
import javax.swing.JOptionPane;
import cn.edu.gdqy.miniqq.el.*;
import cn.edu.gdqy.miniqq.ui.*;
import cn.edu.gdqy.miniqq.util.*;
public class LoginThread implements Runnable{
    private RequestData data = null;
    private LoginUI loginui = null;
    private Socket socket = null;
    private ObjectOutput oos = null;
    private ObjectInput ois = null;
    public LoginThread(RequestData data, LoginUI loginui){
        this.data = data;
        this.loginui = loginui;
    }
```

```java
            public void run(){
                try{
                    // 发送登录请求给服务器
                    socket = new Socket(QQServer.IP , QQServer.PORT);
                    String ip = socket.getLocalAddress().getHostAddress();   // 获取本地IP
                    User user = (User)data.getData();
                    user.setIp(ip);
                    data.setData(user);
                    oos = new ObjectOutputStream(socket.getOutputStream());
                    oos.writeObject(data);
                    oos.flush();
                    // 获取登录成功后的从服务器端的响应信息
                    ois = new ObjectInputStream(socket.getInputStream());
                    RequestData response = (RequestData)ois.readObject();
                    // 如果返回的success的值为true,表示登录成功,则显示系统主界面,并关闭登录界面
                    // 否则弹出提示信息,并显示登录界面
                    if(response.isSuccess() && response.getType().equals(ResponseType.USER_LOGIN)) {
                        new MainUI((User)response.getData()); // 启动主界面时,将当前用户信息作为参数传入
                        loginui.dispose();
                    } else {
                        JOptionPane.showMessageDialog(null, response.getMsg());
                        loginui.setVisible(true);
                    }
                }catch(IOException | ClassNotFoundException e){
                    logger.log(Level.SEVERE, "数据传输失败", e);
                }finally {
                    try {
                        if(oos != null) {
                            oos.close();            // 关闭输出流
                        }
                        if(ois!=null) {
                            ois.close();            // 关闭输入流
                        }
                        if(socket != null) {
                            socket.close();         // 关闭socket
                        }
                    } catch(IOException e) {
                        logger.log(Level.SEVERE, "关闭输入输出流失败", e);
                    }
                }
            }
```

（5）修改客户端 MainUI 类的构造方法。定义该构造方法时带一个参数,参数类型为 User,代码段如下:

```java
...
private User user = null;     // 当前登录用户
public MainUI(User user) {
    this.user = user;
    this.init();
}
```

（6）修改服务器端的服务线程 ServiceThread 类,添加处理用户登录的操作代码。

① 在 ServiceThread 类中添加 handleLogin()方法。实现代码及详细注释如代码清单 11-23 所示。

代码清单 11-23　ServiceThread 类中 handleLogin()方法的定义

```java
private void handleLogin() {
    User user = (User)data.getData();         // 获取从客户端发来的用户登录信息
    UserDAO dao = new UserDAO();              // 实例化 UserDAO 对象
    User reUser = dao.login(user);            // 调用 dao 对象的 login()方法,返回登录用户的全部信息
    RequestData response = new RequestData(); // 封装要反馈给客户端的信息
    response.setData(reUser);
    response.setType(ResponseType.USER_LOGIN);
    if(reUser != null && !reUser.getUserName().equals("")) {
        response.setSuccess(true);
    } else {
        response.setSuccess(false);
        response.setMsg("登录失败, 可能你的账号密码不对或不存在此号码");
    }
    try {
        oos = new ObjectOutputStream(socket.getOutputStream());  // 获取 socket 的输出流
        oos.writeObject(response);            // 将反馈信息写入输出流
        oos.flush();
    } catch(IOException e) {
        logger.log(Level.SEVERE, "写数据失败", e);
    }
}
```

② 修改 run()方法, 在其中添加调用 handleLogin()方法的代码:

```java
...
case RequestType.USER_LOGIN: {    //用户登录
    handleLogin();
    break;
}
...
```

(7) 在服务器端的 UserDAO 类中添加 login()方法, 完成用户登录功能。包括下述流程:

① 在 UserDAO 类中添加 login()方法, 该方法有一个参数: 由 QQ 账号和密码封装的 User 对象;

② 编写查询特定 QQ 账号和密码的用户信息的 SQL 语句字符串;

③ 建立到数据库的连接, 并设置事务不自动提交;

④ 建立执行 SQL 命令的语句对象;

⑤ 执行 SQL 命令, 如果该用户存在, 修改用户的状态信息、IP 地址、端口号和登录时间;

⑥ 关闭结果集、语句对象和连接对象;

⑦ 返回用户登录后的用户信息。

服务器端 UserDAO 类中 login()方法的定义见代码清单 11-24 所示。

代码清单 11-24　UserDAO 类中 login()方法的定义

```java
/*
 * 根据用户的 QQ 账号和密码查询该用户是否存在
 * 如果存在, 修改登录信息, 保存其登录机器的 IP 地址和端口号、登录时间
 */
@SuppressWarnings("resource")
public User login(User user) {                // QQ用户登录
    Connection conn = null;                   // 定义连接对象
    PreparedStatement stm = null;             //定义预编译语句对象
```

```java
            ResultSet rs = null;                                    // 定义结果集对象
            String sql = "SELECT * FROM tuser WHERE qqnum=? AND password=?";// 构建查询语句
            try{
                conn = DriverManager.getConnection(url,dbuser,password); // 建立与数据库的连接
                if(conn != null) {                                  // 如果连接成功
                    conn.setAutoCommit(false);                      // 设置事务不自动提交
                    conn.setTransactionIsolation(Connection.TRANSACTION_REPEATABLE_READ);
                    // 设置事务的隔离级别,如果在事务中间调用此方法,将不提交事务。
                    stm = conn.prepareStatement(sql);               // 根据 SQL 语句构建语句对象
                    stm.setLong(1, user.getId());                   // 设置第一个参数为用户的 QQ 号
                    stm.setString(2, user.getPassword());           // 设置第二个参数为用户登录密码
                    rs = stm.executeQuery();                        // 执行查询语句,返回结果集
                    if(rs.next()) {      // 由于结果集中最多只有一条记录,直接用 if 条件语句进行判断
                        // 如果有该用户信息,则修改该条记录的 IP 字段和端口号字段的值
                        long id = rs.getLong("qqnum");              // 获取 QQ 号
                        sql = "UPDATE tuser SET state='在线',ipaddress=?,port=?,"+"logintime=? " +
                            "WHERE qqnum=?";                        // 构建修改记录的 SQL 语句
                        stm = conn.prepareStatement(sql);
                        stm.setString(1, user.getIp());
                        stm.setInt(2, user.getPort());
                        stm.setTimestamp(3, new Timestamp(System.currentTimeMillis()));
                        stm.setLong(4, id);
                        stm.executeUpdate();                        // 执行非查询 SQL 语句
                        user.setUserName(rs.getString("username"));
                        // 获取登录用户的其他信息,返回到客户端
                        user.setSex(rs.getString("sex"));
                        user.setAddress(rs.getString("place"));
                        user.setBirthday(rs.getDate("birthday"));
                        user.setEmail(rs.getString("email"));
                        user.setFace(rs.getBytes("photo"));
                        conn.commit();                              // 提交事务
                    } else {
                        user = null;
                        conn.rollback();                            // 回滚事务
                    }
                }
            }catch(SQLException e){
                user = null;
                try {
                    conn.rollback();
                } catch (SQLException e1) {
                    logger.log(Level.SEVERE, "事务回滚失败", e1);
                }
                logger.log(Level.SEVERE, "操作数据库失败", e);
            }
            finally{
                try{
                    if(rs != null) {
                        rs.close();                                 // 关闭结果集
                    }
                    if(stm != null){
                        stm.close();                                // 关闭语句对象
                    }
                    if(conn != null){
                        conn.close();                               // 关闭连接
                    }
                }catch(SQLException e){
```

```
                user = null;
                logger.log(Level.SEVERE, "关闭数据库失败", e);
            }
        }
        return user;   // 返回登录用户的全部信息
    }
```

同步练习二

认真阅读 1.6 节中 MiniQQ 即时通信软件的项目需求和数据库结构设计文档,实现或完善 MiniQQ 系统用户登录功能。包括完整的服务器端程序、客户端程序。

编辑一个 Word 文档,文档中的内容包括:①解决问题的流程(或思路);②已运行通过后的程序代码;③程序运行后的截图。

要求:按照 Java 规范编写程序代码,代码中有必要的注释。

11.7　获取好友列表,加载主界面的好友树

当用户登录成功后,已将用户信息作为参数传入主界面中。当主界面上的组件创建完毕后,就可以根据用户信息从数据库中检索出全部的好友信息,根据好友分组构建树结点。这部分内容相对来说较为复杂,不仅要从数据库中检索信息,还需要构建树结点。为了实时掌握好友的在线情况,检索信息和构建好友树的操作需要定时而重复地进行。这样,我们将整个要解决的问题划分成三大部分:获取当前用户所有的好友信息、生成好友树、创建任务时钟线程。

案例 11-12

案例描述　实现 MiniQQ 系统的获取好友列表加载主界面的功能。当用户成功登录后,在主界面上显示用户的昵称、头像,以及该用户的所有好友信息。好友信息按分组显示在好友树中,显示的信息包括头像和昵称。根据好友树结点的类型绑定相应的弹出式菜单。

运行效果　登录成功后,将关闭登录界面,显示如图 11-11 所示的主界面。

实现流程　获取好友列表加载主界面好友树的处理流程如下:

(1)在 MiniQQ 系统客户端主界面 MainUI 类的构造方法中,启动一个时钟线程。因为好友登录信息是动态的,如果仅一次加载好友信息,无法实时了解好友的登录动态,所以,需要用一个任务时钟来启动一个线程:获取好友列表,并加载好友树。

(2)定义任务时钟线程。在该时钟线程中调用创建好友树的方法。

(3)定义创建好友树的方法。在该方法中,获取用户登

图 11-11　加载好友树后的主界面

录成功后传过来的用户信息，封装 RequestData 对象，启动获取好友信息列表的线程。

（4）编写获取好友信息列表的线程类。在该线程中发送包含用户信息的请求数据给 Socket 服务器，并处理从服务器端返回来的所有好友信息，调用 MainUI 类的构建好友树的方法，创建好友树。

（5）服务器端监听到连接请求，接收从客户端发来的请求，修改服务器端的服务线程 ServiceThread 类，添加处理获取好友列表的方法，在该方法中调用 FriendDAO 类中获取好友列表的方法，并将所获取的所有好友信息反馈给客户端。

（6）在服务器端的 FriendDAO 类中添加获取好友列表的方法。

参考代码 下面我们就按照这个处理流程来实现加载主界面好友树的功能。

（1）修改主界面 MainUI 类的 getCenterJPanel()方法，重新构建加载树组件的面板。

由于要从数据库中获取数据，然后加载到主界面的树形结构中，因此，对主界面 MainUI 类的 getCenterJPanel()方法进行修改，将以前生成树的代码去掉，只保留在其中浏览树的滚动面板，而树形结构则从数据库中获取数据后动态生成。修改 getCenterJPanel()方法后代码如代码清单 11-25 所示。

代码清单 11-25　MainUI 类中 getCenterJPanel()方法的定义

```java
private Component getCenterJPanel() {           // 创建中部面板
    //创建一个滚动面板对象，用于放置好友树
    jscrollpane = new JScrollPane();
    jscrollpane.setAutoscrolls(true);
    jscrollpane.setBounds(0, 4, 299, 453);
    pnlCenter = new JPanel();
    pnlCenter.setLayout(null);
    pnlCenter.add(jscrollpane);
    pnlCenter.setBounds(1, 169, 298, 452);
    return pnlCenter;
}
```

（2）定义并启动一个任务时钟线程。

在编写我们的任务时钟线程之前，先让我们了解两个相关的类：Timer 类和 TimerTask 类。

Timer 类和 TimerTask 类都处于 java.util 包。Timer 类通过调度一个 TimerTask 任务线程，让程序在一段时间后按照某一个频度执行，任务的调用通过启动的子线程进行执行。

任务的调度和终止时钟任务的方法如表 11-10 所示。

表 11-10　任务的调度与终止时钟任务的方法

方　　法	功　　能
void Timer.schedule(TimerTask task, long delay)	设定多长时间（毫秒）后执行任务
void Timer.schedule(TimerTask task, Date time)	设定某个时间执行任务
void Timer.schedule(TimerTask task, long delay, long period)	设定 delay 时间后开始执行任务，并每隔 period 时间执行任务一次
void Timer.schedule(TimerTask task, Date firstTime, long period)	第一次在指定 firstTime 时间点执行任务，之后每隔 period 时间调用任务一次
void Timer.cancel()	终止该 Timer
boolean TimerTask.cancel()	终止该 TimerTask

我们已经了解 Timer 类和 TimerTask 类的功能和基本使用方法，下面我们来编写时钟任

务线程，完成定期加载（或刷新）好友树的任务。

① 在 MainUI 类的域定义部分，添加语句：

```java
private Timer timer = null;                         // 定义一个时钟对象
```

② 修改 MainUI 类的构造方法，在其中添加下面代码中框住的代码行：

```java
public MainUI(User user) {
    this.user = user;
    this.init();
    timer = new Timer();                            // 创建一个时钟对象
    timer.schedule(new MyTimerTask(), 0, 120000);   // 即刻启动任务，并且每隔2分钟执行一次任务
}
```

（3）在 MainUI 类中，添加一个内部类 MyTimerTask，该类是 TimerTask 时钟任务类的派生类，详见代码清单 11-26。

代码清单 11-26　自定义时钟任务类 MyTimerTask

```java
private class MyTimerTask extends TimerTask {
    @Override
    public void run() {                             // run()方法体中代码会重复执行
        try {
            MainUI.this.createGroupTree();          // 调用该方法创建分组好友树
        } catch(Exception e) {
            logger.log(Level.SEVERE, "创建好友树出错", e);
        }
    }
}
```

（4）在 MainUI 类中，添加获取好友信息、创建分组好友树的 createGroupTree()方法，该方法的实现流程：

① 实例化一个封装请求数据的对象，并封装请求类型和用户信息到该对象；

② 构建获取好友信息列表、创建好友树的线程；

③ 启动线程。

MainUI 类中 createGroupTree()方法的实现代码如代码清单 11-27 所示。

代码清单 11-27　MainUI 类中 createGroupTree()方法的定义

```java
/* 从数据库中获取当前用户的所有分组，并加载到好友树中 */
public void createGroupTree() throws Exception {
    RequestData data = new RequestData();// 实例化一个封装请求数据的对象，封装发送请求的信息
    data.setType(RequestType.GROUP_FRIEND_ALL);   // 设置请求类型：获取所有分组好友
    data.setData(this.user);                      // 封装用户信息
    Thread thread = new GetGroupListThread(data, MainUI.this); // 处理获取所有分组好友的线程
    thread.start();       // 启动线程
}
```

说明：

① createGroupTree()方法之所以定义为公有访问控制权限的(访问控制符为 public)，是因为在后面添加分组、删除分组、添加好友、删除好友后，都必需重新加载好友树，该方法在其他对象中会被访问。

② 线程 GetGroupListThread 类的构造方法有两个参数，一个是封装了当前用户信息的请求数据，另一个则是当前的主界面。将用户信息传入线程中，目的是要将该用户信息传送到服务器端，检索其所有的好友信息；将当前的主界面传入线程中，其目的是可以在该

线程类中直接访问主界面的某个 public 方法，根据获取的分组好友信息生成好友树。

（5）在客户端 cn.edu.gdqy.miniqq.net 包下，添加线程 GetGroupListThread 类。该类的实现流程：

① GetGroupListThread 类的父类是 Thread。

② 类中添加带有两个参数的构造方法，一个参数是封装了当前用户信息的请求数据，另一个参数则是处于运行状态的主界面；该构造方法的功能是将两个参数的值保存到该类的两个属性中。

③ 创建到服务器的 Socket 连接。

④ 从 Socket 对象获取输出流，并封装为对象输出流；调用对象输出流的 writeObject()方法写入输出流，发送给服务器。

⑤ 从 Socket 对象获取输入流，并封装为对象输入流；调用对象输入流的 readObject()方法读取从服务器端响应回来的信息；该信息是当前用户的好友列表。

⑥ 调用主界面对象的 loadTreeNode()方法，加载好友信息到好友树。

⑦ 关闭输入输出流和 Socket 连接。

GetGroupListThread 类定义的完整代码如代码清单 11-28 所示。

代码清单 11-28 GetGroupListThread 类的定义

```java
package cn.edu.gdqy.miniqq.net;
import java.io.*;
import java.net.Socket;
import java.util.ArrayList;
import javax.swing.JOptionPane;
import cn.edu.gdqy.miniqq.el.*;
import cn.edu.gdqy.miniqq.ui.MainUI;
import cn.edu.gdqy.miniqq.util.*;
import java.util.logging.*;
public class GetGroupListThread extends Thread {
    private RequestData data = null;
    private Socket socket = null;
    private ObjectOutput oos = null;
    private ObjectInput ois = null;
    private MainUI mainUI = null;
    public GetGroupListThread(RequestData data, MainUI mainUI) {
        this.data = data;
        this.mainUI = mainUI;
    }
    public void run() {
        try {
            socket = new Socket(QQServer.IP , QQServer.PORT);
            // 创建一个 Socket，也就是要创建一条与服务器相连的通道，使用本地机 IP 主要是为了方便调试
            oos = new ObjectOutputStream(socket.getOutputStream());
            // 用 Socket 通道的输出流实例化一个对象输出流
            oos.writeObject(data);      // 向输出流中写 user 对象信息
            oos.flush();                // 强制将缓冲区中的数据发送出去,不必等到缓冲区满
            // 下面这段代码处理通过 Socket 从服务器端响应回来的信息
            ois = new ObjectInputStream(socket.getInputStream());
            RequestData receiver = (RequestData) ois.readObject();
            if(receiver.getType().equals(ResponseType.GROUP_FRIEND_ALL)) {
                if(receiver.isSuccess()) {
                    @SuppressWarnings("unchecked")
```

```
                    ArrayList<Friend> fl = (ArrayList<Friend>) receiver.getData();
                    // 从服务器端返回的所有好友信息
                    try {
                        mainUI.loadTreeNode(fl);
                    } catch (Exception e) {
                        logger.log(Level.SEVERE, "加载数据出错", e);
                    }
                    // 调用 MainUI 类的 loadTreeNode()方法，产生好友树

                } else {
                    JOptionPane.showConfirmDialog(null, receiver.getMsg(), "温馨提示",
                        JOptionPane.OK_OPTION);
                }
            }
        } catch(IOException | ClassNotFoundException ioe) {
            logger.log(Level.SEVERE, "网络通信出错", ioe);
        } finally {
            try {
                if(oos != null) {
                    oos.close();          // 关闭输出流
                }
                if(ois != null) {
                    ois.close();          // 关闭输入流
                }
                if(socket != null) {
                    socket.close();       // 关闭 socket
                }
            } catch(IOException e) {
                logger.log(Level.SEVERE, "关闭输入输出流和 Socket 连接时出错", e);
            }
        }
    }
}
```

MainUI 类中生成好友树的 loadTreeNode()方法放在后面介绍。

（6）修改服务器端的服务线程 ServiceThread 类。在 ServiceThread 类中添加处理获取好友信息列表的 handleAllGroupFriend()方法，并在 run()方法中调用该方法。

① 在 ServiceThread 类中，添加 handleAllGroupFriend()方法，该方法的实现流程：

a. 在该方法中解析从客户端传送过来的请求数据，获取其中封装的 User 信息。

b. 调用 GroupDAO 对象的 getGroupByUser()方法，获取好友信息列表。

c. 封装反馈信息，包括好友信息列表、响应类型、处理是否成功，以及如果处理失败了，封装失败的提示信息。

d. 从 Socket 对象获取输出流，并封装为对象输出流。

e. 调用对象输出流的 writeObject()方法将反馈信息写入输出流，反馈到客户端。

handleAllGroupFriend()方法的完整代码如代码清单 11-29 所示。

代码清单 11-29　ServiceThread 类中 handleAllGroupFriend()方法的定义

```
private void handleAllGroupFriend() {
    User user = (User)data.getData();                  // 获取从前端发来的用户信息
    GroupDAO dao = new GroupDAO();
    ArrayList<Friend> fl = dao.getFriendByUser(user);
    // 调用 dao 对象的 getGroupByUser()方法，返回所有的分组好友信息
    RequestData response = new RequestData();          // 封装要反馈给客户端的信息
```

```
            response.setData(fl);                           // 封装获取到的好友信息列表
            response.setType(ResponseType.GROUP_FRIEND_ALL);
            if(fl != null && fl.size() > 0) {
                response.setSuccess(true);
            } else {
                response.setSuccess(false);
                response.setMsg("系统错误，请稍后再试");
            }
            // 返回给客户端
            try {
                oos = new ObjectOutputStream(socket.getOutputStream());
                oos.writeObject(response);
                oos.flush();
            } catch(IOException e) {
                logger.log(Level.SEVERE, "反馈信息出错", e);
            }
        }
```

② 在 ServiceThread 类的 run()方法中添加下面代码中框住的代码：

```
case RequestType.GROUP_FRIEND_ALL: {
    // 获取当前用户的所有分组，用于 MiniQQ 中加载好友树
    handleAllGroupFriend();
    break;
}
```

（7）在服务器端的 GroupDAO 类中，添加获取当前用户所有好友信息的 getFriendByUser() 方法。

该方法的实现流程：

① 查找当前用户创建的所有分组；
② 按分组 id 查找每个分组下的所有好友的个人信息；
③ 将查找到的每个好友所在的分组信息和个人信息封装到 Friend 对象中，并添加到好友列表；
④ 返回好友列表。

GroupDAO 类的 getFriendByUser()方法的完整代码及详细注释如代码清单 11-30 所示。

代码清单 11-30　GroupDAO 类中 getFriendByUser()方法的定义

```
/* 获取当前用户创建的所有分组及好友 */
public ArrayList<Friend> getFriendByUser(User user) {
    ArrayList<Friend> fl = new ArrayList<Friend>(); // 对获取到的好友信息进行整合的链表
    Connection conn = null;
    Statement stm = null;
    ResultSet rs = null;
    String sql = "SELECT * FROM tfriendgroup WHERE creator=" + user.getId();
    // 查找当前用户创建的所有分组
    try{
        conn = DriverManager.getConnection(url,dbuser,password);
        if(conn != null){
            stm = conn.createStatement();
            rs = stm.executeQuery(sql);
            while(rs.next()){
                FriendGroup group = new FriendGroup();    // 封装单个分组信息
                group.setGroupName(rs.getString("groupname"));
                group.setId(rs.getLong("id"));
                ArrayList<Friend> gfl = new FriendDAO().getFriendByGroup(group);
```

```java
            // 调用 FriendDAO 对象的 getFriendByGroup()方法，根据分组查找其下所有好友信息
            if(gfl != null && gfl.size() > 0) {
                for(int i = 0; i < gfl.size(); i++) {
                    fl.add(gfl.get(i));          // 将单个分组下的好友添加到整合链表中
                }
            } else {    // 只创建了分组，而该分组下还没有好友
                Friend friend = new Friend();
                friend.setGroup(group);
                friend.setFriend(null);          // 将空的分组信息封装到好友对象中
                fl.add(friend);
            }
        }
    }catch(SQLException e){
        fl = null;
        logger.log(Level.SEVERE, "访问数据库出错", e);
    }
    finally{
        try{
            if(rs != null) {
                rs.close();
            }
            if(stm!=null){
                stm.close();
            }
            if(conn!=null){
                conn.close();
            }
        }catch(SQLException e){
            logger.log(Level.SEVERE, "关闭数据库出错", e);
        }
    }
    return fl;
}
```

根据当前用户查询其创建的所有分组，并调用 FriendDAO 对象的 getFriendByGroup()方法，获取每个分组下的所有好友信息。

（8）在 FriendDAO 类中，添加获取一个分组下的所有好友信息的 getFriendByGroup()方法。
该方法的实现流程：
① 构建按用户分组 id 查询所有用户信息的 SQL 语句。
② 创建与数据库的连接及语句对象。
③ 执行查询语句返回结果集。
④ 遍历结果集将每条记录封装到 Friend 对象中，并添加到好友列表。
⑤ 返回好友列表。

FriendDAO 类中 getFriendByGroup()方法的完整代码及详细注释如代码清单 11-31 所示。

代码清单 11-31　FriendDAO 类中 getFriendByGroup()方法的定义

```java
/* 获取当前用户当前分组下的所有好友信息 */
public ArrayList<Friend> getFriendByGroup(FriendGroup group) {
    ArrayList<Friend> fl = new ArrayList<Friend>();
    Connection conn = null;
    Statement stm = null;
    ResultSet rs = null;
```

```
        String sql = "SELECT qqnum,username,sex,birthday,place," +
            "email,photo,introduce,ipaddress,port,state FROM tuser " + "INNER JOIN
            tfriend " + "ON tuser.qqnum=tfriend.friendnum "
            + "WHERE tfriend.groupid=" + group.getId();
        try{
            conn = DriverManager.getConnection(url,dbuser,password);
            if(conn != null){
                stm = conn.createStatement();
                rs = stm.executeQuery(sql);
                while(rs.next()) {  // 向后循环移动记录指针,直到遍历完所有的记录
                    Friend friend = new Friend();
                    friend.setGroup(group);
                    User user = new User();
                    user.setId(rs.getLong("qqnum"));
                    // 获取记录指针指向的记录的"qqnum"字段的值,并赋值给user对象的id属性
                    user.setUserName(rs.getString("username"));
                    user.setSex(rs.getString("sex"));
                    user.setBirthday(rs.getDate("birthday"));
                    user.setAddress(rs.getString("place"));
                    user.setEmail(rs.getString("email"));
                    user.setFace(rs.getBytes("photo"));
                    user.setIntroduce(rs.getString("introduce"));
                    user.setIp(rs.getString("ipaddress"));
                    user.setPort(rs.getInt("port"));
                    user.setState(rs.getString("state"));
                    friend.setFriend(user);
                    fl.add(friend);
                }
            }
        }catch(SQLException e){
            fl = null;
            logger.log(Level.SEVERE, "访问数据库出错", e);
        }
        finally{
            try{
                if(rs != null) {
                    rs.close();
                }
                if(stm!=null){
                    stm.close();
                }
                if(conn!=null){
                    conn.close();
                }
            }catch(SQLException e){
                logger.log(Level.SEVERE, "关闭数据库出错", e);
            }
        }
        return fl;
    }
```

到此,当前用户的所有好友信息(按分组获取)由服务器端从数据库获取后,已响应回客户端了。接下来的工作就是生成好友树,将好友信息加载到好友树中。

(9)在 MainUI 类中,编写公有的加载好友树的 loadTreeNode()方法。

好友树上的结点包括两种:好友分组结点和好友结点。分组结点上显示分组名称及展开/关闭结点的图标,而好友结点则要显示好友的昵称和头像。整个树中,每个分组结点的图标是

一致的，但好友结点上显示的头像则是各不相同的。而且对分组结点和好友结点的操作也不相同，所以，在加载好友信息之前，需要定义加载到树结点上的用户数据结构。该结构能正确反应每个结点的类型（两种：分组、好友）及要"挂"到结点上的真实数据（两种数据：分组数据、好友用户信息）。

在客户端 cn.edu.gdqy.miniqq.el 包下，添加 TreeNodeData 类，用于封装树结点的自定义数据，其代码及详细注释如代码清单 11-32 所示。

代码清单 11-32　自定义树结点数据 TreeNodeData 类

```java
package cn.edu.gdqy.miniqq.el;
import java.io.Serializable;
/** 封装各种树结点的数据 */
public class TreeNodeData implements Serializable {
    private static final long serialVersionUID = 1L;
    private String type = null;   // 树结点类型: 分组 "group" 和好友 "friend"
    private Object data = null;   // 真实数据: 包括分组数据和好友用户信息
    public static final String TYPE_GROUP = "group";
    public static final String TYPE_FRIEND = "friend";
    public String getType() {
        return type;
    }
    public void setType(String type) {
        this.type = type;
    }
    public Object getData() {
        return data;
    }
    public void setData(Object data) {
        this.data = data;
    }
    /*覆写对象的 toString()方法目的是要在树结点中显示分组名称和好友名称 */
    public String toString(){
        return this.data.toString();
    }
}
```

树结点有两种："分组"结点和"好友"结点。因此在封装用户数据时，将分组信息或好友用户信息及其类型一并封装，便于用户根据结点的类型进行相应的操作（增加分组、删除分组、删除好友等）。

编写 loadTreeNode()方法的处理流程：

① 在 MainUI 类中添加公有的 loadTreeNode()方法，该方法有一个参数：好友列表。
② 实例化一棵空树，并显示在滚动面板上。
③ 创建树的根结点。
④ 遍历好友列表，对每一个 Friend 数据解析出好友个人信息和所在分组信息；如果当前的好友分组与上一个分组不同，就创建一个分组结点，并创建好友结点成为该分组结点的子结点；如果当前的好友分组与上一个分组相同，则仅创建好友结点，作为最后一个已创建的分组结点的子结点；调用树结点的 setUserObject()方法，将分组信息或好友个人信息及结点类型信息封装到 TreeNodeData 对象后 "依附" 到树结点上。
⑤ 将所有分组结点添加到根结点上，成为根结点的子结点。
⑥ 设置根结点不可见。

⑦ 设置树的其他一些属性，显示整个树。

MainUI 类中 loadTreeNode()方法定义的完整代码及详细注释如代码清单 11-33 所示。

代码清单 11-33 MainUI 类中 loadTreeNode()方法的定义

```java
// 根据从数据库查询到的所有分组信息及好友信息加载整棵树
public synchronized void loadTreeNode(ArrayList<Friend> fl) throws Exception {
    tree = new JTree();                                  // 实例化一棵空树
    jscrollpane.setViewportView(tree);                   // 将树添加到滚动面板中显示
    DefaultMutableTreeNode rootNode = null;              // 定义根结点
    DefaultMutableTreeNode groupNode = null;             // 定义分组结点
    DefaultMutableTreeNode friendNode = null;            // 定义好友结点
    tree.setModel(null);
    rootNode = new DefaultMutableTreeNode(null);         // 构建根结点
    TreeCellRenderer cellRenderer = new DefaultTreeCellRenderer(); // 创建树结点渲染器
    tree.setCellRenderer(cellRenderer);
    // 以下循环语句的功能是根据好友信息列表 fl 生成树结点
    for(int i = 0; i < fl.size(); i++) {
        Friend friend = fl.get(i);                       // 获取一个好友信息
        FriendGroup fg = friend.getGroup();              // 好友所在分组
        User user = friend.getFriend();                  // 好友的用户信息
        TreeNodeData data = null;                        // 树结点上的数据
        /*
         * 由于要对好友分组，好友结点是分组结点的子结点，但 fl 中的一项数据既包含了分组信息，又包含了
         * 好友的用户信息。所以，第一次需要创建分组结点，然后将其好友的用户信息用于创建好友结点。
         * 当前的分组变化时，才需要创建分组结点，否则，只创建好友结点，作为上次创建的分组结点的子结点
         */
        if (i == 0 || (i > 0 && fl.get(i).getGroup().getId() != fl.get(i - 1).getGroup().getId())) {
            groupNode = new DefaultMutableTreeNode(fg.getGroupName());
            // 创建一个分组结点
            data = new TreeNodeData();                   // 封装分组结点上的用户数据
            data.setType(TreeNodeData.TYPE_GROUP);
            data.setData(fg);
            groupNode.setUserObject(data);               // 将自定义的结点数据添加到分组结点上
            rootNode.add(groupNode);                     // 将分组结点添加到根结点上，称为根结点的子结点
        }
        if(user != null) {                               // 如果不是空的分组，也即是说该分组下有好友
            friendNode = new DefaultMutableTreeNode(user.getUserName());
            // 创建好友结点
            data = new TreeNodeData();                   // 封装好友结点上的数据
            data.setType(TreeNodeData.TYPE_FRIEND);
            data.setData(user);
            friendNode.setUserObject(data);              // 将自定义的数据添加到好友结点上
            groupNode.add(friendNode);                   // 将好友结点添加到分组结点上，称为分组结点的子结点
        }
    }
    tree.setRootVisible(false);                          // 设置根结点不可见
    tree.setRowHeight(48);                               // 设置树的行高
    tree.setToggleClickCount(1);                         // 设置树结点被展开或关闭时鼠标击次数，默认为 2
    DefaultTreeModel dm = new DefaultTreeModel(rootNode); // 创建树模型
    tree.setModel(dm);                                   // 设置树模型为默认树模型
    tree.getSelectionModel().setSelectionMode(TreeSelectionModel.SINGLE_TREE_SELECTION);
    // 设置单路径的选择模式
    tree.putClientProperty("JTree.lineStyle", "None");   // 设置树的路线不可见
    tree.setVisible(true);                               // 设置树为可见的，即是将生成的树显示出来
}
```

到目前为止，用户登录加载好友树后，显示如图11-12所示的主界面。

从图11-12中可以看出，这棵好友树还存在几个问题：

① 树结点没有完全展开，需要用户单击分组结点后，才能显示出其下的好友结点。

② 分组结点和好友结点的图标是系统默认的，并且好友结点的图标是固定的，无法显示出好友的头像。

③ 当用户在树结点上右击时，无法显示右键菜单。（注：该系统希望用户在好友树上选择某个结点右击时，弹出右键菜单。当选择分组结点时，弹出有"增加分组""删除分组""重命名"三个菜单项的右键菜单。但"我的好友"分组除外，"我的好友"分组不能被删除和被重命名，只能在这个结点上增加分组；当选择好友结点时，弹出有"删除好友""查看资料""发送消息"三个菜单项的右键菜单，但在"我的好友"分组中的自己除外，自己不能被删除，也不能给自己发送消息，只能查看自己的资料。）

图11-12 使用默认结点类型生成的好友树

对于第一个问题，我们需要编写下面的方法，并在生成的树显示之前调用该方法。处理流程如下：

a. 在MainUI类中添加expandAll()方法，用于展开一个分支结点（在MiniQQ系统中，分支结点只有分组结点）下的所有结点，该方法完整代码及详细注释如代码清单11-33所示。

b. 在MainUI类中添加expandTree()方法，用于展开整棵树。该方法的完整代码及详细注释也如代码清单11-34所示。

代码清单11-34　MainUI类中expandAll()方法和expandTree()方法的定义

```java
/* 该方法用于递归展开一个分支结点下的所有结点 */
@SuppressWarnings("rawtypes")
private void expandAll(JTree tree, TreePath parent, boolean expand) {
    TreeNode node = (TreeNode) parent.getLastPathComponent();     // 获取当前结点
    if(node.getChildCount() >= 0) {                                // 如果当前分支下有子结点
        for(Enumeration e = node.children(); e.hasMoreElements();) {
            // 循环遍历所有的孩子结点
            TreeNode n = (TreeNode) e.nextElement();               // 获取一个孩子结点
            TreePath path = parent.pathByAddingChild(n);           // 根据孩子结点返回新的路径
            expandAll(tree, path, expand);
        }
    }
    if(expand) {
        tree.expandPath(parent);                                   // 展开该结点
    } else {
        tree.collapsePath(parent);                                 // 关闭该结点
    }
}
/* 该方法展开整棵树 */
private void expandTree(JTree tree) {
    DefaultMutableTreeNode node = (DefaultMutableTreeNode) tree.getModel().getRoot();
    // 获取当前树的根结点
    expandAll(tree, new TreePath(node), true);                     // 调用expandAll()展开树
}
```

c. 在 MainUI 类的 loadTreeNode()方法中调用 expandTree()方法。一旦好友树加载完成就展开整棵树。在 loadTreeNode()方法中添加下面代码段中框住的代码行：

```
...
tree.putClientProperty("JTree.lineStyle", "None");  // 设置树的路线不可见
this.expandTree(tree);
// 展开整棵树
tree.setVisible(true);                              // 设置树为可见的，即将生成的树显示出来
...
```

要解决第二个问题就有些复杂，需要自定义 TreeNode 和 JLabel。自定义树结点时继承 DefaultMutableTreeNode 类，定义我们自己的能构造图标、文本和加载自己用户数据的树结点。用 JLabel 来显示图标（好友头像）和文本（好友昵称），并实现 TreeCellRenderer 接口，建立自己的树结点渲染器。

自定义继承了 DefaultMutableTreeNode 类的 MyIconTreeNode 类，实现流程：

a. 在客户端添加 cn.edu.gdqy.miniqq.tree 包，在该包下添加类 MyIconTreeNode，该类派生自 DefaultMutableTreeNode 类。

b. 类中定义三个属性：图标、文本和用户数据，以及访问这三个属性的构造方法、get 方法和 set 方法。

MyIconTreeNode 类定义的完整代码如代码清单 11-35 所示。

代码清单 11-35 带有图标的自定义树结点 MyIconTreeNode 类的定义

```java
package cn.edu.gdqy.miniqq.tree;
import javax.swing.*;
import javax.swing.tree.DefaultMutableTreeNode;
public class MyIconTreeNode extends DefaultMutableTreeNode {   // 定义结点类，构造树结点
    private static final long serialVersionUID = 1L;
    protected Icon icon;
    protected String txt;
    protected TreeNodeData userData;                            // 树结点用户数据
    public MyIconTreeNode(String txt) {                         // 只包含文本的结点构造
        super();
        this.txt = txt;
    }
    public MyIconTreeNode(byte[] icon, String txt) {            // 包含文本和图标的结点构造
        super();
        if(icon != null) {
            this.icon = new ImageIcon(icon);
        }
        this.txt = txt;
    }
    // 包含文本、图标和用户数据的结点构造
    public MyIconTreeNode(byte[] icon, String txt, TreeNodeData userData) {
        super();
        if(icon != null) {
            this.icon = new ImageIcon(icon);
        }
        this.txt = txt;
        this.userData = userData;
    }
    // 包含文本和图标的结点构造，但图片的类型与上面的不同
    public MyIconTreeNode(Icon icon, String txt) {
        super();
```

```java
        if(icon != null) {
            this.icon = icon;
        }
        this.txt = txt;
    }
    public void setIcon(byte[] icon) {        // 设置图标
        if(icon != null) {
            this.icon = new ImageIcon(icon);
        }
    }
    public Icon getIcon() {                   // 获取图标
        return icon;
    }
    public void setIcon(Icon icon) {          // 设置图标
        if(icon != null) {
            this.icon = icon;
        }
    }
    public void setText(String txt) {         // 设置文本
        this.txt = txt;
    }
    public String getText() {                 // 获取文本
        return txt;
    }
    public void setUserObject(TreeNodeData userData) {   // 设置结点用户数据
        this.userData = userData;
    }
    public TreeNodeData getUserObject() {     // 获取结点用户数据
        return userData;
    }
}
```

自定义树结点渲染器 MyTreeCellRenderer 类，其实现流程：

a. 在 cn.edu.gdqy.miniqq.tree 包下，添加 MyTreeCellRenderer 类。该类继承标签类 JLabel，实现 TreeCellRenderer 接口。

b. 定义一个静态块，为分支结点（分组结点）的展开和关闭设置图标。

c. 重写 getTreeCellRendererComponent()方法，返回能显示图标和文本的标签组件。

MyTreeCellRenderer 类定义的完整代码及详细注释如代码清单 11-36 所示。

代码清单 11-36　树结点渲染器 MyTreeCellRenderer 类的定义

```java
package cn.edu.gdqy.miniqq.tree;
import java.awt.*;
import javax.swing.*;
import javax.swing.tree.*;
public class MyTreeCellRenderer extends JLabel implements TreeCellRenderer {
// 自定义渲染器
    private static final long serialVersionUID = 1L;
    protected static ImageIcon collapsedIcon;       // 当结点关闭时使用的图标
    protected static ImageIcon expandedIcon;        // 当结点展开时使用的图标
    static {                                        // 定义一个静态块
        try {
            collapsedIcon = new ImageIcon("images/jtr.png");
            expandedIcon = new ImageIcon("images/jtd.png");
        } catch(Exception e) {
            System.out.println("不能加载图标：" + e);
```

```
            }
        }
        protected boolean selected;                                    // 是否被选择
        /**重写 getTreeCellRendererComponent()方法 */
        @Override
        public Component getTreeCellRendererComponent(JTree tree, Object value,
            boolean selected, boolean expanded, boolean leaf, int row,boolean hasFocus) {
            if(value != null) {
                Icon icon = ((MyIconTreeNode) value).getIcon();        // 从树结点读取图片
                String txt = ((MyIconTreeNode) value).getText();       // 从树结点读取文本
                this.setIcon(icon);                                    // 给标签设置图片
                this.setText(txt);                                     // 给标签设置文本
                setFont(new Font("Dialog", 1, 12));                    // 给标签设置字体
                TreeNodeData rd = (TreeNodeData)((DefaultMutableTreeNode) value).getUserObject();
                // 从树结点获取用户数据，当是分组结点时，可能其下还没有好友结点，系统会默认其是叶结点，
                // 所以这里要将其 leaf 设为 false, 即是不是叶结点，才可以添加分支结点图标
                if(rd != null && rd.getType().equals(TreeNodeData.TYPE_GROUP)) {
                    leaf = false;
                    hasFocus = true;
                }
            }
            if(expanded) {                // 如果是分支结点（即我们的分组结点），设置展开结点图标
                this.setIcon(expandedIcon);              // 树结点展开时，设置展开图标
            } else if (!leaf) {
                this.setIcon(collapsedIcon);             // 非叶结点关闭时，设置关闭图标
            }
            this.selected = selected;
            return this;                                 // 返回重新渲染的对象
        }
    }
```

这样，我们重新修改 MainUI 类中的 loadTreeNode()方法。修改后的 loadTreeNode()方法（修改部分已用矩形框框住）如下所示：

```
// 根据从数据库查询到的所有分组信息及好友信息加载整棵树
public synchronized void loadTreeNode(ArrayList<Friend> fl) throws Exception {
    tree = new JTree();                              // 实例化一棵空树
    jscrollpane.setViewportView(tree);               // 将树添加到滚动面板中显示
    MyIconTreeNode rootNode = null;                  // 定义根结点
    MyIconTreeNode groupNode = null;                 // 定义分组结点
    MyIconTreeNode friendNode = null;                // 定义好友结点
    tree.setModel(null);
    rootNode = new MyIconTreeNode(new ImageIcon("images/jtd.png"),null);  // 构建根结点
    MyTreeCellRenderer cellRenderer = new MyTreeCellRenderer();
    // 创建树结点渲染器
    tree.setCellRenderer(cellRenderer);
    for(int i = 0; i < fl.size(); i++) {  // 以下循环语句的功能是根据好友信息列表 fl 生成树结点
        Friend friend = fl.get(i);                   // 获取一个好友信息
        FriendGroup fg = friend.getGroup();          // 好友所在分组
        User user = friend.getFriend();              // 好友的用户信息
        TreeNodeData data = null;                    // 树结点上的数据
        if(i == 0|| (i > 0 && fl.get(i).getGroup().getId() != fl.get(i - 1).getGroup().getId())) {
            // 创建一个分组结点
            groupNode = new MyIconTreeNode(fg.getGroupName());
            // 封装分组结点上的用户数据
```

```java
            data = new TreeNodeData();
            data.setType(TreeNodeData.TYPE_GROUP);
            data.setData(fg);
            groupNode.setUserObject(data);   // 将自定义的结点数据添加到分组结点上
            rootNode.add(groupNode);         // 将分组结点添加到根结点上，称为根结点的子结点
        }
        if(user != null) {  // 如果不是空的分组，也即是说该分组下有好友
            friendNode = new MyIconTreeNode(user.getFace(),user.getUserName());
            // 创建好友结点
            data = new TreeNodeData();       // 封装好友结点上的数据
            data.setType(TreeNodeData.TYPE_FRIEND);
            data.setData(user);
            friendNode.setUserObject(data);  // 将自定义的数据添加到好友结点上
            groupNode.add(friendNode);       // 将好友结点添加到分组结点上，称为分组结点的子结点
        }
    }
    ...
}
```

重新运行程序后，就可以显示如图 11-11 所示的主界面了。

第三个问题，需要对树结点添加鼠标监听器。

当用户选择某个非自己的好友结点并双击鼠标时，打开聊天窗口；选择某个分组结点并右击时，打开"分组"操作的弹出式菜单；选择某个好友结点并右击时，显示有关"好友"操作的弹出式菜单。

这里先在 MainUI 类中添加两个方法 getGroupPopupMenu()、getFriendPopupMenu()来创建两个弹出式菜单，一个用于管理分组信息，另一个则用于管理好友信息，完整代码如代码清单 11-37 所示。

代码清单 11-37　MainUI 类中创建菜单的方法 getGroupPopupMenu()、getFriendPopupMenu()的定义

```java
/**
 * 功能：创建一个包含"删除该组"、"重命名"和"添加分组"三个功能菜单项的弹出式菜单
 * @return 弹出式菜单对象
 */
private JPopupMenu getGroupPopupMenu() {
    JPopupMenu popupGroup = new JPopupMenu();
    JMenuItem deleteGroup = new JMenuItem("删除该组");
    deleteGroup.addActionListener(new DeleteGroupListener());
    JMenuItem renameGroup = new JMenuItem("重命名");
    renameGroup.addActionListener(new RenameGroupListener());
    JMenuItem addGroup = new JMenuItem("添加分组");
    addGroup.addActionListener(new AddGroupListener());
    popupGroup.add(addGroup);
    popupGroup.add(renameGroup);
    popupGroup.add(deleteGroup);
    return popupGroup;
}

/**
 * 功能：创建一个包含"删除好友""查看资料"和"发送消息"三个功能菜单项的弹出式菜单
 * @return 弹出式菜单对象
 */
private JPopupMenu getFriendPopupMenu() {
```

```
        JPopupMenu popupFriend = new JPopupMenu();
        JMenuItem deleteItem = new JMenuItem("删除好友");
        deleteItem.addActionListener(new DeleteFriendListener());
        JMenuItem searchItem = new JMenuItem("查看资料");
        searchItem.addActionListener(new ViewFriendListener());
        JMenuItem chatItem = new JMenuItem("发送信息");
        chatItem.addActionListener(new SendMessageListener());
        popupFriend.add(chatItem);
        popupFriend.add(searchItem);
        popupFriend.add(deleteItem);
        return popupFriend;
    }
```

代码清单 11-36 中，我们使用了几个菜单项的单击事件监听器类，你可以选择在此暂时注释掉，或者选择定义空的类，留待后面再实现。

在 MainUI 类中，添加好友树的鼠标监听器类(MainUI 类的内部类)。该类命名为 MyTreeMosuseListener，继承自 MouseAdapter 类，仅仅需要实现两个方法：mouseClicked()和 mousePressed()。在 mouseClicked()方法里实现当用户双击时，判断是否非自己的好友结点，如果是，则打开与好友之间的聊天窗口；而在 mousePressed()方法中，先调用 getGroupPopupMenu()方法和 getFriendPopupMenu()方法生成两个弹出式菜单；然后根据用户选择的结点类型（分组结点或好友结点），当用户右击时，动态弹出其中一个菜单。如果弹出的是分组操作菜单，需要根据其是否是默认分组"我的好友"而决定其显示的菜单项；如果弹出的是对好友操作的菜单，则需要根据该好友是否是自己，而决定哪些菜单项需要变得可用，哪些不可用。MainUI 类中的内部类 MyTreeMosuseListener 的完整代码及详细注释如代码清单 11-38 所示。程序运行后将显示如图 11-13 的操作界面。

代码清单 11-38　MyTreeMosuseListener 鼠标监听器类的定义

```
    private class MyTreeMosuseListener extends MouseAdapter {   // 监听在树上点击、双击和右击鼠标事件
        public void mouseClicked(MouseEvent e) {                // 鼠标点击事件
            /** 鼠标双击时，该事件的点击次数为 2，鼠标双击时打开聊天窗口，从鼠标点击位置获取结点*/
            if(e.getClickCount() == 2) {
                JOptionPane.showMessageDialog(null, "该功能放到后面再实现");
                return;
            }
        }
        public void mousePressed(MouseEvent e) {                // 鼠标键被按下去
            JPopupMenu popupFriend = getFriendPopupMenu();      // 创建对好友操作的右键菜单
            JPopupMenu popupGroup = getGroupPopupMenu();        // 创建对分组操作的右键菜单
            TreePath path = tree.getPathForLocation(e.getX(), e.getY());
            // 获取鼠标点击位置的树路径
            if(path == null) {
                return;
            }
            MyIconTreeNode dmn = (MyIconTreeNode) path.getLastPathComponent();
            // 从选择的树路径中获取结点
            TreeNodeData rd = (TreeNodeData) dmn.getUserObject();  // 从树结点中获取用户数据
            // 判断该结点是否是好友结点，并且用户是否按下鼠标右键
            if((rd.getType().equals(TreeNodeData.TYPE_FRIEND)) && e.getButton() == 3) {
                popupFriend.show(tree, e.getX(), e.getY());
                // 将对好友操作的右键菜单在鼠标当前位置的树上显示出来
                // 该好友就是自己时，不能发送信息和删除该好友
                if(((User) rd.getData()).getId() == MainUI.this.user.getId()) {
```

```java
                popupFriend.getComponent(0).setEnabled(false); // "发送信息"菜单项被禁用
                popupFriend.getComponent(2).setEnabled(false); // "删除好友"菜单项被禁用
            } else {
                popupFriend.getComponent(0).setEnabled(true);  // "发送信息"菜单项被解禁
                popupFriend.getComponent(2).setEnabled(true);  // "删除好友"菜单项被解禁
            }
        // 判断该结点是否是分组结点,并且用户是否按下鼠标右键
        if(rd.getType().equals(TreeNodeData.TYPE_GROUP) && e.getButton() == 3) {
            popupGroup.show(tree, e.getX(), e.getY());
            // 将对分组操作的右键菜单在鼠标当前位置的树上显示出来
            // 该分组是"我的好友"时,不能重命名和删除该该组
            if(((MyIconTreeNode) dmn).getText().equals("我的好友")) {
                popupGroup.getComponent(1).setEnabled(false); // "重命名"菜单项被禁用
                popupGroup.getComponent(2).setEnabled(false); // "删除该组"菜单项被禁用
            } else {
                popupGroup.getComponent(1).setEnabled(true); // "重命名"菜单项被解禁
                popupGroup.getComponent(2).setEnabled(true); // "删除该组"菜单项被解禁
            }
        }
    }
}
```

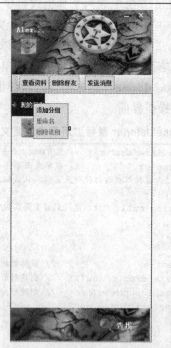 

图 11-13 添加了弹出式菜单后的主界面

同步练习三

认真阅读 1.6 节中 MiniQQ 即时通软件的项目需求和数据库结构设计文档,实现或完善 MiniQQ 系统用户登录成功后获取好友列表加载主界面功能。包括完整的服务器端程序、客户端程序。

编辑一个 Word 文档,文档中的内容包括:①解决问题的流程(或思路);②已运行通过后的程序代码;③程序运行后的截图。

要求：按照Java规范编写程序代码，代码中有必要的注释。

总　　结

　　JDBC，全称为Java DataBase Connectivity，即为Java数据库连接，是一种用来执行SQL语句的Java语言应用程序编程接口API，它包括一系列用Java语言编写的类和接口，是Java访问数据库的标准接口技术。

　　DriverManager类用来管理数据库中的所有驱动程序，是JDBC的管理层，作用于用户和驱动程序之间，跟踪可用的驱动程序，并在数据库和驱动程序之间建立连接。它提供了注册驱动程序、获得连接以及向数据库的输出流发送信息等方法。

　　对数据进行操作的SQL语句有插入（INSERT INTO）、删除（DELETE）、修改（UPDATE）和查询（SELECT）语句，前三种语句不返回结果集，而最后一种则要返回查询后的结果集。为了执行SQL语句，需要用到两个接口：Statement和PreparedStatement。

　　Statement接口的主要功能是将SQL命令传送给数据库，并将SQL命令的执行结果返回。PreparedStatement接口的对象可以代表一个预编译SQL语句。会将传入的SQL语句编译并暂存在内存中，其执行效率较高。

MiniQQ 其他主要功能的综合实现

在我们前面实现的 MiniQQ 系统客户端主界面好友树中加载的信息，包括分组信息（除"我的好友"分组是在用户注册时默认创建的外）和好友信息（除自己是在用户注册时默认创建的外），都是通过手工方式添加到数据库中。在项目的开发阶段，为了测试方便，这是没有任何问题的。但根据我们的项目需求，这些数据需要通过我们的应用程序由用户输入或选择，然后保存到数据库中。这就需要对分组信息、好友信息进行管理，包括添加分组、分组重命名、删除分组、添加好友、删除好友、查看好友资料等。当好友信息建立起来后，好友之间就可以直接通信或者发送文件了。

12.1 管理好友分组

管理好友分组包括新增好友分组、修改好友分组和删除好友分组三项功能。修改好友分组直接通过修改好友树上的分组结点文本内容实现，然而，我们自定义的结点既包含了文本内容，也包含图标，修改时只能修改树结点的显示文本，不能修改图标，因此，我们在管理好友分组之前，必须重新定义自己的树数据模型。

案例 12-1

案例描述 自定义树数据模型。实现树结点文本内容能被编辑而头像不能被编辑，并能获取编辑后的文本内容的功能。

实现流程 其实现流程如下：

（1）在 cn.edu.gdqy.miniqq.tree 包下，添加 MyTreeModel 类。该类继承自 DefaultTreeModel 类。

（2）在 MyTreeModel 类中添加一个带有一个参数（TreeNode 类型）的构造方法。在该构造方法中调用父类的构造方法，创建其中任何结点都可以有子结点的树。

（3）重写 DefaultTreeModel 类的 valueForPathChanged()方法。可以更改树结点文本内容并获取更改后的新值。该方法的实现流程为：

① 通过第一个参数 path 得到当前树结点。
② 获取当前树结点的图标（头像）和文本信息（分组名称或好友昵称）。
③ 如果没有图标（发生在添加一个"未命名"的分组时），则添加一个表示分组结点的图标。
④ 通过第二个参数获取结点文本编辑后的新值；如果新增为空，将旧值设置为新值。
⑤ 重新设置树结点的值：图标设置为原来的图标（如果原图标为空，则使用新添加的分组结点图标），显示文本设置为新值。

⑥ 调用 DefaultTreeModel 类的 nodeChanged()方法通知结点内容已发生变化,以刷新结点;

(4) 修改客户端 MainUI 类中的 loadTreeNode()方法,修改树的数据模型。

自定义树数据模型 MyTreeModel 类定义的完整代码如代码清单 12-1 所示。

代码清单 12-1　自定义树数据模型 MyTreeModel 类的定义

```java
package cn.edu.gdqy.miniqq.tree;
import javax.swing.*;
import javax.swing.tree.*;
/* 重写 valueForPathChanged()方法,目的是结点编辑后可以让新值覆盖旧值,图标不被更新 */
public class MyTreeModel extends DefaultTreeModel {
    private static final long serialVersionUID = 1L;
    /* 在该构造方法中调用父类的构造方法,创建其中任何结点都可以有子结点的树。 */
    public MyTreeModel(TreeNode newRoot) {
        super(newRoot);
    }
    /* 重写 valueForPathChanged()方法,获取更新后的值作为结点的文本内容 */
    @Override
    public void valueForPathChanged(TreePath path, Object newValue) {
        MyIconTreeNode aNode = (MyIconTreeNode) path.getLastPathComponent();
        //获取选择的结点
        Icon icon = aNode.getIcon();              // 获取修改之前的结点图标
        String oldText = aNode.getText();         // 获取修改之前的结点文本内容
        // 如果没有图标,加上分组关闭图标
        // 这种情况只会出现在添加分组"未命名",还没有将命名后的分组保存到数据库
        if(icon == null) {
            icon = new ImageIcon("images/jtr.png");
        }
        String v = newValue.toString().trim();    // 获取新值
        if(v.equals("")) {                        // 如果用户删除了以前的文本内容,则将旧值作为新值
            v = oldText;
        }
        aNode.setIcon(icon);                      // 对结点重新设置图标
        aNode.setText(v);                         // 对结点重新设置文本
        this.nodeChanged(aNode);                  // 通知结点其内容发生变化,刷新结点
        super.valueForPathChanged(path, newValue);
        // 调用父类的 valueForPathChanged()方法
    }
}
```

定义 MyTreeModel 类后,修改客户端 MainUI 类中的 loadTreeNode()方法。将其中的语句:

```java
DefaultTreeModel dm = new DefaultTreeModel(rootNode);
//创建树数据模型
tree.setModel(dm);
//设置树模型为默认树数据模型
```

更新为:

```java
MyTreeModel dm = new MyTreeModel(rootNode);
//创建自定义树数据模型
tree.setModel(dm);
//设置树模型为自定义树数据模型
```

12.1.1　创建好友分组

案例 12-2

案例描述　实现 MiniQQ 系统的创建好友分组功能。当用户选择树的弹出式菜单中的"添加分组"菜单项,在树的根结点下添加一个"未分组"的分组结点。

运行效果　系统运行后,用户在好友树的分组结点上右击,弹出有关分组操作的右键菜单,

选择"添加分组"菜单项，则在树中创建名称为"未命名"的分组结点，如图 12-1 所示。

图 12-1　添加分组操作流程图

实现流程　其实现流程如下：

（1）在客户端主界面 MainUI 类中，添加事件监听器内部类 AddGroupListener。该类实现 ActionListener 接口，重写 actionPerformed()方法，实现添加分组的功能，实现流程如下：

① 创建一个命名为"未命名"的分组结点；
② 封装一个 id 值为 0，分组创建者为当前用户，分组名为"未命名"的分组对象；
③ 封装一个树结点的用户数据对象，结点类型为"group"；
④ 获取好友树的树根，将新的分组结点添加为根结点的子结点。

（2）将单击事件监听器 AddGroupListener 对象注册到分组右键菜单中的"添加分组"菜单项上。

参考代码　根据上述处理流程，实现添加分组的功能：

（1）单击事件监听器类 AddGroupListener 的实现代码，详见代码清单 12-2。

代码清单 12-2　单击事件监听器 AddGroupListener 类的定义

```java
    private class AddGroupListener implements ActionListener {    // 在树上增加一个结点
        @Override
        public void actionPerformed(ActionEvent e) {
            MyIconTreeNode node = new MyIconTreeNode("未命名");
            // 新建一个名为"未命名"的结点
            FriendGroup fg = new FriendGroup();                   // 实例化一个分组对象
            fg.setId(0);                                          // 封装分组的 id 为 0
            fg.setGroupName("未命名");                            // 封装分组的名称
            fg.setCreator(MainUI.this.user);                      // 封装分组的创建者
            TreeNodeData rd = new TreeNodeData();                 // 实例化一个树结点用户数据对象
            rd.setType(TreeNodeData.TYPE_GROUP);                  // 设置结点类型
            rd.setData(fg);                                       // 封装结点数据
            node.setUserObject(rd);                               // 对当前结点设置用户数据
            node.setAllowsChildren(true);                         // 设置当前结点允许有孩子结点
            MyIconTreeNode rootNode = (MyIconTreeNode) MainUI.this.tree.getModel().getRoot();
            // 通过树数据模型获取树的根结点
            rootNode.add(node);                                   // 将当前增加的结点添加为根结点的孩子结点
            MainUI.this.tree.repaint();                           // 刷新树
            MainUI.this.tree.updateUI();
            MainUI.this.tree.stopEditing();                       // 停止编辑该树，也即是使树处于非编辑状态
        }
    }
```

说明： 代码清单 12-2 中实际上仅仅在好友树上添加了一个名为"未命名"的结点，

没有真正在数据库中创建一条好友分组记录，真正的添加分组操作是在用户对"未命名"进行重命名之后。

（2）对分组右键菜单中的"添加分组"菜单项添加单击事件监听器。修改 getGroupPopupMenu()方法，代码如下：

```
private JPopupMenu getGroupPopupMenu() {
    JPopupMenu popupGroup = new JPopupMenu();
    JMenuItem deleteGroup = new JMenuItem("删除该组");
    JMenuItem renameGroup = new JMenuItem("重命名");
    JMenuItem addGroup = new JMenuItem("添加分组");
    addGroup.addActionListener(new AddGroupListener());    // 添加事件监听器
    popupGroup.add(addGroup);
    popupGroup.add(renameGroup);
    popupGroup.add(deleteGroup);
    return popupGroup;
}
```

12.1.2 修改好友分组

由于好友分组记录中，仅仅需要修改其分组名称，所以，可以通过直接修改树结点的文本内容来完成。

案例 12-3

案例描述　当用户单击好友树中某个分组并右击，在弹出的右键菜单中选择"重命名"菜单项，该分组结点处于可编辑状态，用户输入分组名称按回车键后，系统将新的分组名称保存到数据库中。

运行效果　用户选择"未分组"分组结点并右击，弹出有关分组操作的右键菜单，选择"重命名"菜单项，该分组结点变为可编辑状态，用户输入"高中同学"后按【Enter】键，则将"未命名"的分组结点的文本内容改为"高中同学"，如图 12-2 所示。

实现流程

（1）将单击事件监听器对象注册到分组右键菜单中的"重命名"菜单项上；

（2）在客户端主界面 MainUI 类中，添加单击事件监听器内部类 RenameGroupListener。该类实现 ActionListener 接口，重写 actionPerformed()方法。该方法实现流程：

图 12-2　重命名分组结点操作流程

① 设置好友树是可编辑的。

② 将树结点编辑监听器对象注册到树结点上，监听树结点的编辑是否结束。

③ 设置当前要更新的结点处于编辑状态。

（3）在客户端主界面 MainUI 类中，添加树结点编辑监听器类 MyCellEditorListener。该类实现 CellEditorListener 接口，重写接口中的两个方法：

editingCanceled()——取消正在进行的编辑。

editingStopped()——已停止正在进行的编辑。editingStopped 事件是当用户编辑完成按【Enter】键后被触发。在该方法中，获取重命名后的分组信息，启动重命名处理线程，发送请求信息给服务器端。

（4）在客户端 cn.edu.gdqy.miniqq.net 包下，添加重命名处理线程 GroupManageThread 类，将分组请求信息发送给服务器端，并接收服务器端反馈回来的信息，刷新主界面的好友树。

（5）修改服务器端的 ServiceThread 线程类，添加处理增加分组和修改分组的方法。在该方法中，接收从客户端传送过来的请求数据，调用 GroupDAO 类的 add()方法或 update()方法，在数据库的 TFriendGroup 表中增加一条分组记录或修改已有的分组名称；将处理后的信息反馈给客户端。

（6）在 GroupDAO 类中，添加 add()方法和 update()方法。

参考代码　根据修改好友分组的处理流程，下面将实现修改好友分组的功能。

（1）修改 MainUI 类中的 getGroupPopupMenu()方法，将事件监听器对象注册到"重命名"菜单项上。在 getGroupPopupMenu()方法中添加如下代码中框住的代码：

```java
private JPopupMenu getGroupPopupMenu() {
    JPopupMenu popupGroup = new JPopupMenu();
    JMenuItem deleteGroup = new JMenuItem("删除该组");
    JMenuItem renameGroup = new JMenuItem("重命名");
    renameGroup.addActionListener(new RenameGroupListener());
    JMenuItem addGroup = new JMenuItem("添加分组");
    addGroup.addActionListener(new AddGroupListener());
    popupGroup.add(addGroup);
    popupGroup.add(renameGroup);
    popupGroup.add(deleteGroup);
    return popupGroup;
}
```

（2）在主界面 MainUI 类中，添加内部类 RenameGroupListener。其完整代码如代码清单 12-3 所示。

代码清单 12-3　重命名按钮监听器 RenameGroupListener 类的定义

```java
private class RenameGroupListener implements ActionListener {
    @Override
    public void actionPerformed(ActionEvent e) {
        MainUI.this.tree.setEditable(true);              // 设置当前树可以编辑
        // 选择重命名菜单项后，监听树结点的编辑
        MainUI.this.tree.getCellEditor().addCellEditorListener(new MyCellEditorListener());
        TreePath path = MainUI.this.tree.getSelectionPath();  // 获取选择的结点路径
        MainUI.this.tree.startEditingAtPath(path); // 当前选取的树路径开始处于编辑状态
    }
}
```

（3）在主界面 MainUI 类中，添加内部类 MyCellEditorListener，封装分组信息，启动重命名分组线程。其完整代码如代码清单 12-4 所示。

代码清单 12-4　树结点编辑器监听器 MyCellEditorListener 类的定义

```java
private class MyCellEditorListener implements CellEditorListener {
    @Override
    public void editingCanceled(ChangeEvent e) { }
    @Override
    public void editingStopped(ChangeEvent e) {
        // 停止编辑后将编辑后的信息,也即是修改后的分组信息发送到服务器端进行处理
        Object value = MainUI.this.tree.getCellEditor().getCellEditorValue();
        //从编辑器中获取编辑后的值
        TreePath path = MainUI.this.tree.getSelectionPath();
        MyIconTreeNode aNode = (MyIconTreeNode) path.getLastPathComponent();
        // 获取当前选择的树结点,即是重命名的结点
        TreeNodeData rd = (TreeNodeData) aNode.getUserObject();    // 获取用户数据
        if(rd != null) {
            FriendGroup group = (FriendGroup) rd.getData();
            // 从结点的用户数据中取出分组信息
            if(group != null) {
                group.setGroupName(value.toString());         // 设置重命名后的分组名称
            }
            RequestData data = new RequestData(); // 实例化一个向后台发送的请求数据对象
            data.setType(RequestType.ADD_GROUP);  // 设置请求类型:增加分组或修改分组名
            data.setData(group);                  // 设置请求的分组数据
            Thread thread = new GroupManageThread(data, MainUI.this);
            thread.start();                       // 实例化线程对象并启动线程
        }
    }
}
```

(4) 在客户端 cn.edu.gdqy.miniqq.net 包下, 添加线程类 GroupManageThread。分组的添加、修改和删除都由这个类处理。该类的完整代码如代码清单 12-5 所示。

代码清单 12-5　分组管理线程类 GroupManageThread 的定义

```java
package cn.edu.gdqy.miniqq.net;
import java.io.*;
import java.net.Socket;
import javax.swing.JOptionPane;
import cn.edu.gdqy.miniqq.el.*;
import cn.edu.gdqy.miniqq.ui.MainUI;
import cn.edu.gdqy.miniqq.util.*;
import java.util.logging.*;
public class GroupManageThread extends Thread {
private static Logger logger = QQLogger.getLogger(GroupManageThread.class);
    private RequestData data = null;
    private Socket socket = null;
    private ObjectOutput oos = null;
    private ObjectInput ois = null;
    private MainUI mainUI = null;
    public GroupManageThread(RequestData data, MainUI mainUI) {
        this.data = data;
        this.mainUI = mainUI;
    }
    public void run() {
        try {
            socket = new Socket(QQServer.IP , QQServer.PORT);
            // 创建一个Socket,也就是要创建一条与服务器相连的通道
            oos = new ObjectOutputStream(socket.getOutputStream());
            // 用Socket通道的输出流实例化一个对象输出流
            oos.writeObject(data);        // 向输出流中写 user 对象信息
            oos.flush();                  // 强制将缓冲区中的数据发送出去,不必等到缓冲区满
            // 下面这段代码处理通过 Socket 从服务器端响应回来的信息
```

```java
            ois = new ObjectInputStream(socket.getInputStream());
            RequestData receiver = (RequestData) ois.readObject();
            switch(receiver.getType()) {
            case ResponseType.ADD_GROUP:        // 增加分组（修改分组）的响应信息及处理
                if(receiver.isSuccess()) {
                    FriendGroup group = (FriendGroup)receiver.getData();
                    // 后台返回的分组信息
                    if(group != null) {
                        try {
                            mainUI.createGroupTree();
                        } catch(Exception e) {
                            logger.log(Level.SEVERE, "刷新好友树出错", e);
                        }
                        //调用主界面类中的createGroupTree()方法刷新树
                    }
                } else {
                    JOptionPane.showConfirmDialog(null, receiver.getMsg(),
                        "温馨提示", JOptionPane.OK_OPTION);
                }
                break;
            case ResponseType.DELETE_GROUP:        // 删除分组的响应信息及处理
                //这个功能在稍后实现
                break;
            default:
                break;
            }
        } catch(IOException | ClassNotFoundException ioe) {
            logger.log(Level.SEVERE, "网络传输出错", ioe);
        }
        finally {
            try {
                if(oos != null) {
                    oos.close();                    // 关闭输出流
                }
                if(ois!=null) {
                    ois.close();                    // 关闭输入流
                }
                if(socket != null) {
                    socket.close();                 // 关闭socket
                }
            } catch(IOException e) {
                logger.log(Level.SEVERE, "关闭输入输出流出错", e);
            }
        }
    }
}
```

（5）修改服务器端的服务线程 ServiceThread 类，添加处理增加分组和修改分组的 handleAddGroup()方法。在该方法中，根据客户端传过来的分组对象的 id 值进行判断，如果 id 为 0，则增加一个分组，否则，修改这个分组。在 ServiceThread 类中添加 handleAddGroup() 方法，代码如代码清单 12-6 所示。

代码清单 12-6　ServiceThread 类中 handleAddGroup()方法的定义

```java
    private void handleAddGroup() {
        FriendGroup group = (FriendGroup)data.getData();    // 从客户端接收的数据中获取分组信息
        GroupDAO dao = new GroupDAO();
        FriendGroup reGroup = null;                          // 定义新增或修改后的分组对象
        if(group.getId() == 0) {
            //如果从客户端传过来的分组id为0，表示是新增加的分组，否则是需要修改的分组
```

```
            reGroup = dao.add(group);// 调用 GroupDAO 的 add()方法，在数据库中新增一条分组记录
        } else {
            reGroup = dao.update(group); // 调用 update()方法，在数据库中修改分组记录的分组名称
        }
        //以下是向客户端反馈信息
        RequestData response = new RequestData();
        response.setData(reGroup);
        response.setType(ResponseType.ADD_GROUP);
        if(reGroup == null) {
            response.setSuccess(false);
            response.setMsg("发生错误，请稍后再试。");
        } else {
            response.setSuccess(true);
        }
        try {
            oos = new ObjectOutputStream(socket.getOutputStream());
            oos.writeObject(response);
            oos.flush();
        } catch(IOException e) {
            logger.log(Level.SEVERE, "", e);
        }
    }
```

在 ServiceThread 类的 run()方法中，添加调用 handleAddGroup()方法的代码：

```
...
case RequestType.ADD_GROUP: {      // 添加好友分组与修改分组名称
    handleAddGroup();
    break;
}
```

（6）在服务器端的 GroupDAO 类中添加两个方法：add()方法——将分组数据保存到数据库的 TFriendGroup 表中；update()方法——修改 TFriendGroup 表的分组记录。实现代码详见代码清单 12-7 所示。

代码清单 12-7　GroupDAO 类中 add()方法和 update()方法的定义

```
/* 添加分组，返回添加的分组信息 */
public FriendGroup add(FriendGroup group) {
    Connection conn = null;           // 定义连接对象，初始化为空
    Statement stm = null;             // 定义语句对象，初始化为空
    ResultSet rs = null;              // 定义结果集对象，初始化为空
    int count = 0;                    // 影响的记录行数，初始化为 0
    String sql = "INSERT INTO tfriendgroup(groupname,creator) values('" +
        group.getGroupName() + "'," + group.getCreator().getId()+ ")";
        //插入分组的 SQL 语句，分组名和创建者 id（QQ 号）封装在 group 对象中，从前端作为参数传入
    try{
        conn = DriverManager.getConnection(url,dbuser,password);  // 建立与数据库的连接
        if(conn != null){                          // 成功建立连接
            stm = conn.createStatement();          // 使用连接对象创建 Statement 语句对象
            count = stm.executeUpdate(sql,Statement.RETURN_GENERATED_KEYS);
            // 执行更新命令，返回产生的主键值，即自增的 id 值
            if(count > 0){                         // 已成功插入分组信息
                rs = stm.getGeneratedKeys();       // 返回的主键值到结果集中
                if(rs.next()){   //结果集不为空
                    group.setId(rs.getInt(1));    // 获取结果集第一条记录的第一个字段的值
                }
            }
        }
    }catch(SQLException e){
        group.setId(0);       // 发生异常则设置其分组 id 为 0，用于服务端线程判断是否插入成功
        logger.log(Level.SEVERE, "操作数据库失败", e);
```

```java
        }
        finally{
            try{
                if(rs != null) {
                    rs.close();                  // 关闭结果集对象
                }
                if(stm != null){
                    stm.close();                 // 关闭语句对象
                }
                if(conn != null){
                    conn.close();                // 关闭连接对象
                }
            }catch(SQLException e){
                logger.log(Level.SEVERE, "关闭数据库失败", e);
            }
        }
        return group;               // 返回在传过来的参数基础上封装了已插入分组的 id 值的分组对象
}

/* 修改分组，返回修改后的分组信息 */
public FriendGroup update(FriendGroup group) {
    Connection conn = null;           // 定义连接对象，初始化为空
    Statement stm = null;             // 定义语句对象，初始化为空
    int count = 0;                    // 定义返回的执行删除操作影响的记录数
    String sql = "UPDATE tfriendgroup SET groupname='" + group.getGroupName() +
        "' WHERE id=" + group.getId();
    // 修改分组名称的 SQL 语句，修改后的分组名和要修改的分组 id 封装在 group 对象中，从前端作为参数传入
    try{
        conn = DriverManager.getConnection(url,dbuser,password); // 建立与数据库的连接
        if(conn != null){                    // 成功建立连接对象
            stm = conn.createStatement();    // 使用连接对象创建 Statement 语句对象
            count = stm.executeUpdate(sql);  // 执行更新命令
            if(count < 1) {                  // 更新操作失败
                group = null;                // 将要返回的 group 对象置为空
            }
        }
    }catch(SQLException e){
        group = null;     // 发生异常后设置 group 对象为空，用于服务端线程判断是否插入成功
        logger.log(Level.SEVERE, "操作数据库失败", e);
    }
    finally{
        try{
            if(stm!=null){
                stm.close();                 // 关闭语句对象
            }
            if(conn!=null){
                conn.close();                // 关闭连接对象
            }
        }catch(SQLException e){
            logger.log(Level.SEVERE, "关闭数据库失败", e);
        }
    }
    return group;
}
```

12.1.3 删除好友分组

案例 12-4

案例描述 当用户选择某个要删除的分组结点，鼠标右击后弹出右键菜单，选择"删除

该组"菜单项时,启动"删除好友分组"功能,提示用户确认删除,用户确认后,删除选择的分组信息及分组结点。

运行效果 用户选择要删除的分组结点并右击,弹出有关分组操作的右键菜单,选择"删除该组"菜单项,弹出"删除提示"对话框,用户单击"是"按钮,则删除该分组信息和分组结点,其操作过程如图 12-3 所示。该功能的实现流程如下:

图 12-3 删除好友分组操作流程

实现流程 其实现流程如下:

(1)在客户端主界面 MainUI 类中,将点击事件监听器对象添加到"删除该组"菜单项上。

(2)在客户端主界面 MainUI 类中,添加点击事件监听器内部类 DeleteGroupListener。该类实现 ActionListener 接口,重写 actionPerformed()方法。该方法实现流程:

① 获取当前选择的结点,提示用户是否删除该好友分组。如果用户点击"是",则进行下面的删除操作,否则,什么也不做。

② 从选择的结点上获取加载的用户数据,并封装到发往服务器端的请求数据中。

③ 实例化 GroupManageThread 线程类,并启动该线程。

(3)修改 GroupManageThread 线程类,添加处理删除分组的代码。

(4)修改服务器端的服务线程 ServiceThread 类,添加处理删除分组的代码。

(5)在服务器端的 GroupDAO 类中,添加删除分组的方法。

参考代码 根据上述流程,实现"删除该组"功能的过程如下:

(1)在客户端 MainUI 类中,对"删除该组"菜单项添加单击事件监听器。修改 MainUI 类中的 getGroupPopupMenu()方法,在该方法中添加下面框住的代码:

```java
private JPopupMenu getGroupPopupMenu() {
    JPopupMenu popupGroup = new JPopupMenu();
    JMenuItem deleteGroup = new JMenuItem("删除该组");
    deleteGroup.addActionListener(new DeleteGroupListener());
    JMenuItem renameGroup = new JMenuItem("重命名");
    renameGroup.addActionListener(new RenameGroupListener());
    JMenuItem addGroup = new JMenuItem("添加分组");
    addGroup.addActionListener(new AddGroupListener());
    popupGroup.add(addGroup);
    popupGroup.add(renameGroup);
    popupGroup.add(deleteGroup);
    return popupGroup;
}
```

（2）在 MainUI 类中，添加"删除该组"菜单项的监听器类 DeleteGroupListener，实现删除分组请求数据的发送，其代码如代码清单 12-8 所示。

代码清单 12-8 "删除该组"菜单项的监听器 DeleteGroupListener 类的定义

```java
/* 当用户选择删除该组菜单项后，删除数据库中的分组记录 */
private class DeleteGroupListener implements ActionListener {
    @Override
    public void actionPerformed(ActionEvent e) {
        MyIconTreeNode node = (MyIconTreeNode)MainUI.this.tree.getLastSelectedPathComponent();
        // 获取选择的结点
        if(node != null) {
            String text = node.getText();           // 获取当前树结点的文本内容
            int isdel = JOptionPane.showConfirmDialog(null, "您是否要删除'" + text +
"'分组？",
                "删除提示", JOptionPane.YES_NO_OPTION,JOptionPane.QUESTION_MESSAGE);
            // 提示用户确认是否删除该分组
            if(isdel == JOptionPane.YES_OPTION) {   // 如果用户点击"是"
                TreeNodeData data = (TreeNodeData) node.getUserObject();
                // 获取当前结点上加载的用户数据
                RequestData requestData = new RequestData();  // 实例化请求数据的对象
                requestData.setData(data.getData());          // 设置请求的分组数据
                requestData.setType(RequestType.DELETE_GROUP); // 设置请求类型为删除分组
                new GroupManageThread(requestData, MainUI.this).start();
                // 实例化 GroupManageThread 线程对象，并启动该线程
            }
        }
    }
}
```

（3）修改 GroupManageThread 线程类。由于该类从 Socket 的输入流中接收数据与前面修改好友分组的代码相同，这部分代码不需要做任何修改，但对于处理从服务器端反馈回来的信息，则需要另行处理，因此，修改 GroupManageThread 类中的 run()方法，在 case ResponseType.DELETE_GROUP 块中添加代码，修改后如下框中所示：

```java
...
case ResponseType.DELETE_GROUP:              //删除分组的响应信息及处理
    if(receiver.isSuccess()) {
        try {
            mainUI.createGroupTree();        // 刷新树
        } catch(Exception e) {
            logger.log(Level.SEVERE, "刷新好友树出错", e);
        }
    }
    break;
......
```

（4）修改服务器端服务线程 ServiceThread 类，添加处理删除分组的方法 handleDeleteGroup()，其代码如代码清单 12-9 所示。

代码清单 12-9 删除分组 handleDeleteGroup()方法的定义

```java
private void handleDeleteGroup() {
    FriendGroup group = (FriendGroup)data.getData();
    // 从客户端传过来的请求数据中，取出分组信息
    GroupDAO dao = new GroupDAO();              // 实例化一个 GroupDAO 对象
    RequestData response = new RequestData();   // 封装反馈给客户端的数据
    response.setType(ResponseType.DELETE_GROUP);
    response.setData(null);
    if(dao.delete(group)) {
    //调用 GroupDAO 类的 delete()方法；如果返回 true 则返回给客户端成功否则失败
```

```
                    response.setSuccess(true);
                } else {
                    response.setSuccess(false);
                    response.setMsg("发生错误,请稍后再试。");
                }
                try {
                    oos = new ObjectOutputStream(socket.getOutputStream());
                    oos.writeObject(response);
                    oos.flush();
                } catch(IOException e) {
                    logger.log(Level.SEVERE, "数据传输失败", e);
                }
            }
        }
```

然后,修改该线程类的 run()方法,在该方法中添加调用 handleDeleteGroup()方法的代码。在 case RequestType.DELETE_GROUP 块中添加下面代码中框住的部分:

```
...
case RequestType.DELETE_GROUP: {       //删除分组
    handleDeleteGroup();
    break;
}
...
```

(5)在 GroupDAO 类中,添加删除分组记录的 delete()方法,实现从数据库表 TFriendGroup 中删除分组记录的功能,其代码如代码清单 12-10 所示。

代码清单 12-10　删除分组记录的 delete()方法的定义

```
/*
 * 删除分组;参数: info 中封装了要删除的分组的分组 id;返回值:成功删除——true,删除失败——false
 */
public boolean delete(FriendGroup info) {
    boolean flag = false;                            // 删除操作是否成功的标准
    Connection conn = null;                          // 定义连接对象
    Statement stm = null;                            // 定义语句对象
    int count = 0;                                   // 定义返回的执行删除操作影响的记录数
    String sql = "DELETE FROM tfriendgroup WHERE id=" + info.getId();
    // 删除一个分组的 SQL 语句
    try{
        conn = DriverManager.getConnection(url,dbuser,password);
        // 建立与数据库的连接
        if(conn != null) {                           // 连接对象已成功创建
            stm = conn.createStatement();            // 使用连接对象创建 Statement 语句对象
            count = stm.executeUpdate(sql);          // 执行更新命令
            if(count > 0) {                          // 成功删除记录
                flag = true;
            }
        }
    }catch(SQLException e){
        flag = false;
        logger.log(Level.SEVERE, "操作数据库失败", e);
    }
    finally{
        try{
            if(stm != null){
                stm.close();                         // 关闭语句对象
            }
            if(conn != null){
                conn.close();                        // 关闭连接对象
            }
        }catch(SQLException e){
            logger.log(Level.SEVERE, "关闭数据库失败", e);
```

```
        }
    }
    return flag;
}
```

同步练习一

认真阅读 1.6 节中 MiniQQ 即时通软件的项目需求和数据库结构设计文档，完成 MiniQQ 系统的创建好友分组、修改好友分组和删除好友分组功能。

编辑一个 Word 文档，文档中的内容包括：①解决问题的流程（或思路）；②已运行通过后的程序代码；③程序运行后的截图。

要求：按照 Java 规范编写程序代码，代码中有必要的注释。

12.2 管理好友

管理好友包括两项功能：添加好友和删除好友。而添加好友是用户通过查找功能，找到后添加为自己的好友。为了简化，在添加好友时，不需要对方验证和同意，直接在数据库的好友表中添加两条记录，一条记录的分组由用户选择，而另一条由于没有让对方指定分组，则任意选择一个分组创建好友信息。

12.2.1 查找并添加好友

案例 12-5

案例描述　在 MiniQQ 系统中，通过"精确查找"和"模糊查找"两种方式查找 QQ 用户。对查找到的 QQ 用户加为好友。

运行效果　用户单击主界面的"查找"按钮，打开"查找好友"对话框。有两种查询方式：精确查询和模糊查询。用户输入查询条件，查询结果显示在表格中。当用户选择表格中的一行，并选择分组下拉组合框中的一个分组后，单击"加为好友"按钮，即可在主界面的好友树的相应分组结点下添加一个好友结点，如图 12-4 所示。实现这个功能的处理流程如下：

实现流程

（1）设计好友查找界面，提供精确查询和模糊查询两项功能。
（2）对客户端主界面 MainUI 类的"查找"按钮添加单击事件监听器，以监听鼠标单击事件。
（3）编写单击事件监听器类。
（4）打开查找界面，从好友树中获取分组信息加载到查找界面中。
（5）处理好友精确查询和模糊查询，并将查询结果加载到查找界面的表格中。
（6）添加"加为好友"功能。
（7）成功添加好友后，刷新主界面中好友树。

参考代码　根据上述处理流程，实现添加好友的功能。

（1）设计好友查找界面。在该界面中，有两个选项卡，一个选项卡的面板中组件负责精确查找，另一个则负责模糊查找。其查找结果都显示在同一个表格中。还有一个"加为好友"按钮和一个加载当前用户所创建分组的下拉组合框，如图 12-4 中的"查找好友"界面截图。

在 cn.edu.gdqy.miniqq.ui 包下，添加界面类。该类命名为 SearchFriendUI，继承自 JFrame

类，实现 ActionListener 接口。由于在该类中要获取用户信息和从好友树中获取分组信息，以及添加好友后要调用 MainUI 类中的公有方法，所以，在定义的构造方法中，需要定义三个参数将这三个对象从主界面传入。设计该界面的代码如代码清单 12-11 所示。

图 12-4　查找并添加好友操作流程

代码清单 12-11　查询好友界面 SearchFriendUI 类的定义

```
package cn.edu.gdqy.miniqq.ui;
import java.awt.*;
import java.awt.event.*;
import java.util.ArrayList;
import javax.swing.*;
import javax.swing.table.DefaultTableModel;
import java.util.logging.*;
import cn.edu.gdqy.miniqq.util.*;
import cn.edu.gdqy.miniqq.el.*;
import cn.edu.gdqy.miniqq.net.*;
import cn.edu.gdqy.miniqq.tree.*;
public class SearchFriendUI extends JFrame implements ActionListener{
```

```java
        private static final long serialVersionUID = 1L;
        private static Logger logger = QQLogger.getLogger(SearchFriendUI.class);
        private JButton btnAddFriend;
        private JButton btnExactSearch;
        private JButton btnFuzzySearch;
        private JTextField txtQQNum;
        private JTextField txtName;
        private JTextField txtSex;
        private JTextField txtAddress;
        private JTable table = null;
        @SuppressWarnings({ "rawtypes" })
        private JComboBox cmbGroup = null;
        private MainUI mainUI = null;                    // 主界面
        private JTree tree = null;                       // 主界面的好友树
        private User user = null;                        // 从主界面中传过来的用户信息
        public SearchFriendUI(User user, JTree tree, MainUI mainUI){
            try {
                this.user = user;
                this.tree = tree;
                this.mainUI = mainUI;
                this.setTitle("查找好友");
                this.setLayout(null);
                this.setResizable(false);
                this.setLocationRelativeTo(null);        // 设置打开窗体时在屏幕中间显示
                this.add(getSearchPanel());
                this.add(getResultPane());
                this.setSize(500, 450);
                this.setVisible(true);
            } catch(Exception e) {
                logger.log(Level.SEVERE, "", e);
            }
        }
        /* 生成有两个选项卡的查询面板 */
        private JPanel getSearchPanel() {
            JPanel panel = new JPanel();
            panel.setLayout(null);
            panel.setSize(500, 130);
            panel.setLocation(0, 0);
            JTabbedPane tab = new JTabbedPane();              // 定义一个选项卡面板
            tab.addTab("精确查询", getExactSearchPanel());   // 将精确查询面板添加到Tab面板上
            tab.addTab("模糊查询", getFuzzySearchPanel());   // 将模糊查询面板添加到Tab面板上
            tab.setBounds(10, 10, 480, 120);
            panel.add(tab);
            return panel;
        }
        private JPanel getExactSearchPanel() {                // 生成精确查找界面
            JPanel numPanel = new JPanel();
            numPanel.setLayout(null);
            numPanel.setSize(458, 118);
            numPanel.setLocation(1, 1);
            numPanel.setLayout(null);
            JLabel label = new JLabel("QQ号码: ");
            label.setBounds(35, 15, 80, 25);
            label.setHorizontalAlignment(SwingConstants.RIGHT);
            txtQQNum = new JTextField();
            txtQQNum.setSize(320, 25);
            txtQQNum.setLocation(120, 15);
            btnExactSearch = new JButton("精确查询");
            btnExactSearch.setSize(150, 26);
            btnExactSearch.setLocation(290, 50);
```

```java
        btnExactSearch.addActionListener(this);
        numPanel.add(label);
        numPanel.add(txtQQNum);
        numPanel.add(btnExactSearch);
        return numPanel;
    }
    private JPanel getFuzzySearchPanel() {                  // 生成模糊查找面板
        JPanel panel = new JPanel();
        panel.setSize(498, 118);
        panel.setLocation(1, 1);
        panel.setLayout(null);
        JLabel lblName = new JLabel("昵称");
        lblName.setSize(40, 25);
        lblName.setLocation(15, 15);
        lblName.setHorizontalAlignment(SwingConstants.RIGHT);   // 设置水平对齐方式为右对齐
        txtName = new JTextField();
        txtName.setSize(150, 25);
        txtName.setLocation(70, 15);
        JLabel lblSex = new JLabel("性别");
        lblSex.setSize(40, 25);
        lblSex.setLocation(240, 15);
        lblSex.setHorizontalAlignment(SwingConstants.RIGHT);
        txtSex = new JTextField();
        txtSex.setSize(150, 25);
        txtSex.setLocation(290, 15);
        JLabel lblAddress = new JLabel("籍贯");
        lblAddress.setSize(40, 25);
        lblAddress.setLocation(15, 50);
        lblAddress.setHorizontalAlignment(SwingConstants.RIGHT);
        txtAddress = new JTextField();
        txtAddress.setSize(150, 25);
        txtAddress.setLocation(70, 50);
        btnFuzzySearch = new JButton("模糊查询");
        btnFuzzySearch.setSize(150, 26);
        btnFuzzySearch.setLocation(290, 50);
        btnFuzzySearch.addActionListener(this);
        panel.add(lblName);
        panel.add(txtName);
        panel.add(lblSex);
        panel.add(txtSex);
        panel.add(lblAddress);
        panel.add(txtAddress);
        panel.add(btnFuzzySearch);
        return panel;
    }
    @SuppressWarnings({ "rawtypes", "unchecked" })
    private JPanel getResultPane(){                         // 生成要显示查找结果的Table
        JPanel pane = new JPanel();
        pane.setSize(500, 320);
        pane.setLocation(0, 132);
        table = new JTable();                               // 生成一个表格组件
        table.setBounds(10, 10, 480, 230);
        table.setPreferredScrollableViewportSize(new Dimension(480,225));
        // 设置表格的大小
        table.setRowHeight(25);             // 设置行高,这个行高是指数据行的行高,不包括表头
        Dimension size = table.getTableHeader().getPreferredSize();
        // 获取表头的大小对象
        size.height = 30;
        JScrollPane scrollPane = new JScrollPane();
```

```
        scrollPane.setHorizontalScrollBarPolicy(JScrollPane.HORIZONTAL_SCROLLBAR_AS_NEEDED);
                    // 设置水平滚动
        scrollPane.setVerticalScrollBarPolicy(JScrollPane.VERTICAL_SCROLLBAR_AS_NEEDED);
                    // 设置垂直滚动
        scrollPane.setViewportView(table);   // 生成一个滚动面板，并将 table 在滚动面板上显示出来
        pane.add(scrollPane, BorderLayout.CENTER);
        btnAddFriend = new JButton("加为好友");
        btnAddFriend.setBounds(200, 250, 120, 26);
        pane.add(btnAddFriend);
        cmbGroup = new JComboBox();
        pane.add(cmbGroup);
        return pane;
    }
    @Override
    public void actionPerformed(ActionEvent but) {  }
```

该界面的设计代码中，由于定义类时实现了接口 ActionListener，所以，必须在该类中实现 actionPerformed()方法。由于还没有处理鼠标的单击事件，所以该方法暂时是空的。

（2）主界面 MainUI 类中，对"查找"按钮添加单击事件监听器。

修改 MainUI 类的 getDownJPanel()方法，添加下面代码段中矩形框里的语句：

```
...
btnSearch.setContentAreaFilled(false);
btnSearch.setBorderPainted(false);
btnSearch.addActionListener(new SearchFriendListener());
pnlDown = new JPanel() {
...
```

（3）在 MainUI 类中添加内部类 SearchFriendListener，监听鼠标单击事件，打开查询好友界面。该类实现了 ActionListener 接口，所以必须实现 actionPerformed()方法。SearchFriendListener 类的实现代码如代码清单 12-12 所示。

代码清单 12-12　SearchFriendListener 类的定义

```
    private class SearchFriendListener implements ActionListener {
        @Override
        public void actionPerformed(ActionEvent e) {
            new SearchFriendUI(MainUI.this.user, MainUI.this.tree, MainUI.this);
        }
    }
```

（4）在查询好友 SearchFriendUI 类中，加载当前用户创建的分组信息。

由于已从主界面 MainUI 中传过来好友树（MainUI.this.tree）的信息，在这里可以直接从该树中获取分组信息。

① 在 SearchFriendUI 类中，添加获取分组信息的方法 loadGroupInformation()，代码如代码清单 12-13 所示。

代码清单 12-13　SearchFriendUI 类中 loadGroupInformation()方法的定义

```
    // 在查找好友界面加载所有分组信息
    private FriendGroup[] loadGroupInformation() {
        FriendGroup[] gl = null;
        // 获取树中所有分组结点上的分组信息
        MyTreeModel model = (MyTreeModel)this.tree.getModel();   // 获取树数据模型
        MyIconTreeNode rootNode = (MyIconTreeNode)model.getRoot();
        // 从模型对象中获取树的根结点
        int count = model.getChildCount(rootNode);            // 获取根结点的子结点数
        gl = new FriendGroup[count];                          // 创建分组对象数组
```

```java
        for(int i = 0; i < count; i++) {
            MyIconTreeNode currNode = (MyIconTreeNode)model.getChild(rootNode, i);
            // 获取根结点的子结点
            if(currNode != null) {
                TreeNodeData data = (TreeNodeData)currNode.getUserObject();
                // 从子结点中取出保存到结点上的用户数据
                if(data.getType().equals(TreeNodeData.TYPE_GROUP)) {    // 如果是分组结点
                    FriendGroup group = (FriendGroup)data.getData();    // 获取分组信息
                    gl[i] = group;                                      // 将分组对象添加到分组对象数组中
                }
            }
        }
        return gl;
    }
```

② 在生成分组组合框时，调用 loadGroupInformation()方法。

修改 SearchFriendUI 类的 getResultPane()方法，修改后代码见下面矩形框中的部分。

```java
private JPanel getResultPane() {
    ...
    btnAddFriend.addActionListener(new AddFriendLisetener());
    pane.add(btnAddFriend);
    FriendGroup[] gl = this.loadGroupInformation();
    DefaultComboBoxModel model = new DefaultComboBoxModel(gl);
    cmbGroup = new JComboBox(model);
    pane.add(cmbGroup);
    return pane;
}
```

（5）在好友查找界面 SearchFriendUI 类中，添加处理"精确查询"和"模糊查询"的单击事件处理代码，添加到 actionPerformed()方法中。代码如代码清单 12-14 所示。

代码清单 12-14　"精确查询"和"模糊查询"的单击事件处理代码

```java
@Override
public void actionPerformed(ActionEvent but) {
    // 判断事件源是否是"模糊查询"按钮btnFuzzySearch
    if(but.getSource() == btnFuzzySearch) {
        RequestData data = new RequestData();              // 实例化一个请求数据对象
        User friend = new User();                          // 实例化一个好友用户信息对象
        friend.setUserName(txtName.getText());             // 封装用户名
        friend.setSex(txtSex.getText());                   // 封装性别
        friend.setAddress(txtAddress.getText());           // 封装出生地
        data.setData(friend);                              // 将查询条件的用户信息封装到请求数据对象中
        data.setType(RequestType.FUZZY_QUERY);             // 设置请求类型为模糊查询
        Thread t = new Thread(new FriendSearchThread(data,this));
        t.start();                                         // 启动好友查询线程
    }
    if(but.getSource() ==btnExactSearch) { // 判断事件源是否是"精确查询"按钮btnExactSearch
        RequestData data = new RequestData();              // 实例化一个请求数据对象
        User friend = new User();                          // 实例化一个好友用户信息对象
        friend.setId(Integer.parseInt(txtQQNum.getText())); // 封装要查询的 QQ 号
        data.setData(friend);                              // 将查询条件的用户信息封装到请求数据对象中
        data.setType(RequestType.PRECISE_QUERY);           // 设置请求类型为精确查询
        Thread t = new Thread(new FriendSearchThread(data,this));
        t.start();                                         // 启动好友查询线程
    }
}
```

（6）在客户端 cn.edu.gdqy.miniqq.net 包下，添加处理查找好友的线程类 FriendSearchThread。该类负责将数据发送给服务器端，并处理从服务器端反馈回来的信息，调用

SearchFriendUI 类的公有方法，将查询到的好友信息显示在查找好友界面的表格中。该线程完成代码如代码清单 12-15 所示。

代码清单 12-15　处理查找好友的线程 FriendSearchThread 类的定义

```java
package cn.edu.gdqy.miniqq.net;
import java.io.*;
import java.net.Socket;
import java.util.ArrayList;
import java.util.logging.*;
import cn.edu.gdqy.miniqq.util.*;
import javax.swing.JOptionPane;
import cn.edu.gdqy.miniqq.el.*;
import cn.edu.gdqy.miniqq.ui.SearchFriendUI;
public class FriendSearchThread implements Runnable {
    private static Logger logger = QQLogger.getLogger(FriendSearchThread.class);
    private RequestData data = null;
    private SearchFriendUI seachUI = null;
    private Socket socket = null;
    private ObjectOutput oos = null;
    private ObjectInput ois = null;
    public FriendSearchThread(RequestData data, SearchFriendUI seachUI){
        this.data = data;                        // 用户的请求信息
        this.seachUI = seachUI;                  // 好友查询界面
    }
    @Override
    public void run() {
        try{
            // 向服务器发送信息
            socket = new Socket(QQServer.IP , QQServer.PORT);
            oos = new ObjectOutputStream(socket.getOutputStream());
            oos.writeObject(data);
            oos.flush();
            // 从服务器接收响应信息
            ois = new ObjectInputStream(socket.getInputStream());
            RequestData receiver = (RequestData) ois.readObject();
            if(receiver.isSuccess()) {
                switch(receiver.getType()) {          // 判断返回来的类型
                // 精确查询的响应信息
                case ResponseType.PRECISE_QUERY:
                    User user = (User)receiver.getData();
                    // 精确查询只返回一个用户信息
                    ArrayList<User> ul = new ArrayList<User>();
                    ul.add(user);                // 放入列表中，主要考虑与模糊查询时一起处理
                    try {
                        seachUI.setDataToTable(ul);
                    } catch(Exception e) {
                        logger.log(Level.SEVERE, "加载表格出错", e);
                    }
                    // 调用 SearchFriendUI 好友查询界面的公有方法，将查询到的好友信息显示在表格中
                    break;
                // 模糊查询的响应信息
                case ResponseType.FUZZY_QUERY:
                    @SuppressWarnings("unchecked")
                    ArrayList<User> ul = (ArrayList<User>)receiver.getData();
                    // 返回满足条件的所有用户信息
                    try {
                        seachUI.setDataToTable(ul);
                    } catch(Exception e) {
                        logger.log(Level.SEVERE, "加载表格出错", e);
```

```java
                    }
                    // 调用 SearchFriendUI 好友查询界面的公有方法,将查询到的好友信息显示在表格中
                    break;
                }
            } else {
                JOptionPane.showMessageDialog(null, receiver.getMsg());
            }
        }catch(IOException | ClassNotFoundException e ){
            logger.log(Level.SEVERE, "数据传输失败", e);
        } finally {
            try {
                if(oos != null) {
                    oos.close();          // 关闭输出流
                }
                if(ois!=null) {
                    ois.close();          // 关闭输入流
                }
                if(socket != null) {
                    socket.close();       // 关闭 socket
                }
            } catch(IOException e) {
                logger.log(Level.SEVERE, "关闭输入输出流失败", e);
            }
        }
    }
}
```

接下来,先编写服务器端的处理代码,加载数据到好友查询界面 SearchFriendUI 的公有方法 setDataToTable()留待处理完服务器端后再返回来实现。

(7) 修改服务器端的服务线程 ServiceThread 类。

① 在 ServiceThread 类中添加两个处理好友查询的方法:精确查询 handlePreciseQuery() 方法、模糊查询 handleFuzzyQuery()方法。代码如代码清单 12-16 所示。

代码清单 12-16 精确查询 handlePreciseQuery()和模糊查询 handleFuzzyQuery()方法的定义

```java
private void handlePreciseQuery() {
    User user = (User)data.getData();
    // 从客户端请求数据中获取要查询的用户信息的条件,即 QQ 号
    User friend = new UserDAO().search(user);
    // 调用 UserDAO 类的 search()方法,实现用户查询功能
    RequestData response = new RequestData();    // 实例化一个要返回给客户端的请求对象
    response.setData(friend);                    // 封装好友用户信息
    response.setType(ResponseType.PRECISE_QUERY); // 封装返回的请求类型
    if(friend != null) {
        response.setSuccess(true);
    } else {
        response.setSuccess(false);
        response.setMsg("没有该用户信息或查询失败。");
    }
    // 向客户端反馈信息
    try {
        oos = new ObjectOutputStream(socket.getOutputStream()); // 封装为对象输出流
        oos.writeObject(response);                // 将反馈信息写入输出流
        oos.flush();                              // 强制将缓冲区中的数据发送出去,不必等到缓冲区满
    } catch(IOException e) {
        logger.log(Level.SEVERE, "数据传输失败", e);
    }
}
private void handleFuzzyQuery() {
    User user = (User)data.getData(); // 从客户端请求数据中获取要查询的用户信息的条件
```

```
            ArrayList<User> ul = new UserDAO().fuzzySearch(user);
            // 调用UserDAO类的fuzzySearch()方法，实现用户模糊查询功能
            RequestData response = new RequestData();    // 实例化一个要返回给客户端的请求对象
            response.setData(ul);                        // 封装好友列表信息
            response.setType(ResponseType.FUZZY_QUERY);  // 封装返回的请求类型
            if(ul != null) {
                response.setSuccess(true);
            } else {
                response.setSuccess(false);
                response.setMsg("没有满足条件的用户信息或查询失败。");
            }
            // 向客户端反馈信息
            try {
                oos = new ObjectOutputStream(socket.getOutputStream()); // 封装为对象输出流
                oos.writeObject(response);                              // 将反馈信息写入输出流
                oos.flush();         // 强制将缓冲区中的数据发送出去,不必等到缓冲区满
            } catch (IOException e) {
                logger.log(Level.SEVERE, "数据传输失败", e);
            }
        }
```

② 在 run()方法中调用这两个方法，如下代码片段：

```
...
case RequestType.FUZZY_QUERY:          // 模糊查询QQ用户
    handleFuzzyQuery();
    break;
case RequestType.PRECISE_QUERY:        // 精确查找QQ好友
    handlePreciseQuery();
    break;
...
```

（8）在服务器端的 UserDAO 类中，添加直接访问数据库的精确查询 search()方法和模糊查询 fuzzySearch()方法。代码如代码清单 12-17 所示。

代码清单 12-17　UserDAO 类中精确查询 search()方法和模糊查询 fuzzySearch()方法的定义

```
/*精确查找QQ用户；参数: user封装要查询的QQ号 */
public User search(User user) {
    User friend = null;
    Connection conn = null;
    Statement stm = null;
    ResultSet rs = null;
    String sql = "SELECT * FROM tuser WHERE qqnum=" + user.getId();
    // 按QQ号查询的SQL语句
    try{
        conn = DriverManager.getConnection(url,dbuser,password);// 创建与数据库的连接
        if(conn != null) {                       // 如果连接成功
            stm = conn.createStatement();        // 创建语句对象
            rs = stm.executeQuery(sql);          // 执行查询语句并返回结果集
            if(rs.next()) {                      // 如果有记录
                friend = new User();             // 实例化一个用户对象
                // 从一条记录中获取字段的值封装到用户对象中
                friend.setId(rs.getLong("qqnum"));
                friend.setUserName(rs.getString("username"));
                friend.setSex(rs.getString("sex"));
                friend.setBirthday(rs.getDate("birthday"));
                friend.setAddress(rs.getString("place"));
                friend.setEmail(rs.getString("email"));
                friend.setFace(rs.getBytes("photo"));
                friend.setIntroduce(rs.getString("introduce"));
                friend.setIp(rs.getString("ipaddress"));
                friend.setPort(rs.getInt("port"));
```

```java
                    friend.setState(rs.getString("state"));
                }
            }
        }catch(SQLException e){
            friend = null;
            logger.log(Level.SEVERE, "操作数据库失败", e);
        }
        finally{
            try{
                if(rs!=null){
                    rs.close();
                }
                if(stm!=null){
                    stm.close();
                }
                if(conn!=null){
                    conn.close();
                }
            }catch(SQLException e){
                logger.log(Level.SEVERE, "关闭数据库连接失败", e);
            }
        }
        return friend;                    // 返回查询到的用户信息
    }
    /*模糊查找QQ用户；参数：user 封装要查询的QQ用户的条件 */
    public ArrayList<User> fuzzySearch(User user) {
        ArrayList<User> ul = null;
        Connection conn = null;
        Statement stm = null;
        ResultSet rs = null;
        /* sql变量用于根据查询条件拼接一条查询语句，condition变量用于拼接WHERE子句后面的条件部分 */
        String sql = "SELECT * FROM tuser ";
        String condition = "";
        if(!user.getUserName().equals("") && user.getUserName() != null) {
            condition += "username LIKE '%" + user.getUserName() + "%'";
        }    // 如果昵称不为空，将昵称作为其中的查询条件
        if(!user.getSex().equals("") && user.getSex() != null) {
            if(condition.equals("")) {
                condition += "sex='" + user.getSex() + "'";
            } else {
                condition += " AND sex='" + user.getSex() + "'";
            }
        }    // 如果性别不为空，将性别作为其中的查询条件
        if(!user.getAddress().equals("") && user.getAddress() != null) {
            if(condition.equals("")) {
                condition += "place LIKE '%" + user.getAddress() + "%'";
            } else {
                condition += " AND place LIKE '%" + user.getAddress() + "%'";
            }
        }    // 如果出生地不为空，将出生地作为其中的查询条件
        if(!condition.equals("")) {        // 如果拼接后的条件不为空，则在sql值后加上WHERE子句
            sql += " WHERE " +condition;
        }
        try{
            conn = DriverManager.getConnection(url,dbuser,password);// 建立与数据库的连接
            if(conn != null){              // 如果连接成功
                stm = conn.createStatement();       // 建立语句对象
                rs = stm.executeQuery(sql);         // 执行SQL查询语句，并返回结果集
                ul = new ArrayList<User>();         // 实例化一个数组列表
```

```java
            while(rs.next()) {                    // 循环遍历结果集，一条记录封装到一个用户对象中
                User friend = new User();
                friend.setId(rs.getLong("qqnum"));
                friend.setUserName(rs.getString("username"));
                friend.setSex(rs.getString("sex"));
                friend.setBirthday(rs.getDate("birthday"));
                friend.setAddress(rs.getString("place"));
                friend.setEmail(rs.getString("email"));
                friend.setFace(rs.getBytes("photo"));
                friend.setIntroduce(rs.getString("introduce"));
                friend.setIp(rs.getString("ipaddress"));
                friend.setPort(rs.getInt("port"));
                friend.setState(rs.getString("state"));
                ul.add(friend);                    // 将一个用户对象添加到数组列表中
            }
        }catch(SQLException e){
            ul = null;
            logger.log(Level.SEVERE, "操作数据库失败", e);
        }
        finally{
            try{
                if(rs!=null){
                    rs.close();
                }
                if(stm!=null){
                    stm.close();
                }
                if(conn!=null){
                    conn.close();
                }
            }catch(SQLException e){
                logger.log(Level.SEVERE, "关闭数据库连接失败", e);
            }
        }
        return ul;                                 // 返回按条件查询到的所有用户信息
    }
```

（9）在客户端好友查询界面 SearchFriendUI 类中，添加加载数据到表格的方法 setDataToTable()。该方法在 FriendSearchThread 类的 run()方法中被调用，定义为公有可见的。setDataToTable()方法的定义代码如代码清单 12-18 所示。

代码清单 12-18　SearchFriendUI 类中 setDataToTable()方法的定义

```java
/* 加载查询到的 QQ 用户信息到表格组件中 */
public synchronized void setDataToTable(ArrayList<User> ul) throws Exception {
    String[] names = {"QQ号","昵称","性别","所在地","邮箱","状态"};  // 定义表头一维数组
    String[][] data = null;              // 定义表格中填充的数据——二维数组
    try {
        if(ul.size() > 0) {               // 如果从服务器端数据库中返回有用户信息
            data = new String[ul.size()][names.length];
            // 为二维数组 data 申请存储空间，行数是查询到的用户数，列数是表头数组的长度
            for(int i = 0; i < ul.size(); i++) {        // 循环遍历用户信息数组列表
                User user = ul.get(i);                  // 取出第 i 个用户信息
                if(user != null) {         // 如果该用户信息不为空，存放到二维数组的第 i 行中
                    data[i][0] = Long.toString(user.getId());
                    data[i][1] = user.getUserName();
                    data[i][2] = user.getSex();
                    data[i][3] = user.getAddress();
                    data[i][4] = user.getEmail();
                    data[i][5] = user.getState();
```

```
                }
            }
            DefaultTableModel dm = new DefaultTableModel();       // 构建表格数据模型
            dm.setDataVector(data, names);                         // 设置数据及表头到数据模型
            if(this.table != null) {
                this.table.setModel(dm);                           // 给表格组件设置数据模型
            }
        }
    } catch(Exception e) {
        logger.log(Level.SEVERE, "加载好友信息到表格失败", e);
    }
}
```

当按查询条件查询到的用户信息显示到表格，用户就可以从表格中选择一个用户，并选择其加入的分组后，就可以单击"加为好友"按钮，将该 QQ 用户加为当前用户的好友了，所以接下来编写实现添加好友功能的代码。

（10）在 SearchFriendUI 类中，为"加为好友"按钮添加单击事件监听器。

修改 getResultPane()方法，添加如框中框住的代码：

```
private JPanel getResultPane() {
    ...
    btnAddFriend = new JButton("加为好友");
    btnAddFriend.setBounds(200, 250, 120, 26);
    btnAddFriend.addActionListener(new AddFriendLisetener());
    pane.add(btnAddFriend);
    FriendGroup[] gl = this.loadGroupInformation();
    DefaultComboBoxModel model = new DefaultComboBoxModel(gl);
    cmbGroup = new JComboBox(model);
    pane.add(cmbGroup);
    return pane;
}
```

（11）在 SearchFriendUI 类中，为"加为好友"按钮添加单击事件监听器类 AddFriendLisetener。用于处理用户的鼠标单击事件。事件监听器 AddFriendLisetener 类定义代码如代码清单 12-19 所示。

代码清单 12-19　事件监听器 AddFriendLisetener 类的定义

```
// 将选择的 QQ 用户加入好友
private class AddFriendLisetener implements ActionListener {
    @Override
    public void actionPerformed(ActionEvent e) {
        // 从表格中选择一行
        DefaultTableModel model = (DefaultTableModel)table.getModel();
        // 获取表格数据模型
        int row = table.getSelectedRow();
        //获取用户选择的行，行号从 0 开始，如果没有选择，返回的是-1
        if(row < 0) {
            JOptionPane.showMessageDialog(null, "请您在点击该按钮之前先选择上面表格中的一行。");
        } else {
            // 发送到服务器端的数据
            Friend willFriend = new Friend();                  // 实例化一个好友对象
            // 确定将要添加的好友的信息
            String qqnum = (String)model.getValueAt(row, 0);
            // 获取将要添加为好友的用户 QQ 号
            User friend = new User();                          // 实例化一个用户对象
            friend.setId(Long.valueOf(qqnum));                 // 要加为好友的用户 QQ 号封装到用户对象中
            willFriend.setFriend(friend);                      // 将用户对象封装到好友对象中
```

```java
                        // 确定分组信息
                        FriendGroup group = (FriendGroup)cmbGroup.getSelectedItem();
                        // 从组合框中获取将加为好友的分组
                        group.setCreator(SearchFriendUI.this.user);
                        // 将当前用户封装为分组的创建者
                        willFriend.setGroup(group);              // 将分组对象封装到好友对象中
                        // 向服务器端请求的信息
                        RequestData data = new RequestData();    // 实例化一个请求数据的对象
                        data.setData(willFriend);            // 封装将要成为好友的信息到请求数据的对象
                        data.setType(RequestType.ADD_FRIEND);    // 封装请求类型
                        Thread thread = new Thread(new AddFriendThread(data, SearchFriendUI.
this, mainUI));
                        // AddFriendThread 类的构造方法有三个参数：第一个参数 data——请求数据
                        // 第二个参数是当前的查询好友界面对象，加为好友成功后关闭
                        // 第三个参数是主界面 MainUI，加为好友成功后调用其加载树的公有方法
                        thread.start();          //启动添加好友的线程
                }
            }
        }
```

（12）在客户端的 cn.edu.gdqy.miniqq.net 包下，添加线程类 AddFriendThread，用于发送信息给服务器端，并处理从服务器端反馈回来的信息，实现加为好友网络功能的客户端线程部分。线程类 AddFriendThread 定义的代码如代码清单 12-20 所示。

代码清单 12-20   线程 AddFriendThread 类的定义

```java
        package cn.edu.gdqy.miniqq.net;
        import java.io.*;
        import java.net.Socket;
        import javax.swing.JOptionPane;
        import cn.edu.gdqy.miniqq.el.RequestData;
        import cn.edu.gdqy.miniqq.ui.MainUI;
        import cn.edu.gdqy.miniqq.ui.SearchFriendUI;
        import cn.edu.gdqy.miniqq.util.*;
        import java.util.logging.*;
        public class AddFriendThread implements Runnable {
        private static Logger logger = QQLogger.getLogger(AddFriendThread.class);
            private RequestData data = null;
            private SearchFriendUI searchUI = null;
            private MainUI mainUI = null;
            private Socket socket = null;
            private ObjectOutput oos = null;
            private ObjectInput ois = null;
            public AddFriendThread(RequestData data, SearchFriendUI searchUI, MainUI
mainUI){
                this.data = data;              //从查询好友界面传过来的请求数据
                this.searchUI = searchUI;      // 从查询好友界面传过来的查询好友界面对象
                this.mainUI = mainUI;          //从查询好友界面传过来的主界面对象
            }
            public void run(){
                try{
                    socket = new Socket(QQServer.IP, QQServer.PORT);// 与服务器建立 Socket 连接
                    oos = new ObjectOutputStream(socket.getOutputStream());
                    // 获取 socket 输出流对象
                    oos.writeObject(data);         // 向输出流写入数据
                    oos.flush();                   // 强制将缓冲区中的数据发送出去,不必等到缓冲区满
                    // 以下从服务器端获取反馈信息
                    ois = new ObjectInputStream(socket.getInputStream());
                    // 从 socket 获取输入流
                    RequestData response = (RequestData)ois.readObject();
                    // 从数据流中读数据到 response 对象中
```

```
            if(response.isSuccess() && response.getType().equals(ResponseType.
ADD_FRIEND)){
                AddFriendThread.this.searchUI.dispose();      // 关闭好友查找窗口
                try {
                    mainUI.createGroupTree();
                    // 调用主界面中的createGroupTree()方法刷新好友树
                } catch(Exception e) {
                    logger.log(Level.SEVERE, "刷新好友树出错", e);
                }
            }else{
                JOptionPane.showMessageDialog(null, response.getMsg());
            }
        } catch(IOException | ClassNotFoundException e){
            logger.log(Level.SEVERE, "传输数据失败", e);
        }finally{
            try {
                if(oos != null) {
                    oos.close();            // 关闭输出流
                }
                if(ois!=null) {
                    ois.close();            // 关闭输入流
                }
                if(socket != null) {
                    socket.close();         // 关闭Socket
                }
            } catch(IOException e) {
                logger.log(Level.SEVERE, "关闭输入输出流失败", e);
            }
        }
    }
}
```

（13）在服务器端的服务线程 ServiceThread 类中，添加处理加为好友网络功能服务器端代码。

① 在 ServiceThread 类中添加处理加为好友的 handleAddFriend()方法，代码如代码清单 12-21 所示。

代码清单 12-21　ServiceThread 类中处理加为好友的 handleAddFriend()方法的定义

```
/* 由于用户双方互为好友，所有需要创建两条好友记录 */
private void handleAddFriend() {
    Friend friend1 = (Friend)data.getData();        // 从客户端传送过来的添加好友信息
    User user = friend1.getFriend();                // 要在主动方加为好友的用户
    FriendGroup group1 = friend1.getGroup();        // 主动方将好友加入的分组
    User creator = group1.getCreator();             // 主动方分组创建者
    FriendGroup group2 = new GroupDAO().getGroupByUser(user);
    // 在被动方查找任意一个分组
    Friend friend2 = new Friend();                  // 针对被动方 封装添加好友的信息
    friend2.setFriend(creator);
    friend2.setGroup(group2);
    FriendDAO dao = new FriendDAO();
    Friend friend = dao.add(friend1, friend2);
    // 调用FriendDAO对象的add(User,User)方法
    RequestData response = new RequestData();       // 反馈给客户端的数据
    response.setType(ResponseType.ADD_FRIEND);      // 封装响应类型
    response.setData(friend);                       // 封装响应数据
    if(friend != null) {
        response.setSuccess(true);
    } else {
        response.setSuccess(false);
```

```
        response.setMsg("已添加了该好友，或操作失败，请稍后重试！");
    }
    try {
        oos = new ObjectOutputStream(socket.getOutputStream());
        // 从socket获取输出流对象
        oos.writeObject(response);      // 将响应信息写入输出流
        oos.flush();                    // 强制将缓冲区中的数据发送出去,不必等到缓冲区满
    } catch(IOException e) {
        logger.log(Level.SEVERE, "传输数据失败", e);
    }
}
```

② 在 run()方法中调用 handleAddFriend()方法，实现加为好友的网络功能的服务器端部分，代码如下：

```
...
case RequestType.ADD_FRIEND: {          // 添加好友
    handleAddFriend();
    break;
}
...
```

（14）在服务器端的 GroupDAO 类中，添加查找一个用户的第一个分组的方法 getGroupByUser(User)，如代码清单 12-22 所示。

代码清单 12-22　GroupDAO 类中 getGroupByUser()方法的定义

```
/*
 * 获取当前好友创建的第一个分组：将查找到的QQ用户加入好友中时，需要确定对方的分组
 */
public FriendGroup getGroupByUser(User user) {
    FriendGroup group = null;
    Connection conn = null;
    Statement stm = null;
    ResultSet rs = null;
    String sql = "SELECT * FROM tfriendgroup WHERE creator=" + user.getId();
    // 查询由创建者创建的分组信息
    try{
        conn = DriverManager.getConnection(url,dbuser,password); // 建立与数据库的连接
        if(conn != null) {                      // 如果连接成功
            stm = conn.createStatement();       // 创建语句对象
            rs = stm.executeQuery(sql);         // 执行 SQL 查询语句并返回结果集
            if(rs.next()) {                     // 只获取第一条记录
                group = new FriendGroup();      // 实例化一个分组对象
                group.setGroupName(rs.getString("groupname"));
                // 获取分组名称封装到分组对象中
                group.setId(rs.getLong("id"));  // 从数据库中获取分组 id 封装到分组对象中
                group.setCreator(user);         // 将当前用户作为分组创建者封装到分组对象中
            }
        }
    }catch(SQLException e){
        group = null;
        logger.log(Level.SEVERE, "操作数据库失败", e);
    }
    finally{
        try{
            if(rs != null) {
                rs.close();
            }
            if(stm!=null){
                stm.close();
            }
```

```
            if(conn!=null){
                conn.close();
            }
        }catch(SQLException e){
            logger.log(Level.SEVERE, "关闭数据库连接失败", e);
        }
    }
    return group;                         //返回查询到的封装到分组对象中的分组信息
}
```

（15）在服务器端的 FriendDAO 类中，添加 add(Friend, Friend)方法，实现在好友表中插入两条好友信息的功能。代码如代码清单 12-23 所示。

代码清单 12-23　FriendDAO 类中 add(Friend, Friend)方法的定义

```
/* 添加两条好友信息，返回主动请求者添加的好友信息 */
public Friend add(Friend friend1, Friend friend2) {       // 添加好友
    Connection conn = null;
    Friend result = null;
    if(!isExistFriend(friend1)) {                         // 还没有添加该好友
        try{
            conn = DriverManager.getConnection(url,dbuser,password);   // 建立连接
            if(conn != null) {                            // 连接成功
                conn.setAutoCommit(false);                // 设置手动提交事务
                conn.setTransactionIsolation(Connection.TRANSACTION_REPEATABLE_READ);
                result = add(conn, friend1);
                // 调用 add(Connection,User)方法添加一条好友信息
                result = add(conn, friend2);
                // 调用 add(Connection,User)方法添加另一条好友信息
                conn.commit();                            // 提交事务
            }
        }
        catch(SQLException e){
            result = null;
            try {
                conn.rollback();                          // 回滚事务
            } catch (SQLException e1) {
                logger.log(Level.SEVERE, "操作数据库失败", e1);
            }
        }
        finally{
            try{
                if(conn!=null){
                    conn.close();
                }
            }catch(SQLException e){
                logger.log(Level.SEVERE, "关闭数据库连接失败", e);
            }
        }
    } else {
        result = null;
    }
    return result;                      // 返回 result 主要用于判断其是否为空
```

（16）在服务器端的 FriendDAO 类中，添加 isExistFriend(Friend)方法，用于判断该好友是否已存在。代码如代码清单 12-24 所示。

代码清单 12-24　FriendDAO 类中 isExistFriend(Friend)方法的定义

```
/* 在添加好友时需要查询该好友是否已存在，如果已经存在该好友，不需要做添加操作 */
private boolean isExistFriend(Friend friend) {
```

```java
        Connection conn = null;
        Statement stm = null;
        ResultSet rs = null;
        boolean flag = true;
        String sql = "SELECT * FROM tfriend INNER JOIN tfriendgroup " +
            "ON tfriend.groupid=tfriendgroup.id " + "WHERE tfriendgroup.creator=" +
            friend.getGroup().getCreator().getId() + " AND tfriend.friendnum=" +
            friend.getFriend().getId();       // 查询好友表中是否已有特定创建者的某个好友
        try{
            conn = DriverManager.getConnection(url,dbuser,password);        // 建立连接
            if(conn != null) {                        // 连接成功
                stm = conn.createStatement();         // 建立语句对象
                rs = stm.executeQuery(sql);           // 执行查询语句,并返回结果集
                if(rs.next()) {
                    flag = true;                      // 如果已有记录,返回 true
                } else {
                    flag = false;
                }
            }
        }catch(SQLException e){
            flag = true;
            logger.log(Level.SEVERE, "操作数据库失败", e);
        }
        finally{
            try{
                if(rs != null) {
                    rs.close();
                }
                if(stm!=null){
                    stm.close();
                }
                if(conn!=null){
                    conn.close();
                }
            }catch(SQLException e){
                logger.log(Level.SEVERE, "关闭数据库连接失败", e);
            }
        }
        return flag;
    }
```

(17)在服务器端的 FriendDAO 类中,添加 add(Connection, User)方法。该方法中的连接是从外部传入的,目的是进行事务处理。完整代码如代码清单 12-25 所示。

代码清单 12-25　FriendDAO 类中 add(Connection, User)方法的定义

```java
    /* 与数据库的连接对象作为参数传入,用于事务处理,插入一条好友记录 */
    public Friend add(Connection conn, Friend friend) {
        Statement stm = null;
        int count = 0;
        ResultSet rs = null;
        String sql = "INSERT INTO tfriend(groupid,friendnum) values(" +
            friend.getGroup().getId() + "," + friend.getFriend().getId() + ")";
        // 插入好友信息的 SQL 语句
        try{
            if(conn != null){
                stm = conn.createStatement();          // 创建语句对象
                count = stm.executeUpdate(sql,Statement.RETURN_GENERATED_KEYS);
                // 执行 SQL 语句,指明要返回产生的键值,返回影响的记录数
                if(count > 0) {                        // 如果成功插入记录
                    rs = stm.getGeneratedKeys();       // 获取键值到结果集中
                    if(rs.next()) {                    // 如果结果集中有记录
```

```
                    friend.setId(rs.getInt(1)); // 获取第一个字段的值,封装到好友对象的id域中
                }
            }
        }catch(SQLException e){
            friend = null;
            logger.log(Level.SEVERE, "操作数据库失败", e);
        }
        finally{
            try{
                if(stm!=null){
                    stm.close();
                }
            }catch(SQLException e){
                logger.log(Level.SEVERE, "关闭语句对象失败", e);
            }
        }
        return friend;
    }
```

12.2.2 删除好友

案例 12-6

案例描述　在 MiniQQ 系统中，实现删除好友的功能。

运行效果　当用户选择主界面好友树中的某个好友结点并右击，弹出好友右键菜单。此时，用户选择"删除好友"菜单项，系统提示用户是否确定要删除该好友，如果用户单击"是"，则删除两条好友信息，否则，系统什么也不做。删除好友记录后，刷新主界面的好友树。其操作过程如图 12-5 中从左到右所示。实现删除好友功能的处理流程如下。

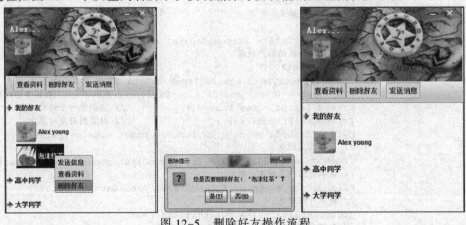

图 12-5　删除好友操作流程

实现流程

（1）在客户端主界面 MainUI 类中，对"删除好友"菜单项添加单击事件监听器。

（2）在客户端主界面 MainUI 类中，对"删除好友"菜单项添加单击事件监听器类。启动删除好友线程。

（3）在客户端添加删除好友线程类，发送请求数据给服务器端，并接收从服务器端返回的信息，刷新主界面的好友树。

（4）修改服务器端的服务线程，接收从客户端传送过来的删除好友的请求，并提供服务，最后将反馈信息返回给客户端。

（5）在服务器端的 FriendDAO 类中，增加删除好友的方法，从数据库的好友表中删除两条好友记录。

参考代码 根据上述流程，实现删除好友功能。

（1）在客户端 MainUI 类中，对"删除好友"菜单项添加单击事件监听器。

修改 getFriendPopupMenu()方法，添加矩形框中代码：

```java
private JPopupMenu getFriendPopupMenu() {
    JPopupMenu popupFriend = new JPopupMenu();
    JMenuItem deleteItem = new JMenuItem("删除好友");
    deleteItem.addActionListener(new DeleteFriendListener());
    JMenuItem searchItem = new JMenuItem("查看资料");
    JMenuItem chatItem = new JMenuItem("发送信息");
    popupFriend.add(chatItem);
    popupFriend.add(searchItem);
    popupFriend.add(deleteItem);
    return popupFriend;
}
```

（2）在客户端 MainUI 类中，添加单击事件监听器类 DeleteFriendListener。

获取要删除的好友信息，启动删除好友线程，实现删除好友的功能。代码如代码清单 12-26 所示。

代码清单 12-26 MainUI 类中单击事件监听器 DeleteFriendListener 类的定义

```java
// 删除好友监听器类
private class DeleteFriendListener implements ActionListener {
    @Override
    public void actionPerformed(ActionEvent e) {
        MyIconTreeNode node = (MyIconTreeNode)MainUI.this.tree.getLastSelectedPathComponent();
        // 获取当前结点，即好友结点
        if(node != null) {
            TreeNodeData nodeData = (TreeNodeData) node.getUserObject();
            // 获取好友结点上加载的用户数据
            if(nodeData != null) {
                if(nodeData.getType().equals(TreeNodeData.TYPE_FRIEND)) {
                    User user = (User) nodeData.getData();// 获取好友结点数据中的好友信息
                    Friend friend = new Friend();           // 实例化一个好友对象
                    friend.setFriend(user);                 // 封装到好友对象中
                    MyIconTreeNode pNode = (MyIconTreeNode) node.getParent();
                    // 获取其父结点
                    TreeNodeData pNodeData = (TreeNodeData) pNode.getUserObject();
                    // 获取分组结点的用户数据
                    FriendGroup group = (FriendGroup) pNodeData.getData();
                    // 获取分组信息
                    group.setCreator(MainUI.this.user);
                    // 封装当前用户信息，作为分组中的创建者
                    friend.setGroup(group);                 // 封装分组信息到好友对象中
                    String text = user.getUserName();       // 获取好友昵称
                    int isdel = JOptionPane.showConfirmDialog(null,
                        "您是否要删除好友：'" + text + "' ? ", "删除提示",
                        JOptionPane.YES_NO_OPTION,
                        JOptionPane.QUESTION_MESSAGE);      // 弹出信息确认框
                    if(isdel == JOptionPane.YES_OPTION) {   // 如果用户选择"是"
                        RequestData data = new RequestData(); / 封装要发送到服务器的数据
                        data.setData(friend);               // 封装好友对象
                        data.setType(RequestType.DELETE_FRIEND);  // 封装请求类型
                        Thread thread = new Thread(new DeleteFriendThread(data, MainUI.this));
```

```java
                    // 实例化删除好友线程，其构造方法有两个参数：
                    // 一个是请求的数据，另一个则是当前窗体对象
                    // 传入当前窗体对象的目的是在线程中要调用刷新好友树的公有方法
                    thread.start();             // 启动用户线程
                }
            }
        }
    }
}
```

（3）在客户端 cn.edu.gdqy.miniqq.net 包中，添加处理删除好友的线程 DeleteFriendThread 类。负责发送删除好友请求给服务器端，并处理从服务器端反馈回来的信息。完整代码如代码清单 12-27 所示。

代码清单 12-27　处理删除好友的线程 DeleteFriendThread 类的定义

```java
package cn.edu.gdqy.miniqq.net;
import java.io.*;
import java.net.Socket;
import javax.swing.JOptionPane;
import cn.edu.gdqy.miniqq.el.RequestData;
import cn.edu.gdqy.miniqq.ui.MainUI;
import cn.edu.gdqy.miniqq.util.*;
import java.util.logging.*;
public class DeleteFriendThread implements Runnable{
    private static Logger logger = QQLogger.getLogger(DeleteFriendThread.class);
    private RequestData data = null;
    private MainUI mainUI = null;
    private Socket socket = null;
    private ObjectOutput oos = null;
    private ObjectInput ois = null;
    public DeleteFriendThread(RequestData data, MainUI mainUI){
        this.data = data;             // 从主界面中传过来的请求数据
        this.mainUI = mainUI;         // 从主界面中传过来的主界面对象
    }
    public void run(){
        try{
            socket = new Socket(QQServer.IP , QQServer.PORT);
            //建立与服务器之间的 Socket 连接
            oos = new ObjectOutputStream(socket.getOutputStream());
            // 从 Socket 中获取输出流
            oos.writeObject(data);       // 将请求数据写入输出流
            oos.flush();                 // 强制将缓冲区中的数据发送出去,不必等到缓冲区满
            ois = new ObjectInputStream(socket.getInputStream()); // 从 Socket 获取输入流
            RequestData response = (RequestData)ois.readObject();
            // 将从 Socket 输入流中读入的信息保存到 RequestData 对象中
            if(response.isSuccess() &&
                response.getType().equals(ResponseType.DELETE_FRIEND)){
                try {
                    mainUI.createGroupTree();                  // 刷新主界面中的好友树
                } catch(Exception e) {
                    logger.log(Level.SEVERE, "刷新好友树出错", e);
                }
            }else{
                JOptionPane.showMessageDialog(null, response.getMsg());
            }
        }catch(IOException | ClassNotFoundException e){
            logger.log(Level.SEVERE, "网络传输出错", e);
        } finally {
            try {
```

```java
                    if(oos != null) {
                        oos.close();                    // 关闭输出流
                    }
                    if(ois!=null) {
                        ois.close();                    // 关闭输入流
                    }
                    if(socket != null) {
                        socket.close();                 // 关闭 Socket
                    }
                } catch(IOException e) {
                    logger.log(Level.SEVERE, "输入输出流关闭出错", e);
                }
            }
        }
```

（4）在服务器端服务线程 ServiceThread 类中，添加处理删除好友请求的代码。负责为客户端提供相应的服务，删除好友信息，并将处理情况反馈给客户端。

① 在 ServiceThread 类中，添加处理删除好友的方法 handleDeleteFriend()，完整代码如代码清单 12-28 所示。

代码清单 12-28　ServiceThread 类中处理删除好友的 handleDeleteFriend()方法的定义

```java
        private void handleDeleteFriend() {
            Friend friend = (Friend)data.getData();        // 从客户端传送过来的要删除的好友信息
            FriendDAO dao = new FriendDAO();               // 实例化一个FriendDAO对象
            boolean flag = dao.delete(friend);             // 调用FriendDAO对象的delete(Friend)方法
            // 从数据库好友表中删除两条好友记录
            RequestData response = new RequestData();      // 实例化一个反馈给客户端的请求数据
            response.setType(ResponseType.DELETE_FRIEND);  // 封装反馈类型
            if(flag) {
                response.setSuccess(true);
            } else {
                response.setSuccess(false);
                response.setMsg("删除好友失败，请稍后再试。");
            }
            try {
                oos = new ObjectOutputStream(socket.getOutputStream());// 从socket获取输出流
                oos.writeObject(response);                 // 将反馈信息写入输出流
                oos.flush();                               // 强制将缓冲区中的数据发送出去,不必等到缓冲区满
            } catch(IOException e) {
                logger.log(Level.SEVERE, "网络传输出错", e);
            }
        }
```

② 在 run()方法中，调用 handleDeleteFriend()方法，实现删除好友的服务器端功能：

```java
......
case RequestType.DELETE_FRIEND: {     // 删除好友
    handleDeleteFriend();
    break;
}
......
```

（5）在服务器端的 FriendDAO 类中，添加处理删除好友的 delete(Friend)方法。代码如代码清单 12-29 所示。

代码清单 12-29　FriendDAO 类中处理删除好友的 delete(Friend)方法的定义

```java
        /*
         * 从好友表中同时删除两条好友信息，一个是主动方创建的好友，另一个则是在被动方创建的好友，需要一起删掉
         * 参数: friend 包含的是在主动方好友的分组(需要创建者信息)和要删除的好友信息
```

```java
    */
    public boolean delete(Friend friend) {          // 删除好友
        boolean flag = false;
        Connection conn = null;
        Statement stm = null;
        int count = 0;
        String sql = "DELETE FROM tfriend WHERE " +
            "id IN (SELECT a.id FROM (SELECT a.id FROM tfriend a " + "INNER JOIN tfriendgroup
            b " +"ON a.groupid=b.id " + "WHERE (b.creator=
            " + friend.getGroup().getCreator(). getId() +
            " AND a.friendnum=" + friend.getFriend().getId() +
            ") OR (b.creator=" + friend.getFriend().getId() +
            " AND a.friendnum=" + friend.getGroup().getCreator().getId() + "))a)";
            // 构建删除好友的SQL语句
        try{
            conn = DriverManager.getConnection(url,dbuser,password);
            // 创建与数据库之间的连接
            if(conn != null) {                          // 连接成功
                stm = conn.createStatement();           // 创建语句对象
                count = stm.executeUpdate(sql); // 执行SQL语句，删除好友记录，并返回影响的记录行数
                if(count == 2) {                         // 如果成功删除两条好友记录
                    flag = true;
                }
            }
        }catch(SQLException e){
            flag = false;
            logger.log(Level.SEVERE, "操作数据库出错", e);
        }
        finally{
            try{
                if(stm!=null){
                    stm.close();
                }
                if(conn!=null){
                    conn.close();
                }
            }catch(SQLException e){
                logger.log(Level.SEVERE, "关闭数据库连接出错", e);
            }
        }
        return flag;
    }
```

同步练习二

认真阅读 1.6 节中 MiniQQ 即时通软件的项目需求和数据库结构设计文档，完成 MiniQQ 系统的查找并添加好友、删除好友功能。

编辑一个 Word 文档，文档中的内容包括：①解决问题的流程（或思路）；②已运行通过后的程序代码；③程序运行后的截图。

要求：按照 Java 规范编写程序代码，代码中有必要的注释。

12.3 基于 UDP 协议实现好友之间即时通信

在第 8 章网络编程中，我们已经学习了基于 TCP 协议的 Socket 编程。然而，传输层协议除 TCP 之外，还有 UDP 协议。我们同样可以使用 UDP 协议来实现 Socket 通信。

UDP 和 TCP 的两个典型区别：

（1）使用 UDP 协议通信时不需要在通信双方之间建立连接，UDP 的主机不需要维持复杂的连接状态表；

（2）使用 UDP 协议在每次收发的报文中都保留了消息的边界。

UDP 协议仅在 IP 协议的数据报服务之上增加了很少一点功能，即端口功能和差错检测功能。UDP 用户数据报只有 8 个字节的首部开销。对于传输可靠性不是很高的情况下，使用 UDP 协议比 TCP 协议的效率更高。

基于 UDP 协议的 Socket 通讯同样包括两个方面：建立服务器端和客户端。

（1）建立服务器端的过程：

① 构造 DatagramSocket 实例，指定本地端口。

② 通过 DatagramSocket 实例的 receive()方法接收 DatagramPacket，DatagramPacket 中包含了通信的内容。

③ 通过 DatagramSocket 的 send()和 receive()方法来发送和接收 DatagramPacket 数据报。

（2）建立客户端的过程：

① 构造 DatagramSocket 实例。

② 通过 DatagramSocket 实例的 send()和 receive()方法发送和接收 DatagramPacket 报文。

③ 结束后，调用 DatagramSocket 的 close()方法关闭。

与 TCP 不同，UDP 发送报文的时候可以在同一个本地端口随意发送给不同的服务器，不需要在 UDP 的 DatagramSocket 的构造函数中指定目的服务器的地址。

基于 UDP 协议的 Socket 通信使用两个类：

（1）DatagramSocket 类

构建一个 UDP Socket，其构造方法：DatagramSocket(int port)——绑定到本地一个端口号。该类有两个常用方法：

① public void receive(DatagramPacket p) throws IOException

从此套接字接收数据报。当此方法返回时，DatagramPacket 的缓冲区填充了接收的数据。数据报也包含发送方的 IP 地址和发送方机器上的端口号。此方法在接收到数据报前一直阻塞。数据报对象的 length 字段包含所接收信息的长度。如果信息比包的长度长，该信息将被截短。

② public void send(DatagramPacket p) throws IOException

从此套接字发送数据报。DatagramPacket 包含的信息有：将要发送的数据、数据长度、远程主机的 IP 地址和远程主机的端口号。

（2）DatagramPacket 类

构造一个 UDP 数据报，其构造方法如表 12-1 所示。

表 12-1 DatagramPacket 类的构造方法

构 造 方 法	功　　能
DatagramPacket(byte[] buf, int length)	构造 DatagramPacket，用来接收长度为 length 的数据报
DatagramPacket(byte[] buf, int length, InetAddress address, int port)	构造数据报，用来将长度为 length 的报文发送到指定主机上的指定端口号

续表

构 造 方 法	功 能
DatagramPacket(byte[] buf, int offset, int length)	构造 DatagramPacket，用来接收长度为 length 的报文，在缓冲区中指定了偏移量
DatagramPacket(byte[] buf, int offset, int length, InetAddress address, int port)	构造数据报，用来将长度为 length 偏移量为 offset 的报文发送到指定主机上的指定端口号
DatagramPacket(byte[] buf, int offset, int length, SocketAddress address)	构造数据报，用来将长度为 length 偏移量为 offset 的报文发送到指定主机上的指定端口号
DatagramPacket(byte[] buf, int length, SocketAddress address)	构造数据报，用来将长度为 length 的报文发送到指定主机上的指定端口号

好友之间的即时通信，其可靠性并不是特别重要，我们接下来使用 UDP 协议来实现这种通信过程。

案例 12-7

案例描述　实现 MiniQQ 系统中好友之间的文字聊天功能。

运行效果　当用户双击主界面好友树中的好友结点；或者选择某个要聊天的好友结点并右击，选择右键菜单中的"发送消息"菜单项；或者单击工具栏中"发送消息"按钮，将打开聊天窗口。该窗口主要有三个方面的功能：发送文件、语音聊天和文字聊天。发送文件功能，将在第 12.4 节实现；语音聊天功能由读者扩展；文字聊天功能用于实现两个好友之间的普通通信，通信过程如图 12-6 所示。

实现流程　其实现流程如下。

基于 UDP 协议的 Socket 通信，是建立在好友之间的直接通信。虽然还是 Client/Server 模式，但他们互为客户端和服务器端；发送请求的一端是客户端，而提供服务的一端则是服务器端，但这仅是逻辑上的，物理结构上均处于 MiniQQ 系统的客户端。

图 12-6　好友直接的聊天信息

下面我们按照聊天功能的实现过程，分 4 个小节来介绍基于 UDP 协议如何实现好友之间的即时通信问题。

12.3.1 打开聊天窗口

用户在主界面好友树中，选择某个希望发送消息的好友结点，双击该结点，或者右击并选择右键菜单中的"发送消息"菜单项，或者单击工具栏上的"发送消息"按钮，将打开聊天窗口。其实现过程如下：

（1）在 MainUI 类中，添加一个私有方法 openSendMessageWindow()，用于打开聊天窗口。该方法的完整代码如代码清单 12-30 所示。

代码清单 12-30　MainUI 类中 openSendMessageWindow()方法的定义

```
// 打开聊天窗口
private void openSendMessageWindow() {
    TreePath path = tree.getSelectionPath();        // 用户选择的树路径
    if(path == null) {                              // 如果用户没有选择任何结点，直接返回
```

```
            return;
        }
        MyIconTreeNode node = (MyIconTreeNode) path.getLastPathComponent();
        // 获取选择的树结点
        TreeNodeData rd = (TreeNodeData) node.getUserObject();  // 从树结点中获取用户数据
        String type = rd.getType();                              // 从用户数据中获取结点类型
        if(node.isLeaf() && type.equals(TreeNodeData.TYPE_FRIEND)) {
            // 如果选择的结点是叶结点并且是好友结点
            User friend = (User) rd.getData();                   // 获取好友的个人信息
            String state = friend.getState();                    // 好友状态：获取好友是否在线的状态
            if(friend.getId() != MainUI.this.user.getId()) {     // 如果好友不是自己
                if(state.equals("在线")) {                        // 如果好友在线
                    new ChatUI(sendSocket, recSocket, MainUI.this.user, friend);
                    // 打开好友聊天窗口
                } else {
                    JOptionPane.showMessageDialog(null, "该好友不在线, 无法发送消息！");
                }
            } else {
                // 可以查看自己的资料, 这个功能由读者自行实现
            }
        }
    }
```

说明：openSendMessageWindow()方法中的语句：

```
new ChatUI(sendSocket, recSocket, MainUI.this.user, friend);
```

表明 ChatUI 类有一个带有 4 个参数的构造方法。第 1 和第 2 个参数分别是基于 UDP 协议通信的发送端数据报 Socket 和接收端数据报 Socket，这两个数据报 Socket 都在 MainUI 类中创建，然后以参数形式传入 ChatUI 类中，这样做的目的是当用户关闭聊天窗口后，再次打开聊天窗口时，不会因断开了 Socket 绑定而抛出异常。

（2）构建两个 DatagramSocket 对象。

① 在 MainUI 类中，定义两个数据报 Socket 对象：

```
private DatagramSocket recSocket = null;
private DatagramSocket sendSocket = null;
```

② 在 MainUI 类的构造方法中，添加如下代码：

```
try {
    recSocket = new DatagramSocket(9189);    // 建立一个接收端数据报 Socket, 端口号为 9189
    sendSocket = new DatagramSocket(10002);  // 建立一个发送端数据报 Socket, 端口号为 10002
} catch (SocketException e) {
    logger.log(Level.SEVERE, "", e);
}
```

由于发送消息和接收到的消息都会在聊天窗口的文本面板中显示出来，所以，在正式介绍发送消息和接收消息之前，先设计聊天界面，并学习文本面板组件 JTextPane 的简单使用方法。

12.3.2 设计聊天界面

设计完成后的聊天界面如图 12-6 所示。

（1）在客户端的 cn.edu.gdqy.miniqq.ui 包下，添加聊天界面类 ChatUI。

该类继承自 JFrame 类，并实现 ActionListener 接口。界面中从整体上划分为三个部分，采用 BorderLayout 布局。北方是一个工具栏，有两个按钮，一个按钮用于向好友发送文件，另一个按钮则是开启语音通话功能（语音通话以及其他一些扩展功能留给读者自行完成）。中部是一个带有滚动面板的文本面板，用于显示用户与好友之间的通信信息。南方是一个汇集了带有滚动面板的多行文本编辑框和两个按钮（"关闭"按钮和"发送"按钮）的面板，该面

板采用了 BoxLayout 布局。其中,"关闭"按钮用于关闭当前对话框,"发送"按钮则用于向好友发送用户在多行文本框中输入的信息。ChatUI 类定义的完整代码如代码清单 12-31 所示。

代码清单 12-31　聊天界面 ChatUI 类的定义

```java
package cn.edu.gdqy.miniqq.ui;
import java.awt.*;
import java.awt.event.*;
import java.net.*;
import javax.swing.*;
import javax.swing.text.*;
import cn.edu.gdqy.miniqq.el.User;
public class ChatUI extends JFrame implements ActionListener {
    private static final long serialVersionUID = 1L;
    private User user = null;
    private User friend = null;
    private JTextArea messageArea;                    // 输入文本的区域
    private static JTextPane chatArea;                // 显示聊天内容的面板
    private JButton btnClose;                         // 关闭窗口
    private JButton btnSend;                          // 发送信息
    private JButton btnSendfile;                      // 发送文件
    private JButton btnSendsound;                     // 开始发送语音
    private StyledDocument styledDoc = new DefaultStyledDocument();
    private DatagramSocket sendSocket = null;
    private DatagramSocket recSocket = null;
    public ChatUI(DatagramSocket sendSocket, DatagramSocket recSocket, User user, User friend) {
        this.sendSocket = sendSocket;                 // 发送数据报 Socket
        this.recSocket = recSocket;                   // 接收数据报 Socket
        this.user = user;                             // 当前用户
        this.friend = friend;                         // 要聊天或发送文件的好友
        this.setTitle(friend.getUserName());          // 设置窗口标题信息为好友的昵称
        Container c = this.getContentPane();          // 获取当前窗口的内容面板
        c.setLayout(new BorderLayout());              // 设置面板的布局管理器为 BorderLayout
        c.add(this.getToolBar(), BorderLayout.NORTH);    // 添加上部的工具条面板
        c.add(this.getScrollpane(), BorderLayout.CENTER); // 添加中间的滚动面板
        c.add(this.getDownPanel(), BorderLayout.SOUTH);   // 添加下部发送消息的面板
        this.setSize(500, 500);                       //设置窗体大小
        this.setIconImage(new ImageIcon("images/QQ.png").getImage()); // 设置窗体图标
        this.setLocationRelativeTo(null);             // 设置打开窗体时在屏幕中间显示
        this.setVisible(true);                        // 设置窗体可见
    }
    private JToolBar getToolBar() {                   // 生成工具条
        JToolBar toolBar = new JToolBar();
        toolBar.setFloatable(false);                  // 工具条不浮动
        ImageIcon icon = new ImageIcon("images/sendfile.png");
        btnSendfile = new JButton(icon);
        btnSendfile.setSize(20, 20);
        btnSendfile.setToolTipText("发送文件");
        btnSendfile.setOpaque(false);
        btnSendfile.setContentAreaFilled(false);
        btnSendfile.addActionListener(this);
        ImageIcon icon1 = new ImageIcon("images/sendsound.png");
        btnSendsound = new JButton(icon1);
        btnSendsound.setSize(20, 20);
        btnSendsound.setToolTipText("开始语音通话");
        btnSendsound.setOpaque(false);
        btnSendsound.setContentAreaFilled(false);
        btnSendsound.addActionListener(this);
        toolBar.add(btnSendfile);
```

```java
            toolBar.addSeparator();
            toolBar.add(btnSendsound);
            toolBar.setSize(500, 30);
            return toolBar;
        }
        private JScrollPane getMessageArea() {        // 生成编辑消息的多行文本输入框面板
            messageArea = new JTextArea();
            messageArea.setRows(4);
            messageArea.setAutoscrolls(false);
            messageArea.setLineWrap(true);
            messageArea.setSize(500, 200);
            JScrollPane scrollPane = new JScrollPane(messageArea);
            scrollPane.setSize(500, 200);
            return scrollPane;
        }
        private JButton getBtnSend() {                // 生成"发送"按钮
            btnSend = new JButton("发送");            // 发送
            btnSend.setSize(65, 25);
            btnSend.addActionListener(this);
            return btnSend;
        }
        private JButton getBtnClose() {               // 生成"关闭"按钮
            btnClose = new JButton("关闭");
            btnClose.setSize(65, 25);
            btnClose.addActionListener(this);
            return btnClose;
        }
        private JScrollPane getScrollpane() {         // 生成显示发送的消息和接收的消息文本面板
            chatArea = new JTextPane(styledDoc);      // 创建一个具有样式文本对象的文本面板
            chatArea.setSize(new Dimension(500, 200));  // 设置文本面板的大小
            chatArea.setEditable(false);              // 设置文本面板为不可编辑
            JScrollPane scrollPane = new JScrollPane(chatArea);
            // 定义一个滚动面板，在滚动面板上显示文本面板
            scrollPane.setSize(500, 200);             // 设置滚动面板的大小
            return scrollPane;                        // 返回滚动面板
        }
        private JPanel getDownPanel() {               // 生成下部面板
            JPanel jPanel = new JPanel();
            jPanel.setLayout(new BoxLayout(jPanel, BoxLayout.Y_AXIS));
            // 该面板设置为BoxLayout，组件垂直分布
            jPanel.add(getMessageArea());             // 将组件添加到面板上
            jPanel.add(Box.createVerticalStrut(10));
            // 在上一个组件的下方创建一个不显示的盒子组件
            Box baseBox = Box.createHorizontalBox();  // 创建一个水平方向的盒子
            baseBox.add(getBtnClose());               // 将一个组件添加到盒子上
            baseBox.add(Box.createHorizontalStrut(20));// 在横向的盒子上创建一个不显示的盒子
            baseBox.add(getBtnSend());                // 将组件添加到空盒子的后面
            jPanel.add(baseBox);                      // 添加盒子到面板上
            jPanel.add(Box.createVerticalStrut(10));  // 在上一个盒子下面添加一个不显示的空盒子
            jPanel.setSize(500, 150);
            return jPanel;
        }
        public void actionPerformed(ActionEvent event) {
            if(event.getSource() == btnSend) {        // 当前事件源是"发送"按钮
                // 向好友发送消息功能
            }
            if(event.getSource() == btnClose) {       // 当前事件源是"关闭"按钮
                this.dispose();                       // 关闭当前窗口，但不退出程序
            }
            if(event.getSource() == btnSendfile) {
```

```
                    // 向好友发送文件功能
                }
                if(event.getSource() == btnSendsound) {
                    // 语音功能留给读者自行完成
                }
            }
        }
```

说明：

① 语句 Box baseBox = Box.*createHorizontalBox*();用于创建一个水平摆放组件的盒子。语句 baseBox.add(Box.*createHorizontalStrut*(20));创建组件之间的距离，以像素为单位，这里是指在左右组件之间创建 20 像素的间距。而语句 jPanel.add(Box.*createVerticalStrut*(10));则是在上下组件之间创建 10 像素的间距。

② 为了能关闭当前窗口，监听了按钮的单击事件。这里我们用了一种与前面学过的事件处理不同的方法。在定义窗体类的子类 ChatUI 时实现了 ActionListener 接口，这时，必须实现 ActionListener 接口的 actionPerformed()方法。由于我们在界面中可以任意单击鼠标，很多组件可以触发单击事件，所以，在 actionPerformed()方法中需要判断事件源，获取事件源的方法是 event.getSource()。给按钮组件添加单击事件监听器的语句为：

```
btnSendsound.addActionListener(this);
btnSend.addActionListener(this);
btnClose.addActionListener(this);
btnSendfile.addActionListener(this);
```

其中，参数 this 表示当前窗体对象。

在该界面的设计中，用到了 JTextPane 组件，下面将简单介绍该组件的基本知识以及简单应用。

JTextPane 是 javax.swing 包中一个组件，用于编辑和显示 HTML、RTF 和普通文本的富文本组件，使用 EditorKet 工具包来显示内容。目前，JTextPane 的工具包有 HTMLEditorKet、RTFEditorKet 和 DefaultEditorKet 三种，分别对应各种文本显示。

JTextPane 类的构造方法有两个：

① JTextPane()

创建一个新的 JTextPane 对象。

② JTextPane(StyledDocument doc)

创建具有指定文档模型的新 JTextPane 对象。

JTextPane 提供了设置段落和设置文本字体、颜色等属性的方法。Java 中，文本、段落格式的属性，都集成到 javax.swing.text.AttributeSet 接口，属性是键和值相关联的键-值对。这个接口本身不提供添加属性的方法，所以，我们使用它的子接口 MutableAttributeSet。

javax.swing.text.SimpleAttributeSet 是实现了 MutableAttributeSet 的一个类，专门用来实现一些简单属性设置。

StyleConstants 类，是 javax.swing.text 中用来管理属性接口的类，它提供了设置属性值和获取属性值的一些方法。

（2）在客户端的 cn.edu.gdqy.miniqq.util 包下，添加 FontAttribute 类。

在 MiniQQ 系统中，发送的消息和接收的消息，还有系统公告信息，都显示在文本面板中，为了将显示的信息按类型区分开来，这里我们定义 FontAttribute 类，用来定义不同类型的颜色、字体等段落属性。FontAttribute 类定义的完整代码及注释如代码清单 12-32 所示。

代码清单 12-32　FontAttribute 类的定义

```java
package cn.edu.gdqy.miniqq.util;
import java.awt.Color;
import javax.swing.text.*;
public class FontAttribute {      //字体的属性类
    public final static int SENDER_TIME_ATTRIBUTE = 1;        // 发送的信息抬头
    public final static int RECEIVER_TIME_ATTRIBUTE = 2;      // 接收的信息抬头
    public final static int SYSTEM_ATTRIBUTE = 3;             // 系统公告信息
    public final static int MESSAGE_ATTRIBUTE = 4;            // 消息正文
    private SimpleAttributeSet attrSet = null;                // 定义一个属性集
    private String name = null;                               // 文本字体名称
    private boolean bold = false;                             // 是否粗体
    private boolean italic = false;                           // 是否斜体
    private int size;                                         // 字号
    private Color foreColor = Color.BLACK, backColor = Color.WHITE;
    // 文字颜色和背景颜色
    public FontAttribute() { }
    public FontAttribute(int type) {              // 该构造方法的参数 type: 1、2、3、4
        switch (type) {
        case SENDER_TIME_ATTRIBUTE:
            // 设置发送信息的抬头文本字体属性，包括发送者、发送消息的日期时间
            this.setForeColor(Color.RED);         // 文本颜色为红色
            this.setBold(true);                   // 文字加粗
            this.setItalic(false);                // 文字为斜体
            this.setSize(14);                     // 文字字号14
            this.setName("黑体");                 // 文本字体为"黑体"
            break;
        case RECEIVER_TIME_ATTRIBUTE:
            // 设置接收信息的抬头文本字体属性，包括接收者、接收消息的日期时间
            this.setForeColor(Color.BLUE);
            this.setBold(true);
            this.setItalic(false);
            this.setSize(14);
            this.setName("黑体");
            break;
        case SYSTEM_ATTRIBUTE:
            // 设置系统公告信息的抬头文本字体属性，包括"系统公告"文本和接收公告的日期时间
            this.setForeColor(Color.GRAY);
            this.setBold(false);
            this.setItalic(true);
            this.setSize(14);
            this.setName("宋体");
            break;
        case MESSAGE_ATTRIBUTE:                   // 设置消息正文的文本字体属性
            this.setForeColor(Color.BLACK);
            this.setBold(false);
            this.setItalic(false);
            this.setSize(14);
            this.setName("宋体");
            break;
        default:
            break;
        }
    }
    public SimpleAttributeSet getAttrSet() {      // 返回属性集
        attrSet = new SimpleAttributeSet();
        if(name != null && !name.equals("")) {
            StyleConstants.setFontFamily(attrSet, name);      // 将字体属性加入属性集
```

```java
            }
            StyleConstants.setBold(attrSet, this.bold);    // 将字体是否为粗体的属性加入属性集
            StyleConstants.setItalic(attrSet, this.italic);
            // 将字体是否为斜体的属性加入属性集
            StyleConstants.setFontSize(attrSet, size);       // 将字体的字号属性加入属性集
            if(foreColor != null)
                StyleConstants.setForeground(attrSet, foreColor);// 将文本的颜色属性加入属性集
            if(backColor != null)
                StyleConstants.setBackground(attrSet, backColor);// 将背景颜色属性加入属性集
            return attrSet;                                    // 返回属性集
        }
        public void setAttrSet(SimpleAttributeSet attrSet) {    // 设置属性集
            this.attrSet = attrSet;
        }
        public Color getForeColor() {
            return foreColor;
        }
        public void setForeColor(Color foreColor) {
            this.foreColor = foreColor;
        }
        public Color getBackColor() {
            return backColor;
        }
        public void setBackColor(Color backColor) {
            this.backColor = backColor;
        }
        public String getName() {
            return name;
        }
        public void setName(String name) {
            this.name = name;
        }
        public int getSize() {
            return size;
        }
        public void setSize(int size) {
            this.size = size;
        }
        public boolean isBold() {
            return bold;
        }
        public void setBold(boolean bold) {
            this.bold = bold;
        }
        public boolean isItalic() {
            return italic;
        }
        public void setItalic(boolean italic) {
            this.italic = italic;
        }
    }
```

（3）在客户端的 cn.edu.gdqy.miniqq.util 包中，添加 MessageFormat 类。

在 JTextPane 文本面板中要显示的信息包括发送的消息抬头、接收的消息抬头、公告信息的消息抬头、消息正文等，这些信息在文本面板中显示时，需要添加一些附加信息，因此，我们定义一个类 MessageFormat，用来格式化消息正文和消息的抬头。MessageFormat 类定义的完整代码及详细注释如代码清单 12-33 所示。

代码清单 12-33　信息格式化 MessageFormat 类的定义

```java
package cn.edu.gdqy.miniqq.util;
import java.util.*;
import java.text.*;
public class MessageFormat {                    // 在原始信息后面加上日期和回车符
    public static String setMessageTitle(String msg) {
    // 用于处理消息抬头，往字符串后添加时间和换行符
        Date now = new Date();                  // 获取当前时间
        SimpleDateFormat dateFormat = new SimpleDateFormat("MM/dd HH:mm:ss");
        // 构造一个日期和时间格式
        String date = dateFormat.format(now);   // 格式化日期和时间格式
        StringBuffer buf = new StringBuffer(msg);// 定义一个字符串对象
        buf.append(" ");                        // 在字符串 msg 后面添加一个空格
        buf.append(date);                       // 在字符串后面添加格式化后的日期和时间
        buf.append("\n");                       // 在字符串后面加上回车换行
        return buf.toString();
    }
    public static String setMessageBody(String msg) {
    // 用于处理消息正文，在消息正文后面加上换行符
        StringBuffer buf = new StringBuffer(msg);
        buf.append("\n");                       // 往消息后添加换行符
        return buf.toString();
    }
}
```

（4）修改聊天窗口 ChatUI 类。

① 在 ChatUI 类中，添加样式文本对象的定义：

```java
private StyledDocument styledDoc = new DefaultStyledDocument();
```

② 修改 getScrollpane()方法，代码如代码清单 12-34 所示。

代码清单 12-34　ChatUI 类中 getScrollpane()方法的定义

```java
private JScrollPane getScrollpane() {
    chatArea = new JTextPane(styledDoc);        // 创建一个具有样式文本对象的文本面板
    chatArea.setSize(new Dimension(500, 200));  // 设置文本面板的大小
    chatArea.setEditable(false);                // 设置文本面板为不可编辑
    JScrollPane scrollPane = new JScrollPane(chatArea);
    // 定义一个滚动面板，在滚动面板上显示文本面板
    scrollPane.setSize(500, 200);               // 设置滚动面板的大小
    return scrollPane;                          // 返回滚动面板
}
```

③在 ChatUI 类中，添加插入文本的 insert()方法，该方法代码如代码清单 12-35 所示。

代码清单 12-35　ChatUI 类中 insert()方法的定义

```java
/**
 * 在文本面板中插入文本，包括消息抬头和消息正文
 * @param attribute: 段落属性集
 * @param text: 要显示的文本内容
 */
public void insert(FontAttribute attribute, String text) {
    try {
        styledDoc.insertString(styledDoc.getLength(), text, attribute.getAttrSet());
        // 插入文本
    } catch (BadLocationException e) {
        e.printStackTrace();
    }
    chatArea.setCaretPosition(chatArea.getDocument().getLength());// 设置文本的插入位置
}
```

该方法是在我们接下来介绍的发送消息和接收消息时调用。

12.3.3 发送消息

发送消息的一端称之为"客户端"。这里我们按照发送消息的整个流程的先后次序来介绍发送消息的实现过程。

（1）编写聊天窗口"发送"按钮的单击事件处理代码。

① 在 ChatUI 类中，添加一个 private 的 sendMessage()方法，代码如代码清单 12-36 所示。

代码清单 12-36　ChatUI 类中 sendMessage()方法的定义

```java
private void sendMessage {
    if(this.friend.getState().equals("在线")) {         // 好友在线
        String sendMsg = messageArea.getText().trim(); // 获取要发送的消息
        if(sendMsg.equals("") || sendMsg == null) {    // 如果没有输入任何内容，直接返回
            return;
        }
        try {
            Thread thread = new Thread(new UDPSender(sendSocket,
                sendMsg, this.user, this.friend, this));// 创建基于UDP的发送消息的线程
            thread.start();                             // 启动线程
            messageArea.setText(null);                  // 清空消息编辑框内容
        } catch(Exception e1) {
            e1.printStackTrace();
        }
    } else {
        JOptionPane.showMessageDialog(null, "该用户不在线，请稍后再试");
    }
}
```

② 修改 ChatUI 类中的 actionPerformed()方法。

根据事件对象获取事件源，当事件源是"发送"按钮时，调用 sendMessage()方法，实现单击事件的监听，发送聊天信息。添加下面矩形框中代码：

```java
public void actionPerformed(ActionEvent event) {
    if(event.getSource() == btnSend) {     // 发送消息
        this.sendMessage();
    }
    if(event.getSource() == btnClose) {
        this.dispose();
    }
    if(event.getSource() == btnSendfile) {
        // 向好友发送文件功能
    }
    if(event.getSource() == btnSendsound) {
        // 语音功能留给读者自行完成
    }
}
```

（2）在 ChatUI 类中，添加一个包访问权限的线程 UDPSender 类，专门用于发送消息。

其处理流程：

① 将要发送的消息转换为 byte[]类型，获取好友个人信息中的 IP 地址；

② 创建数据报对象，使用数据报 Socket 的 send()方法，将消息发送给好友；

③ 将发送的消息在发送端的文本面板中显示出来。

UDPSender 类定义的完整代码及注释如代码清单 12-37 所示。

代码清单 12-37　发送消息线程 UDPSender 类的定义

```java
/** 定义一个实现了 Runnable 接口的线程，该线程用于发送消息 */
class UDPSender implements Runnable {
```

```java
        private DatagramSocket ds;              // 发送端数据报Socket, 由构造方法的参数传入
        private String msg = "";                // 要发送的消息, 由构造方法的参数传入
        private User user = null;               // 当前用户信息, 由构造方法的参数传入
        private User friend = null;             // 需要接收消息的好友信息, 由构造方法的参数传入
        private ChatUI chatUI = null;           // 聊天窗口, 由构造方法的参数传入
        UDPSender(DatagramSocket ds, String msg, User user, User friend, ChatUI chatUI) {
            this.ds = ds;
            this.msg = msg;
            this.user = user;
            this.friend = friend;
            this.chatUI = chatUI;
        }
        @Override
        public void run() {
            try {
                byte[] buf = msg.getBytes();              // 将字符串类型的消息转换为字节数组类型
                String ip = friend.getIp();               // 从好友个人信息中获取其登录机器IP地址
                DatagramPacket dp = new DatagramPacket(buf, buf.length,
                    InetAddress.getByName(ip), 9189);
        // 构建数据报: 包含要发送的消息, 消息大小, 对方机器IP地址, 对方建立Socket的端口号
        // 将这里作为客户端的话, 对方一端为服务器端
                ds.send(dp);                              // 使用发送端数据报Socket发送报文
        /* 发送成功后, 将发送的消息在发送方的文本面板中显示出来 */
                FontAttribute attr1 = new FontAttribute(FontAttribute.SENDER_TIME_ATTRIBUTE);
        // 定义类型为文发送者抬头的属性集1
                chatUI.insert(attr1, MessageFormat.setMessageTitle(user.getUserName()));
        // 将发送者及时间信息、换行符插入到文本面板中
                FontAttribute attr2 = new FontAttribute(FontAttribute.MESSAGE_ATTRIBUTE);
                // 定义类型为消息正文的字属性集2
                chatUI.insert(attr2, MessageFormat.setMessageBody(msg));
                // 按照属性集2定义字体属性, 将消息正文插入到文本面板中
            } catch(Exception e) {
                throw new RuntimeException("发送失败");
            }
        }
    }
```

12.3.4 接收消息

接收消息的一端称之为"服务器"。与发送端类似，我们同样编写一个线程类，用于实现消息的接收功能。整个接收消息的实现过程：

（1）编写接收消息线程类。

在 ChatUI 类中，添加一个包访问权限的线程类 UDPRceiver，专门用于接收消息。其处理流程：

① 定义一个接收消息的缓冲区，类型为 byte[]。

② 创建数据报对象，使用数据报 Socket 的 receive()方法，将消息接收到数据报的缓冲区中，并从缓冲区中取出数据，将 byte[]类型数据转换为 String 类型数据。

③ 将接收的消息在接收端的文本面板中显示出来。

请读者注意：由于接收端（服务器端）是被动方，无法决定什么时候接收消息，因此，需要一直侦听。当有消息发来时，就接收消息，所以，在线程的 run()方法中，需要用到 while(true) 循环来监听由主动方发来的消息。

UDPRceiver 类定义的完整代码及详细注释如代码清单 12-38 所示。

代码清单 12-38　接收消息线程 UDPRceiver 类的定义

```java
class UDPRceiver implements Runnable {
    private DatagramSocket ds;           // 接收端的数据报 Socket，由构造方法参数传入
    private User user = null;             // 接收消息的好友，由构造方法参数传入
    private ChatUI chatUI = null;         // 聊天窗口，由构造方法参数传入
    UDPRceiver(DatagramSocket ds, User user, ChatUI chatUI) {
        this.ds = ds;
        this.user = user;
        this.chatUI = chatUI;
    }
    @Override
    public void run() {
        try {
            while (true) {
                byte[] buf = new byte[1024 * 64];    // 定义接收消息的缓冲区
                DatagramPacket dp = new DatagramPacket(buf, buf.length);
                // 构建一个数据包对象，指定缓冲区
                ds.receive(dp);
                // 调用数据报 Socket 的 receive()方法将数据接收到数据包的缓冲区中
                String msg = new String(dp.getData(), 0, dp.getLength());
                // 从数据包中取出数据，并将 byte[] 类型转换为字符串类型
                /* 接收成功后，将接收的消息在接收方的文本面板中显示出来 */
                FontAttribute attr1 = new FontAttribute(
                    FontAttribute.RECEIVER_TIME_ATTRIBUTE);
                    // 定义类型为接收者抬头的属性集 1
                chatUI.insert(attr1, MessageFormat.setMessageTitle(user.getUserName()));
                // 将发送者及时间信息、换行符插入到文本面板中
                FontAttribute attr2 = new FontAttribute(FontAttribute.MESSAGE_ATTRIBUTE);
                // 定义类型为消息正文的字属性集 2
                chatUI.insert(attr2, MessageFormat.setMessageBody(msg));
                // 按照属性集 2 定义字体属性，将消息正文插入到文本面板中
            }
        } catch(Exception e) {
            e.printStackTrace();
        }
    }
}
```

（2）启动接收线程 UDPRceiver。

正因为接收方是被动方，我们不能给出一个具体的时间点去启动一个线程来接收消息，所以，最好在聊天窗口一打开或者显示就启动接收线程（当然也可以把启动接收线程提前到主界面中，当有发送来的消息时，系统自动打开聊天窗口，在其文本面板中显示出来），这样就可以随时侦听有没有消息发送过来。这里，我们将接收线程的启动代码放在聊天窗口 ChatUI 类的构造方法中。

启动线程 UDPRceiver 的代码，见下面 ChatUI 构造方法中框住的代码行：

```java
public ChatUI(DatagramSocket sendSocket, DatagramSocket recSocket, User user, User friend) {
    ......
    this.setVisible(true);        // 设置窗体可见
    try {
        Thread thread = new Thread(new UDPRceiver(this.recSocket, user, this));
        // 实例化一个接收线程
        thread.start();            // 启动接收线程
    } catch(Exception e) {
        e.printStackTrace();
    }
}
```

到此，我们已实现好友之间的普遍聊天了。

同步练习三

认真阅读 1.6 节中 MiniQQ 即时通软件的项目需求和数据库结构设计，基于 UDP 协议，完成 MiniQQ 系统的好友之间的聊天功能。

编辑一个 Word 文档，文档中的内容包括：①解决问题的流程（或思路）；②已运行通过后的程序代码；③程序运行后的截图。

要求：按照 Java 规范编写程序代码，代码中需要有必要的注释。

12.4 基于 TCP 协议实现好友之间发送文件

案例 12-8

案例描述 实现 MiniQQ 系统的好友之间发送文件的功能。

运行效果 当用户单击聊天界面 ChatUI 中的"发送文件"按钮时，用户从本地选择一个文件后，发送给选定的好友。好友接收文件后，通过弹出的保存文件选择框确定文件保存路径和文件名后，保存到好友本地机中。操作过程如图 12-7 所示。其实现流程如下。

 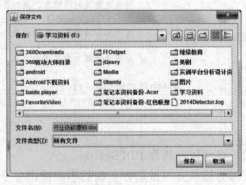

图 12-7 发送文件和接收文件操作流程

实现流程

（1）在客户端的 cn.edu.gdqy.miniqq.msg 包下，添加发送文件数据类 SendFileData，该类用于封装文件的发送者、接收者、文件名、文件大小以及文件内容。（如果 cn.edu.gdqy.miniqq.msg 包还不存在，请在客户端创建此包）

完整代码 SendFileData 类定义的完整代码及详细注释如代码清单 12-39 所示。

代码清单 12-39 发送文件 SendFileData 类的定义

```java
package cn.edu.gdqy.miniqq.msg;
import java.io.Serializable;
import cn.edu.gdqy.miniqq.el.User;
public class SendFileData implements Serializable {
    private static final long serialVersionUID = 4695495116867981673L;
    private String fileName = null;
    private byte[] content = null;
    private long length = 0;
```

```java
        private User sender = null;
        private User receiver = null;
        public String getFileName() {
            return fileName;
        }
        public void setFileName(String fileName) {
            this.fileName = fileName;
        }
        public byte[] getContent() {
            return content;
        }
        public void setContent(byte[] content) {
            this.content = content;
        }
        public long getLength() {
            return length;
        }
        public void setLength(long length) {
            this.length = length;
        }
        public User getSender() {
            return sender;
        }
        public void setSender(User sender) {
            this.sender = sender;
        }
        public User getReceiver() {
            return receiver;
        }
        public void setReceiver(User receiver) {
            this.receiver = receiver;
        }
    }
```

（2）在 ChatUI 类中，添加从本地选择要发送文件的方法 getSendFileData()。其处理流程如下：

① 使用 JFileChooser 组件来显示选择打开文件的对话框：

```java
JFileChooser fileChooser = new JFileChooser();
fileChooser.showOpenDialog(null);
```

② 获取用户所选择的文件：

```java
File file = fileChooser.getSelectedFile();
```

③ 将选择的文件封装到输入流对象中：

```java
FileInputStream input = new FileInputStream(file);
```

④ 从输入流 input 对象中读文件到缓冲区：

```java
byte[] buffer = new byte[input.available()];
input.read(buffer);
```

⑤ 封装文件信息到文件请求数据 SendFileData 中。

⑥ 关闭输入流：

```java
input.close();
```

⑦ 返回封装后的文件信息对象。

根据上面的流程编写 getSendFileData()方法，代码如代码清单 12-40 所示。

代码清单 12-40　ChatUI 类中 getSendFileData()方法的定义

```java
/** @return:用户从本地选择的文件的文件流 */
private SendFileData getSendFileData() {
    FileInputStream input = null;                    // 定义文件输入流
```

```java
            SendFileData data = new SendFileData();            // 发送的文件实例
            JFileChooser fileChooser = new JFileChooser();     // 实例化文件选择器
            fileChooser.showOpenDialog(null);                  // 显示文件打开对话框
            File file = fileChooser.getSelectedFile();         // 获取用户选择的文件
            if(file != null) {
                try {
                    input = new FileInputStream(file);         // 将用户选择的文件封装为文件输入流
                    byte[] buffer = new byte[input.available()]; // 按文件输入流的大小定义一个缓冲区
                    input.read(buffer);                        // 将文件从输入流读入缓冲区中
                    data.setContent(buffer);                   // 将文件内容封装到data对象中
                    data.setFileName(file.getName());          // 将文件名封装到data对象中
                    data.setLength(file.getTotalSpace());      // 将文件的大小封装到data对象中
                    data.setSender(user);                      // 将当前的用户信息封装到data对象中
                    data.setReceiver(friend);                  // 将要接收文件的好友信息封装到data对象中
                } catch(Exception e) {
                    data = null;
                    e.printStackTrace();
                } finally {
                    if(input != null) {
                        try {
                            input.close();                     // 关闭输入流
                        } catch(IOException e) {
                            e.printStackTrace();
                        }
                    }
                }
            }
            return data;                                       // 返回封装后的data对象
```

（3）在客户端的 cn.edu.gdqy.miniqq.el 包下，添加类 P2PData。

该类用于封装在好友之间直接传输的数据（如文件信息），完整代码如代码清单 12-41 所示。

代码清单 12-41　P2PData 类的定义

```java
package cn.edu.gdqy.miniqq.el;
import java.io.Serializable;
public class P2PData implements Serializable {
    private static final long serialVersionUID = 1L;
    private String type = null;              // 发送的数据类型："sf" 文件
    private Object data = null;              // 封装消息或文件
    private boolean success = false;         //是否成功
    public String getType() {
        return type;
    }
    public void setType(String type) {
        this.type = type;
    }
    public Object getData() {
        return data;
    }
    public void setData(Object data) {
        this.data = data;
    }
    public boolean isSuccess() {
        return success;
    }
```

```java
    public void setSuccess(boolean success) {
        this.success = success;
    }
}
```

（4）编写"发送文件"按钮处理事件。

① 在 ChatUI 类中，添加私有方法 sendFile()，然后，修改 actionPerformed()方法。sendFile()方法的处理流程为：

a. 判断好友是否在线，当好友在线时向好友发送文件，否则什么也不做，直接返回。
b. 调用 getSendFileData()方法，返回要发送的文件信息。
c. 实例化 P2PData 类的对象 data，并将文件信息封装到 data 对象中。
d. 实例化并启动发送文件的线程 SendFileThread。

sendFile()方法完整代码及详细注释如代码清单 12-42 所示。

代码清单 12-42　ChatUI 类中 sendFile()方法的定义

```java
private void sendFile() {
    if(!this.friend.getState().equals("在线")) {           // 如果好友不在线就直接返回
        return;
    }
    SendFileData sendFile = this.getSendFileData();       // 获取要发送的文件信息
    if(sendFile != null) {
        P2PData data = new P2PData();                     // 封装发送文件时的请求信息
        data.setData(sendFile);
        data.setType(RequestType.SEND_FILE);
        Thread thread = new SendFileThread(data);         // 实例化发送文件线程
        thread.start();                                    // 启动线程
    } else {
        JOptionPane.showMessageDialog(ChatUI.this, "请选择文件");
    }
}
```

② 修改 actionPerformed()方法，添加调用 sendFile()方法的代码。actionPerformed()方法的完整代码如代码清单 12-43 所示。

代码清单 12-43　覆写 actionPerformed()方法

```java
public void actionPerformed(ActionEvent event) {
    if(event.getSource() == btnSend) {                    // 发送消息
        this.sendMessage();
    }
    if(event.getSource() == btnClose) {                   // 关闭窗口
        this.dispose();
    }
    if(event.getSource() == btnSendfile) {                // 向好友发送文件功能
        this.sendFile();
    }
    if(event.getSource() == btnSendsound) {
        // 语音功能留给读者自行完成
    }
}
```

这里的 SendFileThread 线程类还没有定义，所以接下来要处理 Socket 通信的问题。我们要把文件发送到好友端，必须首先在客户端构建 SocketServer，并在客户端发送 Socket 请求（基于 TCP 协议），这样，当用户向好友发送请求时，用户端是客户端，而好友端是服务器端；反之亦然。

（5）在客户端的 cn.edu.gdqy.miniqq.net 包下，添加消息服务器类 ClientServerThread，提供 Socket 网络服务。消息服务器线程 ClientServerThread 类的定义如代码清单 12-44 所示。

代码清单 12-44　消息服务器线程 ClientServerThread 类的定义

```java
package cn.edu.gdqy.miniqq.net;
import java.io.IOException;
import java.net.*;
import java.util.logging.*;
import cn.edu.gdqy.miniqq.util.QQLogger;
public class ClientServerThread extends Thread{
    private static Logger logger = QQLogger.getLogger(ClientServerThread.class);
    private ServerSocket server = null;    // 定义一个服务器端 Socket
    private Socket socket = null;           // 定义一个客户端 Socket
    public void run(){
        try{
            server = new ServerSocket(9189);   // 创建一个 Socket 服务器
            while(true) {
                socket = server.accept();// 服务器监听连接请求，如果有连接请求，返回一个 Socket
                if(socket != null){  // 监听各种客户端需要处理的服务，如由好友发送来的文件
                    ClientServiceThread thread = new ClientServiceThread(socket);
                    thread.start();           // 启动客户端的服务线程
                }
            }
        }catch(IOException e){
            logger.log(Level.SEVERE, "服务器监听出错", e);
        }
        finally{
            try{
                if(server!=null){
                    server.close();      // 关闭服务器
                }
                if(socket!=null){
                    socket.close();      // 关闭 Socket
                }
            }catch(IOException e){
                logger.log(Level.SEVERE, "关闭 Socket 出错", e);
            }
        }
    }
}
```

（6）在客户端 cn.edu.gdqy.miniqq.net 包下，添加发送文件线程类 SendFileThread。

该类继承自线程类 Thread，其功能是将封装有文件信息的数据发送给服务器程序。实现流程：

① 定义构造方法，将 ChatUI 类"发送文件"按钮事件中封装的数据通过参数传入该类的对象中。

② 实现 run()方法：

a．从 P2PData 类型的数据 data 中获取好友端的 IP 地址和端口号，建立 Socket 连接。

b．从 socket 对象获取输出流对象，建立对象输出流，并通过对象输出流向服务器端程序写数据。

c．关闭输出流和 socket 对象。

SendFileThread 类定义的完整代码及详细注释如代码清单 12-45 所示。

代码清单 12-45　发送文件线程 SendFileThread 类的定义

```java
package cn.edu.gdqy.miniqq.net;
import java.io.*;
import java.net.Socket;
import javax.swing.JOptionPane;
import cn.edu.gdqy.miniqq.el.User;
import cn.edu.gdqy.miniqq.msg.*;
import java.util.logging.*;
import cn.edu.gdqy.miniqq.util.QQLogger;
public class SendFileThread extends Thread {
    private static Logger logger = QQLogger.getLogger(ClientServerThread.class);
    private Socket socket = null;
    private P2PData data = null;
    // 要发送的请求信息，包括文件信息、请求类型等，由构造方法的参数传入
    private ObjectOutput oos = null;
    private ObjectInput ois = null;
    public SendFileThread(P2PData data) {
        this.data = data;
    }
    public void run() {                    // 主动聊天线程
        try {
            if(data != null) {             // 发送消息
                SendFileData sendFile = (SendFileData) data.getData();
                // 要发送的文件信息，包括文件名、内容、发送者、接收者等
                if(sendFile != null) {
                    User reciever = sendFile.getReceiver();   // 获取文件接收者
                    String IP = reciever.getIp();             // 获取接收方的 IP
                    int port = reciever.getPort();            // 获取接收方的端口号
                    socket = new Socket(IP, port);            // 创建与服务器的 Socket 连接
                    oos = new ObjectOutputStream(socket.getOutputStream());
                    // 从 Socket 对象中获取输出流对象
                    oos.writeObject(data);                    // 将数据写入输出流中
                    oos.flush();          // 强制将缓冲区中的数据发送出去,不必等到缓冲区满
                    /*以下是接收并处理从服务器端反馈回来的消息 */
                    // 该部分留待后面完成
                }
            }
        } catch(IOException | ClassNotFoundException e) {
            logger.log(Level.SEVERE, "网络数据传输出错", e);
        } finally {
            try {
                if(oos != null) {
                    oos.close();                              // 关闭输出流
                }
                if(ois != null) {
                    ois.close();                              // 关闭输出流
                }
                if(socket != null) {
                    socket.close();                           // 关闭 socket
                }
            } catch(IOException e) {
                logger.log(Level.SEVERE, "关闭输入输出流及 Socket 出错", e);
            }
        }
    }
}
```

（7）在客户端的 cn.edu.gdqy.miniqq.net 包中，添加提供服务的线程类 ClientServiceThread。该类继承自线程 Thread 类，用于处理好友发送过来的文件和服务器发送的公告信息。其处理流程为：

① 定义构造方法，将服务器端监听到的连接建立的 Socket 对象作为参数传入。

② 实现 run()方法：

a. 从 socket 中接收输入流，由于从客户端传送过来的是对象流，所有需要把该输入流封装为对象流。

b. 从输入流中读取 P2PData 类型的数据。

c. 判断请求的类型是否是发送文件（类型名：RequestType.*SEND_FILE*），如果是，则获取请求数据中封装的有关文件的信息。

d. 使用 JFileChooser 组件显示保存对话框，由用户选择保存路径，并输入文件名，再将文件内容写入文件中，保存文件到好友端。

e. 关闭文件流；

f. 向客户端程序返回处理结果，根据实际情况设置传送文件成功或失败。

g. 关闭对象输入输出流及 Socket。

ClientServiceThread 类定义的完整代码及详细注释如代码清单 12-46 所示。

代码清单 12-46　客户端提供服务的线程 ClientServiceThread 类的定义

```java
package cn.edu.gdqy.miniqq.net;
import java.io.*;
import java.net.Socket;
import java.util.logging.*;
import cn.edu.gdqy.miniqq.util.*;
import javax.swing.JFileChooser;
import cn.edu.gdqy.miniqq.msg.*;
public class ClientServiceThread extends Thread {
    private static Logger logger = QQLogger.getLogger(ClientServerThread.class);
    private Socket socket = null;
    private ObjectInputStream ois = null;
    private ObjectOutputStream oos = null;
    public ClientServiceThread(Socket socket) {
        this.socket = socket;
    }
    public void run() {
        // 接收聊天信息
        try {
            ObjectInputStream ois = new ObjectInputStream(
                socket.getInputStream()); // 从socket对象获取输入流，并封装为对象输入流
            P2PData data = (P2PData) ois.readObject();
            // 从对象输入流读取数据，保存到data中
            if(data != null) {
                String type = data.getType();
                switch(type) {
                case RequestType.SEND_FILE:    // 接收并保存好友发来的文件
                    handleFile(data);
                    break;
                case RequestType.PUBLIC_MSG:   // 接收并处理MiniQQ服务器发来的公告信息
                    // 留待后面处理
                    break;
                }
            }
        } catch(IOException | ClassNotFoundException e) {
```

```java
                logger.log(Level.SEVERE, "网络数据传输出错", e);
        } finally {
            try {
                if(oos != null) {
                    oos.close();                              // 关闭输出流
                }
                if(ois != null) {
                    ois.close();                              // 关闭输入流
                }
                if(socket != null) {
                    socket.close();                           // 关闭 socket
                }
            } catch(IOException e) {
                logger.log(Level.SEVERE, "关闭输入输出流及Socket出错", e);
            }
        }
    }
    private void handleFile(P2PData data) {
        SendFileData file = (SendFileData) data.getData();
        // 获取从发送端发送过滤的文件信息,包括文件名、文件内容等
        String fileName = file.getFileName();                 // 获取文件名
        byte[] content = file.getContent();                   // 获取文件内容
        // 显示保存文件对话框,保存文件
        JFileChooser saveFile = new JFileChooser("E:/");      // 指定文件保存的默认路径
        saveFile.setDialogTitle("保存文件");                   // 设置保存文件对话框的标题信息
        saveFile.setSelectedFile(new File(fileName));         // 设置保存文件时的默认文件名
        int option = saveFile.showSaveDialog(null);           // 弹出保存文件选择对话框
        if(option == JFileChooser.APPROVE_OPTION) {           // 确定保存
            File path = saveFile.getSelectedFile();           // 获取保存文件的路径和文件名
            FileOutputStream fos = null;
            try {
                fos = new FileOutputStream(path);             // 使用文件路径及文件名建立文件输出流
                fos.write(content);                           // 将收到的文件内容写入文件输出流
                fos.flush();                    // 强制将缓冲区内数据全部输出,不必等到缓冲区满
                // 封装反馈给发送端的信息
                P2PData response = new P2PData();
                response.setSuccess(true);      // 如果没有发生任何异常,表明成功接收文件
                oos = new ObjectOutputStream(socket.getOutputStream());
                //从 Socket 中获取输出流
                oos.writeObject(response);      // 将响应信息写入输出流
                oos.flush();                    // 强制将缓冲区内数据全部发送,不必等到缓冲区满
            } catch(Exception e) {
                logger.log(Level.SEVERE, "数据传输出错", e);
            } finally {
                if(fos != null) {
                    try {
                        fos.close();                          // 关闭文件输出流
                    } catch(IOException e) {
                        logger.log(Level.SEVERE, "关闭文件流出错", e);
                    }
                }
            }
        }
    }
}
```

（8）在 SendFileThread 线程中，添加处理服务器端程序返回的信息，提示用户传送文件是否成功。其处理流程：

① 从 Socket 的输入流获取输入流对象；

② 如果输入流不为空，从输入流中读取数据，并根据 success 属性的值提示用户；
③ 关闭输入流对象。

完整的 SendFileThread 线程类代码是在代码清单 12-45 中添加如下矩形框中代码：

```java
package cn.edu.gdqy.miniqq.net;
...
public class SendFileThread extends Thread {
    ...
    public void run() {                  // 主动聊天线程
        try {
            if(data != null) {           // 发送消息
                SendFileData sendFile = (SendFileData) data.getData();
                // 要发送的文件信息，包括文件名、内容、发送者、接收者等
                if(sendFile != null) {
                    ...
                    /* 以下是接收并处理从服务器端反馈回来的消息 */
                    ois = new ObjectInputStream(socket.getInputStream());
                    // 从 Socket 中获取输入流并封装为对象输入流
                    boolean flag = false;
                    if(ois != null) {
                        P2PData response = (P2PData) ois.readObject();
                        // 从对象输入流中读取数据
                        if(response != null) {
                            if(response.isSuccess()) {
                                // 如果在好友端文件接收是成功的，则 flag 赋值为 true
                                flag = true;
                            }
                        }
                    }
                    // 以下提示用户发送成功与否
                    if(flag) {
                        JOptionPane.showMessageDialog(null, "文件传送成功");
                    } else {
                        JOptionPane.showMessageDialog(null, "文件传送失败，请稍后再试。");
                    }
                }
            }
        } catch (IOException | ClassNotFoundException e) {
            logger.log(Level.SEVERE, "网络数据传输出错", e);
        } finally {
            ...
        }
    }
}
```

至此，我们已完成好友之间发送文件的功能。在这部分的客户端服务线程中，还提供了对 MiniQQ 系统服务器端向各个在线用户发送公告信息的处理功能（完整的公告信息的发布在 12.6 节中实现）。

同步练习四

认真阅读 1.6 节中 MiniQQ 即时通软件的项目需求和数据库结构设计，基于 TCP 协议，完成 MiniQQ 系统的好友之间发送文件和接收文件的功能。

编辑一个 Word 文档，文档中的内容包括：①解决问题的流程（或思路）；②已运行通过后的程序代码；③程序运行后的截图。

要求：按照 Java 规范编写程序代码，代码中有必要的注释。

12.5 服务器端监控用户上线情况

在图 4-24 的 MiniQQ 服务器端管理界面中，除提供"开启"服务和"停止"服务功能外，还需要提供两项功能：①列出所有在线用户信息；②为每个在线 MiniQQ 用户发送公告信息。本节中我们将实现第一个功能，而第二个功能将在下一节实现。

案例 12-9

案例描述　实现 MiniQQ 系统的用户上线情况监控功能。

运行效果　当 MiniQQ 系统的服务器端程序运行后，在上线用户表格中显示出所有在线用户信息，如图 12-8 所示。

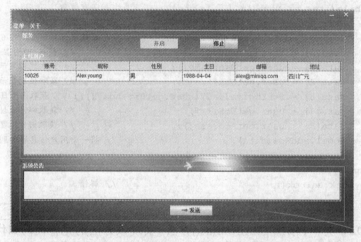

图 12-8　用户上线情况监控界面

实现流程　上线用户信息在服务器端被自动加载，并且需要间隔一段时间刷新一次上线用户表格中的内容。因为用户的上线情况是动态的，也就是说，要获得用户的实时上线情况，每隔一段时间就需要从数据库中获取用户的登录信息。这样，就需要定义一个时钟任务线程，由该线程负责周期地执行获取用户登录信息和加载数据到表格中显示的任务。获取的用户登录信息按用户登录时间的倒序排序。要完成该功能，实现流程如下：

（1）在 ManagerUI 类中，添加一个继承自 TimerTask 类的时钟任务类 OnlineTimerTask。OnlineTimerTask 类定义为 ManagerUI 类的一个内部类，类定义的完整代码如代码清单 12-47 所示。

代码清单 12-47　时钟任务 OnlineTimerTask 类的定义

```
private class OnlineTimerTask extends TimerTask {
    @Override
    public void run() {
        loadOnlineTable();    // 调用加载在线用户信息到表格中的方法
    }
}
```

（2）在 ManagerUI 类中，添加私有访问权限的 loadOnlineTable() 方法。该方法的功能是加载在线用户信息到表格中。但由于是多线程访问数据加载表格，所以，需要对对象加锁，实现该方法的代码如代码清单 12-48 所示。

代码清单 12-48　ManagerUI 类中 loadOnlineTable()方法的定义

```java
private Lock myLock = new ReentrantLock();
// 定义一个重入锁
private void loadOnlineTable() {
    myLock.lock();        // 上锁
    try {
        DefaultTableModel model = (DefaultTableModel) table.getModel();
        model.setDataVector(null, columnName);   // 清除表格中数据，重新加载数据
        ul = new UserDAO().getAllOnline();
        // 调用业务逻辑层的 getAllOnline()方法获取所有上线的用户
        // ul 在 ManagerUI 的字段级定义，主要为了发送公告信息时，不需要重复从数据库取信息
        Iterator<User> iter = ul.iterator();     // 放入迭代器中进行访问
        while(iter.hasNext()) {                  // 还有信息
            User user = iter.next();             // 取一条信息
            String[] data = new String[6];       // 表格中仅显示用户的 6 个属性
            data[0] = String.valueOf(user.getId());        // 获取 QQ 号显示在第一列
            data[1] = user.getUserName();                  // 获取昵称显示在第二列
            data[2] = user.getSex();                       // 获取性别显示在第三列
            data[3] = String.valueOf(user.getBirthday());  // 获取出生日期显示在第四列
            data[4] = user.getEmail();                     // 获取邮件地址显示在第五列
            data[5] = user.getAddress();                   // 获取出生地显示在第六列
            model.addRow(data);                            // 将一个用户信息添加到模型中的一行
        }
    } finally {
        myLock.unlock();    // 解锁
    }
}
```

（3）在 UserDAO 类中，添加 getAllOnline()方法。实现该方法的完整代码如代码清单 12-49 所示。

代码清单 12-49　UserDAO 类中 getAllOnline()方法的定义

```java
/* 获取所有在线的用户信息 */
public synchronized ArrayList<User> getAllOnline() {
    ArrayList<User> ul = new ArrayList<User>();
    Connection conn = null;
    Statement stm = null;
    ResultSet rs = null;
    String sql = "SELECT qqnum,username,sex,birthday,place," +
        "email,photo,introduce,ipaddress,port,state FROM tuser WHERE state='在线' " +
        "ORDER BY logintime DESC";  // SELECT 查询语句，查询所有上线的用户，按登录时间降序排序
    try{
        conn = DriverManager.getConnection(url,dbuser,password);
        // 建立与数据库的连接
        if(conn != null){
            stm = conn.createStatement();       // 生成语句对象
            rs = stm.executeQuery(sql);         // 执行查询语句并返回结果集
            while(rs.next()) {                  // 向后循环移动记录指针，直到遍历完所有的记录
                User user = new User();         // 实例化一个 User 对象
                user.setId(rs.getLong("qqnum"));
                // 获取记录指针指向的记录的 "qqnum" 字段的值，并赋值给 user 对象的 id 属性
                user.setUserName(rs.getString("username"));
                // 获取记录指针指向的记录的 "username" 字段的值，并赋值给 user 对象的 userName 属性
```

```java
                    user.setSex(rs.getString("sex"));
                    user.setBirthday(rs.getDate("birthday"));
                    user.setAddress(rs.getString("place"));
                    user.setEmail(rs.getString("email"));
                    user.setFace(rs.getBytes("photo"));
                    // 获取记录指针指向的记录的"photo"字段的值,并赋值给 user 对象的 face 属性
                    user.setIntroduce(rs.getString("introduce"));
                    user.setIp(rs.getString("ipaddress"));
                    user.setPort(rs.getInt("port"));
                    user.setState(rs.getString("state"));
                    ul.add(user);              // 将一个 user 对象添加到动态数组中
                }
            }
        }catch(SQLException e){
            ul = null;
            logger.log(Level.SEVERE, "操作数据库出错", e);
        }
        finally{
            try{
                if(rs != null) {
                    rs.close();                // 关闭记录集
                }
                if(stm!=null){
                    stm.close();               // 关闭语句对象
                }
                if(conn!=null){
                    conn.close();              // 关闭连接
                }
            }catch(SQLException e){
                logger.log(Level.SEVERE, "关闭数据库出错", e);
            }
        }
        return ul;                             //返回包含了所有上线用户信息的动态数组
```

(4)启动时钟任务线程,让获取在线用户信息和加载数据到表格的线程工作起来。

由于在表格中显示的用户信息需要在管理界面组件加载完成后再加载,所以,应把启动时钟任务线程的代码放在 ManagerUI 类的构造方法中。部分代码如下:

```java
...... // 省略的其他代码
private Timer timer = null;                // 定义一个时钟对象
private ArrayList<User> ul = null;         // 定义从数据库返回的在线用户信息动态数组
public ManagerUI() {
    super("MiniQQ 服务器");
    init();                                // 加载组件
    timer = new Timer();                   // 实例化一个时钟对象
    timer.schedule(new OnlineTimerTask(), 1000, 1000 * 30);
    // 延迟 1 秒后开始执行任务,并间隔 30s 重复执行一次任务
}
```

到此,已完成服务器监控用户上线情况的功能。

同步练习五

认真阅读 1.6 节中 MiniQQ 即时通软件的项目需求和数据库结构设计,完成 MiniQQ 系统服务器端监控用户上线情况的功能。

编辑一个 Word 文档,文档中的内容包括:①解决问题的流程(或思路);②已运行通过后的程序代码;③程序运行后的截图。

要求:按照 Java 规范编写程序代码,代码中有必要的注释。

12.6 服务器管理端群发公告消息

案例 12-10

案例描述 实现 MiniQQ 系统服务器管理端群发公告消息的功能。

运行效果 当管理员在如图 12-9 所示的管理端系统公告编辑框中输入公告信息,单击"发送"按钮后,将在在线的 MiniQQ 用户端接收到公告信息,如图 12-10 所示。

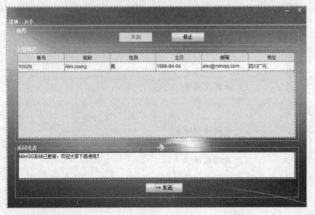
图 12-9 服务器管理端发送公告消息

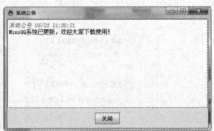
图 12-10 MiniQQ 用户端显示接收到的消息

实现流程 与前面服务器提供各种请求的服务不同,MiniQQ 服务器管理端发送公告消息时,是主动向 QQ 用户端发送请求,而不是被动地应答。所以,这时服务器管理端变为客户端,而 QQ 用户端需要开启一个 ServerSocket,用来监听并接收 QQ 服务器管理端发来的公告信息。

第 12.4 节中,我们已经在 QQ 用户端开启一个服务器线程 ClientServerThread,用来监听各种请求,并已编写其相应的服务线程 ClientServiceThread,接收好友发来的文件。在服务器管理端群发公告消息的功能中,我们仍然使用客户端的 ClientServiceThread 服务线程,接收服务器管理端发来的公告消息。实现流程如下:

(1)在客户端设计显示公告消息的界面,编写插入消息的 insert()方法。

在客户端的 cn.edu.gdqy.miniqq.ui 包下,添加公告消息显示界面类。类名为 ReceivePublicMsgUI,继承自 JFrame 类,实现 ActionListener 接口。显示公告消息内容的是 JTextPane 文本面板组件,该组件已在 12.3 作过介绍,这里不再详述。

ReceivePublicMsgUI 类中与 ChatUI 类一样,也定义一个 public 访问权限的 insert()方法,用于在 JTextPane 中插入公告消息。该类定义的完整代码如代码清单 12-50 所示。

代码清单 12-50 ReceivePublicMsgUI 类的定义

```
package cn.edu.gdqy.miniqq.ui;
import java.awt.*;
import java.awt.event.*;
```

```java
import javax.swing.*;
import javax.swing.text.*;
import cn.edu.gdqy.miniqq.util.FontAttribute;
public class ReceivePublicMsgUI extends JFrame implements ActionListener {
    private static final long serialVersionUID = 1L;
    private static JTextPane msgArea;              // 显示公告消息的面板
    private JButton btnClose;                       // 关闭窗口
    private StyledDocument styledDoc = new DefaultStyledDocument();
    public ReceivePublicMsgUI() {
        this.setTitle("系统公告");                  // 设置窗口标题信息
        Container c = this.getContentPane();        // 获取当前窗口的内容面板
        c.setLayout(new BorderLayout());            // 设置面板的布局管理器为BorderLayout
        c.add(this.getScrollpane(), BorderLayout.CENTER);   // 添加中间的滚动面板
        c.add(this.getDownPanel(), BorderLayout.SOUTH);     // 添加下部有关闭按钮的面板
        this.setSize(500, 300);                     //设置窗体大小
        this.setIconImage(new ImageIcon("images/QQ.png").getImage());// 设置窗体图标
        this.setLocationRelativeTo(null);           // 设置打开窗体时在屏幕中间显示
        this.setVisible(true);                      // 设置窗体可见
    }
    private JButton getBtnClose() {                 // 生成"关闭"按钮
        btnClose = new JButton("关闭");
        btnClose.setSize(65, 25);
        btnClose.addActionListener(this);
        return btnClose;
    }
    private JScrollPane getScrollpane() {           // 生成显示公告消息的文本面板
        msgArea = new JTextPane(styledDoc);         // 创建一个具有样式文本对象的文本面板
        msgArea.setSize(new Dimension(500, 200));   // 设置文本面板的大小
        msgArea.setEditable(false);                 // 设置文本面板为不可编辑
        JScrollPane scrollPane = new JScrollPane(msgArea);
        // 定义一个滚动面板,在滚动面板上显示文本面板
        scrollPane.setSize(500, 240);               // 设置滚动面板的大小
        return scrollPane;                          // 返回滚动面板
    }
    private JPanel getDownPanel() {                 // 生成下部面板
        JPanel jPanel = new JPanel();
        jPanel.setLayout(new BoxLayout(jPanel, BoxLayout.Y_AXIS));
        // 该面板设置为BoxLayout,组件垂直分布
        jPanel.add(Box.createVerticalStrut(10));
        // 在上一个组件的下方创建一个不显示的盒子组件
        Box baseBox = Box.createHorizontalBox();    // 创建一个水平方向的盒子
        baseBox.add(getBtnClose());                 // 将一个关闭按钮添加到盒子上
        jPanel.add(baseBox);                        // 添加盒子到面板上
        jPanel.add(Box.createVerticalStrut(10));    // 在上一个盒子下面添加一个不显示的空盒子
        jPanel.setSize(500, 60);
        return jPanel;
    }
    public void actionPerformed(ActionEvent event) {
        if(event.getSource() == btnClose) {         // 关闭窗口
            this.dispose();
        }
    }
    /**在文本面板中插入文本,包括消息抬头和消息正文
     * @param attribute: 段落属性集; @param text: 要显示的文本内容
     */
    public void insert(FontAttribute attribute, String text) {
        try {
```

```java
        styledDoc.insertString(styledDoc.getLength(), text, attribute.getAttrSet());
        // 插入文本
    } catch(BadLocationException e) {
        e.printStackTrace();
    }
    msgArea.setCaretPosition(msgArea.getDocument().getLength());
    // 设置文本的插入位置
}
```

（2）为服务器管理端的公告消息"发送"按钮，编写事件监听器类SendPublicListener。

在服务器端 ManagerUI 类中，添加一个内部类 SendPublicListener，该类实现 ActionListener 接口。在事件处理代码中，先获取管理员编辑的公告消息，如果为空直接返回，否则，启动提供发送消息服务的线程 PublicMsgThread。

内部类 SendPublicListener 的完整代码及注释如代码清单 12-51 所示。

代码清单 12-51　SendPublicListener 类的定义

```java
private class SendPublicListener implements ActionListener {
    @Override
    public void actionPerformed(ActionEvent arg0) {
        if(textarea.getText().trim().equals("")) {
            // 获取编辑的公告消息，如果公告消息为空，直接返回
            return;
        }
        String msg = textarea.getText().trim();        // 获取公告消息
        ArrayList<User> users = ManagerUI.this.ul;     // 获取所有上线的用户
        new PublicMsgThread(users, msg).start();
        // 实例化并启动发送消息的线程，两个参数：第一个是所有上线用户，第二个是要发送的公告消息
    }
}
```

（3）将事件监听器注册到"发送"按钮上。

修改 ManagerUI 类的 getDownJpanel()方法，添加矩形框中代码：

```java
private Component getDownJpanel() {
    ...
    btnSend.setBounds(350, 100, 100, 25);
    btnSend.addActionListener(new SendPublicListener());    // 注册事件监听器
    ...
    pnlDown.setOpaque(false);
    return pnlDown;
}
```

（4）在服务器端 cn.edu.gdqy.mini.net 包下，添加线程类 PublicMsgThread。

该类继承自线程 Thread 类，其功能是遍历所有在线的 QQ 用户，获取每个用户的 IP 地址和端口号，建立 Socket 连接，通过 Socket 的输出流将封装了公告消息和请求类型的数据发送出去，其完整代码及注释如代码清单 12-52 所示。

代码清单 12-52　线程 PublicMsgThread 类的定义

```java
package cn.edu.gdqy.mini.net;
import java.io.*;
import java.net.Socket;
import java.util.ArrayList;
import java.util.logging.*;
import cn.edu.gdqy.mini.util.*;
import cn.edu.gdqy.miniqq.el.*;
public class PublicMsgThread extends Thread {
    private static Logger logger = QQLogger.getLogger(PublicMsgThread.class);
```

```java
        private Socket socket = null;
        private ArrayList<User> users = null;        // 所有在线用户信息
        private String msg = null;                    // 要发送的公告信息
        private ObjectOutput oos = null;              // 对象输出流
        public PublicMsgThread(ArrayList<User> users, String msg) {
            this.users = users;
            this.msg = msg;
        }
        public void run() {
            try {
                if(users != null) {                   // 发送消息
                    for(int i = 0; i < users.size(); i++) {
                        User user = users.get(i);
                        if(user != null) {
                            String IP = user.getIp();           // 获取接收方的IP
                            int port = user.getPort();          // 获取接收方的端口号
                            socket = new Socket(IP, port);     // 创建与服务器的Socket连接
                            P2PData data = new P2PData();      // 实例化一个向用户端发送的请求数据对象
                            data.setData(msg);
                            data.setType(RequestType.PUBLIC_MSG);  // 消息的类型为公告信息
                            oos = new ObjectOutputStream(socket.getOutputStream());
                            // 从Socket对象中获取输出流对象
                            oos.writeObject(data);              // 将数据写入输出流中
                            oos.flush();                        // 强制将缓冲区中的数据发送出去,不必等到缓冲区满
                        }
                    }
                }
            } catch(IOException e) {
                logger.log(Level.SEVERE, "数据传输出错", e);
            } finally {
                try {
                    if(oos != null) {
                        oos.close();                // 关闭输出流
                    }
                    if(socket != null) {
                        socket.close();             // 关闭Socket
                    }
                } catch(IOException e) {
                    logger.log(Level.SEVERE, "关闭输出流和Socket出错", e);
                }
            }
        }
```

（5）在客户端服务线程 ClientServiceThread 类中，添加接收公告消息的 handlePublicMsg() 方法，并在 run() 中调用该方法。

① 在 ClientServiceThread 类中，添加 handlePublicMsg() 方法。该方法的功能是接收数据，获取公告消息，打开公告消息显示窗口。调用 ReceivePublicMsgUI 类的 insert() 方法，按格式在文本面板中显示公告消息。完整代码及注释如代码清单 12-53 所示。

代码清单12-53　ClientServiceThread 类中 handlePublicMsg() 方法的定义

```java
    private void handlePublicMsg(P2PData data) {
        String msg = (String) data.getData();       // 获取从MiniQQ服务器发送过来的公告信息
        /* 在用户端公告消息窗口的文本面板中显示出来 */
        ReceivePublicMsgUI receive = new ReceivePublicMsgUI();
        FontAttribute attr1 = new FontAttribute(FontAttribute.SYSTEM_ATTRIBUTE);
        // 定义类型为接收者抬头的属性集1
        receive.insert(attr1, MessageFormat.setMessageTitle("系统公告"));
        // 将发送者及时间信息、换行符插入到文本面板中
```

```
    FontAttribute attr2 = new FontAttribute(FontAttribute.MESSAGE_ATTRIBUTE);
    // 定义类型为消息正文的字属性集 2
    receive.insert(attr2, MessageFormat.setMessageBody(msg));
    // 按照属性集 2 定义字体属性,将消息正文插入到文本面板中
}~
```

② 在该线程的 run()方法中,调用 handlePublicMsg()方法。如下面代码段中框住的代码行:

```
...
case RequestType.PUBLIC_MSG: {    // 接收并处理 MiniQQ 服务器发来的公告信息
    handlePublicMsg(data);
    break;
}
...
```

该功能的实现过程到此就全部结束了。

同步练习六

认真阅读 1.6 节中 MiniQQ 即时通软件的项目需求和数据库结构设计,完成 MiniQQ 系统服务器管理端群发公告消息的功能。

编辑一个 Word 文档,文档中的内容包括:①解决问题的流程(或思路);②已运行通过后的程序代码;③程序运行后的截图。

要求:按照 Java 规范编写程序代码,代码中有必要的注释。

总　　结

UDP 和 TCP 的两个典型区别:①使用 UDP 协议通信时不需要在通信双方之间建立连接,UDP 的主机不需要维持复杂的连接状态表;②使用 UDP 协议在每次收发的报文中都保留了消息的边界。

UDP 协议仅在 IP 协议的数据报服务之上增加了很少一点功能,即端口的功能和差错检测的功能。UDP 用户数据报只有 8 个字节的首部开销。对于传输可靠性不是很高的情况下,使用 UDP 协议比 TCP 协议的效率更高。

基于 UDP 协议的 Socket 通信使用两个类:DatagramSocket 和 DatagramPacket。

第13章 部署应用程序

当 Java 应用程序开发完成后,就应该将应用程序部署到工作环境中,下面我们将介绍应用程序的部署过程。

13.1 Preferences 类

1. 引入问题

从 JDK 1.4 开始,Java 在 java.uti 包中加入了一个专门用来处理用户和系统配置信息的 java.util.prefs 包,其中一个类 Preferences 用于存储用户和系统的偏好信息及数据配置,例如,在我们的 MiniQQ 系统中,保存"记住密码"和"自动登录"的用户设置。我们如何使用 Java 的 Preferences 类保存用户的偏好信息呢?

2. 解答问题

用 Java 的 Preferences 保存的信息被存储在用户本地的机器上,这些信息将会被应用程序重复使用。从本质上讲,Preferences 本身是与平台无关的,但不同的 OS 对它的 SPI (Service Provider Interface) 的实现却是与平台相关的,因此,在不同的系统中我们可能看到首选项保存为本地文件、LDAP 目录项、数据库条目等。在 Windows 平台下,首选项保存到了系统注册表中,而 Linux 系统下,首选项则存在于用户目录下的一个隐藏文件中。

Preferences 是一个可以为任意名字的键-值对,值可以为整型、布尔型、字符型等一些简单数据类型和字符串。Preferences 通过 get() 和 set() 方法来获取和设置个人偏好信息,且 get() 方法可设置一个默认值,当要获取的键未被设置值时,就返回此默认值。

Preferences 类定义的语法结构:public abstract class Preferences extends Object。

从其定义可以看出,Preferences 类是一个抽象类,提供的常用方法如表 13-1 所示。

表 13-1 Preferences 类的常用方法

方 法	功 能
static Preferences systemNodeForPackage (Class<?>c)	根据指定的 Class 对象得到一个 Preferences 对象,这个对象的注册表路径是从"HKEY_LOCAL_MACHINE\"开始
static Preferences systemRoot()	得到以注册表路径 HKEY_LOCAL_MACHINE\SOFTWARE\Javasoft\Prefs 为根结点的 Preferences 对象
static Preferences userNodeForPackage (Class<?>c)	根据指定的 Class 对象得到一个 Preferences 对象,这个对象的注册表路径是从"HKEY_CURRENT_USER\"开始的
static Preferences userRoot()	得到以注册表路径 HKEY_CURRENT_USER\SOFTWARE\Javasoft\Prefs 为根结点的 Preferences 对象

方　法	功　能
putXXX()	用来设置一个属性的值，这里 XXX 可以为基本数值型类型，如 int、long 等，但首字母大写，表示参数为相应的类型，也可以不写而直接用 put，参数则为字符串
getXXX()	得到一个属性的值

下面我们使用 Preferences 类保存 MiniQQ 系统的一些用户偏好信息。

案例 13-1

案例描述　MiniQQ 系统中，应用程序首选项来存储用户登录时的两个设置："记住密码"和"自动登录"。如果用户勾选"记住密码"，则将用户的 QQ 号码和密码也保存到首选项中。

运行效果　当 QQ 用户在登录界面输入账号和密码，勾选"记住密码"和"自动登录"，系统将这些个人偏好信息保存到注册表中，如图 13-1 所示；用户下次登录时系统会自动加载 QQ 账号和密码到登录界面中，不需要用户重新输入这些信息，方便操作，如图 13-2 所示。

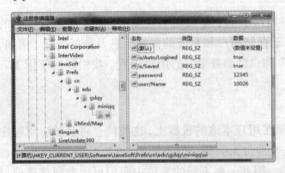
图 13-1　个人偏好信息保存到注册表中

图 13-2　登录时 QQ 账号和密码自动加载

实现流程

（1）在客户端 LoginUI 类中，添加一个私有访问权限的 setDataToPrefenrences()方法，用来保存个人偏好信息到 Preferences 中。该方法完整代码及注释如代码清单 13-1 所示。

代码清单 13-1　LoginUI 类中保存个人偏好信息的 setDataToPrefenrences()方法的定义

```java
// 保存是否"记住密码"、是否"自动登录"、QQ 账号、密码等信息到 Prefenrences 中
private void setDataToPrefenrences() {
    Preferences pref = Preferences.userNodeForPackage(LoginUI.class);
    // 使用当前类的包路径在注册表中生成用户结点
    pref.put("userName", txtNumber.getText());          // 加入 userName 结点，并添加值
    pref.putBoolean("isSaved", chkSavePsw.isSelected());// 加入 isSaved 结点，并添加值
    pref.putBoolean("isAutoLogined", chkSavePsw.isSelected());
    // 加入 isAutoLogined 结点，并添加值
    if(chkSavePsw.isSelected()) {
        pref.put("password", new String(pfPassword.getPassword()));
        // 加入 password 结点，并添加值
    }
}
```

（2）在客户端 LoginUI 类中，添加一个私有访问权限的 getDataFromPrefenrences()方法，用来从 Preferences 中获取保存的信息，封装到 HashMap 对象中。其完整代码及注释如代码清单 13-2 所示。

代码清单 13-2　LoginUI 类中 getDataFromPrefenrences()方法的定义

```java
/* 该方法的功能是从 Prefenrences 中获取信息，并返回一个哈希映射对象 */
private HashMap<String, Object> getDataFromPrefenrences() {
    HashMap<String, Object> map = new HashMap<String, Object>();
    // 实例化一个 HashMap 映射对象
    Preferences pref = Preferences.userNodeForPackage(LoginUI.class);
    // 调用 Preferences 的 userNodeForPackage()方法在注册表中创建用户结点，并生成 Preferences 对象
    if(pref == null) {
        return null;
    }
    boolean isSaved = pref.getBoolean("isSaved", false);     // 获取保存的是否"记住密码"
    boolean isAutoLogined = pref.getBoolean("isAutoLogined", false);
    // 获取保存的是否"自动登录"
    String userName = pref.get("userName", "");              // 获取保存的QQ号
    String password = pref.get("password", "");              // 获取保存的登录密码
    map.put("isSaved", isSaved);     // 保存到 map 中，键名为 isSaved，键值为 isSaved 的值
    map.put("isAutoLogined", isAutoLogined);
    map.put("userName", userName);
    map.put("password", password);
    return map;                                              // 返回 map 对象
}
```

（3）在客户端 LoginUI 类中，添加一个私有访问权限的 loadDataToComponent()方法，用于从 Preferences 中获取个人偏好信息，加载到用户登录界面的相应组件中。完整代码及注释如代码清单 13-3 所示。

代码清单 13-3　LoginUI 类中 loadDataToComponent()方法的定义

```java
private void loadDataToComponent() {                    // 加载信息到组件
    HashMap<String, Object> map = getDataFromPrefenrences();
    // 调用 getDataFromPrefenrences()方法获取保存到 Prefenrences 中的个人偏好信息
    if(map != null) {
        txtNumber.setText(map.get("userName").toString());
        // 将QQ账号信息设置为QQ账号文本框显示的信息
        pfPassword.setText(map.get("password").toString());
        // 将密码信息设置为密码文本框显示的信息
        chkSavePsw.setSelected(Boolean.parseBoolean(map.get("isSaved").toString()));
        // 设置"记住密码"组合框是否为选择状态
        chkAutoLogin.setSelected(Boolean.parseBoolean(map.get("isAutoLogined").toString()));
        // 设置"自动登录"组合框是否为选择状态
    }
}
```

（4）修改 LoginUI 类的构造方法，添加调用 loadDataToComponent()方法的语句。其完整代码如下（添加的语句见框住的部分）：

```java
public LoginUI() {
    try {
        init();
        this.loadDataToComponent();           // 加载组件信息
    } catch(Exception e) {
        logger.log(Level.INFO, "", e);        // 记录异常信息到日志文件中
    }
}
```

（5）修改 LoginUI 类的用户登录 login()方法。

在该方法的最后一行添加调用 setDataToPrefenrences()方法的语句，login()方法完整代码如代码清单 13-4 所示（矩形框中代码是新添加的）。

代码清单 13-4　LoginUI 类中登录 login()方法的定义

```
private void login() {
    if(verify()) {
        RequestData data = new RequestData();      // 封装网络通信的请求数据
        data.setType(RequestType.USER_LOGIN);      // 该类型为登录
        User user = new User();                    // 封装用户登录信息
        user.setId(Integer.valueOf(LoginUI.this.txtNumber.getText().trim()));
        user.setPassword(new String(LoginUI.this.pfPassword.getPassword()).trim());
        user.setPort(9189);         / 封装好友通信的端口号，用于好友之间发送消息和文件

        data.setData(user);                        // 将用户信息封装到请求数据对象中
        Thread login = new Thread(new LoginThread(data, LoginUI.this));
        login.start();                             // 实例化登录线程类，并启动该线程
        this.setDataToPrefenrences();              // 用于保存用户的个人偏好信息
    }
}
```

到此，处理用户登录时的偏好信息保存功能就完成了。

13.2　打包 Jar 文件

1. 引入问题

Java 应用程序完成后，需打包成 Jar 后运行，打包过程是怎样的呢？

2. 解答问题

可以通过两种方式打包 Jar 文件，一种是使用 SDK 的 jar 命令打包 Jar 文件，另一种方式则是使用 Eclipse 的 Export 功能。

（1）使用 jar 命令

jar 命令的用法：

```
jar {ctxui}[vfm0Me] [jar-file] [manifest-file] [entry-point] [-C dir] files ...
```

在 DOS 命令提示符下输入图 13-3 所示命令就可以查看 jar 命令中各个参数的帮助信息。

① 打包成普通的 jar 包

案例 13-2

案例描述　将 MiniQQ 系统客户端的 cn.edu.gdqy.miniqq.el 包下的所有类（class 文件）打包为普通的 jar 包。cn.edu.gdqy.miniqq.el 包结构处于 bin 文件夹下。项目位于 D:\work\MiniQQ\文件夹。

实现流程　在 DOS 提示符下输入下列命令：

```
D:
cd work\MiniQQ\bin
jar cvf utiljar.jar -C cn\edu\gdqy\miniqq\el .
```

输入的命令及执行命令结果如图 13-4 所示。

其中，"-C cn\edu\gdqy\miniqq\el ."实际上是告诉 jar 命令，打包 cn\edu\gdqy\miniqq\el 文件下的所有文件。

② 打包成可运行的 jar 包

要打包成可运行的 jar 包，有两种方法，一是手动创建 MANIFEST.MF 文件，并在其中指定主类；二是使用 jar 的-e 参数指定可运行 jar 包的入口点（即 main 类的完全名称）。

图 13-3 执行 jar 命令的帮助提示　　　图 13-4 以命令方式打包 jar 文件

案例 13-3

案例描述　将 MiniQQ 系统客户端打包为可运行的 jar 包。项目位于 D:\work\MiniQQ\文件夹下,生成的类文件的根目录是 bin,也就是说我们需要将 D:\work\MiniQQ\bin 目录下的所有包下的类文件打包成可运行的 jar 包。

实现流程

由于打包后的 jar 文件是可以直接运行的,因此,需要在打包时指定程序运行的入口,即是指明程序运行的主类(含有 main()方法的类),需要经过下面两个步骤:

(a)创建 MANIFEST.MF 清单文件,该文件保存在 D:\work\MiniQQ 文件夹下,其内容如下:

```
Manifest-Version:1.0
Class-Path:lib/swingx-all-1.6.4.jar
Main-Class:cn.edu.gdqy.miniqq.Client
```

说明:第一行指定清单的版本,若无,则 JDK 默认生成: Manifest-Version: 1.0,第二行指定主类所在类路径、第三方 jar 文件所在路径,第三行指明程序运行的主类。

(b)使用 jar 命令进行打包:

```
jar cvfm MiniQQ.jar MANIFEST.MF -C bin.
```

参数说明:

c:指定是创建新的归档文件。

v:在标准输出中生成详细输出,该选项是可选的。

f:指定打包后的包名。

m:指定自定义的 MANIFEST.MF 清单文件,否则,JDK 会自动生成不包含 Main-Class 的默认清单。

对于复杂的项目,还是使用下面将要介绍的 Eclipse 开发工具来打包 jar 文件比较方便。

(2)使用 Eclipse 的 Export 功能

① 打包成一般的 jar 包

案例 13-4

案例描述　将 MiniQQ 系统客户端的 cn.edu.gdqy.miniqq.el 包下的所有类(class 文件)打包为普通的 jar 包。

实现流程

a. 在要打包的项目上右击，选择 Export。

b. 在弹出的窗口中，选择 Java → JAR File，然后单击 next 按钮，如图 13-5 所示。

c. 在 JAR File Specification 窗口中，设置打包成的文件名和存放位置，单击 Next，如图 13-6 和图 13-7 所示。

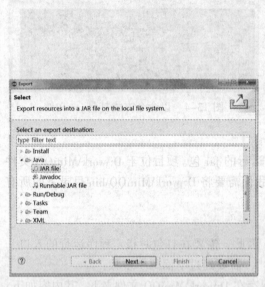

图 13-5 导出普通 jar 包向导之一

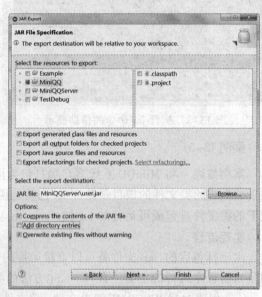

图 13-6 导出普通 jar 包向导之二

d. 在 JAR Manifest Specification 窗口中，设置 MANIFEST.MF 清单文件的配置，若仅仅打包成单纯的 jar 包的话，不用做任何修改，采取默认选项即可。若打包成可执行 jar 包的话，可以使用已存在的 MANIFEST 文件或者直接选择 Main class。单击 Finish 按钮，完成打包。如图 13-8 所示。

图 13-7 导出普通 jar 包向导之三

图 13-8 导出普通 jar 包向导之四

② 打包成可运行的 jar 包。

案例 13-5

案例描述　将 MiniQQ 系统客户端打包为可运行的 jar 包。

实现流程

a．在要打包的项目上右击，选择 Export。

b．在弹出的窗口中，选择 Java→RunnableJAR File，然后单击 Next 按钮，如图 13-9 所示。

c．在 Runnable JAR File Specification 窗口中，选择 Launch configuration 和 Export destination。单击 Finish 按钮，打包完成，如图 13-10 所示。

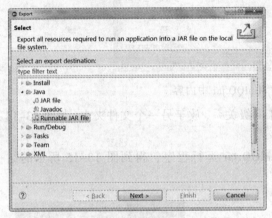 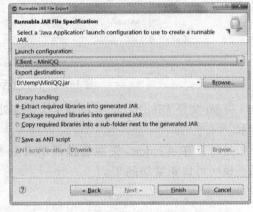

图 13-9　导出可执行 jar 包向导之一　　　图 13-10　导出可执行 jar 包向导之二

大家可能已经注意到一个问题：在我们的项目打包成 jar 文件后，其中并没有将图片资源打包进去，所以，运行该 jar 文件后，我们前面使用的所有图标都没有显示出来！如图 13-11 所示的用户登录界面。

MiniQQ 项目中用到的所有图标都放在 images 文件夹下，在 Eclipse 中项目、源程序与 images 的结构关系，如图 13-12 所示。

 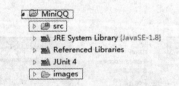

图 13-11　没有显示图标的用户登录界面　　　图 13-12　图标文件所在文件夹

发生图 13-11 的情况，是因为打包时并没有把 images 文件夹打包进去，如图 13-13 所示 MiniQQ.jar 文件中包含的内容。

下面仅给出其中两种解决方法（但不限于这两种）。

① 保留前面程序中对图片的访问方法，如：

```
ImageIcon icon = new ImageIcon("images/login.png");
btnLogin = new JButton(icon);
```

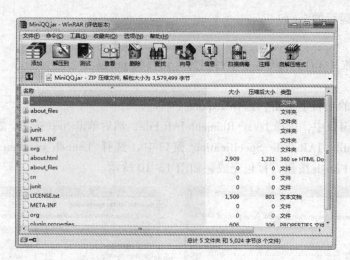

图 13-13　打包后的 MiniQQ.jar 中内容

将 jar 文件 MiniQQ.jar 与 images 文件夹处于同级关系，放于另一个文件夹中，如图 13-14 所示。

这时，在 Windows 资源管理器中双击 MiniQQ.jar 运行程序，得到图 13-15 所示的结果。说明可以正常访问了。

图 3-14　文件夹结构

图 13-15　正常显示图标的登录界面

② 打包 MiniQQ.jar 后，直接将 images 整个文件夹的内容添加到 MiniQQ.jar 中。MiniQQ.jar 文件原本就是一个压缩文件，我们可以使用"WinRAR 压缩文件管理器"将其打开，如图 13-16 所示。

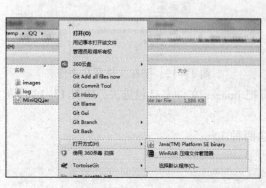

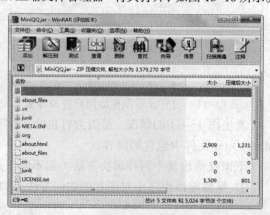

图 13-16　使用"WinRAR 压缩文件管理器"打开 MiniQQ.jar 文件

再将 images 整个文件夹拖入其中（如图 13-17 所示），按"确定"按钮后，就将 images 文件夹打包到 MiniQQ.jar 文件中了，如图 13-18 所示。

图 13-17　将 images 文件夹加入压缩文件中

这时，我们把在第一种方式中复制的 images 文件夹删除，重新双击 MiniQQ.jar 文件，发现又显示不出来图标了，如图 13-19 所示。

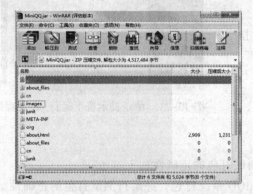

图 13-18　将 images 文件夹打包到 jar 包中

图 13-19　无图标显示的登录界面

这是因为我们访问图标的代码中直接使用相对地址，如图 13-20 所示。

```
ImageIcon icon = new ImageIcon("images/login.png");
btnLogin = new JButton(icon);
```

图 13-20　相对地址

如果"login.png"处于当前类所在包之下的"images"文件夹下，是没有问题的，然而，从我们打包的 MiniQQ.jar 文件中知道，并没有这样的相对位置关系，所以，我们必须修改访问图标的程序代码。

Java 中每个 Object 都有一个 getClass()方法，返回 Class 类的实例，也就是正在运行的 Java 应用程序中的类。Class 类提供了一个方法 getResource()，定义的语法结构：

```
public URL getResource(String name)
```

该方法的功能是查找给定名称的资源，我们的图标文件，还有其他一些如.txt、.doc、.xls 等文件在 Java 中都属于资源，我们可以使用资源与当前类的相对路径或绝对路径来找到资源，如果找到了返回一个 URL 对象，否则，返回 null。类 URL 代表一个统一资源定位符，它是指向"资源"的指针。资源可以是简单的文件或目录，也可以是对更为复杂的对象的引用。

访问图标的代码改为:
```
URL url = this.getClass().getResource("/images/login.png");
Icon icon = new ImageIcon(url);
```

注意:这里的"/images/login.png"表示从项目的根目录开始搜索。因为"images"是直接放在项目之下的。

将所有其他需要访问资源的地方都用这种方式修改后,再重新打包成 MiniQQ.jar 文件,并添加"images"这个文件夹到 jar 包中,就可以正常显示了。

13.3 Jar 文件的执行

1. 问题引入
当打包完成后,如何运行 jar 文件?

2. 解答问题
当打包好可运行的 jar 包文件后,可以使用两种方法运行程序:

(1)直接在 Windows 资源管理器中,双击 MiniQQ.jar 文件执行。

(2)在命令提示符窗口中,输入命令:
```
java -jar MiniQQ.jar
```
即可运行,如图 13-21 所示。

图 13-21 命令提示符下运行 jar 包程序

同步练习
1. 对不带 main()方法的 Java 类打包,并测试打包的正确性;
2. 对带有 main()方法的 Java 应用程序 MiniQQ 系统打包,并运行测试打包的正确性。

总　结

类 Preferences 位于 java.util.prefs 包中,用于存储用户和系统的偏好信息及数据配置。

可以通过两种方式打包 Jar 文件:一种是使用 SDK 的 jar 命令;另一种方式则是使用 Eclipse 的 Export 功能。

当打包好可运行的 jar 包文件后,可以使用两种方法运行程序:一种是直接在 Windows 资源管理器中,双击 jar 文件执行;另一种则是在命令提示符窗口中,输入命令:java -jar ***.jar。

参 考 文 献

[1] 何晓蓉. 软件工程与 UML 案例解析[M]. 北京：中国铁道出版社，2010.
[2] 何晓蓉. 软件工程与 UML 案例解析[M]. 2 版. 北京：中国铁道出版社，2013.
[3] 李师贤. 面向对象程序设计基础[M]. 北京：高等教育出版社，1998.
[4] 刘宝林. Java 程序设计与案例[M]. 北京：高等教育出版社，2004.
[5] 孙燮华. Java 程序设计教程[M]. 北京：清华大学出版社，2008.